松井保［監修］・（一財）災害科学研究所トンネル調査研究会［編］

トンネル技術者のための地盤調査と地山評価　正誤表

☞ p.14　図 1-1

（誤）設計，施工のための地盤調査　枠中末尾の文字切れ（左側中央付近）

（正）裏面の図のとおり

☞ p.51　表 1-16　右端列の 3 段目

（誤）　・複測線　→　（正）　・副測線

☞ p.64　図 2-2

（誤）　b）土木地質がテーマ。　→　（正）　。を削除

☞ p.83　表 2-7 表頭「要因」の行

（誤）　大きい◀――▶大きい　→　（正）　小さい◀――▶大きい

☞ p.99　式(3.1) 及び式(3.2)の式の第一項

（誤）　*Po*（初期応力）→　（正）　*Pi*（支保内圧）

☞ p.111　表 3-8　支保パターン名

（誤）　DⅡ-b（H）→（正）DⅠ-b（H）

☞ p.171　下から 12 行目

（誤）　震源の開発　→　（正）振源の開発

☞ p.180　7 行目

（誤）　力学的性質，　→　（正）力学的性質・

☞ p.193　1 行目から 2 行目

（誤）　地質評価　→（正）地山評価

☞ p.238　12 行目

（誤）　切羽前方探査が技術は　→　（正）切羽前方探査技術は

☞ p.254　トンネル調査研究会委員会名簿　寺田道直の執筆担当

（誤）　第 3 章執筆　→　（正）　第 2 章執筆

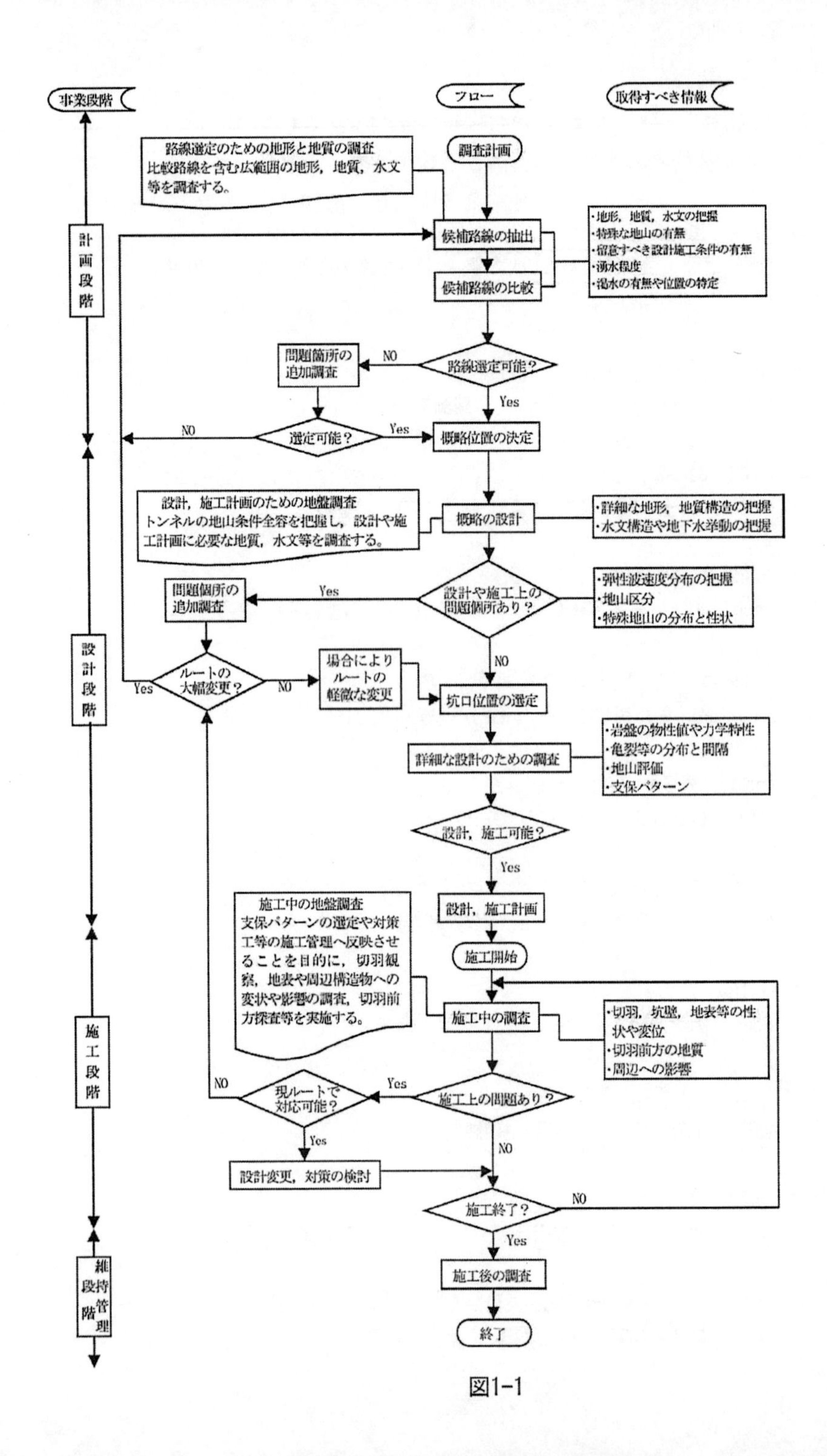
事業段階
フロー
取得すべき情報
路線選定のための地形と地質の調査
比較路線を含む広範囲の地形，地質，水文等を調査する。
調査計画
候補路線の抽出
候補路線の比較
・地形，地質，水文の把握
・特殊な地山の有無
・留意すべき設計施工条件の有無
・湧水程度
・渇水の有無や位置の特定
計画段階
問題箇所の追加調査
NO
路線選定可能？
Yes
NO
選定可能？
Yes
概略位置の決定
設計，施工計画のための地盤調査
トンネルの地山条件全容を把握し，設計や施工計画に必要な地質，水文等を調査する。
概略の設計
・詳細な地形，地質構造の把握
・水文構造や地下水挙動の把握
問題個所の追加調査
Yes
設計や施工上の問題個所あり？
・弾性波速度分布の把握
・地山区分
・特殊地山の分布と性状
設計段階
Yes
ルートの大幅変更？
NO
場合によりルートの軽微な変更
NO
坑口位置の選定
詳細な設計のための調査
・岩盤の物性値や力学特性
・亀裂等の分布と間隔
・地山評価
・支保パターン
設計，施工可能？
Yes
設計，施工計画
施工中の地盤調査
支保パターンの選定や対策工等の施工管理へ反映させることを目的に，切羽観察，地表や周辺構造物への変状や影響の調査，切羽前方探査等を実施する。
施工開始
施工中の調査
・切羽，坑壁，地表等の性状や変位
・切羽前方の地質
・周辺への影響
施工段階
NO
現ルートで対応可能？
Yes
施工上の問題あり？
Yes
NO
設計変更，対策の検討
施工終了？
NO
Yes
施工後の調査
終了
維持管理段階
図1-1

Investigation and Evaluation of Ground for Tunnel Engineers

トンネル技術者のための 地盤調査と地山評価

松井 保
［監修］
(一財)災害科学研究所トンネル調査研究会
［編］

鹿島出版会

はじめに

山岳工法によるトンネルの施工件数は，2000年頃までは年間600～700件程度で推移していたが，それ以降は急激に減少し，2012年までに半減した。しかしその後，東日本大震災の復興事業，国土強靱化計画などにより，山岳トンネルの施工件数や建設総額は増加傾向にある。さらに，最近ではリニア中央新幹線の建設も始まり，我が国ではこれまで経験したことがない超大土被りのトンネルの施工も進められようとしている。また，種々のトンネル工法の中で，山岳トンネル工法の占める工事量の割合は，最近の10年間では50%を超えている。

以上のような状況を鑑みれば，国土の70%以上が山岳地帯で，面積の少ない可住地域はすでに利用され尽くされているともいえる我が国では，山岳トンネルの重要性については言うを待たない。とはいえ，地下深部に建設される比較的長い線状構造物である山岳トンネルでは，掘削の対象となる地山は自然材料でその構成や特性が不均質で大きく変化するが故に，必ずしも地盤構成や地盤特性を事前に精度よく把握できていない。したがって，山岳トンネルの計画・設計・施工において必要な地盤情報を適確に得て，より効率よく安全に施工をするためには，多くの技術的課題をブレークスルーする技術革新が不可欠である。

一般財団法人災害科学研究所・トンネル調査研究会は，1992年に発足して以来，20数年にわたって最新の物理探査技術の建設分野への適用に焦点を当てて，より精度のよい地盤情報の把握という視点から，山岳トンネル建設における効果的な調査・設計・施工手法の確立を目指して鋭意研究を継続してきた。その成果は，過去の出版，『地盤の可視化と探査技術』（鹿島出版会，2001年）および『地盤の可視化技術と評価法』（鹿島出版会，2009年）にとりまとめている。さらに今回，山岳トンネル建設事業の効率的な推進に役立つように，前2書の内容も含めて事前調査から施工段階調査までを取扱い，より広い視点から執筆を行うことにした。

山岳トンネル建設における安全性やライフサイクルコストも含めた経済性に配慮するためには，より高度な地盤調査手法や地山評価手法が不可欠である。この点をブレークスルーするキーワードは，複数の地盤探査・調査手法を計画的に組み合わせる「複合探査」，ならびに施工段階調査としての「切羽前方探査」であろう。特に，リニア中央新幹線の建設などにみられる超大土被りの山岳トンネルでは，「切羽前方探査」は非常に重要で，合理的に設計・施工を進める上で必須の技術である。本書では，これらの点に焦点を合わせて，最新の技術と具体的な事例を混じえて，系統的にかつ分かりやすく解説することに腐心した。

本書の内容には，資源工学における物理探査分野，理学における地質分野，および地盤工学における地盤調査分野が一連の記述の中で深く関わっており，専門分野が異なる部分の理解が進まない恐れもある。そこでまず，多岐にわたる内容全体の概要を把握するため，序章を設けて本書の目的とその背景および内容構成と特徴を述べるとともに，これまで用語統一が不十分と思われるいくつかの用語について，本書における定義と解説を示している。したがって，まず序章を一読してから本文に進まれることを推奨したい。

本書が山岳トンネルの調査・計画・設計・施工・維持管理に関わるすべての技術者にとって有効な実務解説書になるとともに，山岳トンネルに対して本研究会が提案する地盤調査と地山評価の高精度化，効率化，システム化がトンネル建設における安全性向上とコスト縮減に少しでも役立つことを願っている。

2017年1月

一般財団法人災害科学研究所 トンネル調査研究会
委員長　松 井　保
（大阪大学名誉教授・災害科学研究所理事長 工学博士）

目　次

序章

0.1　本書の目的とその背景

本研究会では発足当初より，比抵抗探査および弾性波探査によるトンネル地山の事前調査に焦点をあてて，その有効性や高精度化ならびに解釈・評価の高度化を目指して研究を重ねてきた。それらの成果は，『地盤の可視化と探査技術（2001）』[1]『地盤の可視化技術と評価法（2009）』[2]にとりまとめている。その後も，主にトンネルを対象とした地盤調査（物理探査）の適用性について，例えばリスク評価の視点に立った分析・検討，あるいは維持管理まで含めた建設事業における効果的な調査・設計・施工のあり方について議論を継続してきた。その中で，施工段階調査としての切羽前方探査にも焦点をあてて，合理的な建設事業の進め方や内容に関する事例調査・分析および施工中のトンネルを利用した現地調査・実験を進めてきた。それらの内容を含めた今回の出版では，事前調査から施工段階調査までを取り扱い，前２書の内容も含めてトンネル建設事業の効率的な推進に役立つように，より広い視点から執筆を行うことにした。

本書の目的は，発注機関や受注機関にかかわらず，山岳トンネル建設に関わるすべての技術者を対象として，トンネル建設の計画・設計・施工における地盤調査手法と地山評価手法について，最新の技術と具体的な事例を混じえて，系統的にかつ分かりやすく解説することである。本書を通して，トンネルに対して適用される地盤調査と地山評価が，高精度化，効率化，システム化によってより高度に高められて，実際のトンネル建設における安全性向上とコスト縮減に少しでも役立つことを願っている。

一般にトンネルは，地下深部に建設される比較的長い線状構造物である。このような構造物の計画・設計・施工において必要な地盤情報を適確に得るためには，多くの困難を伴う。理由は，地盤は自然材料でその構成や特性が不均質で大きく変化するとともに，トンネルが土被りの大きい線状構造物であるが故に，地盤構成や地盤特性を事前に精度よく把握することが難しいからである。

この点については，以下のことからもよく理解できよう。図 0-1 に示すように，山岳トンネルを対象とする地盤調査においては，設計・施工を適確に行うために必要な地盤性状をあらかじめ十分に把握できないことから，トンネルの掘削施工とともに切羽周辺の地山性状を調査・計測し，地山評価を繰り返して設計・施工にフィードバックする手法が主として適用されている（図 0-1(a)）。一方，山岳トンネル以外の土木構造物では，オーソドックスな調査・設計・施工手法として，地盤調査によりあらかじめ地盤性状を十分に把握したうえで設計・施工を行い，不確定要因は施工中の観測施工によりカバーする手法が適用されている（図 0-1(b)）。また図 0-2 は，トンネルの調査・設計・施工における問題点を整理して示したものである。トンネル建設における事前調査・評価結果と施工実績との不一致の原因が，物理探査・地盤調査・設計・施工の各フェーズに分散して数多く存在することが容易に理解できる。

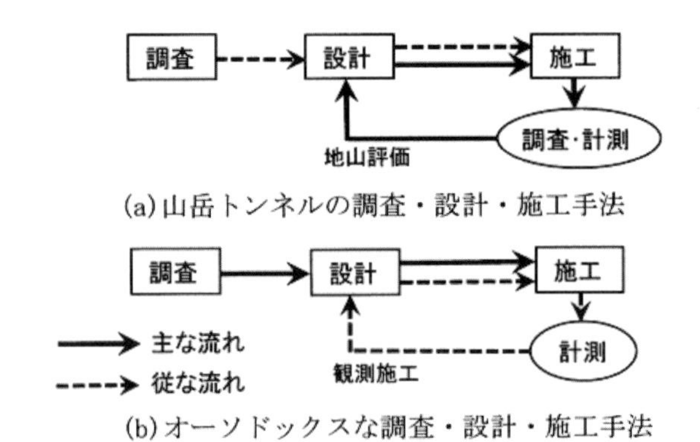

図 0-1　地盤に関わる建設技術の調査・設計・施工手法のフロー（松井による）

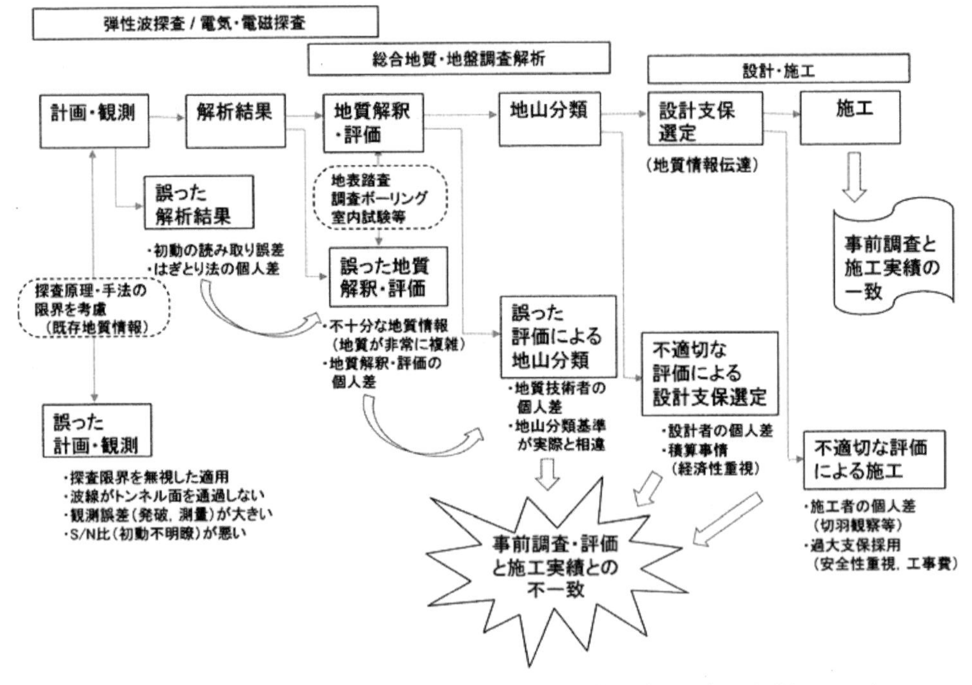

図 0-2　トンネルの調査・設計・施工における問題点の整理（松岡（一部加筆）による）

とはいえ，トンネル建設における安全性やライフサイクルコストも含めた経済性に配慮するためには，より高度な地盤調査手法や地山評価手法が不可欠であることは言うを待たない。この点をブレークスルーするキーワードは，複数の地盤探査・調査手法を計画的に組み合わせる「複合探査」，ならびに施工段階調査としての「切羽前方探査」であろう。

図 0-3 は，複合探査および切羽前方探査に焦点を当てて，トンネル地山評価をより高度にする考え方を概念的に示したものである。すなわち，複合探査の基本と応用および切羽前方探査において，高精度化，効率化，システム化を追求しつつ，最終目標である総合的なトンネル地山評価手法をより高度にするアプローチを概念的に示している。

この考え方に基づいて，複合探査および切羽前方探査による地山評価の高度化がトンネル建設の流れの中でどのように関わるかを示すために，トンネル建設において実施される地盤調査・地山評価のフローを図 0-4 に示す。このような視点から，トンネル建設におけるより高度な地盤調査・地山評価の流れの確立を最終目標にして，現時点の最新の知見を

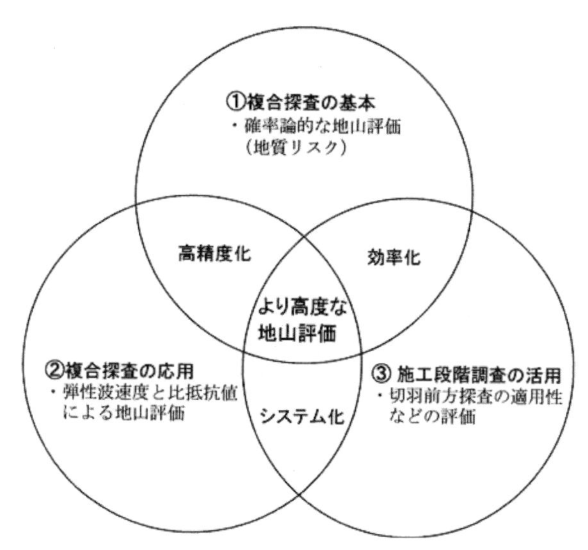

図 0-3　トンネル地山評価をより高度にする考え方

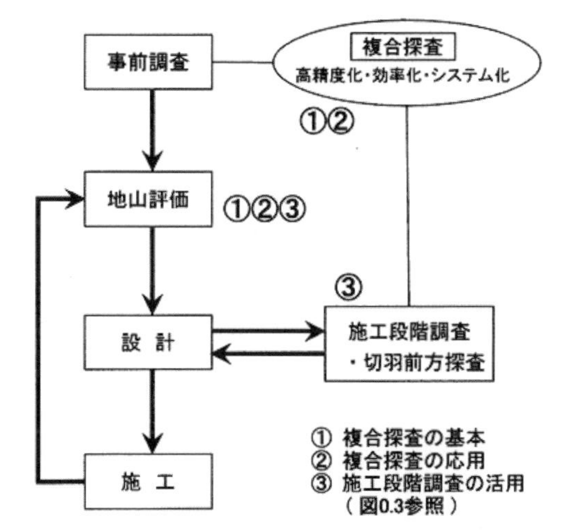

図 0-4　トンネル建設における地盤調査・地山評価のフロー

もとにできるだけ接近すべく，本書を出版することにした。

0.2　本書の内容構成と特徴

上述したように，本書は山岳トンネル建設に関わるすべての技術者を対象としているが，その内容には，資源工学における物理探査分野，理学における地質分野および地盤工学における地盤調査分野が一連の記述の中でそれぞれが深く関わっている。

そこでまず，多岐にわたる内容全体の概要を把握するために，はじめに**序章**を設けて，本書の目的とその背景および内容構成と特徴を述べるとともに，これまで用語統一が不十分と思われるいくつかの用語について，本書における定義と解説を示しておくことにした。

本書は，**序章**にはじまり，**第 1 章**「トンネル事業における地盤調査」，**第 2 章**「地質の解釈と地盤評価」，**第 3 章**「地盤評価に基づくトンネル設計」，**第 4 章**「トンネル施工時の地盤調査」，**第 5 章**「トンネル切羽前方探査」という 5 つの章で構成されている。

本書を記述するにあたっては，多分野の内容が含まれているので，できるだけ具体的に分かりやすく，痒いところに手が届くようにすること，例えば，地盤調査・地山評価手法の記述において，具体的なチェックポイント（留意点）をできるだけ多く示すことを心がけている。また，最近のトピックスである「複合探査」については，**第1章**においてその定義と種類，**第2章**においてその必要性と重要性をそれぞれ示すとともに，**第3章**において，複合探査で得られた地山構造断面および過去の施工実績の分析結果を加えた地山評価に基づいて，設計・施工計画を立てる方法を提示している。また，「切羽前方探査」については，**第4章**において，トンネル施工段階における地盤調査の重要性と必要性およびその適切な方法などを示すとともに，**第5章**において，切羽前方探査の最先端手法について具体的に述べている。

以下に，各章ごとの概要を示す。

(1)　第1章「トンネル事業における地盤調査」の概要

第1章は，トンネル事業における地盤調査手法とシステム化の概要について述べるとともに，代表的な探査である弾性波探査屈折法ならびに比抵抗高密度探査について，その計画や測定・解析時の具体的なチェックポイントを整理している。さらに過去の適用実績から，それらを組み合わせた複合探査の種別について概説している。

1.1「地盤調査の流れと調査手法」では，**1.1.1**「トンネル建設における調査段階と調査目的」において，計画・設計・施工の各事業段階と各段階における地盤調査の目的について概説している。**1.1.2**「地盤調査の種類と探査手法の限界」では，各段階で適用可能な調査手法とその適用限界について基本的な考え方をまとめている。また，**1.1.3**「地盤調査のシステム化」では，各段階で実施される地盤調査を有機的・帰還的に関連づけるシステム化の重要性について記述している。

1.2「計画段階の地盤調査」，**1.3**「設計段階の地盤調査」，**1.4**「施工段階の地盤調査」では，各段階における調査目的（**1.2.1**，**1.3.1**，**1.4.1**）と一般的に適用される調査手法の内容と手順（**1.2.2**，**1.3.2**，**1.4.2**）についてまとめている。

1.5「弾性波探査屈折法」では，**1.5.1**で弾性波探査屈折法の概要と種類を記述するとともに，**1.5.2**「弾性波探査実施計画上のチェックポイント」，**1.5.3**「弾性波探査の実施上のチェックポイント」，**1.5.4**「弾性波探査結果解析上のチェックポイント」で計画・実施・解析時の具体的なチェックポイントについて記述している。**1.5.5**「弾性波探査の適用範囲・限界」では，土木分野での一般的な規模における探査限界について記述している。さらに**1.5.6**「弾性波探査の高度化」では，今後普及が望まれる3次元探査や新たな解析手法，今後増えると思われる大深度トンネルへの適用に向けた提言をまとめている。

1.6「比抵抗高密度探査」では，**1.5**と同様に**1.6.1**で比抵抗高密度探査の種類と概要を記述するとともに，**1.6.2**「比抵抗高密度探査実施計画上のチェックポイント」，**1.6.3**「比抵抗高密度探査の実施上のチェックポイント」，**1.6.4**「比抵抗高密度探査解析上のチェックポイント」で計画・実施・解析時の具体的なチェックポイントについて記述し，**1.6.5**「比抵抗高密度探査の適用範囲・限界」では，土木分野での一般的な規模における探査限界について記述している。さらに**1.6.6**「比抵抗高密度探査の高度化」では，今後普及が望まれる準3次元探査や新たな解析手法についての提言をまとめている。なお，比抵抗高密度探査には電気探査と電磁探査があり，基本的には電気探査を中心としているが，電磁探査にも留意した記述としている。

1.7「複合探査」では，**1.7.1**「複合探査の定義と種類」で本書（本研究会）における複合探査の定義を記述するとともに，過去の適用事例や文献から，複合探査を行う目的の視点から複合探査の種類を整理している。**1.7.2**「弾性波探査屈折法と比抵抗高密度探査の組合せ」では，最も一般的な複合探査である弾性波探査屈折法と比抵抗高密度探査の組合せについて，その目的別に事例を分類している。**1.7.3**「その他の複合探査」では，上記以外の組合せの事例として，IP 法について触れている。

(2)　第 2 章「地質解釈と地盤評価」の概要

第 2 章は，**第 1 章**の物理探査技術の基礎事項と**第 3 章**の物理探査結果を応用した工学的な利用法（設計）の解説の中間的な位置づけで，物理探査を利用する上での地質学的な基礎事項と地盤を評価する上での基礎的な考え方について述べた章である。本章では，「地質解釈と地盤評価」と題し，弾性波探査や比抵抗高密度探査，その他複数の探査手法を複合的に実施した場合（複合探査）の地質解釈や地盤評価方法を，施工結果との比較検討結果も踏まえて記述している。また，地質解釈や地盤評価を行うにあたり，地質学的な背景や各探査手法の原理・特徴を踏まえることの重要性を説くため，具体的なチェックポイント（留意点）を整理している。

2.1「地質学的視点に基づく地盤評価」では，**2.1.1**「地質情報の適用性とチェックポイント」において，学術的な既存地質文献の多様性と，それを参照する際の留意点を説明している。**2.1.2**「物理探査で得られる地質情報」では，原位置地盤において物理探査で得られる地質情報が限られていることや間接的であることについて言及している。**2.1.3**「地盤調査に基づく地質解釈と地盤評価」では，断層などの難工事が予想される地質条件について説明し，地形・地質学的視点からの地盤評価の進め方について記述している。**2.1.4**「地質学的視点の必要性」では，より大きな地球史も踏まえた地質解釈まで言及し，合わせて現場からの情報を地質学にフィードバックさせることにより，互いを深化させていくことの重要性を説いている。

2.2「弾性波探査」，**2.3**「比抵抗高密度探査」では，各探査手法の地盤評価法について要点を簡潔に述べるとともに，評価する上でのチェックポイント（留意点）について列記している。

2.4「複合探査」は，これまで本研究会の活動の中で力説してきているもので，**2.4.1**「複合探査による地盤評価」では，複合探査における地盤評価について事例を紹介しながら説明し，加えて新たな物理量による地盤評価や，種々の探査手法の組合せの必要性についても言及している。**2.4.2**「複合探査結果の解釈上のチェックポイント」では，弾性波探査屈折法と比抵抗高密度探査それぞれの特徴を生かした工学的物性値（間隙率，体積含水率）の評価の可能性や有用性を記述している。また，複合探査の具体的な事例を紹介しながら，複合探査だけでなく，ボーリングや室内試験結果などの地盤工学的情報を加えて，総合的に評価することの重要性を説くことで締めくくっている。

(3)　第 3 章「地盤評価に基づくトンネル設計」の概要

本章は，**第 2 章**における地質解釈と地盤評価で得られた結果をもとに，トンネル設計手法の基本的な考え方と設計の種類を述べたのち，特殊地山における支保設定の考え方と設計上のチェックポイントを述べた章である。また，事前設計と施工実態の乖離とそれに伴う地質リスクを考慮した地山評価の必要性についての考え方をまとめている。

3.1「トンネル設計手法」では，**3.1.1**「山岳工法の選定」で山岳工法の特徴と適用範囲を，**3.1.2**「山岳工法での掘削方法」で掘削方法の種類とその特徴を述べている。**3.1.3**「トンネルの支保理論」では，トンネル掘削による周辺地山の挙動と応力分布および支保構造に作用する荷重・地山・支保工の 3 者の相互作用を述べ，**3.1.4**「山岳工法における支保設計」では，**3.1.3** を踏まえて設計の流れと工法の選定の要点をまとめている。

3.2「トンネル設計の種類」では，3.2.1「トンネルの用途別種類」，3.2.2「山岳トンネルの設計基準」，3.2.3「設計基準の比較」，3.2.4「標準支保パターンと標準断面」に細分して，用途別トンネルの設計基準や支保パターン，標準断面の違いをまとめている。3.2.5「山岳工法のインバート工」では，インバート工の設置の目的と機能を，3.2.6「支保設計時における緩衝区間の扱い方」では，緩衝区間の設定の事例を示している。

3.3「特殊地山における支保設定の考え方」では，特殊地山（膨張性地山，大量湧水地山，未固結地山）における支保設定の事例をまとめている。

3.4「山岳トンネル設計上のチェックポイント」では，支保パターンの選定上のチェックポイントの要点を，3.4.1 の地山分類の適用段階，3.4.2 の当初設計段階，3.4.3 の修正設計段階（施工時）に分けてまとめている。

3.5「設計と施工実績との乖離」では，3.5.1「乖離の原因」として事前調査で得られた地質情報の不確実性を挙げ，3.5.2「設計変更・修正の方法」では，支保設計の変更・修正の考え方とその方法・留意点をまとめている。

3.6「地質リスクを考慮した地山評価」では，3.6.1「地質リスクを考慮する必要性」で地質情報の不確実性による地質リスクを低減する必要性を，3.6.2「地質リスクとは」では，地質リスクの考え方と本書での地質リスクに関する考え方を述べ，3.6.3「地質リスクを考慮した地山評価事例」では地質リスクを検討した事例を紹介している。3.6.4「今後の課題と事例の蓄積」では，地質リスクの事例検討の積重ねと評価手法の高度化を図ることの重要性を述べている。

(4)　第 4 章「トンネル施工時の地盤調査」の概要

本章では，トンネル施工時に行う地盤調査として，切羽前方探査をはじめとする複合探査の事例をもとに，その重要性や留意点を示している。そして最後に，トンネル施工時の地盤調査の今後のあり方について考え方をまとめている。

4.1「事前調査の不足箇所に対する詳細調査」では，4.1.1「施工計画のための地盤調査」において，トンネルの施工計画において，代表的な地質に対する基本的施工法・施工機械と局所的に出現する特殊地山区間への対応策を適切に決定するため，事前に予見される特殊地山・特殊部に対する地盤調査と予見されない不確実な地質に対する施工中の地盤調査について，その考え方と留意点をまとめている。

4.2「施工中に実施される複合探査」では，本書で定義している複合探査のうち施工中に実施される複合探査について記述している。4.2.1「地盤調査における組合せの事例」では，まず，本研究会で収集した 40 事例の分析結果から，必ずしも地盤調査が合理的に行われていない現状を明らかにしている。つぎに，弾性波探査屈折法と比抵抗高密度探査を組み合わせたことにより，実際の地山に近い状況が事前に推定できていた 5 事例を簡潔に紹介している。4.2.2「先進調査ボーリング」では，切羽前方探査の 1 手法として期待される先進ボーリング調査について留意点を示し，さらに標準化している発注者の例として北海道開発局の取組みについて紹介している。4.2.3「複合探査による地山区分の試み」では，弾性波探査屈折法と比抵抗高密度探査の結果をもとに地山区分や体積含水率を推定し，施工実績との対比を行った事例を，4.2.4「切羽発破を利用した弾性波高密度探査による複合探査事例」では，土被りが比較的大きいトンネルで切羽発破を起振源として地上で受振することを切羽の進行に合わせて随時行い，この結果と事前の弾性波探査結果を組み合わせてトモグラフィ解析をすることによって，弾性波探査の高精度化を図った事例を，4.2.5「切羽前方探査による複合探査事例」では，弾性波探査反射法による切羽前方探査（TSP），先進調査ボーリングおよび削孔検層を段階的に行うことで，破砕帯の 3 次元的な位置と地質性状を把握した事例を，それぞれ紹介している。

4.3「施工中の地盤調査・評価の高度化のために」では，事例分析結果をもとに，本研究会の考え方を提案している。まず，**4.3.1**「施工実績に基づく地盤調査結果からの地山区分の可能性」では，14トンネルについて，岩種，弾性波速度，比抵抗および支保パターンの関係を整理し，弾性波速度と比抵抗による地山分類の可能性について考察している。また，比抵抗による地山分類判定基準について，実例を示すとともに，14トンネルの実績を元に地山判定基準案を示している。ただし，もととなったデータ数が限られるため，現時点では補助的な地山判定基準と位置づけている。**4.3.2**「調査手法の改善・技術開発」では，地下深部の地盤情報を正確に得るための技術開発として，弾性波探査屈折法と比抵抗高密度探査それぞれの測定技術と解析技術，および地盤評価技術について，今後の進むべき方向を示している。また，事前調査結果と実際の地山状況とが乖離する場合の対応として，事前調査結果の見直し，切羽・坑内観察や天端・内空変位の計測結果で確認された地山条件を考慮した再解析，あるいは追加地盤調査の実施などの重要性を示している。さらに，地盤調査や評価に関わる技術を改善していくためには，資源分野で行われているようなPDCA（計画・実行・評価・改善）サイクルを導入し，地質技術者が現場に関わる必要があるとしている。**4.3.3**「地山評価方法・支保設定方法の見直し」では，施工中に地盤調査を追加して詳細設計を行った事例を紹介し，合わせて施工中の地盤調査計画における留意点とともに，地山評価・支保設定の信頼性を高めるための視点と方法を簡潔にまとめて示している。

(5)　第5章「トンネル切羽前方探査」の概要

施工段階調査としての切羽前方探査に関しては，**第4章**でその概要・重要性・留意点を示し，本章では，切羽前方探査の具体的手法・事例に関して様々な取組みや実績をとりまとめている。切羽前方探査に関する最新の知見や事例については，本章を一読すればその概要を知ることができる構成となっており，さらに今後の展望についても示している。

トンネル施工技術は大幅に進歩してきたが，崩落事故やそれに伴う労働災害はほかの土木工事と比べて高い発生率となっている。トンネル工事における崩壊事故のほとんどは，トンネル工事の最先端部である切羽で発生しており，崩壊原因の多くは，予期せぬ軟質な断層破砕帯や地質境界面の出現，突発湧水といった地質的要因である。昨今，大規模地震などを想定した道路ネットワークの構築やリニア中央新幹線の建設など，従来は施工対象にされることが必ずしも多くなかった大土被り地山のトンネル事業がこれまで以上に求められるようになり，施工段階調査としての切羽前方探査の重要性が見直されている状況にある。本章がそのような取組みに大いに活用されることを期待している。

5.1「トンネル切羽前方探査の概要」では，トンネル施工において必要となる情報を整理し，地表からの事前調査における限界と掘削施工しないと分からない地盤情報を示して，切羽前方探査の必要性を述べている。

5.2〜5.7では，切羽前方探査を主にその手法・原理に基づいて区分し，それぞれの節において，個別の手法ごとに，（1）手法の概要，（2）適用範囲，（3）留意点に分けて記述し，各手法の特徴や適用性を比較しやすいように配慮した。**表0-1**は，切羽前方探査手法の分類を示すとともに，**第5章**で取り上げた方法の主な内容をまとめて一覧表として示している。

各節の執筆内容は，**5.2**「ボーリングによる方法」として，コアボーリング（ロータリー工法とワイヤーライン工法）と削孔検層を記述している。**5.3**「弾性波を利用する方法」では，弾性波探査反射法と弾性波トモグラフィを記述している。**5.4**「電磁波を利用する方

表0-1　トンネル切羽前方探査の分類と第５章で取り上げた方法の主な内容一覧

節番号	大分類	小分類	主な内容
5.2	ボーリングによる方法	• 水平コアボーリング（ロータリーボーリング） • 水平コアボーリング（ロータリーパーカッションドリル） • 削孔検層（ノンコアボーリング）	• 地山試料の採取を優先する方法で，品質の高いコア試料により地山状況を詳細に把握する。 • ロータリーボーリングよりも迅速に掘削できるが，試料の品質は低下する。 • 試料を採取せず削孔時の施工機械によるデータから掘削体積比エネルギーを算出し，地山状況を評価する。
5.3	弾性波を利用する方法	• 弾性波探査反射法 • 弾性波トモグラフィ	• 反射波を利用して切羽前方の反射面の位置や分布状況から，地山の地質構造などを把握する。 • 切羽発破の利用などにより，切羽—地表間など地山を囲むような配置で屈折波を観測し，インバージョン解析の適用により地山の速度構造を求める。
5.4	電磁波を利用する方法	• FDEM 探査 • 地中レーダ探査	• 切羽に探査機を設置し，送信コイルに電流を流して磁場を発生させ，磁場応答より非破壊で切羽前方の比抵抗分布を求める。 • TBM 面板から地中に電磁波（パルス波）を放射し，反射波を観測し、その結果から地山状況を推定する。
5.5	地山の変形を利用する方法	坑内変位を利用する方法 • たわみ曲線法 • L/S 法 • PS-Tad • TT-Monitor 坑内変位と数値解析を組み合わせる方法 • 逆解析による方法 • PAS-Def	• 距離程と同時計測の天端沈下量などの関係図を切羽移動とともに図示することにより，切羽近傍の地山変化を迅速に把握する。 • トンネル軸方向変位（L）と天端沈下（S）の比から，地山状況を推測する。 • 掘削軸方向の変位の増減傾向から，Tad-Chart と呼ばれる判定図を利用して地山状況を予測する。 • 切羽近傍の天端に一定間隔に設置する高精度傾斜計の観測結果より，地山状況を予測する。 • 掘削後のトンネル坑内変位データの逆解析によって，地山状況を予測する。 • 削孔検層（DRISS）と数値解析および計測工を統合させてトンネル変形を予測し，未掘削区間の最適支保工規模を評価する。
5.6	その他の技術	• 超長尺ボーリング • ウォーターハンマー工法 • 先行変位計測技術	• 1,000 m 級の削孔能力と方向制御機能を備えたボーリングにより地山状況を確認する。 • 高水圧を利用したダウンザホールハンマーにより，打撃エネルギーを効率よく地盤に伝えつつ高速・長孔のボーリングを行い，地山状況を確認する。 • 切羽前方に設置した地中変位計などによる計測データから，地山状況を評価する。
5.7	複数の手法の組合せ	• 電磁波探査と削孔検層と弾性波探査の組合せ • 削孔検層と坑内弾性波探査の組合せ • 削孔検層とボーリング孔内弾性波探査の組合せ • 削孔検層と孔内観察の組合せ • 削孔検層と数値解析の組合せ • 水平コアボーリングと各種岩石試験の組合せ • 切羽前方地質情報の可視化	• 電磁波探査（TDEM），弾性波探査（TSP203）と削孔検層（DRISS）を組み合わせる（NT-EXPLORER）。 • 削孔検層（トンネルナビ）と弾性波探査（TSP）を組み合わせる • 削孔検層を実施したボーリング孔内で簡易に行う弾性波探査（TVL）を組み合わせる。 • 削孔検層とボーリング孔内観察技術を組み合わせる。 • 削孔検層（DRISS）とその計測値に基づく岩盤強度や弾性係数から，２次元弾性 FEM 解析により未掘削区間の最適支保工規模を評価する（PAS-Def）。 • コア観察とコアを用いた岩石試験結果から，地山状況を予測する。 • トンネル地山を３次元的に表現し，CIM によって関係者間における情報共有や設計・施工・維持管理の各段階で活用を図る。

法」では，FDEM探査と地中レーダによるTBM切羽前方探査を記述している。5.5「地山の変形を利用する方法」では，トンネル掘削時の坑内変位を利用する方法としてのたわみ曲線法，L/S法，PS-Tad，およびトンネル天端傾斜計による切羽前方地山の評価システムTT-Monitorを，また坑内変位と数値解析を組み合わせる方法としての逆解析トンネル切羽前方予測システムとPAS-Defを記述している。5.6「その他の技術」では，超長尺ボーリング，ウォーターハンマー工法，および先行変位計測技術を記述している。5.7「複数の手法の組合せ」では，前節までに述べた手法を組み合わせた方法として，電磁波探査・削孔検層・弾性波探査の組合せ，削孔検層と坑内弾性波探査の組合せ，削孔検層とボーリング孔内弾性波探査の組合せ，削孔検層と孔内観察の組合せ，削孔検層と数値解析の組合せ，水平コアボーリングと各種岩石試験の組合せを記述し，最後に，切羽前方地質情報の可視化について記述している。そして5.8「トンネル前方探査の現状と課題，将来の展望」として，各手法の特徴や適用性をとりまとめ，今後の展望を述べている。

0.3　本書で用いる用語の定義と解説

(1)　「地質」,「地盤」,「岩盤」,「地山」など

トンネルの調査・設計・施工において,「地質」,「地盤」,「岩盤」,「地山」などの類似の用語がたびたび用いられる。これらの用語が大雑把に用いられるときには，ほとんど同じ意味に用いられることもあるが，時にはその違いを明確に意識して用いられることもある。ここでは，後者の場合において，これらに関連する用語に対して，本書における定義と解説について述べる。

関連用語の定義はつぎのとおりである。

- 「地質」: 地球表層の地殻を構成する物質（土壌を除く），およびその状態をいう。
- 「地盤」:「地質」のうち，人間活動の場を提供する地殻表層部（たかだか地表下10,000 mまで）をいう。
- 「土砂地盤」:「地盤」のうち，人工地盤，未固結・半固結堆積物，岩の強風化帯（N値＜50が目安）をいう。
- 「岩盤」:「地盤」のうち,「土砂地盤」以外の地盤，すなわち固結した岩およびその風化帯をいう。
- 「地山」: トンネルに関わって使用されることが多い。トンネルにおける「地山」とは，主にトンネル周辺の自然地盤のことを指す。自然地盤を構成する要素あるいはその特徴によって,「硬岩地山」,「軟岩地山」,「土砂地山」,「未固結地山」などと表現され，また，トンネル掘削時のトンネル周辺挙動によって,「膨張性地山」,「大量湧水地山」などと表現されることもある。

一般に「地質」では，自然地盤の成立ちや構造，超長期間にわたる地球の営力によるその変化など，工学的な見方や手段・方法では把握困難なものを指し，一方「地盤」では，工学的な見方や手段・方法で客観的かつ定量的に評価可能なものを指している場合が多い。

また，上記の定義より,「地盤」は「土砂地盤」と「岩盤」から構成されるが，その境界，すなわち岩の強風化帯と風化帯の間において，工学的な見方と地質学的な見方が異なる場合がある。例えば，工学的には「土砂地盤」であるが，地質学的には「岩盤」であるようなケースである。

本書では，トンネルにおける地山の調査は，人間活動の及ぶ範囲の地下を調査するとい

う観点から，「地質調査」を使用せず，「地盤調査」に呼称を統一している。

(2)「地質解釈」と「地盤（地山）の解釈」および「地盤評価」と「地山評価」

一般に，「解釈」と「評価」は，それぞれ「interpretation」と「evaluation, estimation」に対応するであろう。具体的には，「地質解釈」と「地盤（地山）の解釈」とは，対象とする地盤に対して，前者では地形・地質学的視点から，後者では地表踏査，物理探査，ボーリング調査などの調査で得られた地盤情報について，既知の理論や経験則などの知識に基づいて，地盤モデルの全体像を正しく理屈づけ，矛盾なく理解することである。

一方，「地盤評価」と「地山評価」とは，地質学や物理探査学のみならず，トンネル工学，地盤工学，土木工学による工学的視点も加えて，岩種分布，地層構造，風化度，岩級区分，硬軟，含水状況などの地質に関わる各種項目とともに，地盤や地山としての強さや安定性などを査定し見積もることである。地盤と地山の違いについては，(1) においても述べたように，トンネルに関わる地盤を意識した場合に地山が用いられている。

「地山評価」は，種々の地盤情報および解釈結果に基づいて，トンネル掘削時および掘削後のトンネル周辺地山の挙動を予測すること，および地山を分類することをいう。したがって，地山を工学的に評価し，地山を等級区分する「地山分類」と同義で用いられることも多い。

(3)「地山等級」,「地山分類」と「支保パターン」

以下に，「地山等級」,「地山分類」と「支保パターン」の定義を示す。

- 「地山等級」: トンネル設計に必要な詳細な地山評価結果を等級分けしたもの。
- 「地山分類」: 地山を工学的に評価し，「地山等級」に等級区分すること。
- 「支保パターン」:「地山等級」に対応して準備される標準的な支保構造の組合せ。この組合せは，標準支保パターン（選定表）や標準的な支保構造の組合せの目安などとしてまとめられている。

「地山等級」や「支保パターン」の使い方は以下のとおりである。

- 「調査段階の地山等級」: 地盤調査段階において，（ある）地山分類に従って，評価項目の記載内容と調査結果とを対比した結果得られる地山等級。
- 「当初設計の地山等級」: 設計段階において，（ある）地山分類に従って，評価項目の記載内容と調査結果とを対比した結果得られる地山等級。
- 「当初設計の支保パターン」: 設計段階において，（ある）標準支保パターン選定表に従って，当初設計の地山等級に対応して得られる支保パターン。
- 「実施の支保パターン」: 施工段階において，実際の地山状況に合わせて採用される支保パターン。ただし，標準的な支保構造の組合せで対処できない場合には，補助工法を追加される場合がある。

(4)「弾性波探査屈折法」と「トモグラフィ解析」および「比抵抗高密度探査」

「弾性波探査屈折法」は，地震探査の一種で，地震波を人工的に発生させて地中を伝播する屈折波や直接波の初動を観測し，そのデータを解析することによって，地下を速度断面図として可視化する物理探査手法である。「弾性波探査」,「屈折法」,「屈折法弾性波探査」などと表記されることもあるが，本書では「弾性波探査屈折法」として統一している。これに対して，反射波を観測する場合は，「弾性波探査反射法」と呼ばれている。

「弾性波探査屈折法」により得られたデータを解析する方法として，「萩原の方法（はぎとり法)」と「トモグラフィ解析」がある。かつては，地下を層構造として表現する前者による解析が主流であったが，現在は，測線下の断面を小さなセルに分割して各セルの速度値をコンピュータにより繰返し計算して最適解を得る後者による解析が増えている。トモグラフィとは，本来，ボーリング孔などを用いて対象を囲むように測定点などを配置して探査する手法を指す言葉であるが，上記の分割したセルの速度値を決定する計算手法が弾性波トモグラフィと同様であることから，ネーミングされている。「トモグラフィ的解析」，「トモグラフィ法」などと表記されることもあるが，本書では「トモグラフィ解析」として統一している。

「比抵抗高密度探査」は，測線上に多数の電極を設置し，それらの様々な組合せで測定した多数（高密度）の見かけ比抵抗を逆解析することにより，微小要素の比抵抗の最適値を得て測線下の2次元比抵抗分布を求め，地下を可視化する手法である。「2次元比抵抗探査」，「高密度電気探査」，「比抵抗映像法」などと表記されることもあるが，本書では「比抵抗高密度探査」として統一している。

(5)「地質リスク」

地質や地盤のさまざまな不確実性に起因して生じる不都合な事象に対し，「地質リスク」，「ジオリスク」，「地盤リスク」，「地山リスク」などの類似の用語が用いられている。それぞれの概念として大きな違いはない。しいていえば，リスクそのものやリスクの大きさを表現する方法に若干の違いがある。本書では，「地質リスク」として統一している。

トンネル建設技術者にとって「地質リスク」という用語はまだ一般的ではないが，破砕帯や未固結地山あるいは大量湧水などの地質的要因による切羽の不安定化や，それらによる作業の安全性低下が懸念されることを「リスク」として認識していると思われる。その「リスク」を調査段階や施工段階で低減する必要性を感じているものの，そのための方法論が明確になっていないのが現実である。一方で，学会等による「地質リスク」に関するいくつかの定義や考え方を概観すると，「地質リスク」は主に地質の不確実性に起因する事業コスト損失を指すようである。これは，地質リスクマネジメントの実施主体が事業者であり，事業者の目的が事業コスト縮減にあるためであろう。事業者としては，地盤調査への投資を行う意思決定に資する情報を明示されること，すなわち，事業コストがばらつく要因やばらつきを低減できる説明を求めている。トンネル建設技術者が認識している「リスク」は事業コストを左右するものであるとともに，必ずしも事業者側のコストに反映されない安全管理面にも関わるという点において，事業者が認識している「リスク」との間に若干の認識の違いを生じている可能性があるが，本書では，「地質リスク」は事業コスト損失とそのばらつきを指すこととする。

参考文献

1)（財）災害科学研究所トンネル調査研究会（2001）：地盤の可視化と探査技術，鹿島出版会
2)（財）災害科学研究所トンネル調査研究会（2009）：地盤の可視化技術と評価法，鹿島出版会

第1章　トンネル事業における地盤調査

1.1　地盤調査の流れと調査手法

1.1.1　トンネル建設事業における事業段階と調査目的

一般的なトンネル建設事業における事業開始から完成までの地盤調査の流れを**図 1-1** に示す。

トンネル事業における地盤調査は，大きく以下の4段階に分けられる。

①　計画段階（路線選定のための地盤調査）

②　設計段階（設計，施工計画のための地盤調査）

③　施工段階（施工中の地盤調査）

④　維持・管理段階（施工後のモニタリング）

各事業段階における地盤調査の目的と主な調査手法を**表 1-1** に示す。

地盤調査に際しては，主にボーリング調査や物理探査，地表地質踏査，文献調査などが，基本的な地山条件の把握ならびに特殊な地山条件の有無やその分布と性状の把握を目的として実施される。

調査にあたっては，施工に多大な影響を与える地山条件に留意する必要がある。例えば，**表 1-2** に示すような条件の地山に予測できずに遭遇した場合は，難工事を引き起こすおそれが高いため，注意が必要である。また，**表 1-3** に示すような設計・施工条件の場合は，問題となる現象が起こる可能性が高いため，十分な調査を行って設計・施工に臨む必要がある。

なお，平成 22 年 4 月 1 日に土壌汚染対策法が改正され，従来法では対象外とされていた自然由来の重金属等を含有する岩石・土壌が，汚染対策の対象となったことから，トンネル掘削地盤に重金属等が含有しているかどうかの調査が必要となった。

本章では，このうち，計画段階の地盤調査（**1.2**），設計段階の地盤調査（**1.3**），施工段階の地盤調査（**1.4**）について述べる。

1.1.2　地盤調査の種類と探査手法の限界

(1)　地盤調査の種類と目的

トンネル事業関連の事業段階に応じた地盤調査の目的と各種の調査手法との対応関係を**表 1-4** ①～②に示す。地盤調査では，調査目的や対象地山の性状および深度などによって，それぞれに適した調査・探査方法を選定する必要がある。土木構造物の地盤調査は，事業の段階に応じてその目的が変化する。これらは一般的な目安を示したものであり，実際の適用に際しては，経済性や立地・環境条件など様々な要因を考慮する必要がある。トンネルは，坑口周辺以外においては地表からのボーリング調査では極めて効率が悪いため，弾性波探査屈折法や比抵抗高密度探査などの物理探査に頼らざるを得ない。このため，トンネル地盤調査において，これらの物理探査技術による可視化技術の果たす役割は特に大きい。

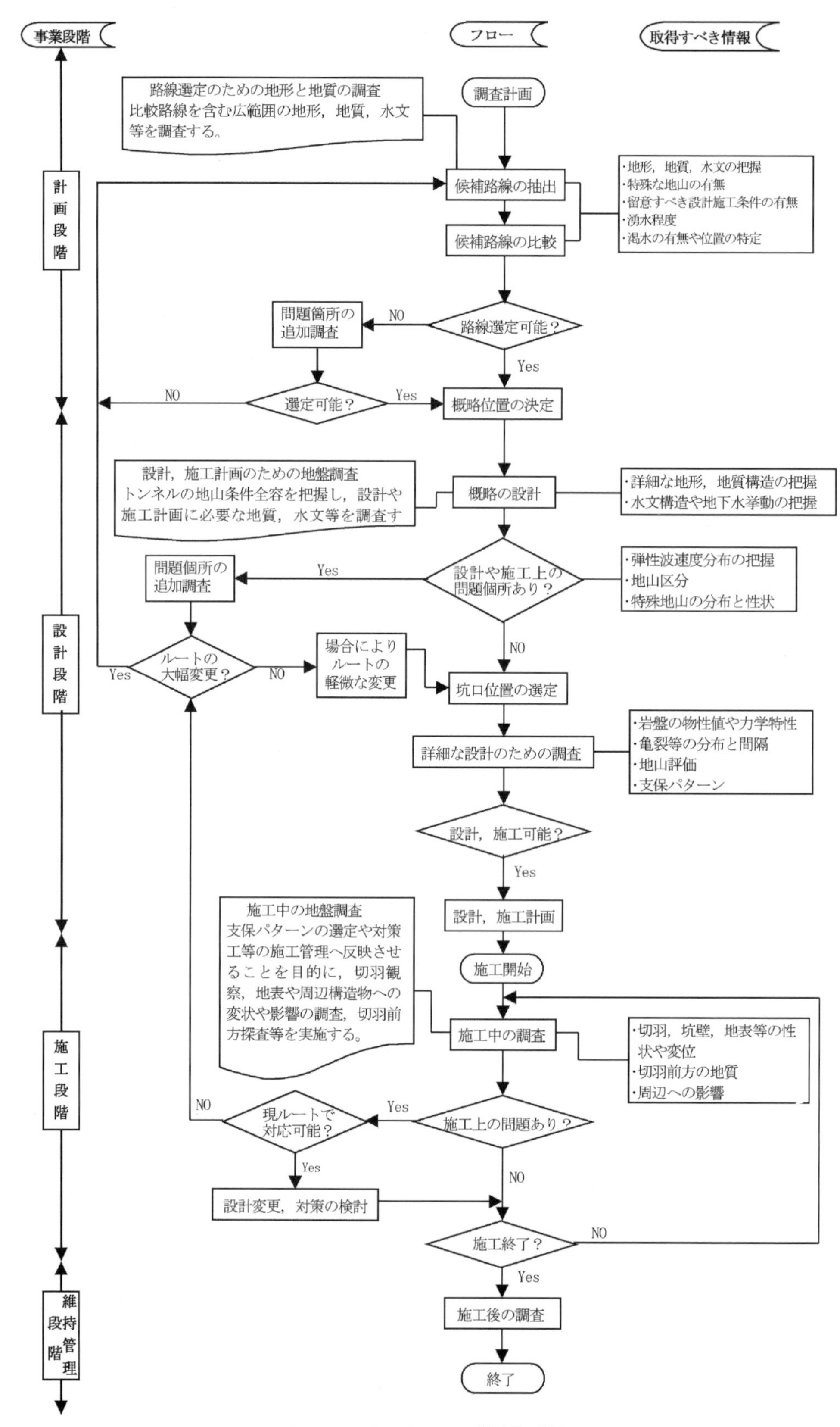

図 1-1　地盤調査の流れ[1)]に加筆・修正

表 1-1　事業段階ごとの調査目的と主な調査手法2)に加筆・修正

事業段階	調査の目的	調査手段
計画段階	1) ルート全体の大局的な地質構成と地質構造の把握 2) ルート全体の地層の性状，地質構造，地下水，断層の把握 3) 地すべりその他の崩壊性地形など，地形，地質上の問題点の摘出と整理	1) 既存文献の収集と分析 2) 地形・地質踏査 3) 概略地層構成と地質構造の把握のための物理探査とボーリング調査
設計段階	1) トンネル建設予定区間の地層構成，地層の特性（変形・強度），地質構造などの地山評価の結果としての地山分類に関する詳細情報の把握 2) 断層・破砕帯に代表される脆弱部の有無と位置，規模，方向性とその物性に関する詳細情報の把握 3) 地下水環境，水理地質に関する詳細情報の把握 4) 地すべりを含む崩壊性斜面の有無，位置，規模とトンネル施工に対する影響度に関する詳細情報の把握 5) その他，トンネル施工上問題となる課題に関する詳細情報の把握（例えば，既設構造物が近接する場合の影響度など）	1) 詳細地形・地質踏査 2) 弾性波探査屈折法および比抵抗高密度探査 3) ボーリング調査 4) 岩石試験（強度特性，変形特性，その他物理特性など） 5) 水文調査，湧水圧試験，透水試験を中心とする水理地質調査 6) 地すべりの範囲，深さ，機構と移動特性などに関する調査 7) 浸透流解析および変形解析
施工段階	1) 詳細設計段階で予見されなかった地質状況が出現し，工法変更の必要性の検討を要する場合の地山に関する詳細情報の把握 2) 土被りが小さく，地表への影響が懸念される場合の地表への影響度，構造物やダム湖，溜め池などが近接する場合のそれらへの影響度，地すべり地を通過する場合の影響度などに関する詳細情報の把握 3) 周辺地下水環境への影響度に関する詳細情報の把握	1) 切羽前方探査 2) 弾性波および比抵抗によるトモグラフィ解析（ボーリング孔間，トンネルと地表，切羽と前方ボーリング孔間など） 3) 岩石試験 4) 地山の詳細浸透流解析と地下水変動観測 5) 地山の詳細変形解析と変形観測
維持・管理段階	1) トンネル施工後の周辺地下水環境変化のモニタリング 2) トンネルに近接する既設構造物や地山への影響度のモニタリング	1) 地下水観測（地下水変動と水質の変化） 2) 地山の挙動観測 3) 構造物の挙動観測

(2)　地盤調査・調査手法の利点と限界

(a)　地表地質踏査・物理探査・ボーリング調査の利点と限界

トンネル事業における地盤調査は，ボーリング調査および物理探査を中心に，目的や深さなどに応じて様々な手法を組み合わせて行われる。複数の調査を組み合わせる場合には，それぞれの調査手法の個別の利点や限界を理解したうえで，調査計画を策定する必要がある。トンネル調査において，中心的な役割を占める地表地質踏査，物理探査（弾性波探査屈折法・比抵抗高密度探査）およびボーリング調査について，各調査手法の利点と限界を**表 1-5** にまとめる。

(b)　物理探査技術の探査限界と実用上の最大探査深度

各種物理探査は，近年の計測機器の性能の向上と解析技術の向上により，より高精度の解析ができるようになってきた。しかしながら，その手法は万能ではなく，適用にあたってはその限界を知っておく必要がある。

物理探査における各種手法の限界に関しては，次の要因が挙げられる。

1)　原理・手法に関する限界

①　物理現象の性質に関わる原理

②　解析手法における地質構造の仮定条件と特性

③　探査仕様に由来する，対象物に対する分解能

これらの限界は，選択した手法や仕様に由来するものであり，その限界を超えたデータを得ることはできない。

表 1-2　特殊地山トンネルの地山性状と問題点[3)]に加筆・修正

特に注意すべき地山	主な地山性状	問題点の要因	問題点の特徴
膨張性地山	• 温泉余土 • 蛇紋岩 • 強度の低い泥岩 • 断層部の粘土 • 地山強度比が小さい地山	• モンモリロナイトなどの膨張性粘土鉱物を多量に含む。 • 土圧の増大は，粘土鉱物が関与する物理的，化学的な地山の体積膨張変化や，地山の潜在的な内部応力の再配分による塑性変形に起因する。 • ガス圧による膨張あり。	• 断面内空への著しい押出し（スクイーズィング）と，支保工，覆工への強大な地圧が作用する。
高圧や大湧水の発生が予想される地山	• 断層粘土で遮断された地下水，被圧水 • 節理・亀裂に含まれる裂か水 • 石炭岩，溶岩の空洞に含まれる洞窟水	• 高圧，多量の被圧湧水	• 作業が難航して能率が低下する。地山によっては湧水により脆弱化し増大した土圧あるいは偏圧により，支保工に変状が生じる。 • 突発的な高圧，多量な湧水による，切羽崩落や地山流失を引き起こす場合もある。
未固結地山	• 地下水面下にある • 第三紀末から第四紀に形成された堆積物 • 火山砕屑層 • 岩石の風化帯 • 破砕帯	• 新第三紀鮮新世以降の未固結地盤，火山泥流堆積物，しらす，まさ土などの土砂地山，岩石の風化帯，断層破砕帯等の破砕変質した地山	• 切羽の自立性が悪く，地下水面下の場合には，湧水によって地山の流出，切羽の崩壊，あるいはボイリングなどによるトンネル底盤の脆弱化が生じやすく，被圧水が存在する場合には著しくなる。 • 湧水による地下水の枯渇や，地山の流出・崩壊による地表面沈下を招き，周辺環境に影響を及ぼすことがある。
高い地熱・温泉・有害ガス等がある地山	• 熱水変質帯 • 破砕帯 • 貫入岩 • 石炭や金属層の胚胎層	• 高地熱，温泉，有毒ガスなどの湧出地山 • ガス圧による膨張押出し	• 作業の安全性の確保，労働衛生面からの作業環境の維持と作業員の健康管理が重要である。 • メタンガスなどの可燃性ガス，一酸化炭素，硫化水素，亜硫酸ガスなどの有毒ガス，あるいは，酸素欠乏空気，炭酸ガスなどの湧出する地山では爆発災害や作業員の健康障害のおそれがある。
山はねが予想される地山	• 硬岩からなり，土被りが大きい地山 • ぜい性度（一軸圧縮強度と引張強度との比 $\delta c/\delta t$）が大きい岩石ディスキング現象（ボーリングのコアがボーリング軸の直角方向に薄く割れて円盤状になる）	• 土被りが大きいトンネルなどで，岩盤中に蓄えられた潜在的な初期地山応力のエネルギーが一気に解放されることにより発生する。	• トンネルの掘削において，掘削面の岩盤が薄層で突然飛散する現象で，作業に危険が伴い作業能率が阻害されることがある。
坑口付近や谷部で地すべりや崩壊の可能性がある地山	• 地すべり • 崩壊土や崖錐などが厚く堆積 • 固結度の低い火山破屑物・段丘堆積物 • 強風化岩 • 破砕帯 • 片理や割れ目の発達した泥質片岩，頁岩，粘板岩 • 温泉余土 • 第三紀の泥岩，頁岩，凝灰岩 • 湧水が多い	• 地すべり地盤中にトンネルを掘削し地すべりを惹起した場合や坑口付けの切取りなどで地すべりを生じる。	• 地すべり地山，偏圧地形の地すべり地帯や，坑口付近の偏圧地形部，偏圧の未固結地盤などでは十分な監視の下に地すべり構造を明確にし，対処する。
重金属等含有地山	• 鉱山・温泉・鉱化帯・変質帯及びその周辺 • 蛇紋岩などの超塩基性岩 • 海成の泥質岩や未固結堆積物 • 汚染された河川水や地下水の流入する箇所など	• 搬出された掘削ずりに含有する重金属などが溶出することにより，周辺地盤や地下水が汚染される。 • 黄鉄鉱などに含まれる硫化鉱物が酸化し，酸性水が発生する。	• 土壌汚染対策法に基づいて，適切な措置を行う必要がある。 • 酸性水の発生に伴って重金属等の溶出が加速されることや酸性水自体が周辺環境に影響するため，酸性水の発生についても適切に対応する。

表 1-3　留意すべき設計・施工条件[1)を修正]

設計・施工条件	問題となる現象	取得すべき地盤情報
小さな土被り	地表面沈下，陥没，偏圧	地すべりなどの地形条件，力学強度，透水性
都市域を通過する場合	地表面沈下，近接構造物の変位と変状，地下水位低下	力学強度，透水性，立地条件，近接構造物の位置
大深度を通過する場合	高圧湧水，土圧の増大	力学強度，透水性，水圧，地下水位
水底を通過する場合	大量湧水	力学強度，湧水量，透水性，水底の地形
斜坑および立坑部	湧水，坑口からの地表水および土砂の流入	湧水量，透水性，力学強度
坑口部	地すべり，斜面崩壊，偏圧，地表面沈下や陥没	地すべり等の地形条件，力学強度
近接施工	偏圧，他の構造物への変状	力学強度
大きな断面	切羽の崩壊	力学強度

2)　データに関する限界

①　計測器の性能に関わる精度と誤差

②　信号と周辺環境に由来するノイズの比（S/N 比）

③　データ読取り誤差

これらの限界は，計測データや解析の入力データの品質に関するものであり，解析結果の信頼性に大きく影響する。

3)　地盤評価に関する限界

当限界は，解析結果と地質要素との対比における比較情報の量と精度に関するものであり，地盤状況を解釈する際の精度に大きく影響する。

弾性波探査屈折法における限界は **1.5.5**，比抵抗高密度探査における限界は **1.6.5**，また，地盤評価に関する限界の詳細は**第 2 章**を参照されたい。

(c)　土被りと探査精度の関係

地表からの物理探査では，探査対象物が地表（測線上の測定装置）に近いものは捉えやすく，離れたものは捉えにくい。したがって，深度が深くなると分解能が低下し，探査精度が悪くなる。

一般的に，探査精度は以下の要因によって左右される。

①　信号の強さ（起振エネルギーや電流や電磁波の大きさなど）

②　信号の周波数（波長）

③　測線の長さ

④　測点間隔

⑤　地山の地質と構造

図 1-2 は弾性波探査における探査精度を表す指標として対象物の分解能を取り上げ，そのほかの要因との関係を表したものである。同図は，測点間隔を小さくすると分解能を大きくすることができ，同様に，波長を小さくすると分解能は大きくなり，また，振源のエネルギーを大きくし，かつ測線長を大きくするほど，探査深度が大きくなることを示している。

しかし，振源のエネルギーを大きくすることは，周辺環境に与える影響や信号発生装置の仕様を考慮した場合に限界がある。このため，この限界を考慮せずにむやみに測線長を長くしても，距離減衰により信号の強度が低下して初動の読取り誤差が大きくなり，結果的に精度は低下する。

また，深度が深くなると地表へ信号が戻っていく際の伝達経路の角度に差がなくなり，近接した位置を区別することが難しくなる。このため，探査対象の位置を特定する精度が

表1-4① トンネルを中心とした，事業進捗

凡例　◎：適用を是非検討すべき探査法・調査法　○：現地条件によっては

対象構造物	事業進捗段階		主要な調査目的	適用さ												
				地表および空中からの手法												
				リモートセンシング	弾性波探査屈折法	弾性波探査反射法	垂直・水平電気探査	比抵抗高密度探査	電磁探査	地中レーダ	重力探査	磁気探査	放射能探査	微動・振動	表面波探査	熱赤外線探査
トンネル関係	計画段階	予備調査	トンネルルートの比較検討													
			・大局的な地質構成・地質構造・問題箇所の抽出	◎	◎	○	○	○	○		○	○				
	設計段階	概略調査	トンネルルートや問題点の把握													
			・地すべりや断層破砕帯の有無の把握	○	◎			◎	○				○			
			・地熱問題の有無の確認	○				○	◎							○
			・膨張性岩盤の有無の確認					○	○			△				
			・重金属含有の有無の確認			○		○								
			・地山の強度情報の確認		◎	△										
			・地下水の賦存状況・水理地質状況の把握				○	◎	◎							
		詳細調査	トンネルの詳細設計のための情報取得													
			・地層構成・地質構造と岩盤強度の詳細把握		◎			○								
			・断層破砕帯など弱浅部の有無と物性評価		◎			○								
			・地下水環境・水理地質情報の詳細な把握		○			◎	○							
			・問題となる地盤の分布と物性の詳細な把握		◎			○								
	施工段階		施工の安全確保、周辺環境などへの影響評価など													
			・予見できなかった地質構造などの詳細把握		○	△			△							
			・施工が近接構造物へ与える影響の評価													
			・掘削に伴うゆるみ影響ゾーンの調査		◎											
			・周辺地下水環境の変化のモニター					◎	○							
	維持管理段階		構造物の安全性の評価													
			・コンクリートライニングの安全性の評価		○					◎						○
			・覆工厚・覆工背面の調査		○					◎						
都市部のトンネルや埋設管路(ルート上)	設計段階	概略調査	施工上の問題点の把握													
			・土質地盤の地層構成と物性値分布の把握		○	◎		○						△		
			・土質地盤の地下水賦存状況の把握					◎	○							
			・軟岩の分布と物性値・問題となる性状の把握		○	◎		○								
			・掘削の難易性や岩盤の物性値分布の把握		◎	○										
		詳細調査	設計施工上必要な地盤情報の抽出													
			・箇所別の埋設物(既存構造物)の有無の把握			○		○		◎	△	○				
			・箇所別の基礎地盤の性状，土質特性の把握		◎	○									△	
			・箇所別の地下水賦存状況，水理地質特性の把握					○	△							
			・箇所別の地質構成、構造，地盤物性の把握		○	○		○								
			・箇所別の弱線部有無・分布性状の把握		○	○		○								
	施工段階		事前に予知できなかった問題事項の詳細な把握													
			・地下空洞・埋設物・遺構の有無の調査		△	○		○		◎	△	○				
			・地質の急変部の詳細な把握		○	○		○	△							
	維持管理段階		構造物の安全性評価													
			・コンクリート劣化調査							○						○
			・鉄筋腐食調査					○								
都市部のトンネルや埋設管路(駅舎などの構造物)	設計段階	概略調査	支持層の調査													
			・支持層の分布状況の概略的な把握		○	○										
			・地下埋設物・空洞・既存構造物の詳細な把握			○				○		○				
			・地下水や水理地質の概要把握					◎	○							
		詳細調査	設計施工上必要な地盤情報の抽出													
			・支持層の3次元的な分布の把握		○	○										
			・支持層および上下位層の地盤物性の把握		○	○								○		
			・地下水賦存状況と水理地質構造の詳細な把握					◎	△							
	施工段階		事前に予知できなかった問題事項の詳細な把握													
			・予見できなかった地質構造などの詳細把握		○	○										
			・問題地盤の物性把握		◎	○										
			・地盤改良などの効果確認			○		○								
	維持管理段階		構造物の安全性評価													
			・コンクリート劣化調査		○					○						
			・鉄筋腐食調査					○								

段階に応じた探査・調査手法（その1）[4]を修正

適用できると考えられる探査法/・調査法　△：過去に適用実績がある探査法

れる探査手法															併用される一般的な調査手法									
	ボーリング孔を使用する手法											坑内	海上											
地温探査	VSP	弾性波トモグラフィ	比抵抗トモグラフィ	レーダトモグラフィ	速度検層	電気検層	地下水検層	温度検層	密度検層	キャリパー検層	ボアホールテレビ	切羽前方地山探査	音波探査	サイドスキャナー	地形調査	広域地質踏査	詳細地質踏査	ボーリング調査	横坑調査	孔内原位置試験	打音調査	不撹乱試料採取	室内土質・岩石試験	コメント
															◎	◎								弾性波探査はやや重点的に適用
					○										◎		◎	◎						弾性波探査はやや重点的に適用
◎								◎									◎	○						
																	◎	○						磁気探査は蛇紋岩の例あり。
					○												◎	○						
					◎												◎	○						速度値と地質から変形性と強度の推定
			○			○											◎	○		○		○	○	水みちなどの推定には、塩水流入の前後比較など有効
		◎	○		◎													◎		○		○	○	より詳細には，トモグラフィが有効，いずれも検層を併用が望ましい。
		◎	○		◎	○												◎		◎				
			◎			◎	○	○										◎		○		○	○	より詳細には，トモグラフィが有効，いずれも検層を併用が望ましい。
		◎	○		○	○												◎		◎		○	○	屈折法が困難な場合は、電気探査
		○	○		○							◎						○		○				
		○	○															○		○		○	○	地盤モデルの作成の目的など
		◎			○													○						掘削前後の速度値変化の把握(測定条件を同一として)
○			◎			○	○	○										○						同一測定条件による比抵抗変化の経時測定
					○																◎			
					○						○							○						地中レーダは鉄筋の存在が不利
					○	○									○	○		○						
																○		○		○				
					○													○		○				
	○				○													○		○		○	○	
				○														○						極浅部は地中レーダ，より深い場合は比抵抗，反射法などが有効
	○	○			◎													◎		◎		◎	◎	
			○			◎	○	○										◎		○		○	○	
		○	○		○	○												○		○		○	○	
	○	○	○	△	○	○												○		○		○	○	
		○	○									○						○						磁気検層を用いることあり。
		◎	○		○													○		○				
											○							○						
					○													○		○				
																								極浅部は地中レーダ，より深い場合は比抵抗，反射法などが有効
			○			○	○	○										○		○				
		◎	○		○												○	○		○				
		○			◎	○			○	○								◎		◎		○	○	
			○			○	○	△										◎		○		○	○	
		◎	◎									○						◎		◎		○	○	
	○	○			○				○	○		○						○		○		○	○	
		◎	◎		○	○			○	○	○							○		○		○	○	
											○							○						

表 1-4 ② トンネルを中心とした，事業進捗

凡例 ◎：適用を是非検討すべき探査法・調査法 ○：現地条件によっては適

対象構造物	事業進捗段階		主要な調査目的	適用さ												
				地表および空中からの手法												
				リモートセンシング	弾性波探査屈折法	弾性波探査反射法	垂直・水平電気探査	比抵抗高密度探査	電磁探査	地中レーダ	重力探査	磁気探査	放射能探査	微動・振動	表面波探査	熱赤外線探査
道路土工関係	計画段階	予備調査	地形地質の概略把握，致命的問題の有無の検討													
		ルート選定，計画ルートの概略調査	・ルート上の地形地質の概略把握	◎	○	○		○	○		△	△	△			
			・致命的問題の有無の把握	○	○	○		○	◎		△	△				
	設計段階	概略調査	施工上の問題点の把握													
		(盛土構造物)	・土質地盤の地質構成と物性値分布の把握		◎	◎			○					○	△	
		(盛土構造物)	・土質地盤の地下水賦存状況の把握	△			◎	◎	○							
		(切土構造物)	・軟岩の分布と物性値・問題となる性状の把握		○			○								
		(切土構造物)	・岩盤地帯における地すべりや地質弱線構造の抽出		○		○	○	○				○	△		
		(切土構造物)	・掘削の難易性や岩盤の物性値分布の把握		◎											
			・水文・水理地質の概略的な把握				◎	◎	○							
			・遺跡などの存在調査			○		○	○	◎	○	○				
		詳細調査	設計施工上必要な地盤情報の抽出													
			・箇所別の埋設物の有無の把握			△		○		◎		△				
		(盛土構造物)	・箇所別の基礎地盤の性状，土質特性の把握		○	○									△	
		(盛土構造物)	・箇所別の地下水賦存状況，水理地質特性の把握				○	◎	○							
		(切土構造物)	・箇所別の地質構成、構造，地盤物性の把握		◎	○		○						○		
		(切土構造物)	・箇所別の弱線部有無・分布性状の把握		◎			◎					○			
	施工段階		事前に予知できなかった問題事項の詳細な把握													
			・地下空洞・埋設物・遺構の有無の調査			○	○	○	○	◎	○					
			・地質的な弱線部・すべり面の3次元的な分布		○	○		○	○					△		
			・地盤改良などの効果確認調査		○	○		○								
			・掘削に伴うゆるみ影響ゾーンの調査		◎											
	維持管理段階		切土・盛土構造物の安全性評価													
			・法面保護工の劣化度の調査		○					○						○
			・切土法面の変状・原因調査		○			○								○
			・盛土の沈下・側方変位などの経年変化					△								
			・切土法面および背後地斜面の動態経年観測	○												
道路構造物関係	計画段階	予備調査	構造物基礎の適地の調査													
			・問題となる地質構成や構造の有無の把握		○	○		○	○							
			・地下埋設物・空洞・既存構造物の現況調査			○		○	○	○	○					
	設計段階	概略調査	支持地盤の調査													
			・支持層の分布状況の概略的な把握		◎	◎		○						△		
			・地下埋設物・空洞・既存構造物の詳細な把握		△	○		○	○	◎	○					
			・地下水や水理地質の概要把握				○	◎								
		詳細調査	設計施工上必要な地盤情報の抽出													
			・支持層の3次元的な分布の把握		◎	◎		○								
			・支持層および上下位層の地盤物性の把握		◎	○		○						△		
			・地下水賦存状況と水理地質構造の詳細な把握					◎								
	施工段階		事前に予知できなかった問題事項の詳細な把握													
			・予見できなかった地質構造などの詳細把握		○											
			・問題地盤の物性把握		○	○		○								
			・地盤改良などの効果確認調査			△		○	○							
	維持管理段階		構造物の安全性評価													
			・コンクリート劣化調査		○					○						△
			・鉄筋腐食調査					○								
地すべり	計画段階	形態と空間的	・すべり土塊と基盤岩の構造調査		○			○								
	設計段階	広がりの把握	・地すべり面の調査					○								
	施工段階	活動性モニタ	・地表変動の調査													
	維持管理段階	リング	・すべり面変動の調査													
			・地下水位変動の調査					○								

段階に応じた探査・調査手法（その２）[4]を修正

用できると考えられる探査法/・調査法　△：過去に適用実績がある探査法

れる探査手法															併用される一般的な調査手法									コメント
	ボーリング孔を使用する手法											坑内	海上											
地温探査	VSP	弾性波トモグラフィ	比抵抗トモグラフィ	レーダトモグラフィ	速度検層	電気検層	地下水検層	温度検層	密度検層	キャリパー検層	ボアホールテレビ	切羽前方地山探査	音波探査	サイドスキャナー	地形調査	広域地質踏査	詳細地質踏査	ボーリング調査	横坑調査	孔内原位置試験	打音調査	不撹乱試料採取	室内土質・岩石試験	
															◎	◎		○						リモセンはルート選定時に，屈折法はルート沿いに適用
															◎	◎		○						比抵抗高密度探査は、屈折法の適用困難な条件で活用
					○				○	○							◎	◎		◎				地形が比較的平坦で基盤がやや深いと想定される場合，反射法が有効
○						○												◎		◎				
		△	△		○	○					○						◎	◎		○		○	○	
											○						◎	○		○				地下水の関与が想定される場合，電気探査が有効
		△	△		◎												◎	◎		○		○	○	
○						○											○	○						
																	○							比抵抗高密度探査は，地中レーダよりも深度が深い場合に有効
				○														○						比抵抗高密度探査は，地中レーダよりも深度が深い場合に有効
		○			◎				○	○								◎		◎		○	○	
△			○			○	◎	○										◎		○		○	○	
	○	○	○		◎	○					○							◎		○		○	○	
	○	○	○		◎	○					○							◎		○		○	○	弱線部に水がからむ場合は，電気的方法が有効
																								対象深度がやや深い場合は，電気が有効
		○	○			○												○						
		◎	◎		○	○												○				○	○	
		○	○		○	○			○	○								○				○	○	掘削前後の変化を測定
																	○							
					○												○	○						電気、熱赤外線は，地下水が関係する場合に有効
			△						○	○								○						
															◎	◎								
															○	○								対象深度が深くなるにつれて，順に比抵抗，電磁，重力が有効
	○																◎			◎				極浅部は地中レーダ，より深い場合は比抵抗，反射法などが有効
		○	○														◎	○						
○																								
		◎	○		○	○												◎						測線，測定断面をクロスさせる
		◎	○		◎	○			○	○								◎		○		○	○	
			◎			○												◎		○		○	○	
		◎	◎		○	○											○	◎		○		○	○	地下水が関係する場合は，比抵抗が有利
		◎	○		◎	○			○	○							○	◎		◎		◎	◎	
		◎	◎		○	○			○	○								◎		○		○	○	
					○													○			○			表面付近は地中レーダが有効
						△																		
																	◎	◎		○				
					○													◎		○		○	○	
																	◎							
																		◎		◎				
○						○	○	○										○						

表 1-5　各調査手法の利点と限界[5)]を修正

地盤調査手法	調査手法の概要	利　点	限　界
地表地質踏査	• 現地での地形，地表に露出する地質，沢水・湧水などの水文条件，植生などを観察，記載することにより，全体的な地山の概要を把握する。 • 地質図学的手法により，地山内部の地質分布，地質構造などを推定する。	• 広範囲の 3 次元的な地山条件の把握が可能である。 • 地史，層序，地質構造などの地盤評価を行う上での基本条件を把握できる。	• 使用する地形図によって調査精度，信頼性が左右される。 • 調査結果が一元的なものではなく，調査者の技術力，経験に左右される。 • 地山内部の地質分布，地質構造などは，地表面の限られた情報だけからの推定であるため，深部ほど推定精度が低い。
ボーリング調査	• ボーリング機械を用いて地盤に径 ϕ10 cm 程度の孔を掘削し，地盤構成物質を採取，観察，記載することにより，地山内部の地質分布，地質構造などを推定する。 • 孔内水位の測定により，地下水状況を把握する。	• 地山内部の状況を直接的に観察できるため，調査区間での地山内部状況の推定精度が高い。 • ボーリング孔を利用して孔内試験および検層を行うことが可能である。	• 得られる地山内部の情報が線状であるため，3 次元的な広がりについては推定が困難である。 • ほかの調査手法に比べて費用が高額であるため，調査地点を多く設定するのは不経済である。 • 採取した試料を用いて室内試験を行うことが可能である。
物理探査	• 弾性波速度，比抵抗などの物理量に着目し，それぞれに応じた原理に基づいた測定・解析を行うことによって地山内部の対象とする物理量の分布を推定する。	• 比較的容易に広範囲にわたる地山内部の物理量分布を推定することが可能である。 • カラー断面図表示により，地質構造，地下水分布などを視覚的にわかりやすく表現できる。	• 地表からの探査であるため，深部ほど推定精度が低い。 • 地山構成物質，地下水などの地山条件によって物理量の値が異なる場合がある（絶対評価が困難）。このため，物理量が意味する地山条件の特定が困難な場合がある。

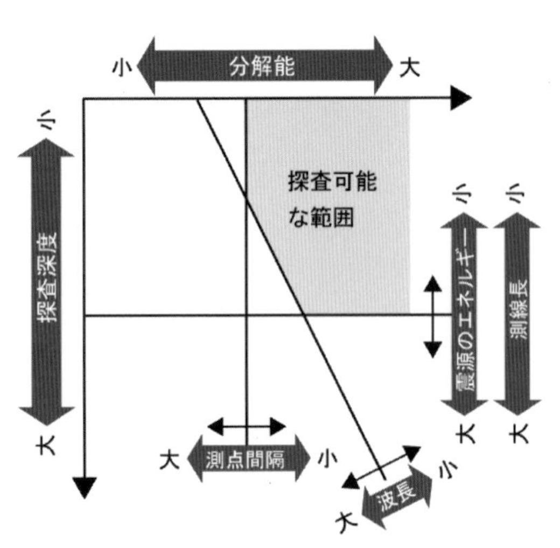

図 1-2　弾性波探査における探査深度と分解能，それらに影響する振源のエネルギー，測線長，波長，測点間隔との関係を表す観念図[6)]を修正

粗くなる。これらは，弾性波探査に限らず，物理探査全般に共通した特性である。

弾性波探査屈折法や比抵抗高密度探査などの物理探査の最大探査深度は，信号の到達深度だけでなく，検知したい対象の大きさや検知対象の位置・規模への要求精度によっても変化する。また，探査にかけられる費用や時間などにも依存する。土木分野で物理探査を適用する場合には，現場条件や予算の都合により，ある一定の規模を標準として実施されるのが一般的である。トンネル建設における地盤調査で利用される主な探査手法について，土木分野で一般的に行われている範囲における実用上の最大探査深度を**表 1-6** にまとめる。

表 1-6　各物理探査手法の実用上の最大探査深度（土木分野）

探査手法		実用上の最大探査深度
弾性波探査屈折法	爆薬振源	約 200 m
	非爆薬振源	約 30 m
比抵抗高密度探査		約 300 m
TDEM 法		約 300 m
CSAMT 法		約 1,000 m
空中電磁法		約 150 m

1.1.3　地盤調査のシステム化

(1)　システム化の重要性

トンネル建設における地盤調査は，事業段階に応じてその内容と量が検討されて実施される。これらの調査は，数次に分けて行われることが多く，抽出された問題箇所についてさらに重点的に調査が実施される場合がある。

設計は事業段階に合わせて段階的に実施され，計画段階で予備設計が，設計段階で概略設計と詳細設計が順次行われる。さらに，抽出された問題点に対する重点調査を受けて施工中に修正設計を実施する場合がある。

施工中の調査としては，切羽などの観察に加えて，再度問題箇所を対象とした詳細調査を行う場合や，トンネル切羽や坑壁を利用した前方探査を行って，施工箇所近辺の詳細情報を得る場合などがある。

しかし，このように調査を実施して施工を行っても，トンネル建設事業においては，当初設計の地山等級と実施の支保パターンに乖離が発生する場合が多い。トンネル建設事業において，各事業段階の調査内容や当初設計の地山等級と実施の支保パターンとの整合性について整理した結果[7]によれば，乖離が発生する要因として，以下のようなことが考えられる。

①　各事業段階における調査内容・調査量が不十分

②　大土被りや複雑な地質構造という特殊条件下における調査手法の限界

③　地山分類を実施する際に工学的な地盤性状の考慮が不十分

④　調査技術者から設計技術者への情報伝達が不十分

各事業段階における調査内容や調査量は，トンネル規模に応じて，標準的にはおおよそ設定が可能である。**表 1-2** や**表 1-3** で問題とされている地山以外の場合は，標準的な調査内容や調査量で設計が行われても，当初設計の地山等級と実施の支保パターンに大幅な乖離が発生するなどの問題となる現象が発生する場合は少ない。しかし，問題となる地山が抽出された場合には，調査技術者が調査手法の適用性や限界を十分に検討したうえで，問題解決に適した調査内容を提案し，事業者と連携して解決する必要がある。その際には，費用対効果と事業全体のコスト縮減を考えたうえで，過去に行った調査や将来的に必要になると考えられる調査を踏まえて，各事業段階に応じて必要な内容と数量の地盤調査を十分に行い，それらに基づいて設計を行うことが重要である。

また，特殊な条件下では，必要な情報がいずれの調査でも調査手法の限界を超えたところに存在する場合がある。必要な情報が直接的に得ることができない場合には，必要な情報を推測し，補完できるほかの手法を次善の策として検討することが重要である。

あるいは，地盤調査によって必要十分な情報が得られていても，地山区分をする際に実際の地山情況の乖離が生じる場合がある。トンネルの地山区分は地質区分と弾性波速度を主たる区分指標としているものが多く，このために弾性波速度に偏った地山区分がなされる場合が多い。その際に，そのほかの工学的な地盤性状が十分に反映されなかったことで，乖離が生じるものである。これらは，技術者の能力や経験によるところが大きく，弾性波速度以外の情報も加味して地山区分する技術の伝承や照査体制の確立の重要性を再度認識する必要がある。

さらに，調査結果や検討に問題がなくても，調査技術者から設計技術者へ情報が十分に伝わらず，結果として，当初設計の支保パターンと実施の支保パターンに乖離が生じる場合がある。調査・検討結果は，調査報告書としてまとめられて，設計技術者に引き渡される。通常は，この間に事業者が介在しており，調査技術者と設計技術者が直接情報交換することはまれである。このため，調査技術者が調査報告書の作成にあたって，問題点を十分に説明しきれなかった場合や，設計技術者が調査報告書から問題点を十分に読み取れなかった場合などが要因として考えられる。この問題は，情報伝達システムと技術者スキルの問題であり，あらゆる事業で発生する可能性がある。

以上のように，事業を計画→設計→施工→維持管理の流れにおいて，事業を効率よく安全に，かつ経済的に進めるために，一連の事業の流れに沿った地盤調査による地盤情報の積重ねと，それらを適切に設計に反映させるシステム化が重要である。

(2)　事業全体の流れを考慮した調査計画

建設事業では，対象構造物に応じて必要な地盤調査が実施されているが，一般にそれぞれの調査は，事業段階ごとに完結しており，建設事業全体の流れの中で必ずしも系統だって計画的に実施されているとはいえない。地盤調査の合理的な実施とコスト削減のためには，事業全体の目的を見据えて，それぞれの段階で計画的に地盤情報を積み重ねて，精度を高めていくことが重要である。

地盤調査の流れについて，今後のあり方を取りまとめて，**図 1-3** に示す。

工事前の地盤調査結果と施工結果の整合性について議論される機会は少なく，特に調査技術者が施工に関わることは少ない。このため，施工に必要な精度を確保するための地盤調査の改善・改良が必ずしも行われていない状況が続いてきたと思われる。トンネル事業では，工事前の調査は，当初の工事発注数量を計上することが主目的の調査として，事業者側が割り切ってしまっている現状もある。しかし，乖離が大きくなる原因を追及し，その解決法を考えることは，設計・施工の合理化と地盤調査技術の進歩に不可欠である。このために，事前調査や設計に関わった技術者が，施工中に調査結果の確認や追加調査に関わることで，事前調査・設計の精度向上を図る必要がある。

また，事業完了後に，得られた調査結果をデータベース化して公開することは，以降の関連事業における地盤調査の軽減や予測精度の向上に有効であると考える。

近年，国土交通省を中心に計画・調査・設計段階から 3 次元モデルを導入し，その後の施工・維持管理の各段階においても 3 次元モデルに連携・発展させ，合わせて事業全体にわたる関係者間で情報を共有することにより，一連の建設生産システムの効率化・高度化を図ろうとする CIM（Construction Information Modeling）と呼ばれる取組みが進められている。この取組みの中で，調査技術者・設計技術者が施工や管理も含めた建設生産システムのサイクルに関与できるような仕組みの構築が重要となる。

地盤調査結果をデータベース化するための試みは各地で行われており，その例を**表 1-7** に示す。現状では，各組織が独自に活動を行っており，国土交通省や防災科学技術研究所を除けば，情報提供も有償であることが多い。また，地方自治体などで情報公開を行って

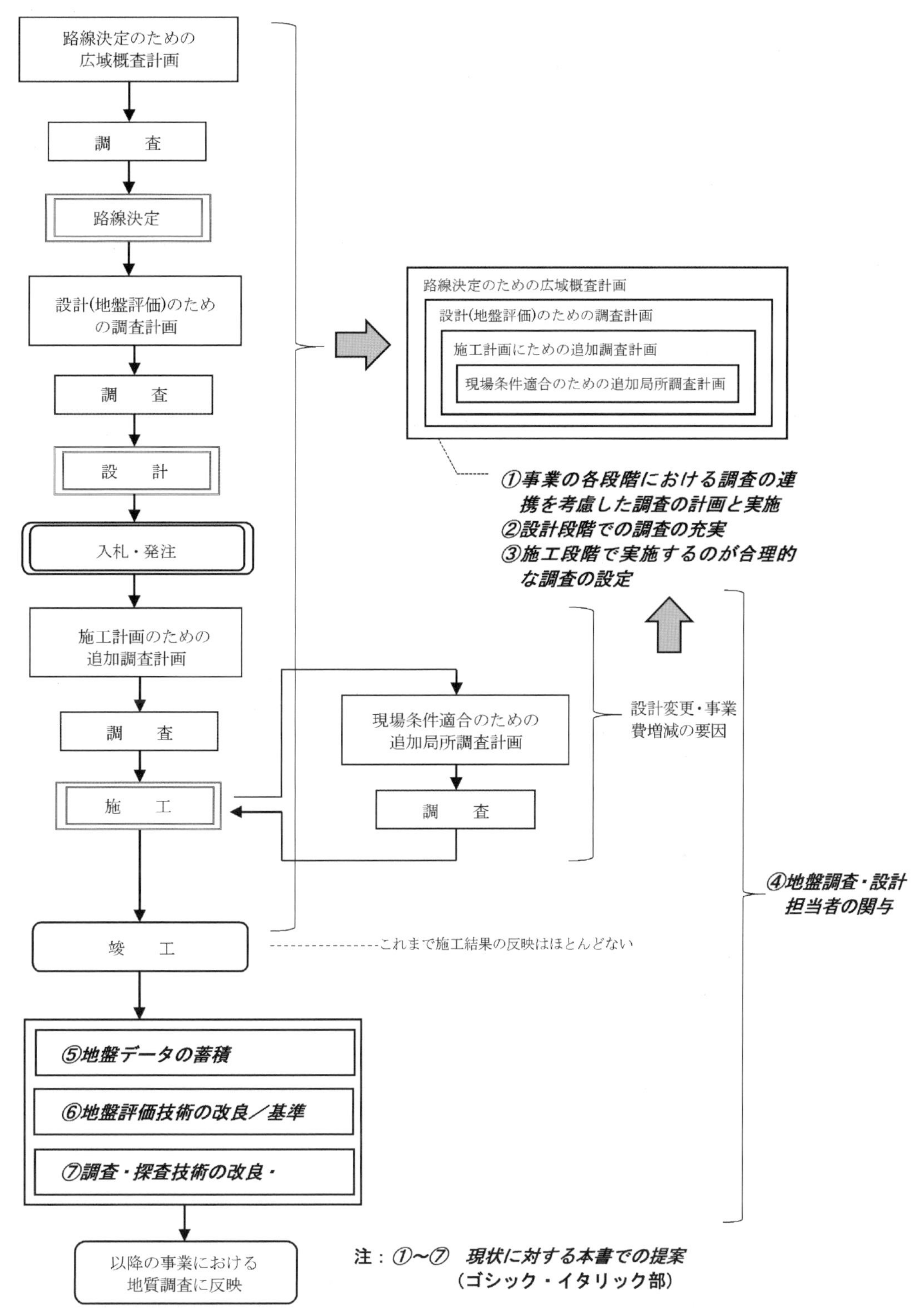

図1-3　トンネル地盤調査の流れと今後のあり方[8)]を修正

表 1-7 各地域の地盤情報データベース[9)]に加筆・修正

地域	地盤情報データベース	運用組織	公開年	本数	提供方法
北海道	北海道（道央地区）地盤情報データベース，北海道地盤情報データベース Ver. 2003	地盤工学会北海道支部	1996 2003	1.1 万 1.3 万	CD-ROM（販売）
東北	とうほく地盤情報システム「みちのく GIDAS」	東北地盤情報システム運営協議会	2010	0.8 万	Web 上（会員制）
北陸	ほくりく地盤情報システム	北陸地盤情報活用協議会	2008	3.0 万	Web 上（会員制）
関東	「関東の地盤」地盤情報データベース DVD 付（2010 年度版），（2012 年度版）	地盤工学会関東支部	2010 2013	—	Geo-Station（書籍販売）
中部	「最新　名古屋地盤図（追補版）」データベース	地盤工学会中部支部	2012	0.5 万	CD-ROM（販売）
関西	関西圏地盤情報データベース	関西圏地盤情報ネットワーク（KG-NET）	2001	6.0 万	Web 配信（会員制）
	神戸 JIBANKUN	神戸 JIBANKUN 運営委員会	1998	0.7 万	Web 上（会員制）
中国	中国地方地盤情報データベース	地盤工学会中国支部	2011	2.8 万	Web 上（会員制）
四国	四国地盤情報データベース	四国地盤情報活用協議会	2004	2.1 万	Web 配信（会員制）
九州	九州地盤共有データベース 2005，2012	地盤工学会九州支部・九州地盤情報システム協議会	2005	6.3 万	CD-ROM（販売）
全国	国土地盤情報検索サイト KuniJiban	国土交通省	2008	9.2 万	Web 上（無料）
	統合化地下構造データベース：ジオ・ステーション（Geo-Station）	防災科学技術研究所	2009	15 万※	Web 上（無料）
その他	自治体などによる情報公開	栃木県，群馬県，埼玉県，千葉県，東京都，神奈川県，静岡県，三重県，岡山県，徳島県，高知県，鹿児島県，浦安市，新宿区，横浜市，川崎市，鈴鹿市など	—	—	Web 上（無料）

※メタデータを含む

いる例もあるが，その公開方法は様々である。このほかに，公開データを取り込んで２次利用した，民間企業が運営するデータベースもある。地盤情報の標準データフォーマットについては，ボーリング柱状図や地質断面図などに関してはCALS/ECによる電子納品で標準書式が決まっているが，物理探査や物理検層などの探査データはこういった標準化の途上にあり，学会などで標準書式の検討が行われている。

一方，国土交通省では，電子納品による地盤データ（XML）を用いて，「KuniJiban」のように公共財産としてデータを利用できる仕組みの運用を進めている。

1.2 計画段階の地盤調査

1.2.1 調査目的

計画段階では，**表 1-2** および**表 1-3** に示したような，地形および地質に関して施工上不利な箇所をできるだけ避けて計画路線を選定することを目的に調査を行う。ただし，社会的情勢や経済性の観点から路線選定を行った結果，あえて施工に不利な箇所を選定せざるを得ない場合が発生した場合に，最新技術を含めて技術的に克服可能かどうかを検討するための調査が実施される。

計画段階の調査では，まず机上調査や地表踏査を行い，その後，概略調査として物理探査やボーリング調査が範囲を絞って実施される。計画段階の調査は，次の設計段階での調査を考慮して調査計画を立案することが望ましい。

路線選定は，候補として複数のルートを挙げ，施工性や経済性を勘案して最終ルートを絞り込む。最終的に決定したルートに対し，設計段階の地盤調査（1.3）を行うための調査計画が立案される。

なお，地形・地質条件のほかに，一般的な立地条件の把握のために環境調査などもこの段階で実施されるが，本書では対象としない。

1.2.2　調査手法および手順

(1)　文献資料収集・分析

文献資料の収集・分析により，現地調査着手前に対象地域の基礎的事項を確認する。収集される資料の例として，以下のような資料が挙げられる。

①　地形図（国土地理院発行：1/20万，1/5万，1/2.5万など）
②　地質図（産業技術総合研究所地質調査総合センター発行：1/20万，1/5万など）
③　土地分類図（地形分類図，表層地質図，土壌図：1/5万など）
④　活構造図（産業技術総合研究所地質調査総合センター発行：1/50万など）
⑤　活断層図（東京大学出版会：日本の活断層ほか）
⑥　空中写真（航空写真）
⑦　近隣地域でのトンネル施工実績記録
⑧　対象地域における過去の災害記録など
⑨　対象地域における過去の鉱山に関する記録など

収集した資料から，対象地域の地形・地質の特徴を把握し，トンネル施工に対して不安定要因となる地形や地質，地質構造を抽出する。このうち，近隣での施工実施記録は直接的な情報が得られる可能性が高く，有用である。また，過去の災害記録や地元での口伝などの情報は，古い地すべり地形などの不安定要因を示唆する場合があるため，可能な範囲で収集する。

なお，空中写真や地形図は，現在のものに加えて過去のものも収集し，地形改変の履歴を把握することが望ましい。さらに，過去の鉱山に関する記録に記載されている坑道位置や採掘鉱物などの情報が自然由来の重金属等の調査の参考となる。

(2)　現地踏査（地形・地質踏査）

収集資料から得られた情報をもとに，現地踏査を行って文献情報を確認・補足して対象地域の詳細な土木地質図を作成する。現地踏査により，地形分類とともに，表層地質の分布や性状・安定性および地質構造（褶曲や断層破砕帯など）の分布や性状を把握し，また，地すべりなどの不安定要因の抽出を行う。

(3)　概略地層構成と地質構造の把握のための物理探査およびボーリング調査

現地踏査結果より抽出した不安定要因が潜在する地域のうち，路線選定箇所における地質情報を得るため，物理探査およびボーリング調査が実施される。一般的に多用されている物理探査には，弾性波探査屈折法，比抵抗高密度探査，電磁探査（空中電磁法）などがある。計画段階では，物理探査によるルート全体の地質構造や性状の把握が主体で，物理探査を補う形でボーリング調査が行われる。ボーリング調査が実施された場合には，サンプリングされたコア試料を用いて強度特性，変形特性，そのほかの物理特性などを把握するための岩石試験を実施することが多い。さらに，トンネル施工による影響評価を行うため，基礎的な水文調査や井戸調査などの環境影響調査が実施される。

1.3　設計段階の地盤調査

1.3.1　調査目的

設計段階では路線選定が実施済みであるため，トンネルルートが概ね確定している。したがって，どのようにトンネルを施工するか，さらに，トンネル周辺環境に及ぼす影響をいかに最小限に留めるかを検討するための地盤資料を得ることが目的となる。計画段階の調査により，おおよその地質や地質構造は把握できており，トンネル施工箇所周辺の詳細な地形・地質，地質構造を調査することが目的となる。特に，特殊な地山条件（**表 1-2** 参照）に該当することが判明している場合は，地山条件に応じた情報を得るための調査が実施される。

調査は，まずトンネルの位置や標準断面など主要な仕様を決定するための調査を行い，概略設計を実施する。さらに詳細な仕様を決定するための調査を実施して，詳細設計を行う。設計段階で用地的・経済的理由により実施できなかった調査は，後続調査として施工段階に引き継がれる必要がある。

1.3.2　調査手法

(1)　詳細な現地踏査（地形・地質踏査）

トンネル施工箇所を中心とした範囲で，詳細な現地踏査が行われる。路線選定時に作成される土木地質図は，概ね 1/10,000～1/5,000 程度の縮尺で作成されるのに対し，詳細設計時には 1/2,500～1/1,000 程度の縮尺で作成される。ここで重要なのはその範囲である。通常はトンネルセンターから両側数百メートル程度の範囲が設定され，その範囲で現地踏査が実施される。しかし，土被りの大きなトンネルでは，トンネル深度付近を通過する断層破砕帯が，地表ではトンネルから離れたところに出現する場合もあり，地質図の作成範囲外でも地質構造の分布を確認する必要がある。

(2)　弾性波探査屈折法

地表に受振器を等間隔（5～10 m）で直線状に並べて，その測線上で人工的に振動を発生させ，振動の伝わり方から弾性波速度構造を推定する探査法である。トンネルの地盤調査では，一般的に実施される物理探査である。これは，トンネルの地山区分を岩種と弾性波速度から行っているからである。しかし，屈折波を利用することによる探査原理に起因する探査限界があり，結果の利用については注意が必要である。詳細は **1.5** を参照されたい。

(3)　比抵抗高密度探査

地表に電極を等間隔（5～10 m）で直線上に並べて，電極の組合せを変えながら地中に電流を流し，そのときの見かけ比抵抗から地盤の比抵抗分布を推定する探査法である。近年，前述の弾性波探査屈折法の弱点を補うことを期待されて，トンネルでの適用が増加している。比抵抗高密度探査では，対象地盤に硬軟が入り混じっていても相応の規模であれば硬軟区別が検出可能である。弾性波探査屈折法のように得られた比抵抗を直接的に利用する地山分類はないため，ほかの資料や調査結果との対比を行って総合的に解釈を行う必要があるが，トンネル掘削に重要な地下水（湧水）に関する情報が得られる。これは弾性波探査にはない比抵抗高密度探査の大きな特徴の一つである。比抵抗高密度探査に関する留意点やチェックポイントは **1.6** で述べる。

このほかに狭義の電気探査法として，IP（誘導分極）法がある。IP 法は人工的に地盤中に流していた一定の電流を遮断したときに，金属鉱物や粘土鉱物に蓄積された電荷が放電されて生じる電位を測定する方法である。主に金属鉱床などを調査する際に用いられるが，土木分野では，断層調査，鉱山地帯や蛇紋岩分布地域を通過するトンネル，重金属類の概査などに適用されることがあるものの，適用事例は少ない。

(4)　ボーリング調査

トンネル調査におけるボーリング調査は，主に両坑口付近で実施される。坑門工とトンネル坑口部の地質を詳細に調べ，坑口部の地盤の安定性や付帯構造物の支持地盤の確認などが行われ，また，トンネル一般部に関しては，物理探査で推定された断層破砕帯などの不安定要因の確認のために行われることが多い。

近年は，トンネル一般部はボーリング調査を省略するケースも見られる。これは，土被りの大きなトンネルで，施工時に坑内から調査する方が効率的に優れている場合などに多い。しかし，事前調査において，トンネル一般部でのボーリング調査およびボーリング孔を利用した孔内検層やサンプリング試料を用いた室内試験は，精度向上には欠かせない重要な調査である。さらに，弾性波探査実施時にボーリング孔内に受振器を設置し，あるいは発破孔として利用することで探査精度を向上することもできる。

さらに，岩盤の地質構造は硬軟を繰り返すものであり，トンネル一般部でのボーリングでは，必ずトンネル計画底面より5m程度下の標高までは実施する必要がある。

(5)　原位置試験および孔内検層

ボーリング調査では，ボーリング孔を利用した原位置試験が併用されることが多い。土砂地山では，一般に標準貫入試験が行われる。このほかに孔内載荷試験，現場透水試験，湧水圧試験（JFT）などが実施される。各試験で得られるデータには，標準貫入試験からN値，孔内載荷試験から変形係数および弾性係数，現場透水試験および湧水圧試験から透水係数があり，設計時のFEM解析や浸透流解析，湧水量の検討などに利用される。

さらに地すべり調査では，すべり面や移動方向，変位量を特定するため，地下水検層や孔内傾斜計，パイプひずみ計などによる測定が行われる。

また，物理探査結果を補完するため，関連する物理検層が実施される。物理検層には，弾性波速度を得るための速度検層，比抵抗を得るための電気検層などがあり，得られた値を利用して解析結果の妥当性を評価したり，解析精度を向上させることができる。

(6)　室内試験（土質試験，岩石試験など）

ボーリング調査で得られた試料（コア・サンプル）を用いて，各種室内試験が実施される。室内試験は，土を対象としたものと岩を対象としたものに分けられ，それぞれ物理特性を調べる試験と力学特性を調べる試験に分けられる。

主な室内試験としては，土の物理的特性を対象とした試験に密度試験，含水比試験，粒度試験，液・塑性限界試験，湿潤密度試験が，力学的特性を対象とした試験に一軸圧縮試験，三軸圧縮試験がある。また，岩の物理特性を対象としたものに，密度・吸水率・有効間隙率試験，超音波伝播速度試験などが，力学特性を対象としたものに一軸圧縮試験，圧裂引張試験，三軸圧縮試験などが挙げられる。

(7)　自然由来の重金属等を含有する岩石・土壌の調査

掘削ずりに含まれる自然由来の重金属等が問題となることから，特定の重金属を含む鉱物の確認のために，X線回折などの鉱物分析や重金属類の含有量試験などが実施される。

「建設工事における自然由来重金属等含有岩石・土壌への対応マニュアル（暫定版）；平成22年3月」によれば，対象となるのは土壌汚染対策法に挙げられた汚染物質のうち，自然由来で岩石・土壌中に存在する可能性のあるものとして，カドミウム（Cd），六価ク

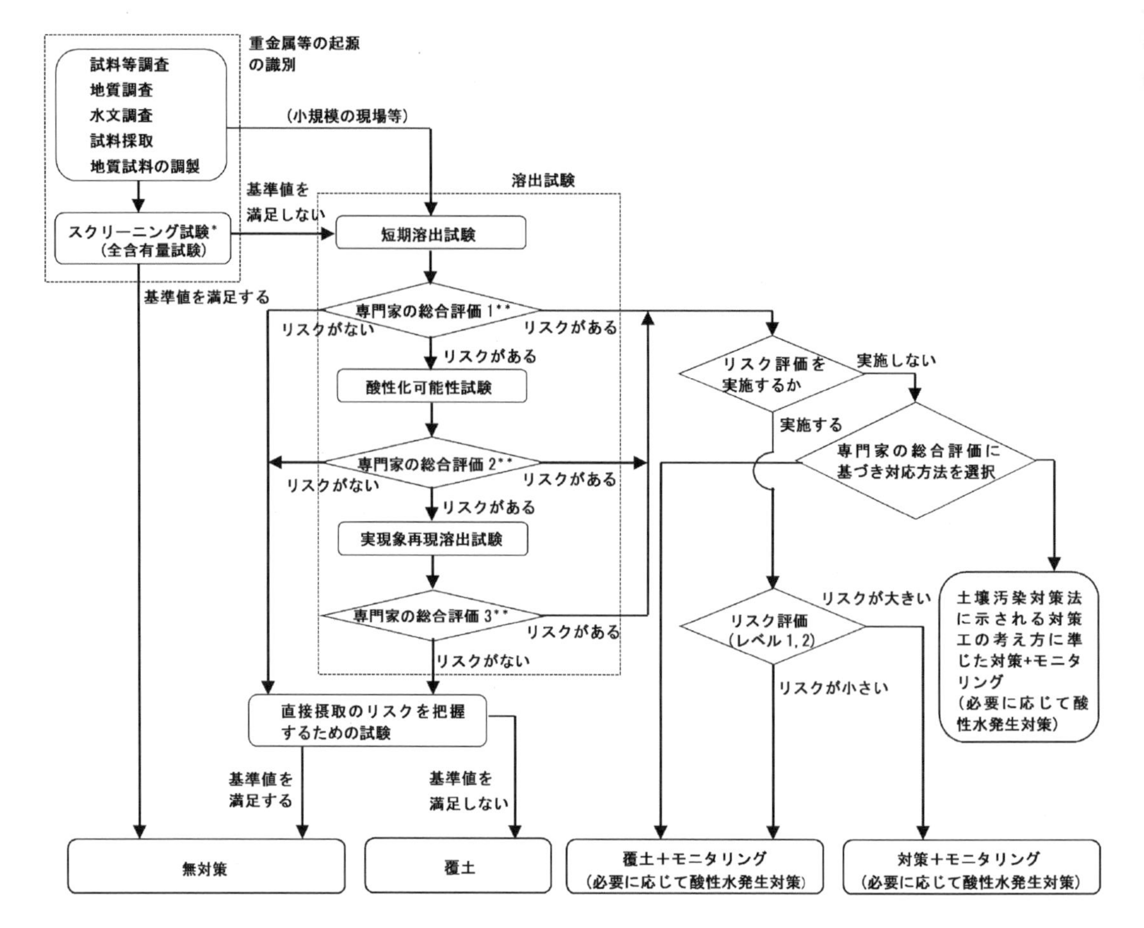

* スクリーニング試験は岩石・土壌の全含有量バックグラウンド値試験を兼ねる。
**専門家の総合評価において，サイト概念モデルを用いた評価を行うことができるのは，利用場所とその後の管理方法が決まっている場合のみである。

図 1-4　自然由来重金属等調査の調査および試験の流れ[10)を修正]

ロム（Cr（VI）），水銀（Hg），セレン（Se），鉛（Pb），ひ素（As），ふっ素（F），ほう素（B）である。さらに，硫化鉱物による酸性水の発生によって重金属等の溶出量が増加する可能性があり，酸性水の発生についての調査・試験を実施する。図 1-4 に自然由来の重金属等の調査および試験の流れを示す。

(8)　水文調査

トンネル湧水量の検討やトンネル建設が地下水に及ぼす影響などを調査するため，水文調査が実施される。図 1-5 に一般的な流れを示す。

水文調査は，工事前に，対象地区周辺の井戸の状況調査（井戸構造，利用状況，地下水位など）や渓流，沢などの流量調査，降水量データの収集などが行われる。これらについて，工事中および工事後に状況調査を適時行って，どの程度の変化が生じたかを把握し，工事による地下水に対する影響を評価するものである。

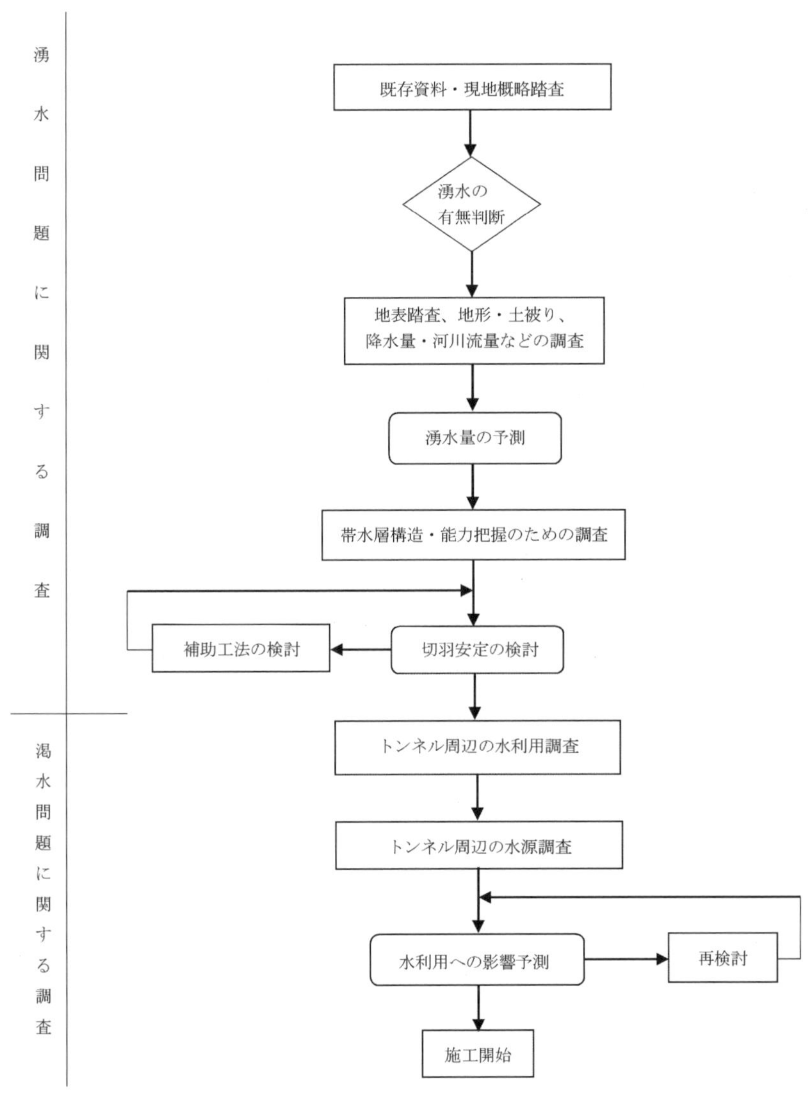

図 1-5　水文調査の流れ[11)]

1.4　施工段階の地盤調査

1.4.1　調査目的

施工時の地盤調査は，地表からの調査では効率や経済性が悪い場合や予見できなかった地質状況が出現した場合，あるいは施工によって引き起こされる各種現象が周辺環境に影響を及ぼす懸念が想定される場合などに実施される。

表 1-8 に，施工時における探査項目と調査手法の一覧を示す。トンネルは地下深部の線状構造物であり，トンネル全線にわたる詳細な調査が困難なことから，設計段階での地盤調査だけでは十分に情報が得られない場合が多く，施工時にトンネル一般部の調査を追加する事例が増えている。

また，土被りの大きなトンネルでは，地表からの探査ではトンネル計画高まで十分な情

表 1-8　施工時の探査項目と調査手法一覧[12)]

調査の分類		地表からの調査			トンネル坑内からの調査：中・長距離探査（局所的な調査，精査）										切羽近傍探査									
調査項目 ＼ 探査・調査手法		弾性波反射法	比抵抗映像法・IP法	電磁波(各種MT・TDEM等)	ボーリング調査孔等の活用：コア・坑内観察	ボーリング調査孔等の活用：各種室内試験	ボーリング調査孔等の活用：各種孔内・原位置試験	ボーリング調査孔等の活用：孔内画像処理	トモグラフィ：弾性波	トモグラフィ：比抵抗	トモグラフィ：レーダ	坑内VSP	削孔検層法	孔間弾性波測定	切羽・坑内観察	切羽画像処理	探りのみ	初期変位法	坑内簡易弾性波	表面波探査法	電磁波反射法	AE計測	地温測定	湧水水質測定
地層状況	滞水層の位置	○	○	○	◎				○	○	○	○	○	○			○			○	○		○	△
	破砕帯等の位置	○	○	○	◎				○	○	○	◎	◎	○			◎			○	○			
	同上走向・傾斜	○	○	○	◎			◎	○	○	○	○	△	○	◎	○	△				○			
	同上規模(幅等)	○	○	○	◎			◎	○	○	○	△	◎	○			△							
	地下空洞の有無	○	△	△	◎					○	○		◎				○				○			
	ガスの賦存位置				◎								△				△							
	地層境界	○	○	○	◎			◎	○	○	○	○	○	○	◎		○		○		△			
地山の物理的状況	不連続面の間隔				◎			◎							◎	◎								
	不連続面の状態				◎			◎							◎									
	粒度特性等				○	◎																		
地山の力学的性質	地山強度	△			○	◎	◎		△			△	○	△	△		○		○	△				
	変形係数	△			○	◎	◎		△			△		△	△			○	○					
	異方性				○	◎	◎								△									
	緩み領域	△	△	△	◎	○	◎	○	○	○	○	○	○	○	△		○	△	◎			△		
水理学的性質	滞水層の透水性				○	◎	◎								△									
	同上水圧				○	◎	◎								△									
化学的性質	水質					◎																		○
	鉱物組成等					◎																		
地山応力	1次応力(初期応力)				◎		◎																	
	2次応力																	△				△		

：山岳トンネルの分野で従来から用いられている技術

◎：定量的評価可能　○：定性的評価可能　△：傾向が分かる　無印：対象外

なお，この表は，施工時の地山判定の為の調査とは異なった観点でまとめてある。

報が得られない場合や，地表からのボーリングでは掘削深度が大きくなり過ぎてコスト的に難しい場合がある。この場合には，トンネル一般部における事前調査は施工方法や施工機械選定のための最低限の調査に留め，施工時に調査をすることで，コスト低減を図るケースがある。

施工中の調査は，施工と同時進行で調査が行われるため，施工に必要な情報をできるだけ短時間に得られることが重要となる。さらに，切羽観察や坑内外の観察・計測，吹付けコンクリートおよびロックボルトなどの支保工の応力や変位，湧水量の測定などが行われ，当初設計の地山等級の妥当性が判断される。その結果は，施工に逐次反映されて当初設計の地山等級が修正される。施工時に行う調査の詳細は**第 4 章**，**第 5 章**を参照されたい。

1.4.2　調査手法

(1)　切羽前方探査

施工中に，トンネル切羽前方の地山状況（地質・地質構造・地山の硬軟など）を予測するために切羽を利用して行う調査を総称して切羽前方探査と呼んでいる。切羽前方探査には，主に坑内のみから行うものと，坑内と地表の組合せ，あるいは坑内と地表からのボーリング孔の組合せで行うものがある。探査手法としては，弾性波や電磁波を利用するもの，地山の変形を利用するものなどがある。弾性波および比抵抗によるトモグラフィ解析（ボーリング孔間，トンネルと地表，切羽と前方ボーリング孔間など）も切羽前方探査に含まれる。そのほか，坑内から行う方法としてボーリングを利用する方法がある。大きくは，水平コアボーリングとノンコアの削孔検層に分けられる。切羽前方探査の詳細は**第5章**を参照されたい。

(2)　切羽観察および切羽より得られた岩石試料を用いた岩石試験

トンネル掘削時の坑内観察により，切羽の自立性や岩質，断層破砕帯などの脆弱部の性状把握，支保工の変状などを観察する。また，切羽から得られた岩石試料により物理的・力学的特性の試験を実施する。

(3)　地山の変形観測

トンネルの施工中には，掘削に伴う地山の挙動を計測により確認する必要がある。特に，小土被りや軟質な地山での施工時，あるいは断層破砕帯などの脆弱部での施工時には，地山の変位・応力測定を行い，変動量の監視を行う。地山の挙動が当初予測と異なる場合には，当初設計の地山等級を適時修正するなど，観察・計測の結果をすみやかに設計・施工にフィードバックする。このときに重要になるのが管理基準値である。しかし，トンネルでは地山性状や掘削条件に起因する要因が複雑に関連しており，統一的な管理基準値を示すことが難しい。このため，それぞれのトンネルの条件に合った管理基準値を設定している。

(4)　湧水量の測定と水文調査

施工中は，切羽掘削に伴う湧水により切羽崩壊などの危険があり，十分留意する必要がある。施工時に発生すると考えられる地下水に関する問題点としては，以下のようなものがある。

①　突発湧水による切羽崩壊
②　想定以上の湧水による排水能力不足
③　周辺流域などにおける渇水現象の発生と利水への影響

事前の水文調査による検討結果や観測結果をもとにした想定と施工時の状況が異なる場合には，施工へ反映することが重要である。施工時には，問題発生の可能性があるか，どの程度発生するのか，工事との因果関係があるかどうかなどについて，その判断材料が得られるような内容の調査を実施することが重要である。

1.5　弾性波探査屈折法

1.5.1　弾性波探査屈折法と解析方法の種類

弾性波探査では，地表で爆薬などを用いて人工的に弾性波を発生させ，地表に直線状に設置した受振器で地下を伝播する屈折波や反射波を観測する。観測した屈折波や反射波を処理・解析することにより，地下の各地層の層厚や弾性波速度などの地下構造を求める探

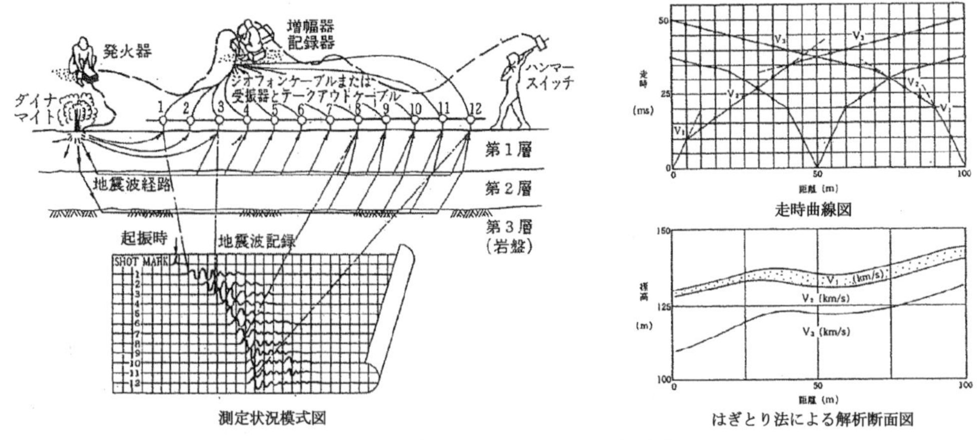

図 1-6　弾性波探査屈折法概念図[15]に加筆

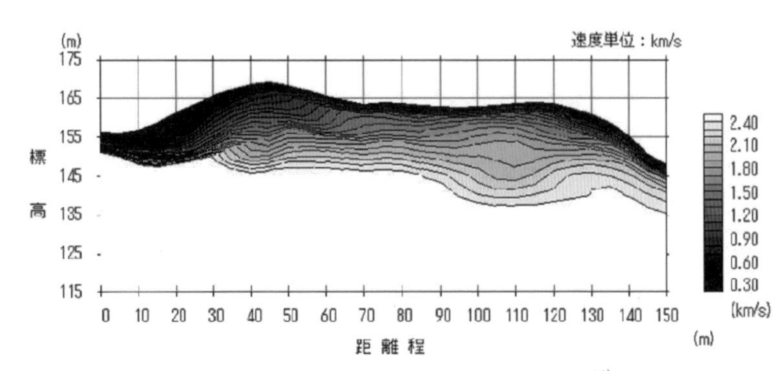

図 1-7　トモグラフィ解析の速度構造モデル[16]

査手法である。このうち，屈折波を利用するものを弾性波探査屈折法，反射波を利用するものを弾性波探査反射法と呼ぶ。弾性波探査屈折法の概念図を図 1-6 に示す。トンネル調査では主として弾性波探査屈折法が実施される。

起振には，少量の爆薬を用いることが標準的であるが，規模が小さく探査深度が浅い場合には，かけやによる打撃などの非爆薬振源を用いる場合がある。非爆薬振源を用いる方法では，振源のエネルギー不足を補うため，同一起振点での複数回の起振データを加算するスタッキング（重合）を行う。このことから積算基準など[13,14]では非爆薬振源を用いる方法を特にスタッキング法，あるいは重合法と呼んでいる。

弾性波探査屈折法では，受振点で得られた波形データから初動の到達時間を読み取ってプロットし，走時曲線を作成する。走時曲線から，はぎとり法もしくはトモグラフィ解析によって地山弾性波速度分布を解析する。

(1)　はぎとり法

はぎとり法は「萩原の方法」とも呼ばれ，弾性波速度分布を層構造と仮定して解析する方法である。当解析法では，走時曲線の傾きから各層の速度を決定し，互いに逆行して交差する1対の往復走時曲線から，各速度層の層厚に相当する走時（深度走時）を解析し，各層の層厚および分布深度を決定して解析断面図を作成する（図 1-6 右図）。

(2)　トモグラフィ解析

トモグラフィ解析は，解析範囲を細かなセルに分割して，波線追跡法（レイトレーシング）により各セルの速度値を求める方法である。当解析法は，逆解析（インバージョン）手法を用いて，観測で得られた走時と速度モデルの理論走時の差が最小となるように速度

表 1-9　はぎとり法とトモグラフィ解析の比較[17)]**に加筆・修正**

解析方法	長　所	短　所
はぎとり法	• 速度層境界が明瞭に得られるため，探査結果の解釈が容易である。 • 低速度帯の検出には優れた方法である。 • 短い測線長で探査深度を確保するため，遠隔起振を利用できる。	• 速度の変化が連続的な構造や複雑な速度構造の解析に適さない。 • 解析技術者による結果の差が生じやすい。
トモグラフィ解析	• はぎとり法では把握しにくい横方向に変化の大きい構造や徐々に速度が変化して層境界が不明瞭な構造（ミラージュ層）も捉えやすい。 • 調査ボーリング孔などを利用した地中の測定を解析に取り込むことができる。 • 速度分布に加え，波線の通過状況を確認できる。	• 層境界が不明瞭となり，地質構造の解釈が難しい。

モデルを求めていく。解析結果は**図 1-7** のように速度分布図で表される。

はぎとり法およびトモグラフィ解析の特徴を**表 1-9** にまとめる。

1.5.2　弾性波探査実施計画上のチェックポイント

探査計画時には，以下の内容について確認する。

(1)　探査条件の確認

弾性波探査を適用するにあたり，調査地の探査条件を確認する。最も重要なことは，爆薬の使用が可能な現場条件かどうかである。市街地に近く，保安物件が近接しているなどで，爆薬が使用できない場合は，非爆薬振源（かけや，重錘など）に頼らざるを得ない。この場合，測線長を長く設定できないため，探査深度も浅くなる。また，地表付近に高速度層の分布が予想される場合は，下位の地層を検知できない場合があり，PS 検層や電気探査など，ほかの探査手法の併用を検討する必要がある。

(2)　測線計画

(a)　最大受振距離

最大受振距離とは，ある起振点で発生させた弾性波を受振する受振点のうち，最も距離が離れた受振点までの距離である。最大受振距離は探査深度（土被り）の 5 ～10 倍以上確保する必要がある。

(b)　測線長

図 1-8 に示すように，測線長はトンネル長よりも長く設定する必要がある。目安としては，道路トンネルで両側 30～50 m 程度，鉄道トンネルで両側 50～100 m 程度としている。

(c)　副測線の配置

図 1-8 のように，トンネル坑口付近では，坑口部の 3 次元的な地質状況を把握するために主測線と直交方向に副測線を配置する場合が多い。また，地質構造がトンネルルートに平行もしくは鋭角で斜交することが予想され，特に測線と平行に高速度層が分布する場合には，高速度層を伝播した屈折波が初動として観測されることで，測定・解析結果が測線直下の地質構造を反映しない。この場合には，地質構造と直交する副測線を複数配置するなどして対応する。

(d)　トンネル平面線形が曲線をなす場合

トンネル平面線形が曲線をなす場合は，複数の測線を組み合わせた配置とする。この時，各測線の交点では，**図 1-9** のように探査深度を目安に重複長（L）を設定するが，最低でも 50 m 程度以上とする[20)]。

(3)　起振計画

起振計画については以下の項目を確認する。

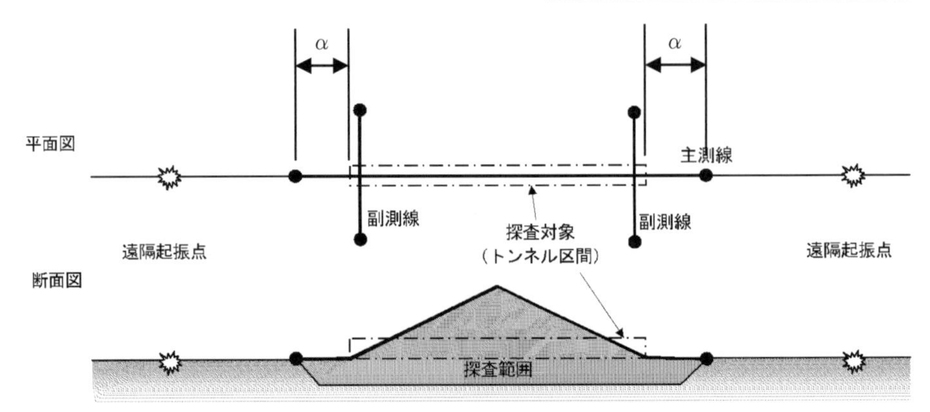

図 1-8　トンネルにおける弾性波探査の測線設定[19)]に加筆

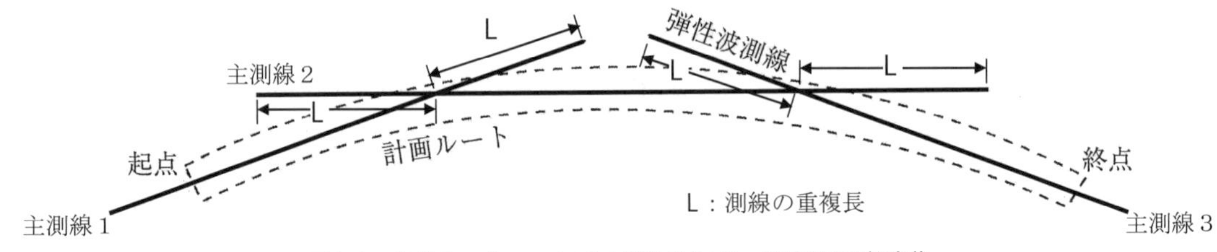

図 1-9　曲線トンネルにおける弾性波探査の測線配置[20)]に加筆

(a)　起振方法

爆薬（ダイナマイトや含水爆薬）は起振エネルギーが大きく，受振距離を延ばせる方法として最適である。しかし，調査地の条件（保安物件など）によって発破を行うことができない場合は，機械式振源やかけやの打撃によって起振する。**表 1-10** に起震源別標準受振距離を示す。起振方法には，そのほかに放電による衝撃を利用する方法などもある[21)]。

(b)　起振点間隔

図 1-10 に示すように，起振点は受振点 6 ～12 点ごとに，隣り合う受振点の中間に設けることが一般的である。また，**図 1-11** に示すように，測線端部付近および測定展開端部付近の配置を原則とし，できる限り尾根部や谷部などの地形変曲点へ配置できるように，起振点を移動もしくは追加する。

(c)　孔中発破や水中発破の検討

地表付近の土発破による最大受振距離は 250～300 m 程度である。探査に必要な最大受振距離がこれよりも大きい場合は，起振のためのボーリング孔を設ける孔中発破や，測線内の沢や池を利用する水中発破を行う。孔中発破の最大受振距離は 1,000 m 程度またはそれ以上，水中発破の最大受振距離は 500 m 程度である。なお，最大受振距離によらず周辺環境への影響を考慮して孔中発破を実施する場合もある。

(d)　遠隔起振の検討

測線端部においても探査深度を必要とする場合は，測線外に遠隔起振点を設ける。特に土被りが大きいトンネルの探査に対しては，観測波線が探査深度まで十分届くよう振源距離が確保されているかどうか事前に検討し，遠隔振源（測線外振源）を設定して，同遠隔振源で得られた走時曲線を加えて解析に反映させるなどの工夫が必要である。なお，波線

表 1-10　起振源別標準受振距離[21]

起振源	受振距離（km）									
	0.1	0.2	0.3	0.4	0.5	0.6	0.7	0.8	0.9	1.0
土中発破										
水中発破										
ボーリング孔中発破										
ハンマーリング										
重錘落下										
エアガン										
非火薬式破砕薬										
ショットパイプ										

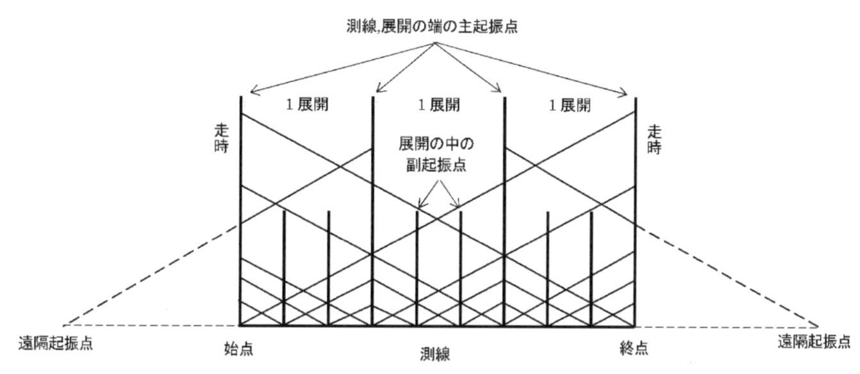

図 1-10　起振点配置計画の例[22]

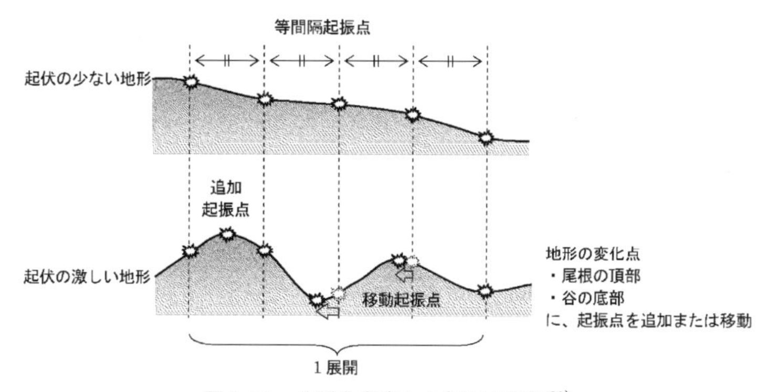

図 1-11　地形を考慮した起振点配置[22]

経路は速度構造によって変化するため，実際に波線が探査対象深度まで届くかどうかを探査前に決めることは難しい。ただし，ボーリング調査などにより，概略の地質構造が分かっている場合は，波線が探査対象まで届く可能性について検討しておくことが重要である。

(4)　受振計画

(a)　受振点間隔

受振点間隔は，トンネル一般部では施工面までの土被りを目安とし，土被りが 100 m を超える場合は 10 m，100 m 以下の場合は 5 m とする場合が多い。また，トンネル坑口部あるいは低土被り部など地質構造を詳細に把握したい場所では 5 m とする[23]。

(b)　孔中受振の検討

測線上にボーリング孔がある場合は，孔中受振点を設けてトモグラフィ解析することにより逆転層などが部分的に検出できる場合がある。あるいはそれを見込んで，ボーリング地点の配置を検討することも一策である。

(5) 使用測定機器

使用する測定器については，以下の項目について確認する。

(a) 測定器

測定器はデジタル記録できる測定器が望ましい。データ保存形式はSEG-Y形式またはSEG-2形式が多用されているが，独自形式もある。使用する解析ソフトウエアと合致するものである必要がある。

(b) A/Dコンバータのサンプリングレート

弾性波探査屈折法では1 msの精度で初動の読取りが行われるため，それに見合ったデータ記録精度が必要である。デジタルデータの記録精度は，測定する波形の周波数とA/Dコンバータのサンプリングレートに深く関係するため，サンプリングレートは0.5 ms以下に設定できる測定器である必要がある。できれば0.2 ms程度以下であることが望ましい。

1.5.3 弾性波探査実施上のチェックポイント

探査実施にあたり，以下の項目について確認する。

(1) 立入り許可

地権者，土地利用者，土地管理者，地元住民など，承諾・許認可が得られていることを確認する。

(2) 火薬類消費許可

弾性波探査の起振では，爆薬による発破を行うため，火薬類譲受・消費許可が必要である。保安物件の把握，発破時の警戒などの安全管理，安全対策については，許可内容に沿った対策が講じられているかについて，特に確認が必要である。

爆薬の譲受および消費など，爆薬や電気雷管などの火薬類を取り扱うすべての作業において，火薬類取締法令を順守し，また，親ダイの作成・装填・点火など，火薬類の取扱いに関する作業は，火薬類取扱保安責任者あるいは発破技士の有資格者が行わなければならない。

(3) 安全管理

防爆シートや発破時の警戒手段が適切に準備されていることを確認する。

(4) 測定データの品質管理

測定前にはノイズ状況の確認を行い，S/N比を高めるように測定器の増幅率やフィルタの調整を行う。雨・風の強い日などに十分なS/N比のデータが得られない場合は，日を改めて測定する。

各起振のデータ収録後に，初動振幅の状態やショットマークの有無やずれなどのデータの品質チェックを行い，所定の品質が得られていない場合は，再測定を行う。

1.5.4 弾性波探査結果解析上のチェックポイント

弾性波探査の解析を行う際は，以下の項目について確認する。

(1) 走時曲線

走時曲線については，以下の内容について確認する。

(a) 往復走時の一致

図1-12に示すように，測線左右からの往復走時が得られており，また，往復走時の差が2～3 ms以内であることを確認する。

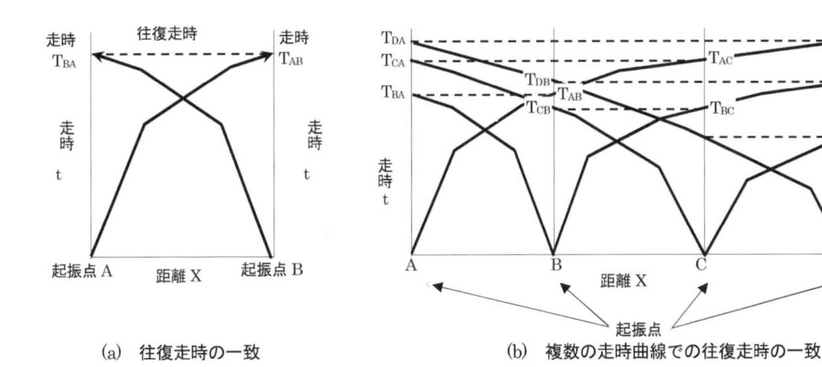

図 1-12　往復走時の一致[24)]

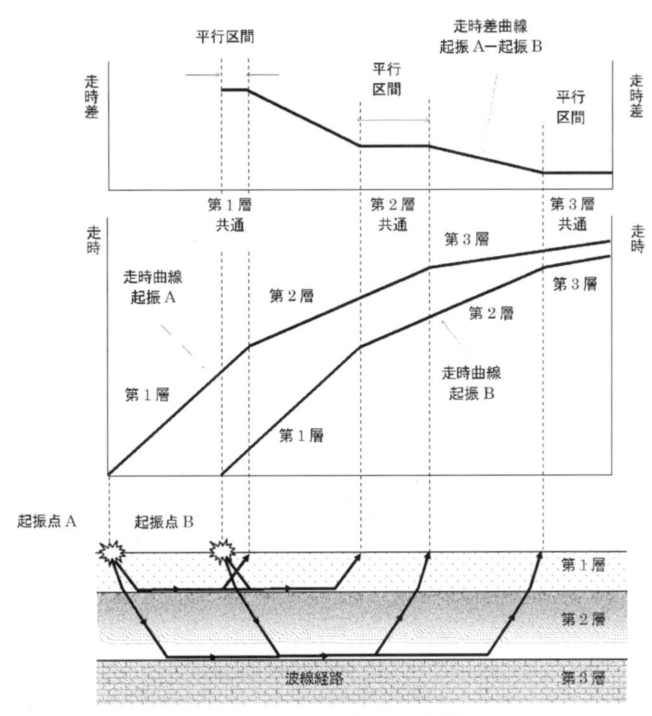

図 1-13　走時曲線の平行性[25)]

(b)　走時の平行性

図 1-13 に示すように，異なる２つの起振点から同一方向へ伸びる走時曲線の間隔は，平行であるか徐々に狭まっているかのどちらかであることを確認する。

(c)　観測走時と理論走時の明示

トモグラフィ解析では，観測走時と理論走時が明示されていることを確認する（**図 1-15** (c) 参照）。これにより，観測走時と理論走時が大きく違わないことを確認する。

(d)　はぎとり線の明示

はぎとり法では，**図 1-14** に示すような，はぎとり線が明示されていることを確認する。

(2)　速度分布図

図 1-15 は，トモグラフィ解析結果の一例を示したものである。(a) はセルの速度を色分けして断面図に示した速度分布図，(b) は等速度コンターによる速度分布図である。(c) は現地での観測走時と解析モデルによる逆計算で求めた理論走時を重ねたものである。

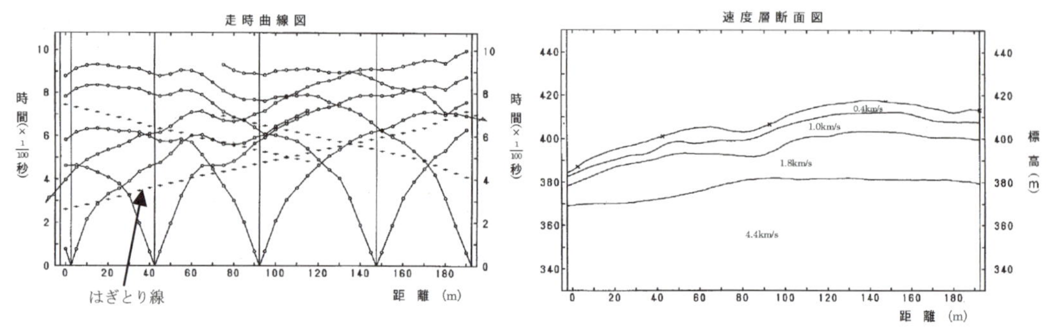

図 1-14　はぎとり法による走時曲線および速度層断面図解析例[26]

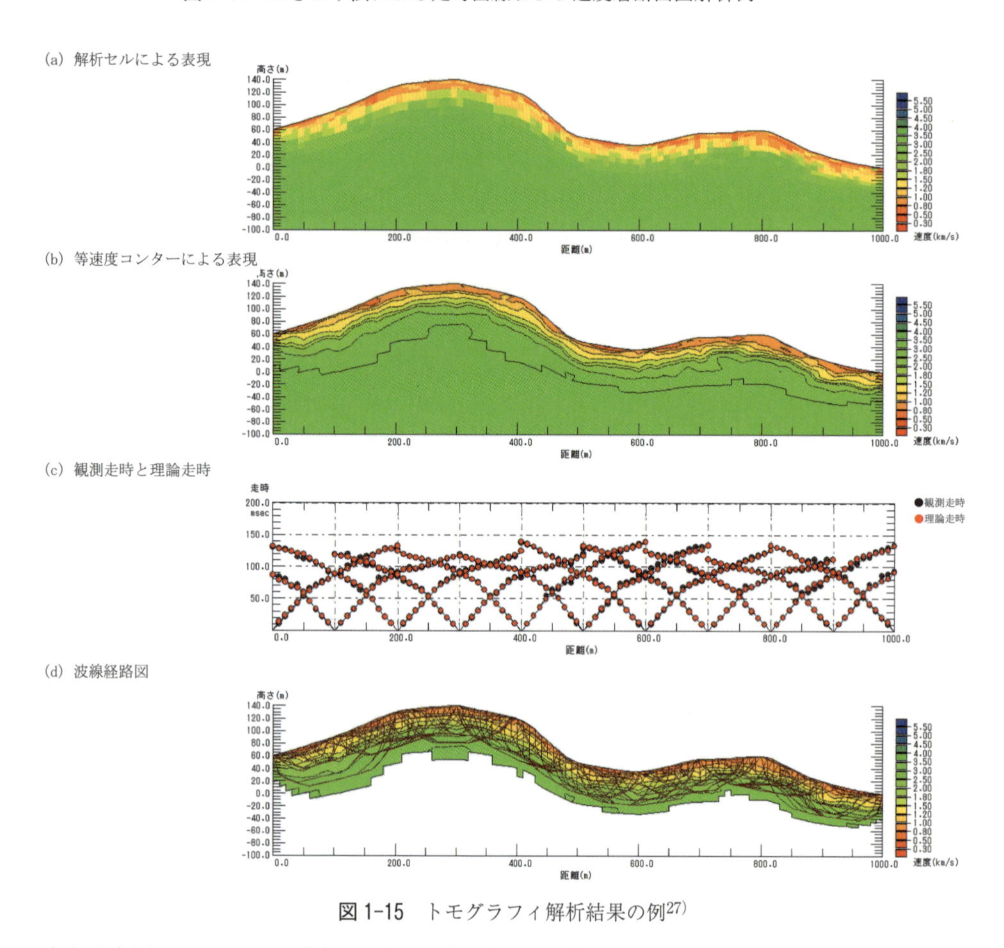

図 1-15　トモグラフィ解析結果の例[27]

速度分布図については，(d) に示すような解析波線図により解析有効範囲を確認する。

1.5.5　弾性波探査の適用範囲・限界

弾性波探査は地盤調査の一般的な調査手法の一つであり，トンネルルート沿いの地山評価，ダム基盤の評価，切土法面の勾配決定などあらゆる調査に利用されている。

一方，以下に示す様々な留意点があるため，適用の際には留意点への配慮が必要である。

(1)　速度境界と地層境界の不一致

弾性波探査における層境界は速度の異なる地層の境界であり，地質学的な地層境界とは必ずしも一致しない。したがって，異なる地質でも同一層として解析される場合や同一地質でも異なる層として解析される場合がある。

(2)　逆転層の不検出

屈折法では，地下の弾性波速度は深部ほど速度が大きいことを前提としている。これは解析手法にかかわらず，屈折波の特性である。したがって，高速度層の下位に低速度層が分布する逆転層の場合は，地表からの探査では，低速度層の存在を検知することはできない。

ただし，ボーリング孔やトンネル坑壁を利用して地中に受振点や起振点を設けた場合に，地中との波線が通る箇所に関しては，トモグラフィ解析により逆転層を検出できる場合がある。

(3)　起振エネルギーと探査深度

弾性波探査屈折法における原理上の最大探査深度は，起振エネルギーと最大受振距離によって決まる。

このため，トンネルの土被りに見合った測線長を確保することが必要であり，さらに最大受振距離を十分確保できる起振エネルギーが必要である。これらが確保できない場合は，必要なデータが得られない場合がある。用地上の制約や環境への影響を考慮すれば，一般的な土木分野では200 m程度が探査深度の限界と考えられる。しかし，十分な最大受振距離を確保するために，主測線の重複長を長くしたり，発破孔を用いて爆薬量を増やすことで起振エネルギーを大きくしたりすることができれば，さらに深部を探査することが可能となる。その場合は，一般的な条件下での探査とは異なるため，**1.5.6** (4) に示すような留意が必要である。

1.5.6　弾性波探査の高度化

今後，普及が望まれる弾性波探査の高度化を図る手法を紹介する。

(1)　3次元弾性波探査

2次元のトモグラフィ解析では，測線の交点で速度分布が整合しないことが多い。これは，一つには3次元的な速度構造の影響によるものと考えられる。3次元弾性波探査は，測定と解析を3次元で行うため，この課題を克服することができる。トンネル調査分野では，坑口調査など，3次元の速度構造の把握を求められる場合に有益な方法である。しかし，測定と解析の数量が膨大となるため，作業効率が著しく低下する問題がある。

(2)　はぎとり法による解析結果を初期値としたトモグラフィ解析

はぎとり法は断層破砕帯や多亀裂帯などに対比される低速度層の検出に優れており，トモグラフィ解析では地形や速度境界に凹凸があっても適用限界を考慮することなく適用できる利点がある。また，地層構成によっては，トンネル計画高の速度はトモグラフィ解析が優位となる場合も指摘されている。トンネル調査分野では，標準積算資料[14)]でも指摘されているように，トモグラフィ解析とはぎとり法による解析双方の利点を生かすことが，地山状況を評価する際の精度を高めることにつながると考えられている。また，はぎとり法による解析結果を初期値としたトモグラフィ解析を実施することによって，双方の長所を考慮した解析が可能となる。(独) 鉄道建設・運輸施設整備支援機構では，平成24年に上記の仕組みを取り入れた「トンネル弾性波探査マニュアル (案)」を規定するとともに，解析プログラムを公開している。

(3)　初期値乱数解析

トモグラフィ解析では，任意の初期速度モデルを設定しトモグラフィ解析を実施する。これを試行錯誤し，理論走時と観測走時の平均誤差 (RMS 走時誤差) の収束状況や解析波線状況などにより解の妥当性を検討することが一般的である。しかし，トモグラフィ解析には初期値依存性があり，特殊な地質構造下では誤った解に収束する場合も考えられる。そこで，初期速度モデルをランダム化するモンテカルロ解析を利用する方法がある。これにより，数100パターンの解析を自動で行うことができるようになり，平均解と標準偏差により統計的な評価が可能となっている。

(4)　大深度トンネルへの適用に向けて

トンネルを対象とする地質調査では200 m程度が探査深度の限界と考えられるが，200 mを超える場合には，施工面よりも浅部の速度構造とほかの地質情報を合わせることにより，トンネル施工面付近に現れる低速度帯の情報について推定することができる。また，施工面を通過する波線を得るためには，十分な費用と探査計画のもとに実施する必要がある。探査深度が深くなる場合，具体的には以下の点に留意する必要がある。

探査深度を深くするには，発破の最大受振距離を大きくするため爆薬量を増やすとともに，専用の発破孔を設ける必要がある。発破孔の設置箇所は，トンネル明かり部分や谷などの低標高部が主体となるが，トンネル施工面の速度決定精度を向上させるには，できる限り多数の走時（表層，中間層および施工面付近を通過するもの）を確保する必要があるため，設けた発破孔を用いて繰り返し起振を行う計画が必要となる。

起振孔の掘削深度は基本的に強風化層を抜けたあたりとするが，水深30 mを超えるとダイナマイトおよび雷管の死圧に近づくため発破が不安定になる[28]ことから，発破孔の掘削深度として最大40 m程度を目安とする。これより深い水深での発破には，深海用爆薬および雷管の準備が必要となる。また，発破孔の孔径はϕ86～116 mm程度が必要である。

一方，弾性波は地中内部を3次元的に伝搬するため，探査深度が深くなることによって弾性波の伝播経路がトンネル施工面から外れる可能性が高くなる。したがって，前述の対策で探査深度を確保したとしても，地質構造を加味しないと2次元断面での解析では大きな位置のずれを生じている可能性がある。このような誤差の原因を解消するためには，深部までの長尺ボーリング孔を掘削し，トンネル施工面付近で多連式の受振装置を用いて受振することも有効である。長尺ボーリング孔を複数掘削し，トンネル施工面付近の受振点をできるだけ多く設けることで，測線全体の精度向上に寄与することができる。

火薬類の譲受・消費量が多くなる場合でも，許認可関係の手続きは通常の弾性波探査と変わらないが，1日の火薬類消費量が25 kgを超える場合は火薬類取扱所を設置する必要がある。また，周辺への危険予防，特に飛石・振動・音などへの防護措置や交通規制等の安全管理については，より強固で確実なものとする必要がある。

トンネル建設では低速度帯の把握が重要な要素となる。弾性波探査では，基盤内での低速度帯の分布状況や位置を特定することは難しいが，断層または多亀裂帯の有無の判断は可能である。また，トンネル施工面の速度は，弾性波探査結果がトンネル施工面まで十分達していなかった場合でも，ボーリング調査などの地質情報をもとに推定し，岩級区分などと対応させた「基盤速度」として示すことが有益である場合も多い。ここで述べた探査計画は一般的な探査計画よりも費用が大幅に増加する方法であるが，トンネル建設にもたらす有益性の観点から，実施することが望ましいと考えられる。

1.6　比抵抗高密度探査

1.6.1　比抵抗高密度探査の種類

比抵抗高密度探査は，地盤の比抵抗を探査して地盤状況を推定する方法である。比抵抗

表 1-11　代表的な比抵抗高密度探査法[29]

大分類	測定位置	代表的な手法	特　徴
電気探査法	地表	比抵抗法	地表に電極を設置して測定を行う測定法で，電極配置により，２極法，３極法，４極法などいくつかの種類がある。
		キャパシタ電極を用いた比抵抗法	浅層部の探査が高速にできる。 電極を打設する必要が無い。
	孔中	比抵抗トモグラフィ	ボーリング孔を用いて詳細な比抵抗構造を把握できる。地表と孔間で測定することもできる。
電磁探査法	地表	MT・AMT 法	自然の電磁場を信号源とし，周波数領域で行う。0.1 Hz ～10 kHz 帯に絞って観測するものを AMT と呼ぶ。
		CSAMT 法	人工的に電磁場を発生させ，周波数領域で行う。AMT と同じ周波数帯を観測する。
		TDEM 法	人工的に電磁場を発生させ，時間領域で行う。
	空中	空中電磁法	広域を早く測定できる。

データに基づく２次元探査を総称して，比抵抗高密度探査と呼ぶが，その分類は**表 1-11**のようになる。このうち，トンネル調査に用いられる代表的な探査法について記述する。

(1)　比抵抗法

比抵抗高密度探査では比抵抗法が最も一般的な方法である。地表に電極を配置して，電流電極（C）から通電しての電位電極（P）の電位を測定する手法で，標準的な電極配置を**表 1-12** に示す。

(2)　CSAMT 法

CSAMT 法（Controlled Source Audio-frequency Magneto-Telluric Method）は，人工信号源を用いた MT 法である。CSAMT 法の測定は，**図 1-16** に示すように，長さ１～２ km のアンテナ線の両端に電極を打設して信号源（ダイポール）を設置し，信号源から数アンペアの交流電流を大地に通電する。このアンテナ線の中を流れる電流によって人工的

表 1-12　比抵抗法の電極配置[30]

電極配置の種類	電極配置図	特　徴
ポール・ポール（２極法）	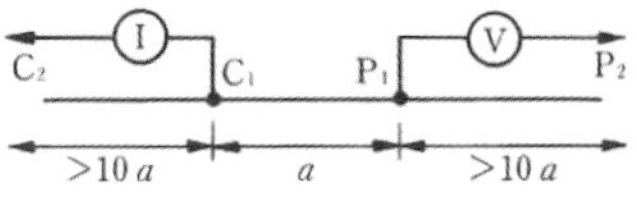 I　V　C_2　C_1　P_1　P_2　>10 a　a　>10 a	遠電極だけ打設しておいて，測定場所では２本の電極間隔を変えていくだけで測定できる。細かな地質構造については，平滑化された比抵抗分布として表れる傾向がある。
ポール・ダイポール（３極法）	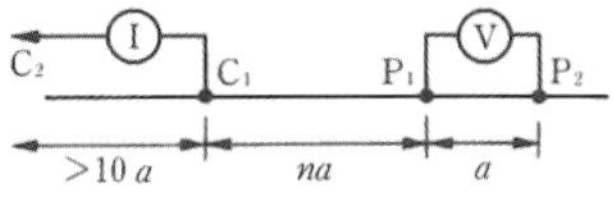 I　V　C_2　C_1　P_1　P_2　>10 a　na　a	電流電極の一つが遠電極になる CPP 法に相当するので，３極法と呼ばれ，４極法と２極法の中間的な探査特性を持っている。
ウェンナー（４極法）	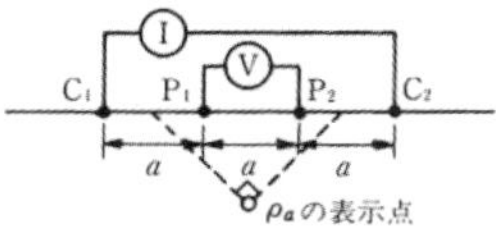 I　V　C_1　P_1　P_2　C_2　a　a　a　ρ_aの表示点	最も古典的な４極法の電極配置であり，水平構造の地盤に適する。
ダイポール・ダイポール（４極法）	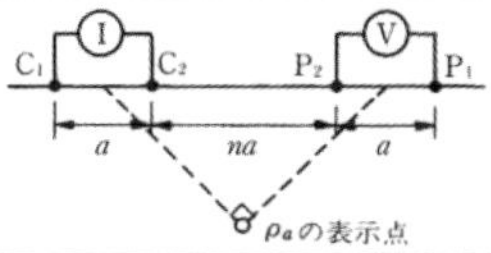 I　V　C_1　C_2　P_2　P_1　a　na　a　ρ_aの表示点	感度は高く，縦構造の地層に感度分布が適し，断層や地質境界などの探査に向いている。

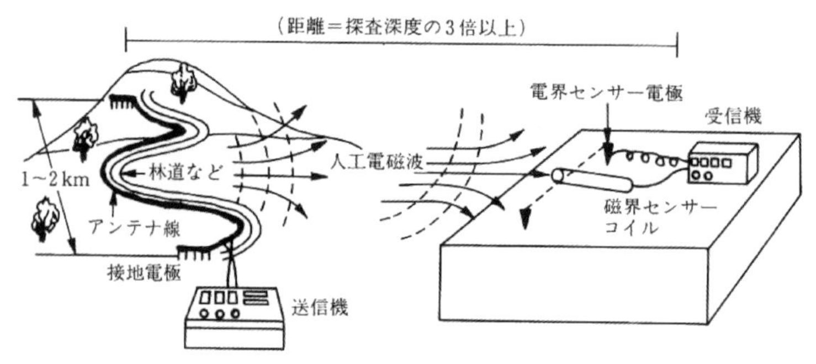

図 1-16　CSAMT 法の測定概念図[31]

に作られた電磁場（1次電磁場）により，地盤中に誘導電流（2次電磁場）を発生させる。2次電磁場は，地盤の比抵抗の影響を受けるため，この変化を捉えることにより，地盤の比抵抗分布を求めることができる。

(3)　TDEM 法

TDEM 法は時間領域の電磁法（Time Domain Electromagnetic Method）の略称である。**図 1-17** に示すような地表に設置したループアンテナに電流を流して，1次電磁場を発生させる。ある時点でこの1次電磁場を急激に遮断し，2次電磁場の時間変化を測定して地下の比抵抗分布を調べる探査手法である。送信アンテナには直線状のアンテナを用いる場合もある。CSAMT 法に比べ地形や地表付近の不均質性の影響を受けにくいので，地形の複雑な地域の探査に適している。

(4)　空中電磁法

空中電磁法は，電磁探査装置を航空機やヘリコプターに搭載・曳航して調査する探査手法で，広域の導電性鉱床の探査手法として発展してきたものである。土木分野では，**図 1-18** に示すように，送・受信コイルを収納したバードをヘリコプターで曳航し，周波数領域で測定する HEM（Helicopter Electromagnetic Method）が主流となっている。通常，バードの対地高度を 30～60 m に保ち，30～50 km/h の速度で移動しながらデータを収録する。本手法における比抵抗は，あらかじめ数値計算した成層構造モデルや垂直板状構造に対するフェーザー図（**図 1-19**）に基づいて計算される。

1.6.2　比抵抗高密度探査実施計画上のチェックポイント

(1)　探査条件の確認と探査手法の選択

比抵抗高密度探査を様々な調査に適用する際には，その探査対象と探査目的を明確にし，

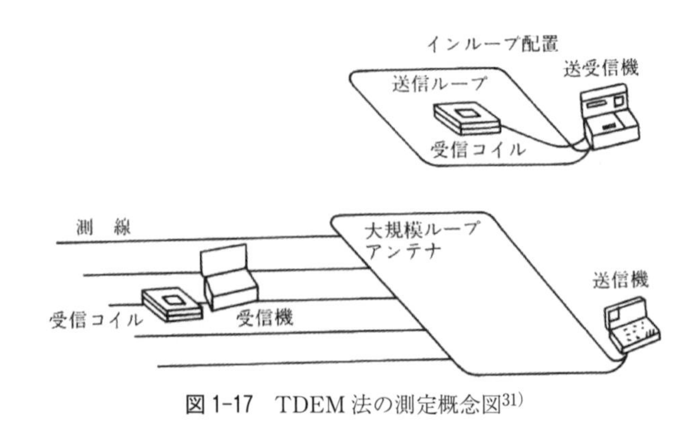

図 1-17　TDEM 法の測定概念図[31]

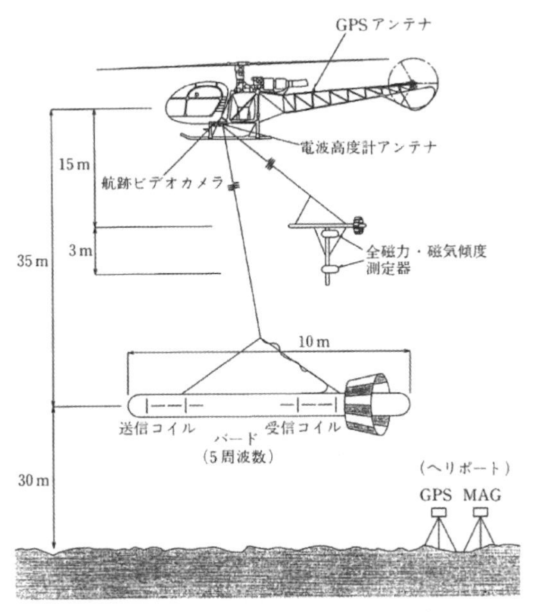

図 1-18　空中電磁法の測定概念図[32]

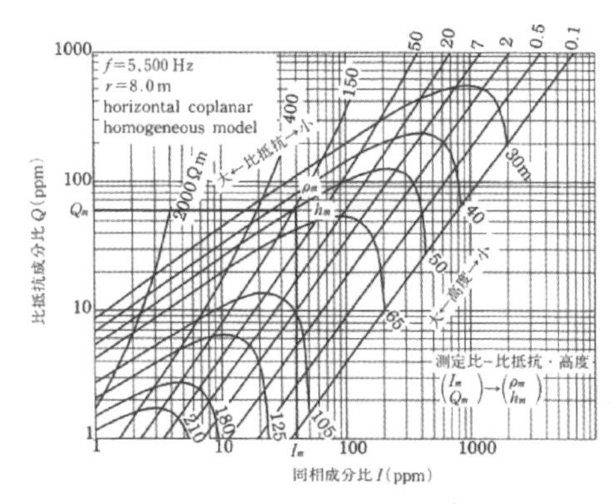

図 1-19　フェーザー図[32]

適切な探査手法を選定する必要がある。**図 1-20** に探査法選定のフローを示す。比抵抗高密度探査の場合は，基本的には探査対象の深度と領域の広さにより手法の使い分けが行われる。各手法の探査深度については **1.6.5** で述べるが，土被り 300 m 前後までのトンネルに対しては，比抵抗法が最も多く利用されている。これより土被りの大きいトンネルに対しては，CSAMT 法あるいは TDEM 法などの電磁探査が用いられる。また，計画段階で広域なエリアを調査する必要がある場合や用地立入りに制限がある場合などには，空中電磁法が有効である。以下，比抵抗法を中心に実施計画上のチェックポイントを述べる。

(2)　測線計画

(a)　基本的な測線配置

トンネル調査における一般的な測線配置を**図 1-21** に示す。図中の①は主測線であり，基本的には計画路線の中央に路線に沿って配置する。②および③は，坑口部付近に設けた副測線である。トンネルにおける調査範囲は線状で長いため，計画区間の地質構造（断層の分布や岩質分布など）を地表踏査などで事前にある程度把握して探査測線を計画することが一般的である。しかし，事前の地盤情報が不足している場合には，追加の地表踏査を実施したり，関連する地盤情報を収集整理して探査計画に供する必要がある。

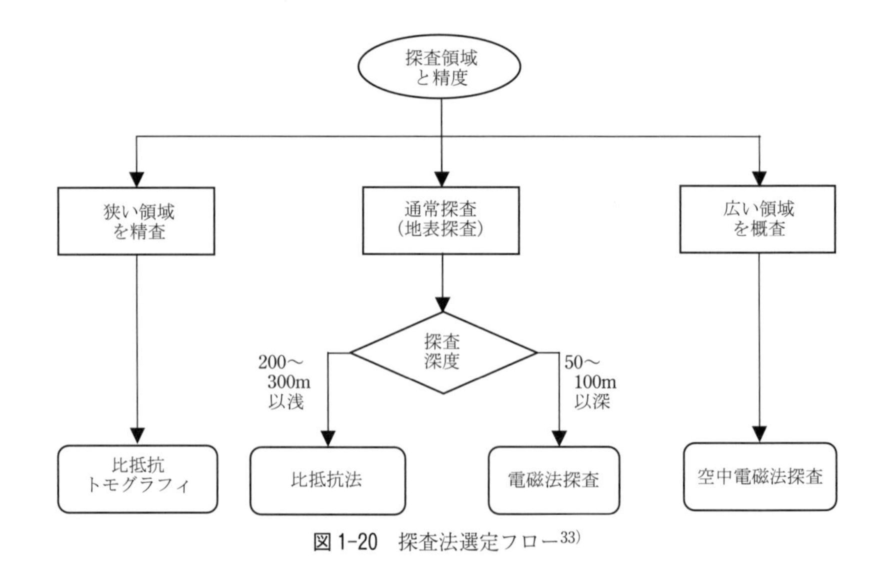

図 1-20　探査法選定フロー[33]

図 1-21　トンネルにおける一般的な測線配置[34]

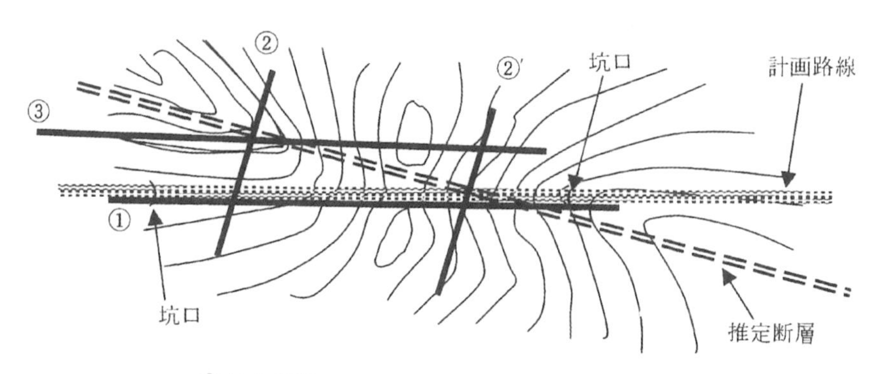

①は主測線
②は副測線（推定される構造に対して直交に配置）
③は副測線（①と平行に一定間隔を離して配置）

図 1-22　地質構造が計画路線と鋭角に斜交する場合の副測線の配置例[35]

(b)　地質構造がトンネルルートに平行である場合

想定される地質構造がトンネルルートに平行もしくは鋭角で斜交する場合（例えば，断層がルート沿いに分布する場合や，地質境界がトンネルルートに平行に分布する場合など）には，主測線の解析結果に，地質の 3 次元構造に起因する偽像が現れることがある。この場合には，例えば，**図 1-22** に示すような地質構造に直行する副測線の配置が必要となり，これらを組み合わせて，あるいは場合によっては副測線（同図の②測線）を主体に地質構造解釈を行う必要がある。

(c)　トンネルルートが曲線の場合

トンネルルートが曲線の場合には，必要に応じて測線を分割する。曲線上に測線を配置した場合の影響度を**図 1-23** に示す。この図は，曲線上に電極を配置して探査した場合に，電極間の曲線上の距離と直線距離を算出し，その比を影響度として示したものである。本図によれば，R＝300 以上であればほとんど影響はないが，R＝200 以下であると影響が大きくなる。**図 1-24** に，曲線部における測線分割の例を示す。なお，測線を分割する場合には，測線交差部において解析対象領域が探査範囲内に収まるように測線長を決定する必要がある。

(d)　構造物の影響を受ける場合

地盤中あるいは地表部に人工的な良導体（比抵抗の小さい部分）が存在すると，電流がその部分に集中して流れるために，その部分でのコントラストが強調され過ぎることがある。このため，基本的にはこれらを避けて測線を配置する必要がある。しかし，現実においては避けることが難しい状況もあるので，そのような場合に有効な考え方を**図 1-25** に示す。資材搬入用のモノレールや鉄柱などの導電体の近くなども注意が必要である。

(3)　測線長と電極間隔

探査計画の基本条件を**表 1-13** に，また，その考え方を**図 1-26** に示す。比抵抗高密度探査では，探査領域の底部および両端部でデータ密度が少なくなるために，解析精度が低下する。したがって，必要とする深度における解析精度が低下しないように，その下方までの探査を行う必要がある。一般には，探査深度 D が探査対象深度 d の 1.5～2 倍以上とな

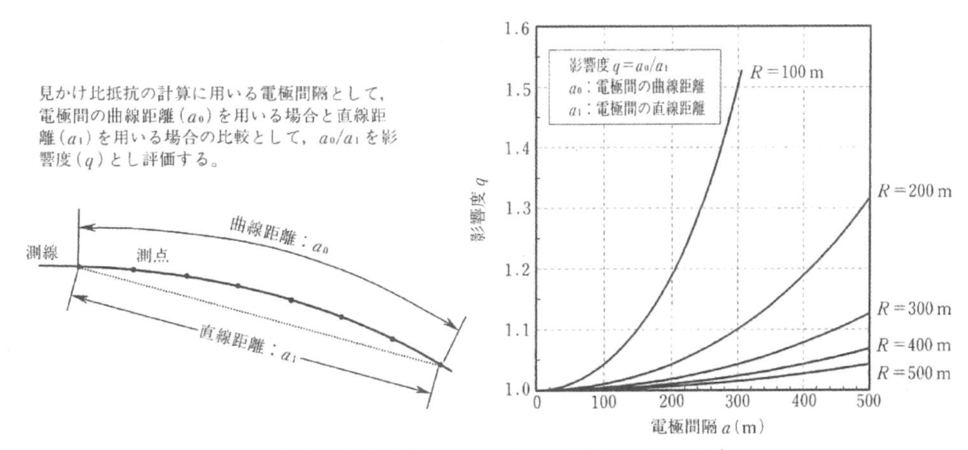

図 1-23　曲線配置による見かけ比抵抗への影響度[35)]

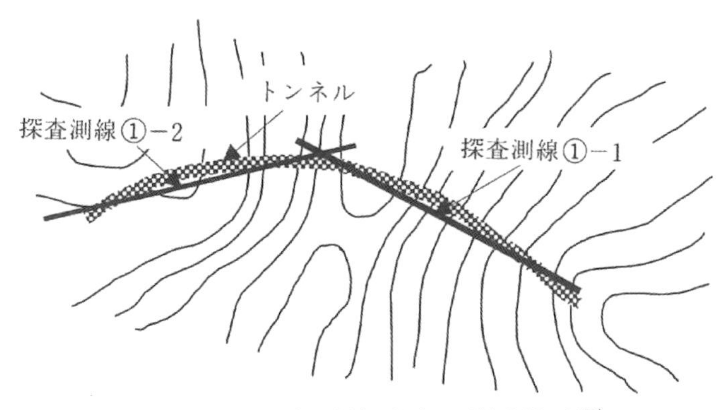

図 1-24　計画路線が曲線の場合の測線分割の例[35)]

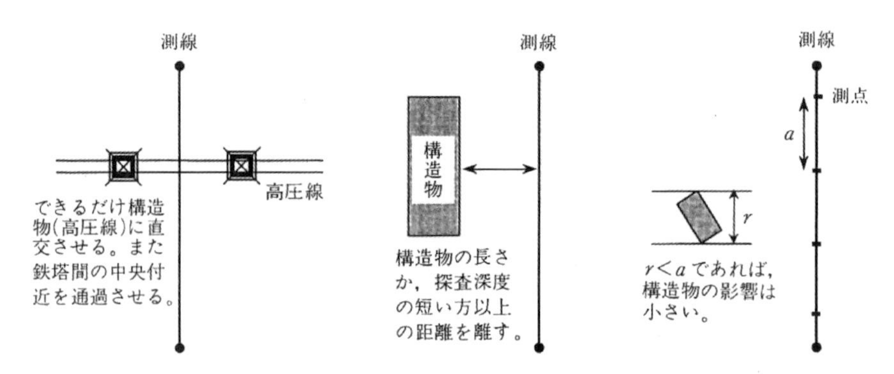

(a) 構造物を横断する場合　　(b) 構造物の側方を通過する場合

図 1-25　構造物周辺における測線配置要領[36)]

表 1-13　探査計画の基本条件[36)を修正]

項目	記号	条　件	備　　考
探査深度	D	$D=1.5\sim2.0\,d$	探査対象（トンネルなど）深度 d の 1.5〜2.0 倍とする。
測 線 長	L	$L=l+D$	探査対象深度における区間長の両側に，探査深度の 1/2 ずつ延長する。
電極間隔	a	$a=(1/10\sim1/15)D$	分解能を認識しておく必要がある。
遠 電 極		$10\,L$	少なくとも $5L$ 以上とする必要がある。

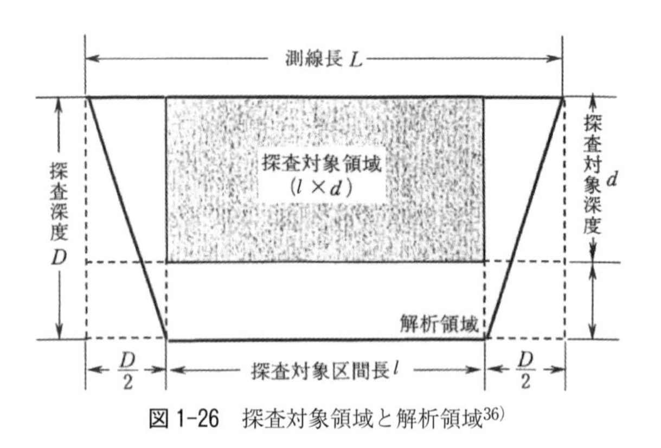

図 1-26　探査対象領域と解析領域[36)]

るよう設定する。トンネルが対象の場合は，**図 1-27** に示すように，本来の探査対象区間 l の両端に探査深度 D の 1/2 を加えて探査測線長 L とする。

さらに，電極間隔 a の設定は，抽出すべき地下構造の規模によって設定が異なる。基本的には，電極間隔 a 以下の構造を検出することは困難で，解析断面の分解能は，最小電極間隔 a に依存する。一般には，最小電極間隔 a を探査深度 D の 1/10〜1/15 とすることが多い。浅部を細かく探査したい場合には，最小電極間隔 a を小さくすることになるが，深

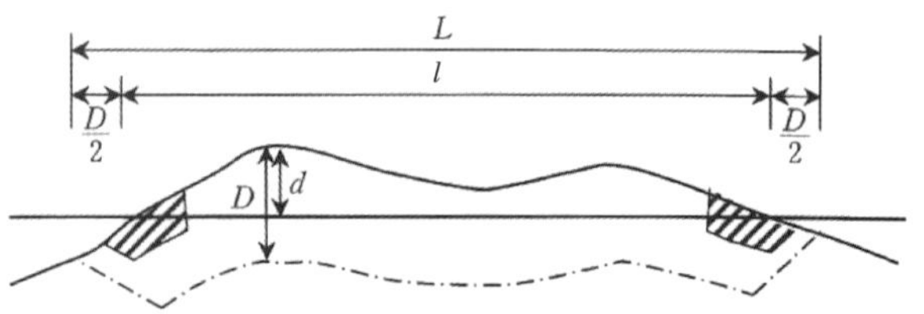

図 1-27　トンネルを想定した探査計画断面図の模式図[36)]

表 1-14　CSAMT 法の探査計画のポイント[37)を修正]

項　目	細　　目	留　意　点	備　　考
測点配置	測線配置	曲線でも可	1地点ごとの垂直探査
	探査深度	探査対象深度（トンネル基面）の2倍程度まで探査できる周波数の下限を設定	比抵抗法に比し探査深度が大（最大 1,000 m 程度）
	送受信間隔	探査深度の3～4倍以上	ニアーフィールド現象を避けるため
発信アンテナ	送受信間隔を半径とする円周上付近で設定	中心から45度扇形の範囲内に測線が含まれるようにする。	林道や道路などに設置
	測線が長大	複数のアンテナ設置が必要	
測定間隔	土被りが数 100 m 程度	20～30 m	
	土被りが数 100 m 以上	50 m 程度	
ノイズ	事前のノイズチェック	ノイズ源としては送電線，鉄塔，変電所，電気鉄道，電気を使う工場，ビルや家屋など	

表 1-15　空中電磁法の探査計画のポイント[38)]

項　目	細　　目	留　意　点	備　　考
測線配置	ヘリコプター上からの探査	測点設定は不要	トンネルに見合う軸線の設定
	配置	一般的には複数の測線を 50～200 m 間隔で設定	格子状に設定すれば3次元的な探査に有効
測　定		航空局の低空飛行許可が必要	
ノイズ	事前のノイズ源把握	ノイズ源としては，人工構造物の多い場所，牧場のループ状の鉄柵，VLF 発信局周辺のかなりの広域（たとえば九州中～南部および四国西部）など	

部まで探査したい場合に，最小電極間隔 a を大きくすると分解能は低くなる。通常の電極間隔は，5 m や 10 m が採用されることが多い。また，探査深度が浅い場合は，2～3 m が採用される。ただし，1 m とか 0.5 m などと小さくすると，逆に地表付近の影響が大きくなるため，むやみに電極間隔を小さくしても，よいデータが取れるとは限らない。

(4)　電磁探査の探査計画

電磁探査法においても実施計画上の基本的な考え方は（1）～（3）の考え方に準じるが，探査手法の違いによる電磁探査特有のチェックポイントがある。電磁探査法のうち，**表 1-14** に CSAMT 法，**表 1-15** に空中電磁法の探査計画のポイントをまとめる。

1.6.3　比抵抗高密度探査実施上のチェックポイント

(1)　立入り許可

比抵抗高密度探査では実際の測線のほかに，比抵抗法の場合は遠電極を，CSAMT や TDEM の場合は送信アンテナを測線から離れたところに設置する。このため，測線以外の機器設置の用地にも立入り許可などを得る必要があるため留意が必要である。

(2)　電極配置

電極配置の違いは電界分布の違いにつながり，感度分布の違いとなって測定値に現れる。この感度分布の違い，すなわち電極配置の違いは，同じ地質構造を測定しても，取得されるデータに違いを生じることになる。このように，電極配置の違いによって，得られる地盤情報が少し変わることになるが，電極配置を変えて複数のデータを取れば，それだけ多くの地盤情報が得られ，解析精度も向上する。したがって，精密探査が必要な場合は，複数の電極配置による測定を行うことがある。

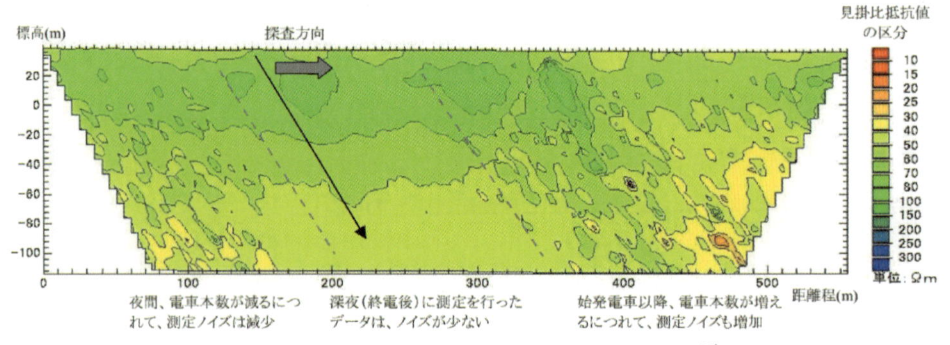

図 1-28　見かけ比抵抗断面による測定値の品質管理[39)]

(3)　電極打設

電極は，地盤との接地抵抗ができる限り小さくなるように，接地面積をできるだけ大きくするのが望ましいが，重量や作業性で限界がある。乾燥した地盤の場合，塩水などを電極の周りに撒くと接地抵抗を下げることができる。また，電極を打設したあとに，テスターなどで電極間の接地抵抗を測り，数 10 kΩ 以上ある場合は，塩水を撒くなどの対策を講じる必要がある。1 地点当たりの電極の本数を増すことも一策である。

(4)　電気的ノイズと自然電位

電気探査で問題となる電気的ノイズには以下のものがある。

① 自然のもの：自然電位，地電流，落雷

② 人口のもの：産業設備や軌道からの漏洩電流，商用電源や電話線に起因する誘導雑音

これらノイズが加わると，正しい測定値が得られない，測定値が安定しないなど，測定に支障を来すことになる。したがって，測定前に自然電位を測定して測定値から差し引くことや，測定電位波形を重合したのちに平均を取る（スタッキング機能）などを行って，電気的ノイズを打ち消す工夫が必要となる。送電線，変電所や鉄道線路近傍での測定は，特に電気的ノイズに注意しなければならない。

(5)　測定データの品質管理

測定中は常に測定値を監視し，異常があると考えられる場合には原因を突き止め，可能な対策を行ったうえで再測定を行う。測定値の異常を検知するために，見かけ比抵抗を計算し妥当な結果であるかどうかを判定する。**図 1-28** に品質管理の一例を示す。**1.6.4**（4）で述べる比抵抗減衰曲線を作成することも有効である。

1.6.4　比抵抗高密度探査解析上のチェックポイント

(1)　解析上の偽像

解析結果の比抵抗断面において，孤立した形で周囲より極端に高い値や低い値の比抵抗部が認められることがある。これは真の比抵抗分布とは異なる見かけ上の比抵抗異常である場合があり，これを「偽像」と呼んでいる。

偽像は，**図 1-29** に示すように，測定データ密度が低下する測線の両端や解析断面の底部（探査深度境界）に発生しやすい。

偽像の発生する要因として，大別すると①等価原理，②３次元効果，および③解析要素の設定の３要因が考えられ，その特徴や対策を**表 1-16** に示す。実際には，これら３要素が絡み合って偽像が発生することがあり，既知データの取込みや解析パラメータ，地形補

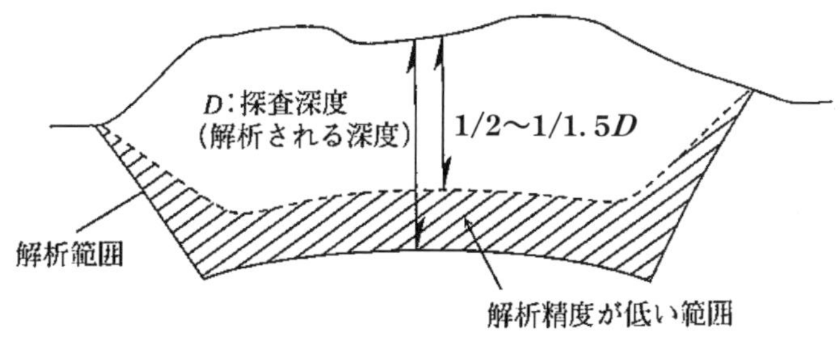

図 1-29　解析精度が低い範囲[40]に加筆

表 1-16　偽像の発生要因と特徴[41]を修正

発生要因		内　容	特　徴	対　策
等価原理の成立（当価層の問題）		•等価原理とは，地下構造が異なるにもかかわらず，見かけ比抵抗曲線に相違が現れない現象の総称。 •等価原理が成立して分解能がないことに起因する誤差。	•高比抵抗異常と低比抵抗異常との対で出現する場合が多い。	•２極法データを用いてウェンナー配置およびダイポール・ダイポール配置の見かけ比抵抗断面を作成し，解析断面と対比して，その妥当性を評価する。 •検層データなどの既知データを取り込んで解析する。
3次元効果	地形	•実際には３次元で変化している地形を２次元と見なしているために，地形補正量が過剰になり，それに起因する誤差。	•地形の急変部の周辺に出現する。	•地形補正量を調整する。
	比抵抗構造	•測線の側方での比抵抗異常が測線下で異常となって出現する誤差。	•孤立した形で出現する場合であっても，過度に高比抵抗や低比抵抗にならないので，偽像か否なのかの判断が難しい。	•複測線での測定を行う。
解析要素の設定の仕方および補間法		•有意の観測データの数に比べて，要素，格子点あるいはアルファセンターの数が多すぎることに起因する誤差。分解能がないことに起因する誤差。 •また，解析範囲の両端部や底部の周縁部では外挿に起因する誤差が生じやすい。	•高比抵抗と低比抵抗との対で出現する場合が多い。 •解析範囲の周縁部で構造的に過度に高比抵抗あるいは低比抵抗となって出現する。	•等価原理の項と同じ。 •行列式の解法に工夫をする。

正量などを色々と変えて幾通りもの解析や比較検討を行うことが重要である。

また，比抵抗が急激に変化する部分や地形が急峻な部分，測線の地表付近に低比抵抗や高比抵抗の局所異常がある場合や測線の側方に局所異常がある場合にも偽像が発生しやすいので，注意を要する。

(2)　比抵抗分布図の作成時の繰返し回数

比抵抗探査において，イタレーション数（繰返し回数）を大きく取り過ぎると，特に浅い部分では，地形変化の影響が大きくなり値が分散することがある。図 1-30 は，24 層構造における解析時のイタレーション数に対する各層の比抵抗を示したものである。地層は地表から深部に向かって１〜24 層となっている。浅い部分（１〜４層）の比抵抗曲線が，イタレーション数の増加に伴って発散傾向を示しており，地形の変化あるいは地表付近の微構造の変化の影響が現れていると思われる。したがって，イタレーション数を大きくすることは必ずしも適切な結果を与えるとは限らない。このような場合には，初期モデルを変えて解析を行うなどにより，適切な結果を得られるよう慎重に検討する必要がある。

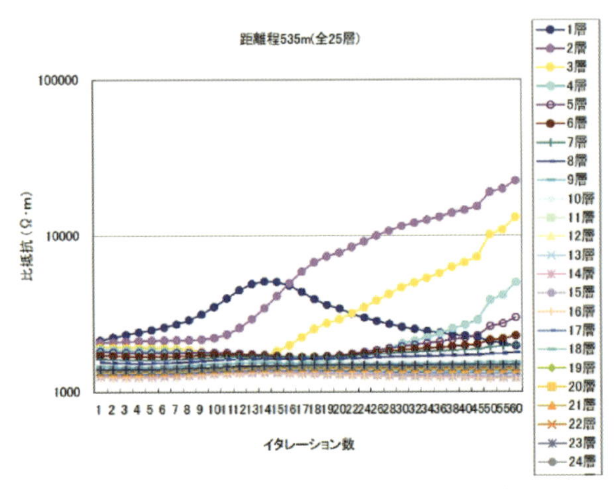

図 1-30　イタレーション数と比抵抗曲線[42)]

(3)　比抵抗分布図のカラーチャート

解析で得られた比抵抗の幅が非常に広い場合，特にその最低と最高両端の比抵抗が作成したメッシュ分割図の境界付近にのみわずかに存在する場合などでは，そのすべての値をそのまま用いて解析図を作成すると，上記両端の値が必要以上に強調されて，本来の地山構造がもつ比抵抗分布構造の特徴が覆い隠される場合がある。図 1-31 は，ある解析断面における比抵抗の頻度を示したものである。比抵抗 100 Ωm 未満と 30,000 Ωm 以上の範囲の頻度はほかに比べて非常に少ないことから，この範囲も含めて比抵抗断面を図化すると，全体が平均化されて，着目すべき構造の特徴が薄れることになる。このように，比抵抗断面を図化する場合には，比抵抗頻度グラフを事前に吟味・検討してカラーチャートの範囲を決定することが重要である。

(4)　局所異常体の影響

電極の接地抵抗や地山中の局所的な異常体のために，比抵抗減衰曲線（a（距離）～ R（抵抗（V/I）曲線）に乱れが生じることがある。図 1-32 に，異常の見られる比抵抗減衰曲線の例を示す。比抵抗減衰曲線は，測定値（V/I）を観測点ごとに横に順に並べた図で，各々の曲線は電気探査における比抵抗曲線（ρ－a 曲線）に相当する。各曲線の形から観測点下の地山の比抵抗構造の概要を評価することが可能で，いずれかの曲線中に傾向の違う異常箇所が現れれば，その原因が地質構造の局所的変化によるものか，あるいは地形ないしは観測機器などによるものかを分析・検討しておくことが肝要である。こうした解析

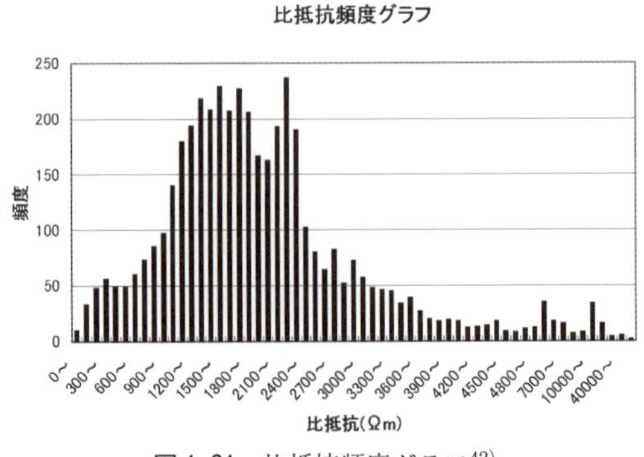

図 1-31　比抵抗頻度グラフ[42)]

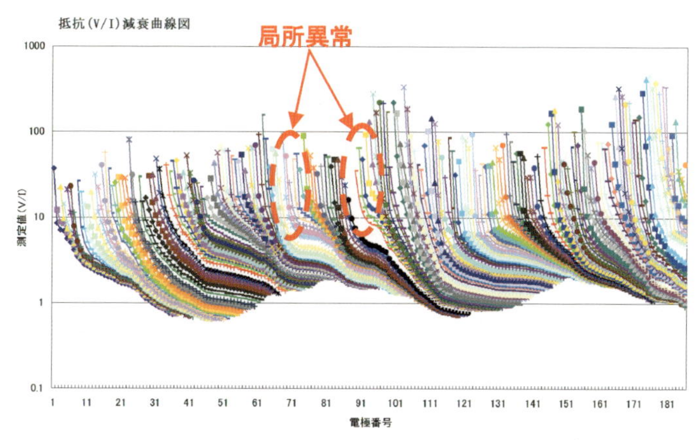

図 1-32　異常の見られる比抵抗減衰曲線図の例[42]

上のノイズを取り除き，真の地山構造を得るために，手間ではあるがこれらの図を作成し，異常値（真の地山構造には関わらないと見なせるデータ）が含まれていないかどうかをあらかじめ分析・評価しておけば，精度の高い解析結果を得ることができる。

1.6.5　比抵抗高密度探査の適用範囲・限界

比抵抗高密度探査は，土木分野において地下水調査をはじめ，地すべり，トンネル，ダムサイト，地質構造調査など幅広く利用されている。しかし，以下のような解析原理上の限界があるため，留意する必要がある。

① 比抵抗は，**表 1-17** に示すように，地盤を構成する物質の比抵抗のみならず，間隙や地下水の状態にも左右されるため，比抵抗分布の境界が必ずしも地質境界を示しているとは限らない。

② 比抵抗は，地盤の強度を直接には表していない。

③ 分解能と探査深度は電極間隔と測線長に左右され，制限を受ける。

原理上の最大探査深度は測定する最大電極間隔とされ，解析断面の分解能は最小電極間隔に依存する。また，現場状況に起因するノイズの混入や解析上の誤差などが加わって，深部の探査精度はさらに低下することは避けられない。土木分野での要求精度における実用上の最大探査深度は，比抵抗高密度探査でおよそ 300 m 程度である[44]。電磁探査では，CSAMT 法で 1,000 m 程度[45]，TDEM 法では 500 m 程度[46]と比較的深くまで探査可能である。また，空中電磁法は最大 150 m 程度である[47]。

表 1-17　岩石の比抵抗と地山性状の定性的関係[43]

地山性状	岩石・土の比抵抗の変化			備考
	低	⇒	高	
地下水・間隙水の比抵抗	低	⇒	高	塩分濃度，塩水楔
水飽和度	高	⇒	低	
間隙率（飽和状態）	大	⇒	小	
粘土分	多	⇒	少	
風化・変質程度	強	⇒	弱	
温度	高	⇒	低	地熱

1.6.6　比抵抗高密度探査の高度化

(1)　測定技術の高度化

2次元探査では，「地質構造は測線に対して対称」であることを前提としている。この条件に合わない場所では，3次元的に測線を配置して測定・解析することが望ましい。しかし，2次元探査に比べて3次元探査の費用対効果が明確になっていないこともあり，3次元探査はほとんど行われていないのが現状である。そこで，準3次元探査ともいうべき方法が考えられている。これは，測線周辺の比較的容易に測点設置が可能な場所，例えば林道，沢道，尾根筋に電極を配置して同時に測定することにより，3次元的な解析に供するものである。これにより，2次元断面上の比抵抗分布における偽像の判断や，測線横断方向の評価が可能になるものと期待されている。

(2)　解析技術の高度化

(a)　CSAMT法とのジョイント解析

CSAMT法の実用上の最大探査深度は1,000 m程度で，比抵抗高密度探査中では大きいが，50〜100 m程度までの浅部の分解能が必ずしも十分でないことや，スタティックシフト（浅部比抵抗の影響）の問題が伴うことが問題である。この影響を取り除かずに解析すると，深部の比抵抗構造が正確に解析できないことになる。そこで，CSAMT法とほかの比抵抗高密度探査のデータを併せて取り込んで解析する，ジョイント解析を実施することにより，CSAMT法の課題である浅部分解能を補完するとともに，スタティックシフトを補正することができる。また，ほかの比抵抗高密度探査の探査深度不足をCSAMT法がカバーすることにより，精度の高い比抵抗断面図を得ることが期待できる。

(b)　解析初期モデルの選択

現状の2次元探査の解析では，調査地の平均的比抵抗を有する均質モデルを初期モデルとするのが一般的であるが，ほかの地質情報から概略の比抵抗構造を推定することが可能な場合には，それを初期モデルとして採用する方が精度を向上することができる。

そこで例えば，2極法データを用いて複数の電極配置に対応する見かけ比抵抗曲線・見かけ比抵抗断面図に組み直し，それぞれのイメージを総合して2次元解析のための初期モデルとして解析を行うなどが考えられる。

1.7　複合探査

1.7.1　複合探査の定義と種類

(1)　複合探査の定義

本研究会では，地盤構造をより高精度で評価するという明確な目的のために，系統的に組み合わせて探査・調査を行う方法を複合探査と定義し，トンネル建設をはじめとするすべての地盤調査に適用すべき方法として推奨している。建設工事などに伴う地盤調査では，特定の調査手法を単独で実施し評価することはまれであり，複数の調査手法を適用し，その結果を総合的に評価して地盤モデルを推定するのが一般的である。地盤探査（調査）手法を組み合わせる複合探査は，目的に応じてその組合せを選定すべきであり，様々なケースが想定できる。

例えば，弾性波探査屈折法と比抵抗高密度探査との組合せは効果的な事例である。これらの2手法を用いて，弾性波探査屈折法では捉えきれない逆転層などを比抵抗高密度探査で調査することや，弾性波速度と比抵抗の物性の特徴から地盤状況をより詳細に推測することが可能となる。

また，物理探査で得られる各々の物理量の理論式から，共通のパラメータを用いて関連づけして変換解析することにより，地盤物性値を導き出す試みもなされている。さらに，より信頼性の高い解析結果が得られるように，同じ種類のデータに対して複数の解析手法を組み合わせる試みも行われている。

さらに，トンネル建設などでは，事前の調査で地盤条件を十分に把握することが困難な場合や，施工時に予期せぬ問題が生じる場合がある。施工時の安全性や経済性の面から，必要に応じて施工中に坑内外からの地盤調査を実施し，事前調査結果と組み合わせて再評価することが行われている。

(2)　複合探査の組合せの種類

(a)　探査（調査）結果の総合的な評価による精度向上

探査目的に対する主な調査手法を**表1-18**に示す。

探査（調査）結果の総合評価では，各々の調査手法の特性を考慮して必要な地盤情報を抽出するとともに，調査手法相互の解析・解釈の判断材料としながら，設計・施工に必要な地盤モデルを推定していく。物理探査結果から地盤内部の状態を評価するためには，地盤を構成する地質において，その物理量がどのような範囲を示すのかを把握する必要がある。このため，地表踏査やボーリング調査などにより把握できる範囲の実際の地質分布や地質構造を把握し，それと物理探査結果を組み合わせることが不可欠である。また物理探査は，一つの探査手法だけによるよりも，物理的因子の異なる手法を組み合わせ，各々の不得意部分を補完することが効果的である。

(b)　新たな物理量分布の推定

物理探査結果では，探査手法に応じた物理量の地盤内部での分布が把握できる。これら物理量は，地盤モデルを間接的に推定する指標となる。しかし，比抵抗そのものが設計・

表1-18　探査目的と調査手法[48)]に加筆・修正

探査対象・目的	主な調査手法
地山評価	地表踏査 弾性波探査，電気探査，など ボーリング調査，速度検層，電気検層，密度検層，など
変質帯	地表踏査 弾性波探査，電気探査，自然電位法，など ボーリング調査，速度検層，電気検層，など
断層	地表踏査 弾性波探査，自然放射能探査，電気探査，自然電位法，など ボーリング調査，速度検層，電気検層，など
地下水（器）	地表踏査 弾性波探査，電気探査，など ボーリング調査，速度検層，電気検層，など
（流路）	地表踏査 1ｍ深地温探査，自然電位測定調査，など
（流動層）	地表踏査 ボーリング調査，多点温度検層，電気検層，地下水検層，など
（流向流速）	地表踏査 地下水追跡法，流動電位法，自然電位法，など ボーリング調査，単孔式流向流速計，など
堤体漏水	地表踏査 1ｍ深地温探査，自然電位測定調査，多点温度検層，など

施工に直接的に利用されることは少ないが，異なる物理量を扱った複数の物理探査結果を組み合わせることにより，各物理量を設計・施工に直接的に関連する物性値に変換する試みがなされている。このケースの事例として松井・朴（1995）[49]，中村ほか（2003）[50]などがある。事例の詳細は**2.4.1**（2）で述べる。

(c)　複数の解析手法の適用

測定データのデジタル化，解析技術の高度化に伴い，一つの探査原理に基づく物理探査手法を用いた場合でも，複数の解析手法を用いた解析を行い，解析手法における得失を理解したうえで探査結果の信頼性を向上させることができる。例えば，弾性波探査屈折法においては，①弾性波探査屈折法のはぎとり法解析とトモグラフィ解析の組合せ，および②弾性波探査での全波形取得が挙げられる。

①　はぎとり法による解析とトモグラフィ解析の組合せ

弾性波探査屈折法では，萩原の方法を基本とするはぎとり法による解析が適用されてきた。これは地盤内の弾性波速度分布を層構造として解析する手法で，手作業による解析が主体となり，解析には経験が必要である。一方，コンピュータを用いるトモグラフィ解析は，途中の作業や計算をコンピュータによって実施するものであり，反復計算による逆解析（インバージョン）手法を用いることによって，できるだけ均質に測定記録に合致する速度構造を得られる利点がある。そのため，基準図書[51]や積算基準[52]では，はぎとり法による解析とトモグラフィ解析の両方を適用することを標準としている。

②　全波形取得

土木分野における弾性波探査では，P 波の初動の到達時間のみを利用した屈折法が主流である。全波形を利用した可視化解析（トンネル調査研究会（2009）[53]），または初動付近の波動を用いたデータ処理によって屈折波を抽出して速度構造を求める方法（例えば，香川ほか（2010）[54]，青木ほか（2010）[55]）などが提案されているが，現時点では実用化の段階にはない。

(d)　施工段階における地盤調査の追加

トンネル建設では，施工延長や土被りなどの理由で，事前に十分に地盤状況を把握することが難しい場合に，施工段階で追加調査を実施して，事前調査結果と組み合わせて地山評価を行うことが合理的である。例えば，切羽掘削の発破振動を地表面で受振し，事前の記録と組み合わせてトモグラフィ解析を行うことで，トンネル施工深度におけるトンネル切羽前方地盤の推定精度向上が可能となる。切羽前方探査は削孔によるもの，物理探査によるものなどがある。いずれも事前調査とは独立した調査であるため，事前調査結果に新たな情報を加えて総合評価を行うこととなる。施工中の調査や切羽前方探査については**第4章**，**第5章**で詳細を述べる。

(e)　比抵抗高密度探査と IP 法の組合せ解析

比抵抗高密度探査の結果と IP 法による充電率の測定結果を組み合わせることで，より詳細な地質が判別可能となる。金属鉱物や粘土鉱物では，誘導分極（IP）効果が顕著に現れることから，IP 法を実施して充電率を求めることで，同じような比抵抗を示す地質でも，金属鉱物や粘土鉱物に富むか否かを判別できる。

1.7.2　弾性波探査屈折法と比抵抗高密度探査の組合せ

比抵抗高密度探査では，電気探査は 300 m 程度以浅に適用可能で，電磁探査で 1,000 m 程度（CSAMT 法）までの深部まで探査可能である。両者には下記のような共通する問題点や注意点が考えられる。

① 力学的な性状を直接示していない。
② 弾性波探査屈折法と併用し，探査精度の向上や地下水状況を調査する目的で行われることが多い。
③ 地形，地質により探査精度が変化する。
④ 電磁探査は，電気探査に比べやや精度が劣り，やや高価である。

一方，弾性波探査屈折法では下記の問題点，注意点が挙げられる。

① 地表から200 m程度以深の探査は現場条件の制約などから困難なことが多い。
② 都市部での適用が困難である。

比抵抗高密度探査と弾性波探査屈折法について，探査および解析上の留意点を合わせて考えると，比抵抗高密度探査のトンネル地盤調査への効果的な適用方法は，以下の4種類に大別できる。

① 地下水状況を調査する。
② 弾性波探査屈折法を補足することにより，解釈精度を向上させる（逆転層の把握など）。
③ 地表から200～300 m以深を調査する。
④ 環境上の制約で火薬を使えない場所を調査する。

なお，複合探査の観点からは上記①～③の3種類に分けられる。

(1) 地下水状況の調査

岩石の比抵抗は，**表1-17**に示したように，間隙水の比抵抗と間隙率に関係があり，不透水性の粘土分にも影響されることから，**図1-33**に示すように，地下水に関連する調査に比抵抗探査法が適用されることが多い。

帯水層となりやすい，間隙が大きくて，粘土分が少なく，透水性が高い砂礫層，砂岩層，礫岩層などは，帯水した状態で概ね100～200 Ωmの比抵抗を示すと経験的に知られている。また，粘土分が多くて不透水性を示す泥質～粘土質の地層は数10 Ωm以下の低比抵抗を示し，間隙率が小さいために透水性の低い固い岩盤は数100 Ωm以上の高比抵抗を示す。

トンネル工事においては，切羽からの湧水は工事の妨げになるので，切羽前方の帯水層の把握は重要である。また，施工上切羽からの湧水を排水する量が多いと，排水対象となる帯水層を水源とする井戸，場合によっては地表水に影響を及ぼすこともある。このケースの代表的な事例としては，筑紫トンネル[57)～59)]，水越トンネル[60),61)]などがある。

筑紫トンネルのように地質的な変化が少ない花崗岩地帯を通るトンネルでは，比抵抗分布は岩盤の風化度合い，地下水賦存量，断層破砕帯などを示しており，施工結果と比較して地下水の分布状況に関して良好な探査結果が得られている。一方，泥岩や頁岩では，新鮮な岩盤でも100 Ωm以下の低比抵抗を示す。複数の岩種で地質が構成されている場合に

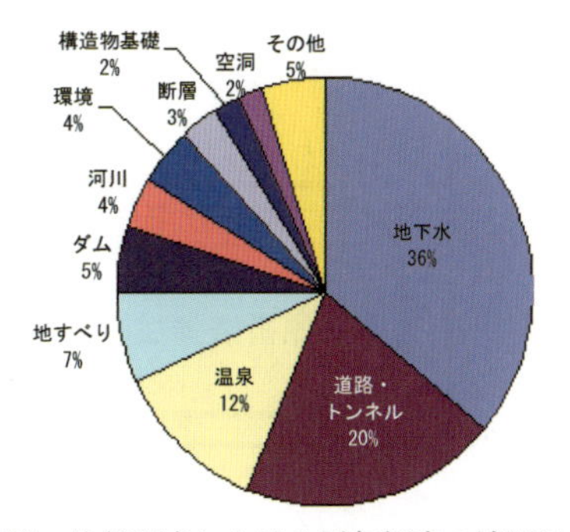

図1-33　地盤調査における電気探査の適用目的[56)]

は，比抵抗分布のみで地下水の賦存状況を判断することは困難であり，地盤状況によっては，比抵抗分布のみによってトンネル掘削における湧水状況を把握することは危険であるため，留意が必要である。

(2)　弾性波探査屈折法の補足

弾性波速度の速い溶岩層が地下浅部を覆っていたり，上位層より低速度の風化帯や変質帯が深部に広がっていたりすると，探査原理上，弾性波速度分布を正確に求められないことがある。また，高速度層として解析された場合でも，膨張性を示す地山では掘削後の応力解放によって切羽や坑壁がはく離したり，膨張したりして掘削を困難にすることがある。さらに，はぎとり法で解析が行われた場合には，断層破砕帯のような速度基盤中の低速度帯の傾斜を推定することは難しい。このような場合に，比抵抗高密度探査を併用することで調査精度の向上を図ることが多い。このケースの代表的な事例としては，日暮山トンネル[62]，四万十帯のトンネル[63]，甲南トンネル[64]，新玉手山トンネル[65]，新長崎トンネル[66]などがある。

また，近畿地方の8トンネルにおける事例分析結果[67]によれば，弾性波探査屈折法に比抵抗高密度探査を併用もしくは追加すると，地山評価における予測と実績の整合性が向上している。比抵抗高密度探査による比抵抗分布と，ボーリング調査に伴う電気検層やコア供試体の比抵抗測定結果を対比して，地山区分のしきい値を修正すると，地山区分の予測精度を向上させることも可能である。しかし，比抵抗と地盤の硬軟には相関性が低いことから，地山区分はトンネルごとに提案されており，一般化されていない現状がある。この点が当初調査段階で比抵抗高密度探査が敬遠されたり，追加調査と位置づけられたりしている原因になっている。

(3)　地表から 200～300 m 以深の調査

弾性波探査屈折法の原理上の最大探査深度は，最大受振距離と用いる起震のエネルギーに大きく依存し，土木分野での実用上の最大探査深度は一般に 200 m 程度とされている。このため，トンネル調査の弾性波探査屈折法結果では，トンネル計画面まで解析されていない例もある。弾性波探査では，原理的に基盤層と呼ばれる高速度層より速い速度層が存在しない場合には，それより深い箇所を探査することができない。そのため，深部に低速度層が分布するような地質が推定される場合，または土被りの大きなトンネルでは，弾性波探査の探査深度以深の探査を目的として比抵抗高密度探査が適用される。

比抵抗高密度探査の中でも，2次元比抵抗探査のような電気探査の土木分野での実用上の探査深度は 300 m 程度と言われており，**図 1-34** に示すように，土被りが 300 m を超す場合には CSAMT 法，AMT 法および TDEM 法のような電磁探査が適するとされてい

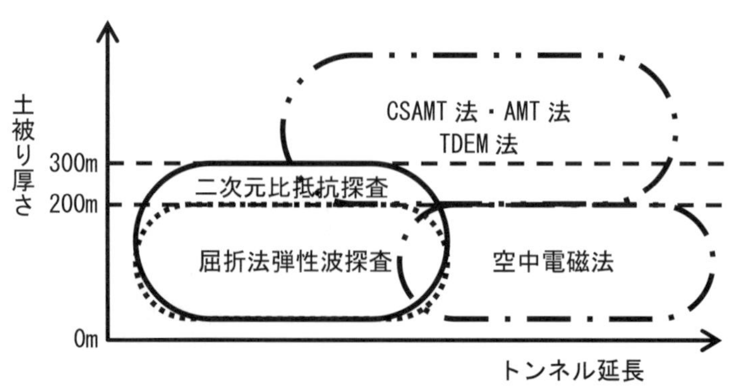

図 1-34　トンネル調査への物理探査の適用イメージ[68]を修正

る[68]。

千葉ほか（2005）は，最大土被りが500 m を超す九州新幹線筑紫トンネルに2次元比抵抗探査を適用して成果を上げている[57]。筑紫トンネルでは，以下のようなS/N比（ノイズに対する信号の比率）を向上させる対策を施すことで300 m 以上の探査深度を実現している。

① 広めの電極間隔採用：20 m

② 遠方の遠電極設置：電流用5 km，電位用4 km

③ 1 A 以上の電流実現：大電流送信装置（800 V，4 kW）および電極の接地抵抗1 Ωm 以下（電極1カ所に5本以上のアース棒）の採用

このようなケースの代表的な事例としては，飛騨トンネル[69]，北見市の国道トンネル[70),71]などがある。

また，大深度長大トンネルでは，飛騨トンネルのように土被りが大きく，かつ地形が急峻で，探査の測定実施が容易ではないことも多い。このような場合には，ヘリコプターを利用する空中電磁法が適用されることが多いが，探査深度が不十分であるため他の電磁探査との併用が必要である。比抵抗高密度探査として使われる各種の探査法は，比抵抗分布を探査する点では共通しているものの，それぞれの解析結果を重ね合わせると完全に一致することは少ない。上記の代表事例（飛騨トンネル，北見市の国道トンネル）では，浅部の比抵抗を捉える空中電磁法の結果を利用して，CSAMT 法の欠点である浅部比抵抗の影響（スタティックシフト）を補正することで解析精度を向上させている。

1.7.3　その他の複合探査

弾性波探査屈折法と比抵抗高密度探査の組合せ以外の複合探査として，蛇紋岩分布地域でのトンネルにおいて，比抵抗高密度探査による比抵抗とIP 法による充電率という2つの物理量を把握して，地下の地質構成や構造を探査した事例がある[72]。詳細は**2.4.1**（3）（c）を参照されたい。

参考文献

1）土木学会（2006）：トンネル標準示方書［山岳工法編］・同解説，pp. 14-16.
2）（財）災害科学研究所トンネル調査研究会（2009）：地盤の可視化技術と評価法，鹿島出版会，p. 152.
3）（財）災害科学研究所トンネル調査研究会（2009）：地盤の可視化技術と評価法，鹿島出版会，p. 16.
4）（財）災害科学研究所トンネル調査研究会（2009）：地盤の可視化技術と評価法，鹿島出版会，pp. 4-11.
5）（財）災害科学研究所トンネル調査研究会（2009）：地盤の可視化技術と評価法，鹿島出版会，p. 23.
6）（財）災害科学研究所トンネル調査研究会（2009）：地盤の可視化技術と評価法，鹿島出版会，p. 28.
7）（財）災害科学研究所トンネル調査研究会（2009）：地盤の可視化技術と評価法，鹿島出版会，p. 155.
8）（財）災害科学研究所トンネル調査研究会（2009）：地盤の可視化技術と評価法，鹿島出版会，p. 34.
9）山本浩司（2013）：地盤情報データベースの進展と利活用，地盤工学会誌，Vol. 61　No. 6，p. 5.
10）建設工事における自然由来重金属等含有土砂への対応マニュアル検討委員会（2010）：建設工事における自然由来重金属等含有土砂への対応マニュアル（暫定版），国土交通省，p. 29.
11）東・中・西日本高速道路株式会社（2012）：土質地質調査要領，p. 167.
12）東・中・西日本高速道路株式会社（2012）：設計要領第三集トンネル編，p. 45.
13）国土交通省大臣官房技術調査課（2015）：設計業務等標準積算基準書（平成27年度版），（一財）経済調査会，pp. 2-2-22-2-2-24.
14）（一社）全国地質調査業協会連合会（2015）：全国標準積算資料（平成27年度改訂歩掛版），p. Ⅳ-6.
15）阪神高速道路公団（1994）：地質調査要領，p. 217.
16）（一社）物理探査学会（2008）：新版物理探査適用の手引き（土木物理探査マニュアル2008），p. 49.

17）（財）災害科学研究所トンネル調査研究会（2009）：地盤の可視化技術と評価法，鹿島出版会，p. 43.
18）東・中・西日本高速道路株式会社（2012）：土質地質調査要領，p. 146.
19）（独）鉄道建設・運輸施設整備支援機構（2012）：トンネル弾性波探査マニュアル（案），p. 5.
20）（一社）全国地質調査業協会連合会（2003）：地質調査要領，p. 144.
21）（財）災害科学研究所トンネル調査研究会（2009）：地盤の可視化技術と評価法，鹿島出版会，p. 38.
22）（独）鉄道建設・運輸施設整備支援機構（2012）：トンネル弾性波探査マニュアル（案），p. 6.
23）（一社）物理探査学会（2008）：新版物理探査適用の手引き（土木物理探査マニュアル 2008），p. 26.
24）（独）鉄道建設・運輸施設整備支援機構（2012）：トンネル弾性波探査マニュアル（案），p. 31.
25）（独）鉄道建設・運輸施設整備支援機構（2012）：トンネル弾性波探査マニュアル（案），p. 34.
26）（一社）物理探査学会（2000）：物理探査適用の手引き（とくに土木分野への利用），p. 68.
27）（独）鉄道建設・運輸施設整備支援機構（2012）：トンネル弾性波探査マニュアル（案），p. 45.
28）鈴木昌次・丸山功・佐藤俊一・富岡義昭（1997）：発破工法による岩盤破砕での死圧現象に関する基礎的実験，土木学会年次学術講演会講演概要集第 3 部（B），Vol. 52，pp. 368-369.
29）（財）災害科学研究所トンネル調査研究会（2001）：地盤の可視化と探査技術，鹿島出版会，p. 13.
30）（財）災害科学研究所トンネル調査研究会（2001）：地盤の可視化と探査技術，鹿島出版会，p. 24.
31）（財）災害科学研究所トンネル調査研究会（2001）：地盤の可視化と探査技術，鹿島出版会，pp. 15-16.
32）（一社）物理探査学会（1998）：物理探査ハンドブック，pp. 358-363.
33）（財）災害科学研究所トンネル調査研究会（2001）：地盤の可視化と探査技術，鹿島出版会，p. 152.
34）（財）災害科学研究所トンネル調査研究会（2001）：地盤の可視化と探査技術，鹿島出版会，p. 41.
35）（財）災害科学研究所トンネル調査研究会（2001）：地盤の可視化と探査技術，鹿島出版会，p. 42.
36）（財）災害科学研究所トンネル調査研究会（2001）：地盤の可視化と探査技術，鹿島出版会，pp. 44-46.
37）（財）災害科学研究所トンネル調査研究会（2001）：地盤の可視化と探査技術，鹿島出版会，p. 155.
38）（財）災害科学研究所トンネル調査研究会（2001）：地盤の可視化と探査技術，鹿島出版会，p. 156.
39）（一社）物理探査学会（2008）：新版物理探査適用の手引き（土木物理探査マニュアル 2008），p. 177.
40）島裕雅・梶間和彦・神谷秀樹（1995）：比抵抗映像法，古今書店，p. 85.
41）（財）災害科学研究所トンネル調査研究会（2001）：地盤の可視化と探査技術，鹿島出版会，p. 29.
42）鈴木徹（2015）：比抵抗高密度探査解析における諸グラフの解釈法（未発表内部資料）.
43）（一社）物理探査学会（2008）：新版物理探査適用の手引き（土木物理探査マニュアル 2008），p. 130.
44）（一社）物理探査学会（2008）：新版物理探査適用の手引き（土木物理探査マニュアル 2008），p. 160.
45）（一社）物理探査学会（2008）：新版物理探査適用の手引き（土木物理探査マニュアル 2008），p. 222.
46）（一社）物理探査学会（2008）：新版物理探査適用の手引き（土木物理探査マニュアル 2008），p. 236.
47）（一社）物理探査学会（2008）：新版物理探査適用の手引き（土木物理探査マニュアル 2008），p. 250.
48）（財）災害科学研究所トンネル調査研究会（2009）：地盤の可視化技術と評価法，鹿島出版会，p. 63.
49）松井保・朴三奎（1995）：比抵抗高密度探査結果の定量的評価によるトンネル地山区分，物理探査学会第 92 回学術講演会論文集，pp. 418-421.
50）中村真・近藤悦吉・楠見暗重（2003）：併用探査によるトンネル施工ルートの岩盤および湧水予測評価法，土木学会論文集，No. 735，V-59，pp. 209-214.
51）（独）鉄道建設・運輸施設整備支援機構（2012）：トンネル弾性波探査マニュアル（案），p. 25.
52）前出 14）
53）（財）災害科学研究所トンネル調査研究会（2009）：地盤の可視化技術と評価法，鹿島出版会，pp. 43-48.
54）香川敏幸・松岡俊文・相澤隆生・林徹明（2010）：屈折法弾性波探査のコンボリューション法による解析，物理探査，63，pp. 311-320.
55）青木徹・香川敏幸・松岡俊文（2010）：プラスマイナス法を用いた屈折データの解析，物理探査，63，pp. 333-344.
56）岡崎健司（2007）：地質調査における電気探査の活用，寒地土木研究所月報，No. 651，p. 51.
57）千葉昭彦・中村和仁・倉川哲志・鷹田靖志（2005）：長大山岳トンネル施工に伴う大深度高密度電気探査の適用―九州新幹線 筑紫トンネル―，第 34 回岩盤力学に関するシンポジウム講演論文集，pp. 285-290.
58）芳賀康司・永利将太郎・千葉昭彦（2006）：長大山岳トンネル施工に伴う高密度電気探査―筑紫トンネル―，基礎工，34，9，pp. 35-37.
59）三浦正宣・倉川哲志・窪田崇斗（2004）：九州最大の陸上トンネル工事に着手 九州新幹線 筑紫トン

ネル，トンネルと地下，35，5，pp. 7-14.
60）（財）災害科学研究所トンネル調査研究会（2001）：地盤の可視化と探査技術，鹿島出版会，p. 93.
61）（財）災害科学研究所トンネル調査研究会（2009）：地盤の可視化技術と評価法，鹿島出版会，p. 110.
62）千葉昭彦・羽田勝・坂井弘・吉住永三郎（1995）：ρa－ρu 探査法の探査例―トンネル調査への応用―，第 26 回岩盤力学に関するシンポジウム講演論文集，pp. 485-489.
63）（財）災害科学研究所トンネル調査研究会（2009）：地盤の可視化技術と評価法，鹿島出版会，pp. 136-138.
64）（財）災害科学研究所トンネル調査研究会（2009）：地盤の可視化技術と評価法，鹿島出版会，p. 72.
65）（財）災害科学研究所トンネル調査研究会（2009）：地盤の可視化技術と評価法，鹿島出版会，p. 69.
66）相澤隆生・伊東俊一郎・青野泰大・落合慶亮・八鳥雄介・中嶋啓太・赤澤正彦（2015）：トンネル弾性波探査マニュアル（案）を適用したトンネル地質調査，物理探査，68，p. 71-81.
67）（財）災害科学研究所トンネル調査研究会（2009）：地盤の可視化技術と評価法，鹿島出版会，pp. 87-148.
68）寒地土木研究所防災地質チーム（2007）：地質調査における電気探査の活用，寒地土木研究所月報，651，51-54.
69）（財）災害科学研究所トンネル調査研究会（2009）：地盤の可視化技術と評価法，鹿島出版会，pp. 77-80.
70）Okazaki, K., Ito, Y. and Agui, K. (2009): Geotechnical estimation of large overburden tunnel ground by combination of HEM and CSAMT, Proc. of ITA-AITES World Tunnel Congress 2009, pp. 1-8.
71）岡崎健治・日外勝仁・伊東佳彦（2008）：土被りの大きなトンネルの地質評価における電磁探査法の適用の適用性に関する検討～空中電磁法・CSAMT 法・両手法の組み合わせによる推定地質の検証～，物理探査学会第 119 回学術講演会論文集，pp. 121-124.
72）大塚智久・岡崎健治（2011）：蛇紋岩の地質特性を考慮したトンネル調査事例，平成 23 年度 日本応用地質学会北海道支部・北海道応用地質研究会合同研究発表会講演予稿集，pp. 13-16.

第２章　地質解釈と地盤評価

2.1　地質学的視点に基づく地盤評価

物理探査の結果から，直ちに地質が分かるものではない。むしろ複数の地質解釈が可能である。その中から最も可能性のある地質解釈を求めるためには，解釈に適用する地質情報の精度や信頼性を吟味する必要がある。また，地質解釈に基づいて地盤を評価するには，地盤特性がいかにして生じたかも知っておくべきである。このような視点から本節を述べることにする。

2.1.1　地質情報の適用性とチェックポイント

(1)　地質学と地盤工学

地盤は「工作物その他を据え置く基礎となる土地」と広辞苑[1]にあるが，地盤を評価するには，それを構成する地質についての情報が不可欠である。近代地質学は，18 世紀のイギリスに始まる産業革命を契機に，土木・建築工事や地下資源開発などの実学の現場で集積した事実を，時間を軸に体系化して，地球史解明の学問に発展してきた。地球史は直ちに地盤工学に適用できないが，地球史をもとに地盤の形成史が明らかにされれば，地質調査で得られた断片的な地質情報をもとに，未知の地盤情報を推測できる可能性がある。

(2)　地質情報の留意点

地質学は，46 億年もの長大な時間と地球規模の広大な空間に希薄に散在するデータをもとに，地球の全体像を求める自然科学である。物理学や数学は理論に基づいて体系化されているが，地質学もデータをもとに地質図や地球史などの全体像を描くための理論が形成されている。しかし，その理論の一部は研究者独自の経験則や仮説に留まることがあり，普遍化が望まれる。地質学では長らく地向斜説が有力であったが，現在は微化石分析，放射性年代測定，深層ボーリングなどの詳細な地質データに地球物理学など他分野の情報を統合して形成されたプレートテクトニクス説が主流となっている。しかし，こうした事実が反映されない地向斜説に立脚した地質情報が残存し，地盤工学に適用する際に混乱を生じさせている。

地質図などの地質情報を地盤評価に適用する場合の留意点を以下に列記する。

①　地質情報は必ずしも地盤情報を示すものではない。

②　学説により，作成された地質図が異なることがある。

例えば北大阪の千里丘陵中央部の地質図（**図 2-1**）[2)~4)]の a は地向斜説，b は地向斜説とプレート説の折衷，c はプレート説を拠り所に作成されたものであるが，地層の区分や断層の有無が異なっている。

③　地史の解明を主目的とする地質図（**図 2-2a**）[5)]と地盤の把握を目的とする地質図（**図 2-2b**）[6)]で断層は必ずしも一致しない。

④　地質の境界に引かれる地質学的断層（**図 2-3a**）と地形の特徴に着目して引かれる地

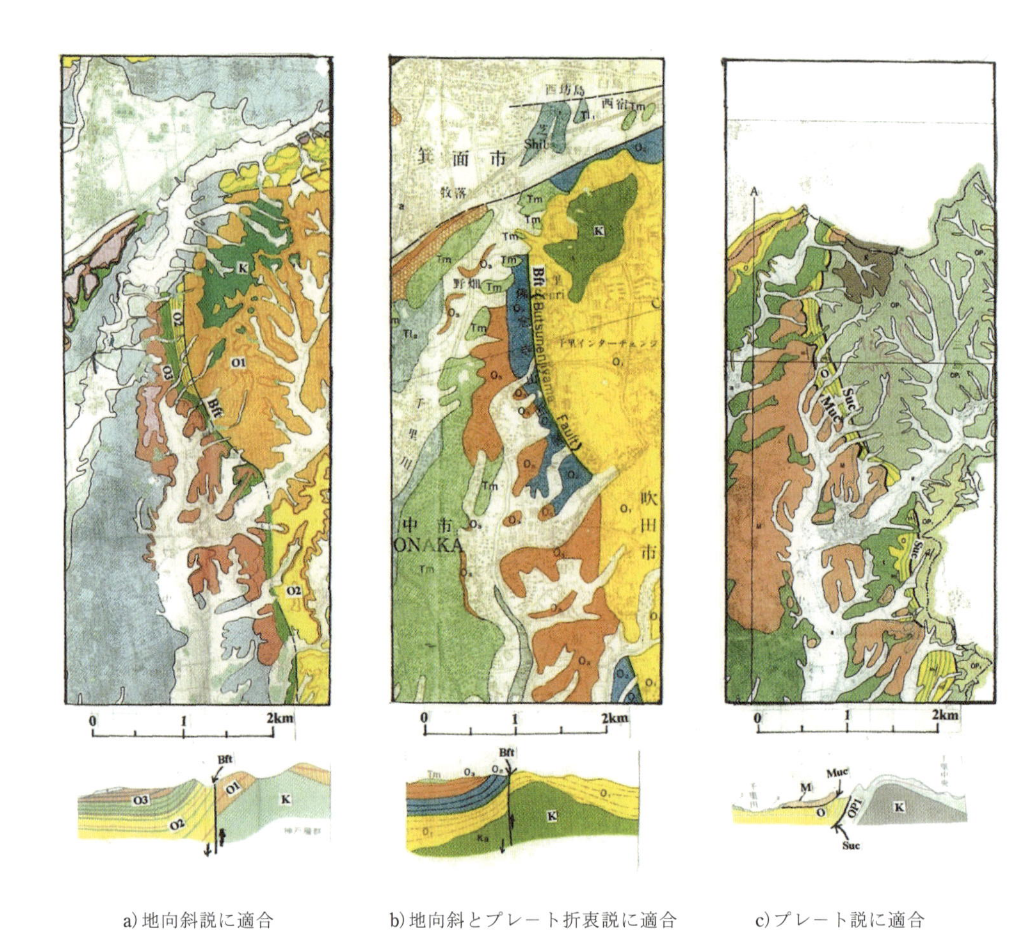

a) 地向斜説に適合　b) 地向斜とプレート折衷説に適合　c) プレート説に適合

図 2-1　学説による地質区分と断層の違い2)~4)

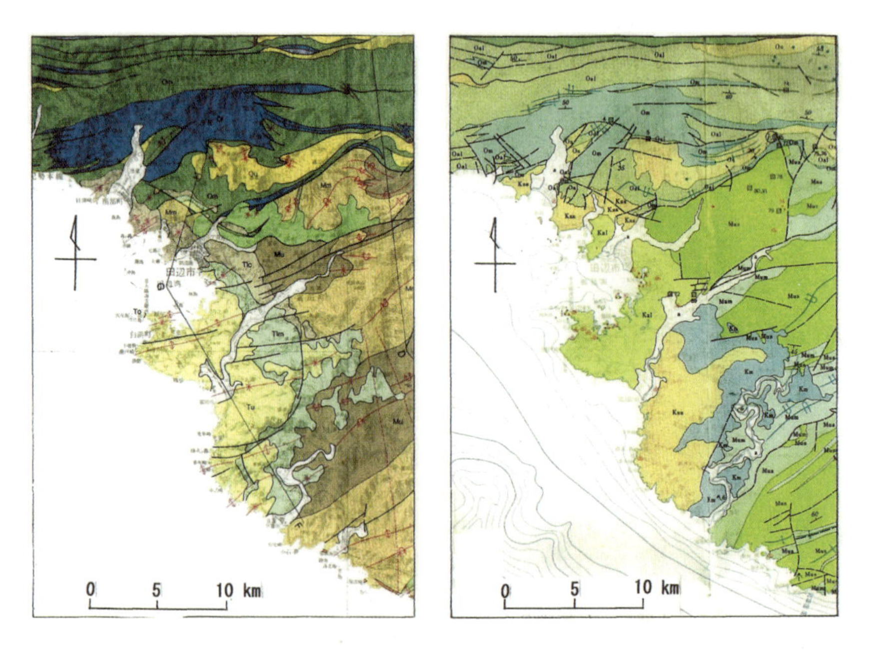

a) 付加体の地史解明がテーマ　b) 土木地質がテーマ。

図 2-2　地質図のテーマによる断層の違い5), 6)

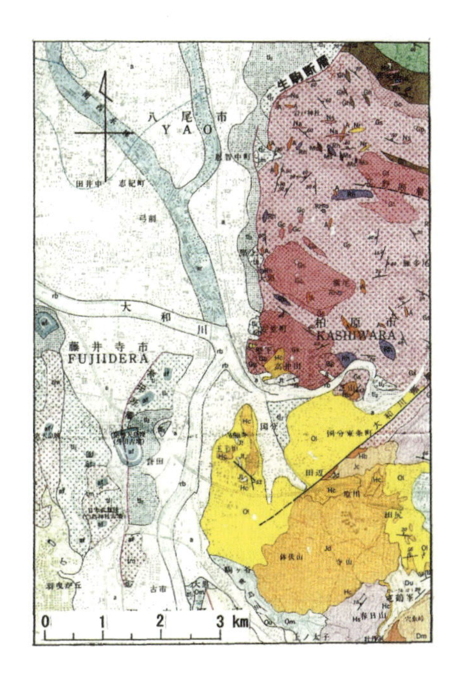

a) 地質学的活断層

b) 地形学的活断層

図 2-3　地質学と地形学の活断層の違い[7),8)]

形学的断層（**図 2-3b**）は必ずしも一致しない。

⑤　付加体の地質構成は複雑であるが，必ずしも地盤が脆弱と限らない。付加体形成後の，主に第四紀の地史が地盤特性に深く関わっている。

⑥　地質図や地質構造図（断面図）は，厳密にいえば，断片的なデータをモデル（学説，経験則）に適用して創作したものである。

以上の留意点を十分に認識したうえで，既存地質図などを参照することが望まれる。

2.1.2　物理探査で得られる地質情報

物理探査による地盤評価については **2.2** で詳述するが，ここでは物理探査で想定される地盤情報について，地質学的見地から概説する。

岩石は，主に SiO_2 からなる基本構造の SiO_4 四面体と，Al，Fe，Ca，Na，K，Mg などの金属元素が結合した珪酸塩鉱物で構成されている。鉱物結晶は一般に遊離した電子を持たないため高比抵抗で，その集合体の岩石も高比抵抗である。また，岩石が強固なのは SiO_2 が強固な共有結合だからである。しかし，地圧や温度の変化で結晶の内部やその境界に微細な亀裂が生じて水が浸透すると，金属元素はイオン化して比抵抗は低下し，岩石の強度も低下する。これが風化や変質の始まりである。また，水の水素イオンが金属イオンと置換して粘土鉱物が生じ，その結果，岩石は吸水あるいは膨潤して比抵抗はより低下し，岩石の強度も低下する。岩石や地層の比抵抗や弾性波速度の分布範囲は広いため，その値だけで地質が何であるかは判定できないが，岩石が分かれば風化，変質，断層，破砕，地下水理などの地盤条件を推定することができる（**図 2-4**）[9)]。

物理探査の結果は地盤物性の分布を示すが，それに対応する地質条件は複数存在するものである。そのいずれかを想定するには，周辺地を含む地質・地形資料確認や現地踏査，およびボーリング調査の結果なども参考にして，総合的に検討する必要がある。比抵抗の

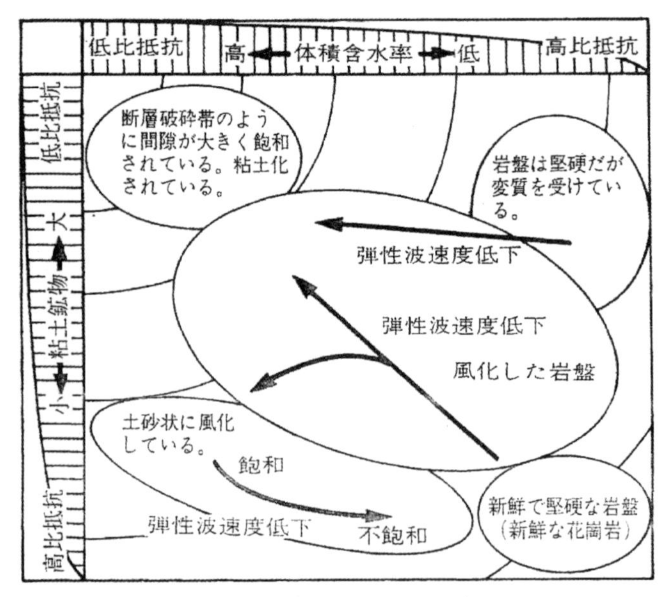

図 2-4　地盤の性状と比抵抗[9)]

分布構造は，地層の傾斜，断層，不整合などの地質構造を反映するが，互層などの小規模な地質構造の判読は困難である（**図 2-5**）[10)]。これらの解釈にあたっては，**第 1 章**に示したような探査原理や解析手法などに由来する誤差や限界を十分に理解したうえで進める必要がある。

弾性波探査屈折法では，水平方向の速度変化や鉛直に続く低速度帯に断層や破砕帯が想定される。一般には，地表面から，数 100 m/s の表土，1 ～ 3 km/s の土砂，軟岩，および 3 km/s 以上の中・硬岩などに区分される。また，比抵抗分布やボーリング孔の水位，湧水箇所などを総合して地下水面が推定される。

地表からの比抵抗探査や弾性波探査屈折法は，エネルギーの減衰などにより地下深部ほど分解能が低下する。また，探査測線に対し平行な地質構造や低角度で交差する地質構造が分布する場合，観測データを正しく解釈して断面図に反映することは難しい場合があるため，既存文献や地質踏査結果などほかの資料も考慮のうえ，総合的に判断する必要がある。

2.1.3　地盤調査に基づく地質解釈と地盤評価

(1)　地形・地質調査

(a)　探査地域の概観

調査対象がトンネルや道路などの線状であれ，土地開発のような面的であれ，周辺地域も含めて地形と地質を中心に自然状況の概略を把握する。植生，土壌，水理などや土地利用は地形や地質と深く関わっている。露頭がなくて地質が観察できなくても，それらを観察し，可能ならば土地の人に話を聞くことで，概略の地質が想定される。

(b)　地形解析

トンネル調査では，大量湧水や坑壁の変形などが生じる断層や破砕帯の予測が重要課題である。破砕帯は断層運動により地下の岩盤が破壊して生じるが，その時に地震が発生する。地震で生じた断層や岩盤の破砕は，その後の地殻変動で地表付近に達し，応力が解放され，断層や破砕した岩盤の亀裂は開口して地下水脈を形成する。また，浸食を受けて直

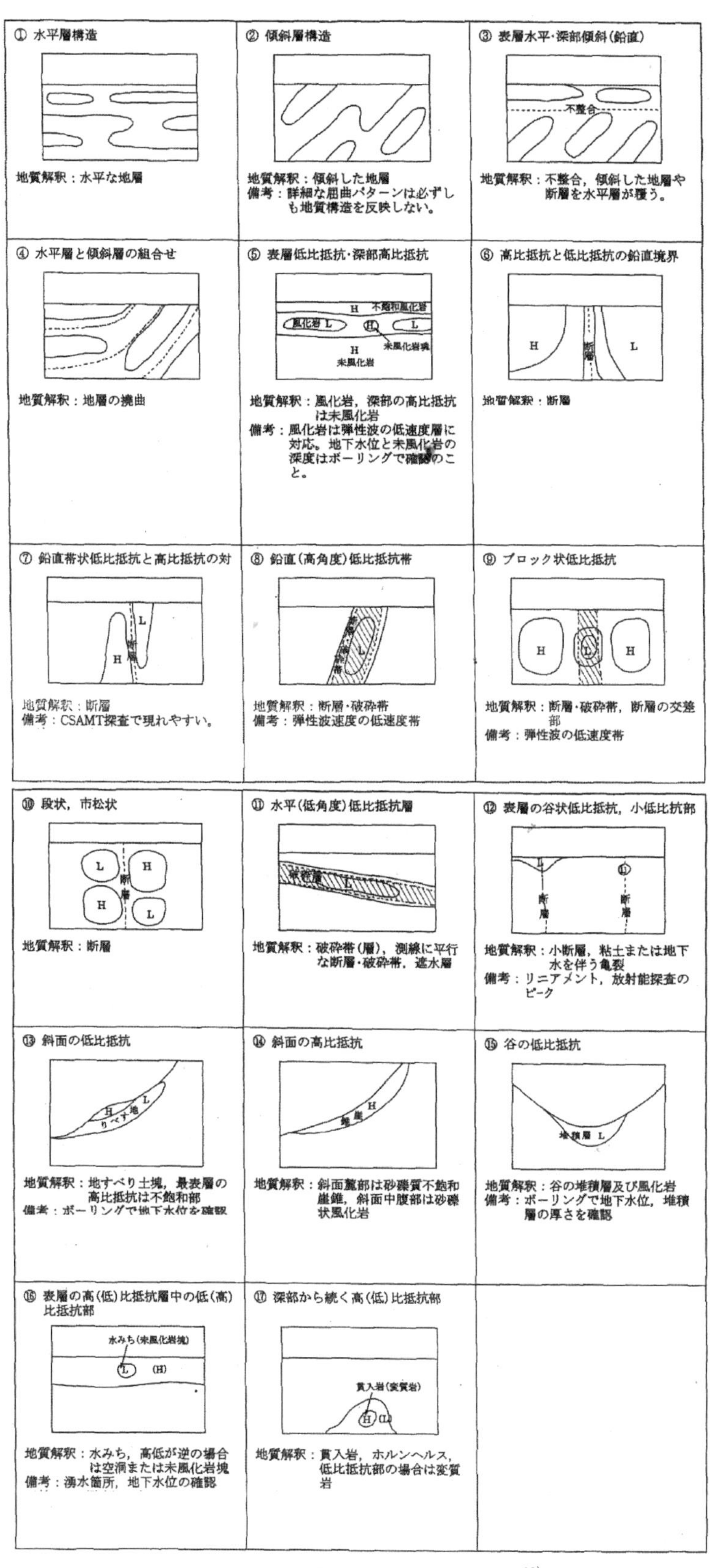

図 2-5　比抵抗分布による地質構造の解釈[10)]

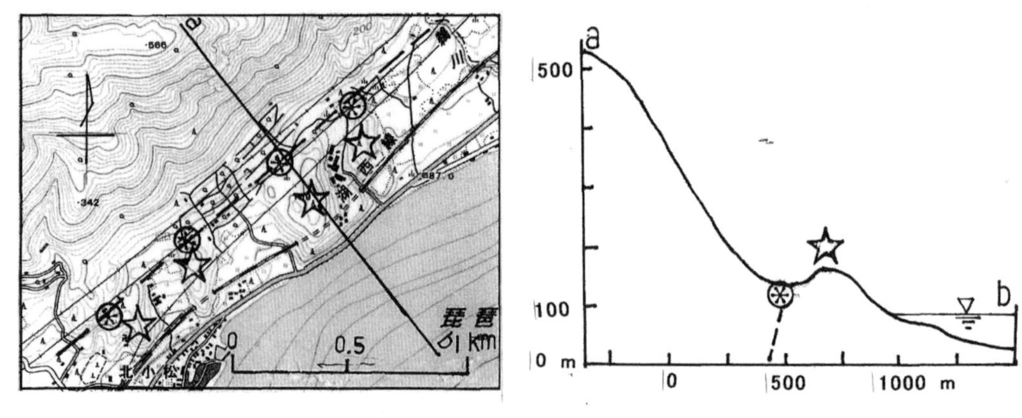

【1:25,000 地形図「北小松」国土地理院より作成】

図 2-6　ケルンコルとケルンバットの断層地形

線状の谷やケルンコル，ケルンバットなどの断層地形が生じる。これらは航空写真や地形図のリニアメントとして判読される（図 2-6）。また，断層に沿って斜面が崩壊し，三角末端面が生じる。

(c)　現地踏査

地質図の断層や地形判読で推定される断層や破砕帯を現地踏査で湧水箇所，露岩の配列，滑落崖，斜面崩壊地形（三角末端面），ケルンコルやケルンバットなどにより確認する。杉や檜の植林地内の水を好むケヤキやカツラなどの独立樹には破砕帯の交差部が，落葉広葉樹の並びは崩壊跡地や破砕帯が，また，斜面麓の竹林に地すべり地などが推定される。このほか，稜線部の集落や水田，溜め池，湿原や涸れ沢などの分布から，岩盤に被圧地下水の存在が想定される。

(2)　難工事が予想される地質

詳細に地質調査を行ったにもかかわらず，大量湧水と谷水の枯渇，岩盤変形，地表陥没などで難工事となることがある。このような地質現象の発生を事前調査で予測して，重点的に物理探査を実施して対応策を検討しておけば，難工事を回避できる可能性がある。それには経験則とともに，第四紀の地史を参考にした地質解釈が有効である。

(a)　断層の方向性と活動時期

トンネルの難工事は，しばしば断層や破砕帯で生じる。断層活動の最盛期により，その方向性に違いが見られる。以下に，断層の方向性と活動時期などの概要を記述する。

1）島弧に平行な断層

日本列島の基盤岩類は中・古生代の付加体からなり，その形成過程で島弧に平行な断層が生じた。基盤岩類の構造が東西方向の西南日本では，東西方向の断層が数 1,000 万年前から現在も活動している。中央構造線や大阪平野北縁の有馬—高槻構造線が，その代表に挙げられる。この東西方向の断層では，地質時代を通じた活動による幅の広い破砕帯や断層粘土が発達する。

2）北東—南西方向の断層

近畿・東海の丘陵地の地質研究によると，地層が堆積した構造盆地が約 400 万年前から南東から北西に移動したと考えられている[11]。この地殻変動に伴い北東—南西方向の断層が発生した。この方向の断層としては，東海地域では濃尾平野から木曽谷に続く猿投断層が[12]，近畿では大阪平野の南東部から奈良盆地を横切る大和川断層が挙げられる[13]。発生時期は不明であるが，美濃山地と飛驒山地を跡津川断層や牛首断層が北東—南西方向に走る[14]。

3）南北方向の断層

近畿・東海では，生駒山地，比叡・比良山地，鈴鹿山地などの南北方向の山地が発達する。これらの山地は，その麓を通る生駒断層，花折断層，堅田断層などの南北方向の断層が約40万年前の六甲変動で活動して隆起したものである[15]。

4）北西—南東方向の断層

この方向の断層として，近畿では兵庫県播磨地域の山崎断層[16]，丹波山地の三峠断層，琵琶湖東岸の柳ケ瀬断層，および東海では養老—伊勢湾断層，美濃地域の根尾谷断層，木曽川の段丘を切る阿寺断層[17]などが挙げられる。関東では，約10万年前の武蔵野台地を通る荒川断層，立川断層，鶴川断層[18]などがある。さらに，鉄道や道路建設の地質調査の断面図で沖積層や段丘層が断層で切られて変位する箇所が大阪平野を北西—南東方向に直線状に並ぶことから，北西—南東方向の豊中—柏原断層が推定されている[19]（**図2-7**）。また，山陰海岸から紀伊半島にかけて，この断層沿いに大地震の震源が並んでいる。

根尾谷断層が1891年の濃尾地震で生じたことなどからも，北西—南東方向の断層の活動性が最も高いと考えられる。この方向の断層の研究が少ないのは，活動の開始が新しく，地質のずれや地形の変形が少ないからと考えられる。近畿とその周辺地域で第四紀に活動した断層を**図2-7**に示す。

豊中—柏原断層沿いを流れる吉野川の上流に建設された大滝ダムを2003年春に試験湛水したところ，右岸斜面で地すべりが発生した。地形解析で北西—南東方向のリニアメントと崩壊地形が判読され，現地踏査で崩壊土砂や断層崖，破砕帯，湧水，滑落崖などが観

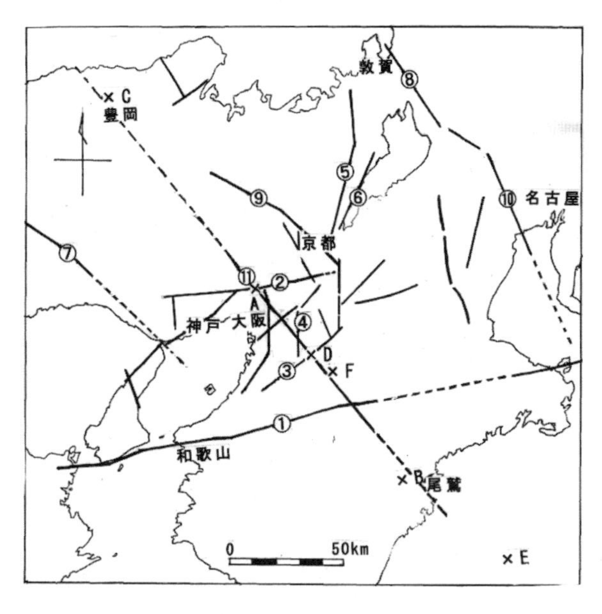

①中央構造線，②有馬－高槻構造線，③大和川断層，④生駒断層，⑤花折断層，
⑥堅田断層，⑦山崎断層，⑧柳ケ瀬断層，⑨三峠断層，⑩養老－伊勢湾断層
⑪豊中－柏原断層
A：1596年M7.5，×B：1899年M7.0，×C：1925年M6.8，×D：1936年M6.4
E：1944年M7.9，×F：1952年M6.7

図2-7　近畿とその周辺地域の主な活断層と地震の震源（×印）[19]

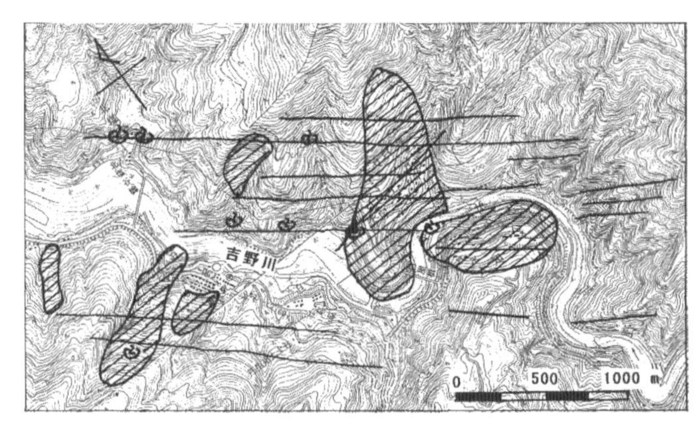

：湧水箇所　　：崩壊地形

【1:25,000 地形図「洞川」，「大和柏木」より作成】

図 2-8　豊中―柏原断層が通る吉野川峡谷のリニアメントと湧水箇所[20]

察された[20]（**図 2-8**）。また，CSAMT 探査で地すべり斜面から吉野川の地下に続く低比抵抗帯が測定された[21]。

(b)　断層の方向性と難工事

北西―南東方向以外の断層は活動の歴史が長く，活動の累積により変位や破砕帯が大きい。したがって，地質図や活断層図に記載され，断層粘土が発達するものが多いため，地質調査で見つけやすい。しかし，地形解析や現地踏査で推定される小規模な北西―南東方向の断層でも，開口亀裂を伴いトンネル施工において難工事となることがある。この方向の小規模な断層は，比抵抗高密度探査や弾性波探査で見つけ難い。しかし，地形図や航空写真で解析されるリニアメントに注目して現地踏査し，岩盤の破砕，斜面崩壊，地すべり，湧水，変色などの観察や，谷の比流量測定，水質調査，放射能探査などにより，難工事を生じる箇所の予測が可能となる（**図 2-9**）。

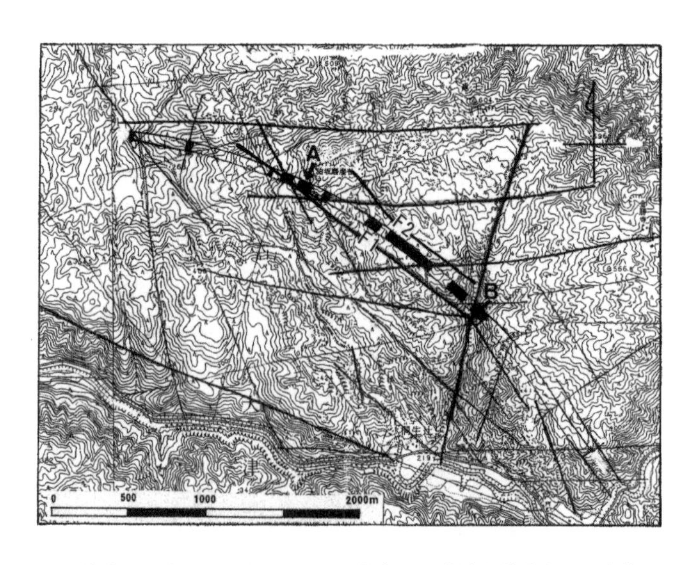

黒色部は不良地山区間　A:TBM 閉塞　B:褐色汚染岩盤，湧水箇所
【1:25,000 地形図「三雲」より作成】

図 2-9　北西-南東方向のリニアメント（F1，F2）と不良地山

(c)　震源と難工事

難工事の原因となる断層や破砕帯が，小さい地震で生じることは少ない。しかし，M7～8の地殻内大地震の震源や，それに伴って変位した断層付近では，破砕帯が発達して難工事となるおそれがある。

このような難工事の事例として，東海―北陸自動車道の飛騨トンネル工事が挙げられる。長さ10.7kmのこのトンネルは，地質学の定説に基づいて白川花崗岩，濃飛流紋岩，飛騨片麻岩などの強固な岩盤を想定して計画されていた[22]。しかし，西口からパイロットトンネルをTBM工法で掘削しはじめて間もなく，地圧に阻まれ進めなくなった。坑内の地質は花崗岩であったが，TBMカッターの掘削ずりは手で崩せるほど脆く，粘土質を含まず，まるで石臼で挽いたように繊維質のぱさぱさした手触りであった。1,000m以上の大きい土被りと追加調査で判明した付加体の複雑な地質の分布が，難工事に至らしめた要因とされた[23]。その後のボーリングで採取された花崗岩や片麻岩のコアにカタクレーサイト化が見られた[24]。これは大地震による断層運動によって生じた破砕構造で，このような地質が難工事の主要因と考えられる。

飛騨トンネルが掘削された白川郷付近には，北東―南西方向の跡津川断層および牛首断層と北西―南東方向の御母衣断層などの活断層が集まっている[25]。1586年の美濃地域が震源のM7.8±0.1の地震で御母衣断層が動き，帰雲城が白川谷の斜面の崩壊で埋没したと伝えられている[26]。また，1858年の飛騨地域が震源のM7.0～7.1飛越地震で跡津川断層が動いたとされている[27]。さらに，1891年に美濃地域でM8.0の濃尾地震が起こり，根

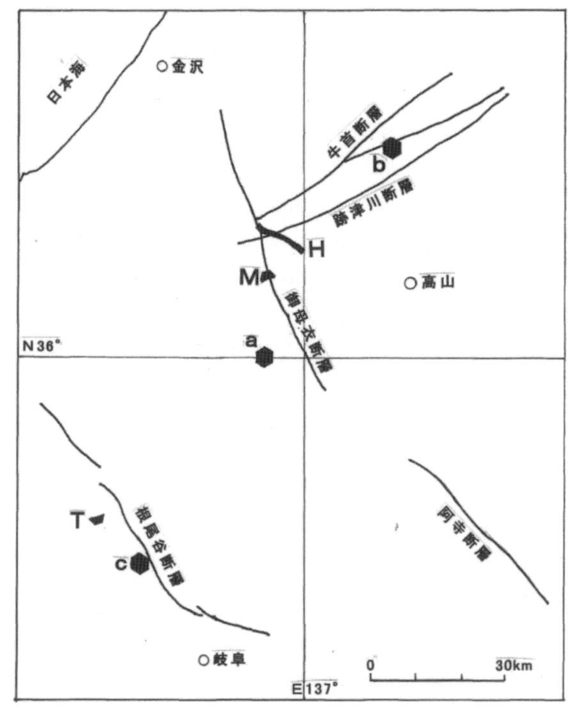

a：1586年 M7.8,
b：1858年 M7.0-7.1,
c：1891年 M8.0
H：東海－北陸自動車道飛騨トンネル，M：御母衣ダム，
T：徳山ダム

図2-10　飛騨・美濃地域の大地震と活断層

尾谷断層が生じた[28]。美濃地域の徳山ダムと白川谷の御母衣ダムは，いずれも断層によって破砕した地盤にも適合するロックフィルダムで設計されている（**図 2-10**）。

(d) 台地の埋没谷と難工事

近年は，環境対策や線形の関係で平坦な台地（段丘）の地下浅所にトンネルが掘削されるケースが増えている。わが国の広い台地は，主に中位段丘と火山地帯の台地である。中位段丘は，約 10 万年前の間氷期に形成した平野で，沖積平野と同様に，その地下に直前の氷期に刻まれた谷が埋没している。埋没谷は，地下の水みちを形成しており，その埋積層は強度が小さい。このため埋没谷は湧水や切羽崩壊のおそれのある地盤である。埋没谷が想定される地盤の調査には，比抵抗高密度探査や弾性波探査が有効である。

埋没谷は，火山灰層や溶岩（火砕流）からなる台地の地下にも存在する。火砕流の基底は破砕質で，基盤岩の上に帯水層を形成する。火砕流では，その基底以外の強度は比較的高いが，埋没谷では地下水が豊富である。このような地盤の調査には，比抵抗高密度探査が有効である。

(e) 人工改変地と難工事

大都市周辺の丘陵地では，1960 年代から土地開発が盛んであった。計画的に造成された土地は造成経緯が明らかで，地盤状態を予測することは比較的容易である。しかし，高度経済成長期に建設資材として砂や礫を大量に採取した丘陵地などの跡地は，問題を含む地盤であることが多い。原地形よりも現況地盤が低ければ切土地盤と判定されるが，砂や礫を求めてしばしば周囲の谷間よりも深くまで掘削され，その後埋め戻されている。このため，原地形と現況地形の比較による切土地盤の判定には注意を要する。

また，高度成長期には大量の廃棄物が発生して環境問題が深刻化した。1970 年のいわゆる公害国会を契機に，廃棄物の処理と処分に関する法令の整備が始められ，今ではリサイクル法により建設廃棄物の適正な処理と処分が行われている。しかし，法整備が及ばない中で，土砂採取跡地が一般廃棄物，産業廃棄物，建築瓦礫，建設残土などで埋め戻された場所もある。その結果，廃棄物から発生するメタンや硫化水素が地下水とともに周辺の地山に浸出して，周辺の工事現場に流出するおそれもある。また，法整備後も廃棄物などの不適切な埋立処分が疑われる土地もあるが，その実体が公表されることは少ない。届けられた廃棄物埋立処分地は公示され，土地取引きの重要説明事項である。しかし，土砂採取は開発行為でないために地目を変更せずに行える。元の地目が山林や農地の場合，採取跡地の地目も農地や山林である。そのような土地の工事で廃棄物が出た場合，産業廃棄物として適正な処理・処分が求められる。このように，土砂採取跡地は難工事となる素因を有する地盤といえる。

(f) 難工事が予想されるその他の地形・地質

1）石灰岩台地

秋吉台や四国カルストなどの石灰岩台地では，雨水のほとんどはドリーネなどの窪地から地下に浸透し，地上の河川は発達しない。道路や集落の排水溝がドリーネに終わることもある。このような地形・地質条件にある地域では，トンネル掘削で石灰洞から大量の地下水の流出が予想される。また，ドリーネの陥没や石灰洞に堆積した泥土が切羽から流出するおそれがある。

2）鉱山地帯

鉱山地帯では，ひ素などの有害物を含む地下水や強酸性地下水の湧出，あるいは掘削ずりからの溶出水などによる環境問題が懸念される。

3）亜炭廃坑

亜炭は，昭和30年代まで全国的に丘陵や平野の地下で採掘されていた。亜炭は数100万年前の新第三紀や第四紀の強度が低い地層から産出するため，廃坑の埋戻しが不十分であれば，トンネル工事で突発湧水や地表陥没などのおそれがある。しかし，亜炭の採掘は比較的小規模に行われたため，廃坑の詳細な把握は困難である。

(3)　地盤評価の手順

物理探査結果と事前調査で予測した地質との照合が，地盤評価では必須である。物理探査結果と事前予測した地質に違いがある場合は，補足調査が必要になる。基本的な地盤調査の流れは**第1章**に詳述されているので，ここで事前調査から地盤評価までに必要な手順を簡略に述べる。

(a)　事前調査

物理探査（手法，測線，規模など）を計画するため，既存資料を参考に現地踏査を行う。

(b)　物理探査

事前調査で得られた情報をもとに物理探査を実施する。物理探査は測線に沿って面的な情報が得られるが，得られる情報は地盤の弾性波速度や比抵抗などの間接的な情報に限られるため，事前調査で予測した地質と整合しない場合が出てくる。そのため，ボーリング調査など直接的な方法で情報を補足する。

(c)　ボーリング調査

物理探査の予定箇所または実施した箇所でボーリング調査を行い，地質や地下水位などを把握する。また，孔内検層で弾性波速度や比抵抗を測定するとともに，採取試料を用いて弾性波速度や比抵抗の測定および力学試験などを行う。

(d)　地質解釈

物理探査結果と事前予測した地質を照合する。両者に違いがある場合は，物理探査結果の再検討や予測した地質に対して，現地踏査やボーリング調査など補足調査を実施して再検討する。そして，物理探査結果と予測した地質の双方に矛盾点がなければ，地質図，地質断面図，地質構造図などを作成する（**表2-1**）[29]。

表2-1　調査方法と地質解釈の可能性[28]

		地質解釈の目的					
		地質区分	地質構造	断層・破砕帯	風化・変質	地下水	斜面崩壊
探査方法	比抵抗高密度探査		◎	◎	○	◎	○
	地質図など既存資料	◎	○	○	△	△	○
	地表踏査	◎	◎	○	◎	○	◎
	ボーリング調査	◎	○	◎	◎	◎	◎
	弾性波探査		○	◎	○		
	放射能探査			◎		○	
	航空写真判読			○			○

凡例　◎：可能性大　○：可能性あり　△：参考として

(e) 地盤評価

地盤評価は，地質解釈結果，弾性波速度分布，比抵抗分布，力学試験などを総合的に解析し，対象の構造物の設計・施工に必要となる地質や地下水などの地盤条件を建設技術者に分かりやすく翻訳する作業である。

2.1.4 地質学的視点の必要性

(1) 地質学の予測性

地質学は，歴史学的側面をもつ。歴史学は過去の出来事を復元するが，地質学はそれだけでなく出来事が生じた必然性（理論）を解明し，時を越えてその必然性を将来の予測に適用せんとするものである。地質学の最大の特性は予測性にある。予測にはデータと理論が必要である。物理探査やボーリング調査などの地質調査結果がデータであり，理論は地質学説（地球史）である。例えば，六甲変動[30]は近畿の第四紀の地殻変動を総合する地球史である。活断層を40万年以後とする最近の考えは，六甲変動に準拠したものである。日本列島の基盤岩類の地質は，主に中生代まで存在した地球で唯一の超大陸パンゲア周辺の付加体からなっている。そのため，地盤が複雑・脆弱で難工事となりやすいとされているが，実は盾状地と呼ばれる大陸の強固な岩盤も，その起源は数10億年前の付加体なのである。

プレートテクトニクス説によると，日本列島の地盤の形成は，概略次のように考えられている。中生代末に大西洋とインド洋が誕生してパンゲアが割れて7大陸に分かれた。その反対にパンゲアを取り囲んでいた（古）太平洋が縮小した。その後，太平洋の周りに分離していた大陸が再び集まり，258万年前に南北両アメリカ大陸が接合してパナマ地峡が

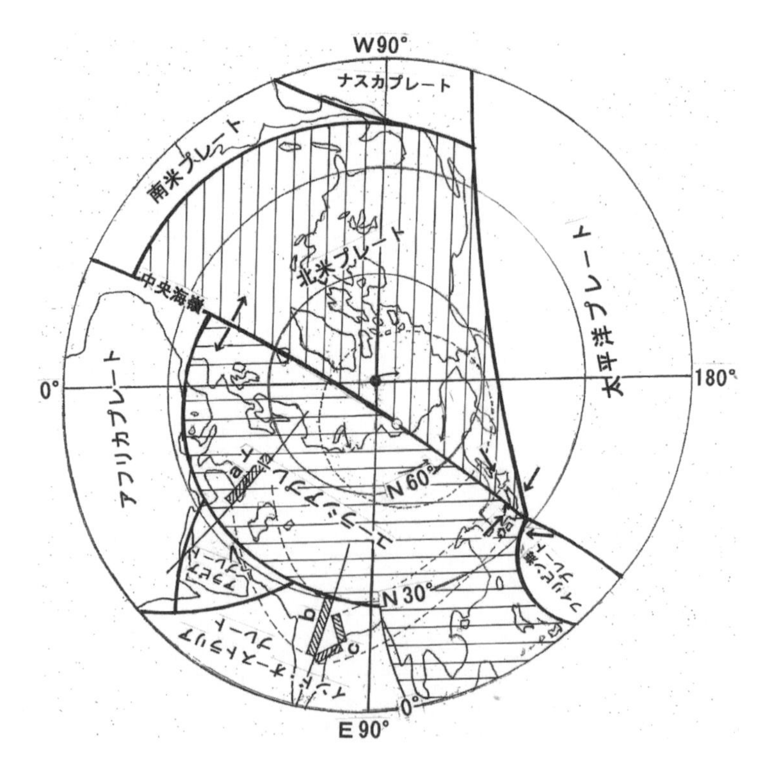

○：オイラー極(プレートの回転運動の軸)

図2-11 北極上空から見たプレート（中川原図）

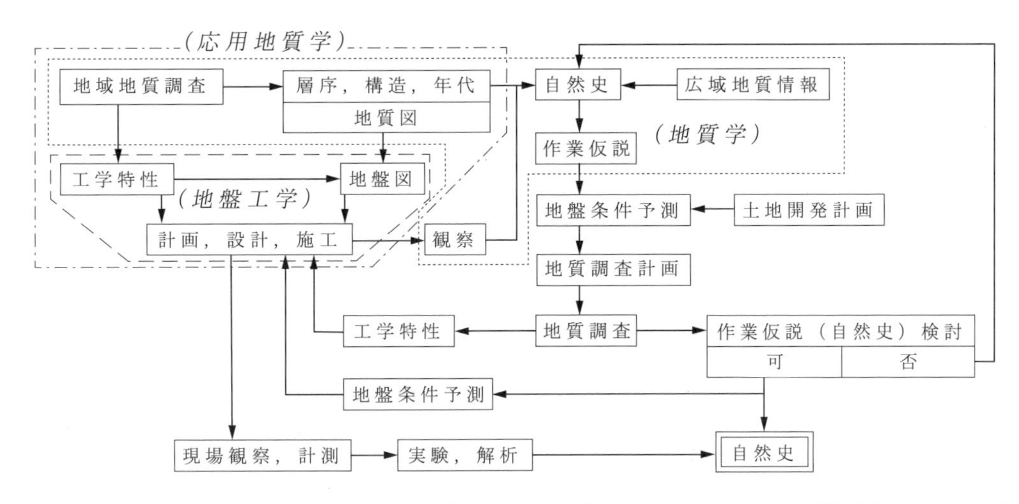

※点線内は地質学，1点鎖線内は応用地質質学，破線内は地盤盤工学であり，それぞれの主な領域域を表す（32）に加筆。

図 2-12　地質学，応用地質学および地盤工学の関係

誕生した。これが第四紀の始まりである。太平洋の縮小は今も続いている。特に，日本列島はユーラシア，北米，太平洋，フィリピンの4プレートが集まるプレートの収束点にある（**図 2-11**）。数千万年後に，日本を中心に新たな超大陸が生まれるとされている[31]。

物理探査結果などによる地質解釈は，調査地域に限るだけでなく，前述の地球史にも整合するか留意する必要がある。

(2)　地質解釈の限界と高度化

近代の地質学は，18世紀の英国に始まる産業革命における地下資源開発や土木建設に伴って発展した。地質学は必ずしも地球史の研究が主導してこなかった。地質学はむしろ地下資源開発や土木建設，防災，時には軍事目的など，人と地盤が関わる現場の事実を総合的に解釈して発展してきた。その結果，地球史が編纂されてきたのである。しかし，編纂された地球史は必ずしも真実ではない。それは新たな現場の事実で検証され，常に深化するものである。この深化した地球史を思い描けば，自ずと未知の地盤条件が頭に浮かぶであろう。それは地盤条件に関する作業仮説というべきものである。

トンネル地質調査における物理探査結果の地質解釈は，結論ではなく，地盤についての作業仮説である。時には，予測した地盤と現場の地盤の乖離が生じて，トンネル工事が難工事となることもある。それは，経済的および時間的損失，時には人的損失が生じることさえある。しかし，難工事の現場も，地質調査で予測した地盤を検証できる貴重な場なのである。その結果，より信頼性のおける理論（地球史）が構築され，新たなトンネルの地質調査において地質解釈の高度化がもたらされると期待される（**図 2-12**）。現場の事実を知らない地質学からは，信頼性の高い地盤情報はもたらされない。それが，地質解釈の限界といえる。

2.2　弾性波探査

2.2.1　弾性波探査による地盤評価

弾性波探査の結果による地盤評価に対しては，本研究会の既刊書籍[33]に記載されている。本書の**第1章**には，弾性波探査の調査法，弾性波探査から分かる地盤情報，弾性波探査の

表 2-2　地盤モデルに関する評価

目　的	調査手法	評価される地盤状況
概略地盤モデル作成	既存地質資料の分析 地表地質踏査	概略の地盤条件 （地質平面図，地質断面図など）
概略地盤モデル補完	物理探査 （弾性波探査など）	地盤の物理量分布 （弾性波速度，比抵抗など）
地盤モデル完成	詳細調査 （調査ボーリングなど）	詳細地質状況 （地質分布・構造，地下水状況など）

表 2-3　地盤物性に関する評価

目　的	調査・解析
地盤物性の取得	孔内試験，原位置試験，室内試験などによる
物性の広がり想定	前述地盤モデルの地質の広がりをもとに想定
地盤物性の設定	過去の施工実績・基準などとも照合し，地盤物性設定

計画・探査法・解析法，適用限界，弾性波探査の高度化などの概要を記載している。また，**2.1** には，土木地質を主体にした地質調査における地質解釈と地盤評価の概要を記載している。

本節では，弾性波探査を用いた土木地質調査における地盤評価の概要とトンネルの地質調査における地盤評価について，上記の内容を要約して記述する。

(1)　弾性波探査結果による地盤評価の概要

一般的な土木地質における地盤評価では，主に，地盤モデルと地盤物性に関する評価が行われる。

弾性波探査は，地質調査の中間的な段階で地山の概略的な状況を把握する目的で実施されることが多い。そのため，弾性波探査は，**表 2-2** に示すように，地盤モデル作成作業を行うために概略調査と詳細調査の間において実施されている。

地盤モデルに関する評価は，構造物が計画される地山の地質構成，地質構造，硬岩軟岩区分，亀裂分布状況，地下水条件などについて評価して，地質平面図，地質断面図などの地盤の基本的な情報図を作成することで地盤の評価を実施する作業である（**表 2-2**）。

構造物の設計・施工に必要な地盤物性に関する評価には，支持力，安定性，変形特性，透水性などがある。これらの評価は，上記の地盤モデル作成の手順で構築した地盤モデルを基本単位にして，**表 2-3** に示す内容で実施される。弾性波探査の結果は，地盤物性の広がりや連続性などを評価する際に活用される。

(2)　地盤評価における弾性波探査の役割[34)]

弾性波探査によって得られる地山の弾性波速度は，地山の密度，弾性係数，ポアソン比などによる関数で表される。弾性波速度は，地山の硬さ，亀裂の状況，間隙率などの状況によって決まるため，弾性波速度から地山状況である地山の硬さ，亀裂の状況，間隙率などが推測できる。

前述のように，地盤評価の基本となるのは，既存資料分析や地表地質踏査などによる地盤モデル作成時における基本的な評価である。これに物理探査，ボーリング調査などのより詳細な調査が追加実施されることよって，地山内部のより詳しい情報が補完される。

そのため，弾性波探査は地下の地盤状況を地山の弾性波速度から推測し，地表地質踏査などから作成した地盤モデルに対して，一段階精度が向上した地盤モデルを作成するための基礎資料を得ることを目的として実施される。また，弾性波探査の結果は，この段階での地質上の問題点などを把握して，後続のボーリング調査などの詳細調査立案のための基礎的な資料として利用されている。

(3)　トンネルにおける地盤評価（地山評価）

トンネル構造物に対する主要な地盤評価項目には，(a)地山分類（支保パターン設定，掘削性，切羽・天端の安定性）および(b)地下水（湧水箇所，湧水量）がある。地山分類については**第3章**において詳述されていることから，ここでは弾性波探査結果の主要な評価項目である地山分類の概要を記述する。

(a)　地山分類

地山分類の基準例として，道路トンネルの地山等級を**表2-4**および**表2-5**に示す[35)]。トンネルでは，**表2-4**および**表2-5**に示すような基準に基づいて地山分類が行われ，設計時に各々の地山等級に対応した標準支保パターンが設定される。

表2-4では，設計段階における地山分類の判断資料として，弾性波速度（Vp），地山の状況（岩質・水の影響，不連続面の間隔・状況など），コアの状態とRQD（%），地山強度比，トンネル掘削の状況と変位の目安の5項目が示され，その中でも弾性波速度は主要な指標として，地山分類が行われている。

地山等級は，支保パターンや補助工法選定の基礎となる主要な指標であり，地山等級の見誤りがそのまま工事費や施工時の安全性などに影響することとなる。

弾性波速度を主体とした地山分類では，施工時の設計変更が多いことから，最近では弾性波速度以外の物理量を用いた物理探査，例えば比抵抗高密度探査などを併用してトンネル全体の地盤評価を複合的に実施することで，より精度を向上させた地質解析を実施する例が増えている。

本書の**2.4**および**4.2**においては複合探査による地山分類の試みを，**第5章**では切羽前方探査による地山評価について記載しているので参照されたい。

(b)　湧水箇所および湧水量[36)]

弾性波探査は，地下水を対象とした調査で把握できる物理量が限られている。探査では，断層・破砕帯や亀裂集中帯などの位置や規模の把握に限られる。そのため，より詳細な情報を得るためにはほかの調査との併用が必要となっている。

(c)　最近の地盤評価の傾向[37)]

弾性波速度による地山分類は，岩盤がもつ間隙率，飽和度，拘束圧，構成鉱物などの色々な影響因子に左右されており，弾性波速度のみからの地山分類は，地盤評価を大きく見間違うこととなるため注意が必要である。そのため最近では，**第4章**で示す他の物理探査との併用や，**第5章**で示す切羽前方探査などの新しい調査法の適用や研究などが進められている。一方，物理探査のみの評価でなく，トンネル地盤の評価手法として，付加体地山の岩盤評価[38)~42)]，大深度長大トンネル適用地山における岩盤分類基準[43)]，熱水変質帯における変質鉱物による岩盤劣化に対する評価[44),45)]など，多方面からの地盤評価の研究資料が書籍や研究発表などで示されている。

2.2.2　弾性波探査結果の評価上のチェックポイント

(1)　弾性波探査を用いた地盤評価における留意点

弾性波探査結果から，地盤を評価するうえでの留意点について以下に述べる。

①　弾性波探査は，ボーリング調査のように直接地山を観察するものではなく，間接的に把握する手法である。また，得られる値は，地山の弾性波速度であるため，地山の支持力，安定性，変形特性などの地盤物性は直接把握できない。

表 2-4　地山分類の例[35]

地山等級	岩石グループ	代表岩石名	弾性波速度Vp（km/s）1.0　2.0　3.0　4.0　5.0	地山の状態　岩質，水による影響	地山の状態　不連続面の間隔	地山の状態　不連続面の状態	コアの状態、RQD(%)	地山強度比	トンネル掘削の状況
B	H塊状	花崗岩，花崗閃緑岩，石英斑岩，ホルンフェルス		・新鮮で堅硬または，多少の風化変質の傾向がある。 ・水による劣化はない。	・節理の間隔は平均的に50cm程度。 ・層理，片理の影響が認められるがトンネル掘削に対する影響は小さい。	・不連続面に鏡肌や挟在粘土がほとんどみられない。 ・不連続面は概ね密着している。	コアの形状は岩片状〜短柱状〜棒状を示す。コアの長さは概ね10cm〜20cmであるが5cm前後のものもみられる。 RQDは70以上。	—	岩石の強度は，トンネル掘削によって作用する荷重に比べて非常に大きい。 不連続面の状態も良好でトンネル掘削による緩みはほとんど生じない。掘削壁面から部分的に肌落ちする場合もある。 切羽は自立する。 掘削幅10m程度のトンネルでは，掘削にともなう内空変位は15mm程度以下の微少な弾性変形にとどまる。
		中古生層砂岩，チャート							
	M塊状	安山岩，玄武岩，流紋岩，石英安山岩							
		第三紀砂岩，礫岩							
	L塊状	蛇紋岩，凝灰岩，凝灰角礫岩							
	M層状	粘板岩，中古生層頁岩							
	L層状	黒色片岩，緑色片岩							
		第三紀層泥岩							
CⅠ	H塊状	花崗岩，花崗閃緑岩，石英斑岩，ホルンフェルス		・比較的新鮮で堅硬または，多少の風化変質の傾向がある。 ・固結度の比較的良い軟岩。 ・水による劣化はない。	・節理の間隔は平均的に30cm程度。 ・層理，片理の顕著でトンネル掘削に影響を与えるもの。	・不連続面に鏡肌や挟在粘土がごく一部みられる。 ・不連続面は部分的に開口しているが開口幅は小さい。	コアの長さは概ね5cm〜20cmであるが，5cm以下のものもみられる。 RQDは40〜70。	— 4以上	岩石の強度は，トンネル掘削によって作用する荷重に比べて大きい。 不連続面の状態も比較的良好でトンネル掘削による緩みは部分的なものにとどまる。比較的すべりやすい不連続面に沿って，局部的に抜け落ちする場合もある。 切羽は自立する。 掘削幅10m程度のトンネルでは，掘削にともなう内空変位は15〜20mm程度以下の小さな弾性変位にとどまる。
		中古生層砂岩，チャート							
	M塊状	安山岩，玄武岩，流紋岩，石英安山岩							
		第三紀砂岩，礫岩							
	L塊状	蛇紋岩，凝灰岩，凝灰角礫岩							
	M層状	粘板岩，中古生層頁岩							
	L層状	黒色片岩，緑色片岩							
		第三紀層泥岩							
CⅡ	H塊状	花崗岩，花崗閃緑岩，石英斑岩，ホルンフェルス		・比較的新鮮で堅硬または，多少の風化変質の傾向がある。 ・風化・変質作用により岩質は多少軟化している。 ・固結度の比較的良い軟岩。 ・水により劣化や緩みを部分的に生じる。	・節理の間隔は平均的に20cm程度。 ・層理，片理が顕著でトンネル掘削に影響を与えるもの。	・不連続面に鏡肌や薄い挟在粘土が部分的にみられる。 ・不連続面が開口しており開口幅も比較的大きくなる。 ・幅の狭い小断層を挟むもの。	コアの長さが10cm以下のものが多く，5cm以下の細片が多量に取れる状態のもの。 RQDは10〜40。	— 4以上	岩石の強度は，トンネル掘削によって作用する荷重に比べてあまり大きくはないが，概ね弾性変形をとどめる程度である。 岩石の強度は大きくても不連続面の状態が悪く，掘削により滑りやすい不連続面に沿って岩塊が落下しようとして緩みが大きくなる。 切羽はほぼ自立する。 掘削にともなう内空変位は，岩石の強度が作用する荷重に比べて小さい場合には，掘削幅10m程度のトンネルでは弾塑性境界である30mm程度発生するが，2D離れるまでにほぼ収束する。
		中古生層砂岩，チャート							
	M塊状	安山岩，玄武岩，流紋岩，石英安山岩							
		第三紀砂岩，礫岩							
	L塊状	蛇紋岩，凝灰岩，凝灰角礫岩							
	M層状	粘板岩，中古生層頁岩							
	L層状	黒色片岩，緑色片岩							
		第三紀層泥岩							
DⅠ	H塊状	花崗岩，花崗閃緑岩，石英斑岩，ホルンフェルス		・岩質は多少硬い部分もあるが，全体的に強い風化・変質を受けたもの。 ・層理，片理が非常に顕著なもの。 ・不連続面の間隔は平均的に10cm以下で，その多くは開口している。 ・不連続面の開口も大きく鏡肌や粘土を挟むことが多い。 ・小規模な断層を挟むもの。 ・転石を多く混じえた土砂，崖錐など。 ・水により劣化や緩みが著しい。			コアは細片状となる。 時には，角礫混じり砂状あるいは粘土状となるもの。 RQDは10以下。	4〜2	岩石の強度は，トンネル掘削によって作用する荷重に比べて小さく，弾性変形とともに大きな塑性変形を生じる。 岩石の強度は弾性変形をとどめるに足りるほど大きくても，不連続面の状態が非常に悪く，掘削により多くのすべりやすい不連続面に沿って地山の緩みが拡大する。 切羽の自立が悪く，地山条件によってはリングカットや鏡吹きを必要とする。 掘削にともなう内空変位は，岩石の強度が作用する荷重に比べて小さい場合には，インバートで早期に閉合しないならば，掘削幅10m程度のトンネルで30〜60mm程度発生し，切羽が2D離れても収束しないことが多い。
		中古生層砂岩，チャート							
	M塊状	安山岩，玄武岩，流紋岩，石英安山岩							
		第三紀砂岩，礫岩							
	L塊状	蛇紋岩，凝灰岩，凝灰角礫岩							
	M層状	粘板岩，中古生層頁岩							
	L層状	黒色片岩，緑色片岩							
		第三紀層泥岩							
DⅡ	H塊状	花崗岩，花崗閃緑岩，石英斑岩，ホルンフェルス						2〜1	岩石の強度は，トンネル掘削によって作用する荷重に比べて小さく，弾性変形とともに大きな塑性変形を生じる。 岩石の強度が小さいことに加えて，不連続面の状態も非常に悪く，掘削により多くの滑りやすい不連続面に沿って地山の緩みが拡大し変位も大きくなる。 切羽の自立が悪く，地山条件によってはリングカットや鏡吹きを必要とする。 掘削にともなう内空変位は，インバートで早期に閉合しないならば，掘削幅10m程度のトンネルで60〜200mm程度発生し，切羽が2D離れても収束しない。
		中古生層砂岩，チャート							
	M塊状	安山岩，玄武岩，流紋岩，石英安山岩							
		第三紀砂岩，礫岩							
	L塊状	蛇紋岩，凝灰岩，凝灰角礫岩							
	M層状	粘板岩，中古生層頁岩							
	L層状	黒色片岩，緑色片岩							
		第三紀層泥岩							

注1）本文類にあてはまらないほど地山が良好なものを地山等級A，劣悪なもの（掘削幅10m程度で内空変位200mm以上）を地山等級Eとする。
注2）H，M，Lの区分：岩石の初生的な状態での強度により，一軸圧縮強度で次のように区分する。
H：qu≧80N/mm² 　M：20N/mm²≦qu＜80N/mm² 　L：qu＜20N/mm²
注3）塊状，層状の区分
塊状：節理面が支配的な不連続面となるもの。
層状：層理面あるいは片理面が支配的な不連続面となるもの
注4）内空変位とは，トンネル施工中に実際に計測されるトンネル壁面間距離の変位で，掘削以前に変位したものは含まない。
注5）緩みとは，土圧によって閉鎖されていた岩盤中の不連続面が，トンネル掘削により応力解放されることで開口し，それに沿って岩塊が重力により落下しようとすることをいう。
注6）岩石の強度とは，割れ目の強度を受けない強度のことをいう。

表2-5　岩石グループ（道路トンネル）[35]

		岩盤の初生的性質を反映した新鮮な状態での強度の区分		
		H（硬質岩） 80 N/mm² 以上	M（中硬質岩） 20～80 N/mm²	L（軟質岩） 20 N/mm² 以下
劣化のしかたによる区分	塊状岩盤	はんれい岩，かんらん岩 閃緑岩 花崗閃緑岩 花崗岩 石英斑岩，輝緑岩 花崗斑岩 ホルンフェルス 角閃石岩 - - - - - - - - 中・古生層砂岩，礫岩 石灰岩，チャート（珪岩） 片麻岩	安山岩 玄武岩，輝緑凝灰岩 石英安山岩 流紋岩 ひん岩 - - - - - - - - 第三紀層砂岩，礫岩	蛇紋岩 凝灰岩 凝灰角礫岩
	層状岩盤		粘板岩 中・古生層頁岩	千枚岩 黒岩片岩，石墨片岩 緑色片岩 - - - - - - - - 第三紀層泥岩

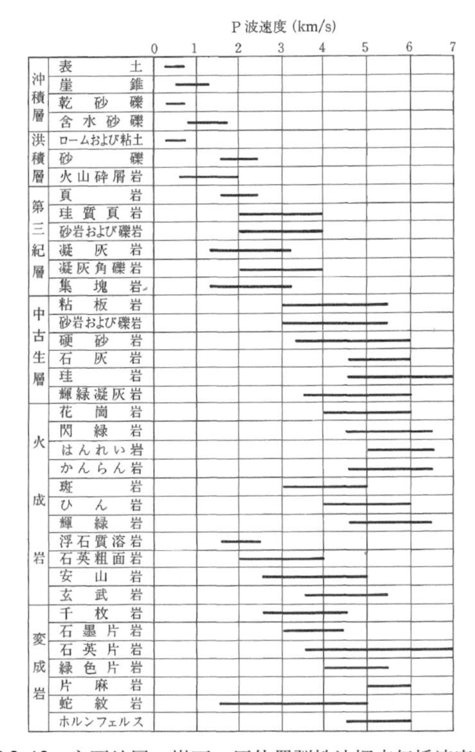

図2-13　主要地層・岩石の原位置弾性波探査伝播速度[46]

② 弾性波速度は地層や岩石の種類，風化状態によって様々である。特に岩盤では，岩質自体が軟らかいため伝播速度が遅いのか，岩質自体は硬質であるが亀裂が発達するため速度が遅いのか区別できない（図2-13）[46]。

③ はぎとり法では，地表から下位に向かって順次弾性波速度が速くなることを前提にしており，逆転している場合や，早い層と遅い層が繰り返すなど，特殊な速度構造である場合には適用が困難である。

④　断層や節理・片理などの不連続面が偏向する場合，同じ地山でも測線の設置方向によって速度が異なる場合がある。

⑤　地盤の振動を利用するため，地下埋設物や地上構造物の影響を受ける可能性がある。

(2)　トンネル調査における地盤評価（地山評価）上の留意点

トンネルを対象とした弾性波探査において，地盤（地山）を評価するうえでの留意点について以下に述べる。

(a)　地山分類

①　地山分類表（**表 2-4** 参照）は，坑口部や谷部などの弾性波速度が急変する区間（低土被り区間）では，そのまま適用できない。

②　旧来のはぎとり法（萩原の方法）では，解析の手法上，鉛直方向の低速度帯として解析される。その結果，実際は傾斜していても鉛直方向の断層破砕帯として評価することになるため，地下深部ではトンネル施工時に出現位置が異なる場合が多い。

③　四万十帯などの付加体では，構造的な変形作用により潜在亀裂を内包することが多く，トンネル掘削時にゆるみが生じるなど，弾性波探査による地山分類（評価）よりも切羽の状態が悪い場合がある。

④　蛇紋岩や蛇紋岩化作用を受けた岩石，および第三紀の泥岩などは，水の影響による劣化を生じやすいため，評価するうえで留意が必要である。

(b)　地下水

トンネル工事では，突発的な湧水や多量の湧水がしばしば問題となる。弾性波探査は，地盤の弾性波伝播速度を利用した探査であるため，直接地下水の存在を検知することはできない。そのため，速度分布から地下水を内包することが多い地質構造（未固結層，断層破砕帯）を想定し，間接的に地下水の有無を類推するに留まる。地下水の分布をより正確に把握するためには，弾性波速度という単一のパラメータだけでなく，地下水の分布を反映しやすい地山の比抵抗を利用した電気・電磁探査や，そのほかの調査情報を入手し，総合的に地盤を評価する必要がある。

(3)　今後の弾性波探査結果の評価に向けて

弾性波探査結果を評価するにあたっては，探査結果を機械的に利用するのではなく，まず探査手法の原理を理解したうえで評価する必要がある。最近では，複雑な地層構造に対応するため，はぎとり法に加えトモグラフィ解析を行い，断層の傾斜方向を評価するようになってきた。しかし，留意点にも述べたように，地盤（地山）評価を行うにあたっては，地盤の地形・地質条件の複雑さ，地山に内包される潜在亀裂や膨潤性など，特殊な地山に対する探査手法の適用性なども十分理解し，様々な情報をもとに評価することが肝要である。

また近年では，基礎掘削やトンネル掘削が進んだ段階で追加して探査し，施工前には得られなかった精度の高い地盤情報を施工時に確認する情報化施工が発達してきている。特にトンネル施工では，弾性波探査による切羽前方探査（**第 5 章**）の技術も発展してきており，その効果が期待されている。

2.3　比抵抗高密度探査

2.3.1　比抵抗高密度探査による地盤評価

比抵抗高密度探査で得られる比抵抗は，必ずしも地質条件に対応することはなく，地盤

表 2-6　比抵抗高密度探査結果による地盤評価項目と適用分野[47]

地盤評価項目	• 断層破砕帯 • 風化帯 • 地層境界 • 熱水変質帯	＊地下構造物（埋設管） ＊地下空洞 ＊埋設管 • 地盤の地下水
適用分野	• トンネル • 地すべり • 温泉 • 埋設物 • 金属鉱床	• ダム • 断層 • 地下水 ＊遺跡 ＊空洞

注）＊印：調査事例が少ないため，適用性については今後の事例検討を要する。

を構成している土粒子や岩石の電気的な特性を基本として，それに加えて地盤中の空隙部に介在する空気や水分および土粒子などの状況によって大きく違ってくる。そのため，比抵抗解析断面図を利用して地山の構造や特性を考察する際には，地山の含水状態，風化や変質の程度，断層の有無などを十分に考慮して総合評価する必要がある。

表 2-6 は，比抵抗高密度探査結果から評価される事項と適用分野を示している[47]。比抵抗高密度探査による地盤評価については，本研究会出版の書籍[47]に詳細に記載されているので参照されたい。以下，適用分野に関する項目について概要を記述する。

①　トンネル

前述したように，比抵抗探高密度探査は比抵抗の分布が地盤の硬軟や地下水分布と必ずしも結び付かないため，トンネルに対する地質調査として単独で利用されることは少ない。ただし，地山の含水状態，風化や変質の程度，断層の有無などの評価が比較的効果的に把握することができるため，最近，弾性波探査と併用して複合探査として利用されることが多い。

②　地すべり

地すべり調査に対して実施される比抵抗高密度探査は，地すべり地の風化帯分布（すべり土塊）などの大きな地下地質構造を把握する目的で，弾性波探査などとの併用で実施されることが多い。その中で，比抵抗探高密度探査の特徴から，特に地すべり地特有の地下水流動位置の把握から地下水の排除工設置場所を選定する調査としても実施されることが多い。

③　ダム

ダムにおける物理探査の利用は，基礎地盤調査の初期段階において弾性波探査屈折法や比抵抗高密度探査などが実施されている[48]。比抵抗高密度探査は，貯水池調査の漏水経路やダム設置予定地での地すべり調査などで適用されることが多い。また，ダム本体を対象とした適用例としては，堤体の高透水性領域の評価に適用した例がある。

適用の具体例としては，フイルダムでは，漏水が確認されていた老朽溜池において堤体と基礎地盤の比抵抗断面を作成して漏水箇所の調査を行った事例ある。コンクリートダムでは，既設ダム基礎岩盤の健全性評価のために，比抵抗トモグラフィと弾性波トモグラフィを併用して評価した例もある。

④　遺跡

遺跡調査では，一般的に対象深度が浅いため，地中レーダ探査が実施されることが多い。比抵抗高密度探査は，比較的深さがある対象物の探査に適用され，比抵抗の変化から遺跡の場所を推測し，適切な発掘場所を選定することを目的として実施されることが多い。

⑤ その他

比抵抗高密度探査は，弾性波探査屈折法に比べて土木分野に適用されるようになって歴史が浅く，適用分野においても限定的である。しかし，弾性波探査屈折法などと併用した複合探査として活用されることが増えてきている。

最近注目される適用分野としては，原子力発電所建設，大深度地下空間利用，活断層調査，液状化判定，地下水汚染・土壌汚染，構造物の維持管理などがあり，比抵抗高密度探査単独で実施される場合もあるが，多くが複合探査として適用されている。

2.3.2 比抵抗高密度探査結果の評価上のチェックポイント

比抵抗高密度探査では，探査結果として得られる地下の比抵抗分布から地下の地質や地層の境界を推定する。その作業工程においては，比抵抗と地質および比抵抗と地質構造の論理的または経験的な関係に基づいて地質解釈を行うこととなる。以下，比抵抗高密度探査による地質解釈の概要と探査結果の地盤評価上の留意点について概説する。

(1) 比抵抗高密度探査による地質解釈

地盤の比抵抗は，地盤を構成する岩石（鉱物組成），間隙水の水質（比抵抗），間隙率，水分含水量・飽和度，電気を通しやすい粘土鉱物の含有量および温度などの要因に左右される。**表 2-7** に鉱物組成を除いた地盤の比抵抗に影響を及ぼす要因を，また，**図 2-14** に岩石（鉱物組成）別に比抵抗の範囲を示す。

地盤の比抵抗はこれら多くの要因により左右され，**図 2-14** に示すように，同じ岩石でも比抵抗は幅広い範囲を示すため，得られた比抵抗だけから岩石・地質の違い，強度，地下水位などの地盤状況を直接判断することは困難である。

そのため，探査結果の解釈においては，どの要因が比抵抗に影響を与えているかを推定することが重要となり，以下に示す内容が重要な手がかりとなる。

① 比抵抗の大局的な分布形状（水平方向へ連続しているのか，鉛直方向へ連続しているのか，孤立的な出現かなど）

② 比抵抗の範囲や相対的な差異

③ 比抵抗分布の位置関係など

(2) 比抵抗に影響を与えている要因分析

前述の①や③については，比抵抗分布パターンと地質構造との関係となるが，典型的な比抵抗分布パターンを事前知識として知っておくことが重要となる。水平方向に卓越した構造の比抵抗パターンや鉛直方向，円形・方形孤立パターン（**図 2-5** 参照），さらには偽像の出方などについてモデル計算された事例が専門書籍や文献[47),50),51)]などに示されているので参考されたい。

また②については，岩石・地質（鉱物組成），風化・変質の程度（間隙率・粘土鉱物），水理地質（飽和度・地下水），断層破砕帯（粘土鉱物）などとの関係であり，地表踏査やボーリング調査結果などの地質情報をもとに解釈する必要がある。同じ岩石でも，物理的風化が進行して岩石が細粒化し，間隙率が増加して含水率が上がれば比抵抗は小さくなるが，乾燥していれば比抵抗が大きくなることもある。そのため，オンサイトでのボーリング孔を利用した電気検層やコアの比抵抗測定，地表露頭などでの小区間比抵抗高密度探査などを実施して，地質や地質現象との直接的な対比（定量化）ができるような工夫が重要となる。

表 2-7　地盤の比抵抗に影響を及ぼす要因[47)]

要　因		地盤の比抵抗の高低 大きい ←→ 大きい	地盤の関連現象
間隙率	飽和状態	大きい ←→ 小さい	風化，破砕帯
	乾燥状態	小さい ←→ 大きい	
飽和度 （間隙率一定）		大きい ←→ 小さい	地下水位
体積含水率 （間隙率×飽和度）		大きい ←→ 小さい	風化，破砕帯
粘土鉱物含有量 （導電性鉱物）		多い ←→ 少ない	風化，変質
地下水の比抵抗		低い ←→ 高い	塩水楔など
温度（地温）		高い ←→ 低い	地熱，温水

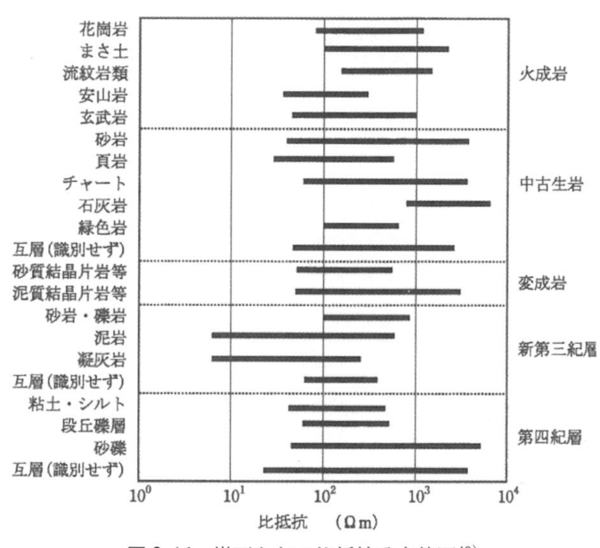

図 2-14　岩石などの比抵抗分布範囲[49)]

(3)　比抵抗による地山分類

弾性波探査が実施できない場合など，特殊な条件下に限られるが，比抵抗単独で地山を分類した事例もある。分析したデータ数が少ないので，あくまで補助的なものであるが，**第4章**では比抵抗による地山判定基準の作成を試みている。詳細は，**4.3.1**(4)を参照されたい。

2.4　複合探査

2.4.1　複合探査による地盤評価

地盤の物理探査の手法には，弾性波探査や比抵抗高密度探査など探査原理が異なるいろいろな手法が存在する。複合探査とは，探査原理が異なるこれらの複数の探査手法を組み合わせて地盤調査を行い，それぞれの手法の長所や利点をうまく組み合わせることで地盤を総合的に評価して，目的に応じた合理的な調査結果を得るものである。ここでは，代表的な複合探査手法として，弾性波探査と比抵抗高密度探査による総合的地盤評価の考え方，

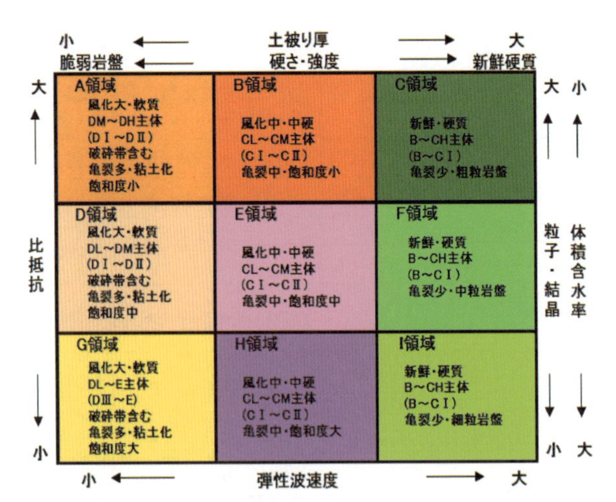

注1)B～CH～CM：電中研方式岩盤分類、B～CⅠ～CⅡ：道路公団(現高速道路(株))方式地山等級
注2)体積含水率(θ)=間隙率(n)×飽和度(S)
(地山中の間隙が連続している(地下水が流動している)と見なせれば、飽和に近づくにつれて
比抵抗は小さくなる)

図 2-15　弾性波速度・比抵抗と地山性状との概念的関係

近年行われるようになってきた新たな物理量分布による地盤評価の試み，および組合せ解析による地盤評価の特徴について述べる。

(1)　複合探査による総合的地盤評価

弾性波探査は，地盤を構成する鉱物粒子や結晶などの構成物質中を伝わる弾性波の伝播速度の分布を2次元あるいは3次元的に調べることを目的とする探査であり，いわば地盤の骨組み構造の硬さや固結状態を調べるものである。一方，比抵抗高密度探査は，地盤の比抵抗分布を2次元あるいは3次元的に調べることを目的とする探査であり，地盤内に存在する亀裂や間隙の2次元あるいは3次元分布とそれらの内部を満たす流体の存在によって測定値が大きく変化する。換言すれば，地盤内の空隙や地下水の存在状態を調べるものである。したがって，原理の異なる弾性波探査と比抵抗高密度探査の両方の探査を実施し，地盤の骨組みと間隙・地下水の情報を組み合わせて総合的に評価することによって，はじめて精度の高い地盤の評価が可能になるものと考える。

このような複合探査に基づく弾性波速度および比抵抗の分布とトンネルの地山性状との概念的関係を図 2-15 に示す。この図より，弾性波速度と比抵抗の両方が大きい探査結果からは，地盤（岩盤）が新鮮硬質で亀裂が少なく，地下水も少ないことが推察される。また，弾性波速度が大きく比抵抗が小さい場合には，地盤（岩盤）は新鮮硬質で亀裂が少ないが，地下水が多いことが推察される。一方，弾性波速度と比抵抗の両方が小さい場合には，岩盤は風化や破砕が進行し亀裂や間隙の発達が顕著で，かつ地下水が豊富なことが推察される。弾性波速度が小さく比抵抗が大きい場合には，風化や破砕が進み亀裂や間隙が発達するものの，地下水は少ないことが推察される。

このような複合探査による総合的地盤評価の一例として，付加体地質トンネルにおける弾性波探査屈折法と比抵抗高密度探査による総合評価の実施例を図 2-16 に示す[52)]。トンネルの計画・設計段階で実施したこれらの複合探査によって，弾性波速度の比較的低い領域と比抵抗が低い領域が地質分布（粘板岩の分布）や地質境界とほぼ整合すること，仏像構造線付近から終点側に低比抵抗部が多く地層変化が激しいこと，沢筋からの地下水浸透の影響が大きいこと，などが事前に推定されている。

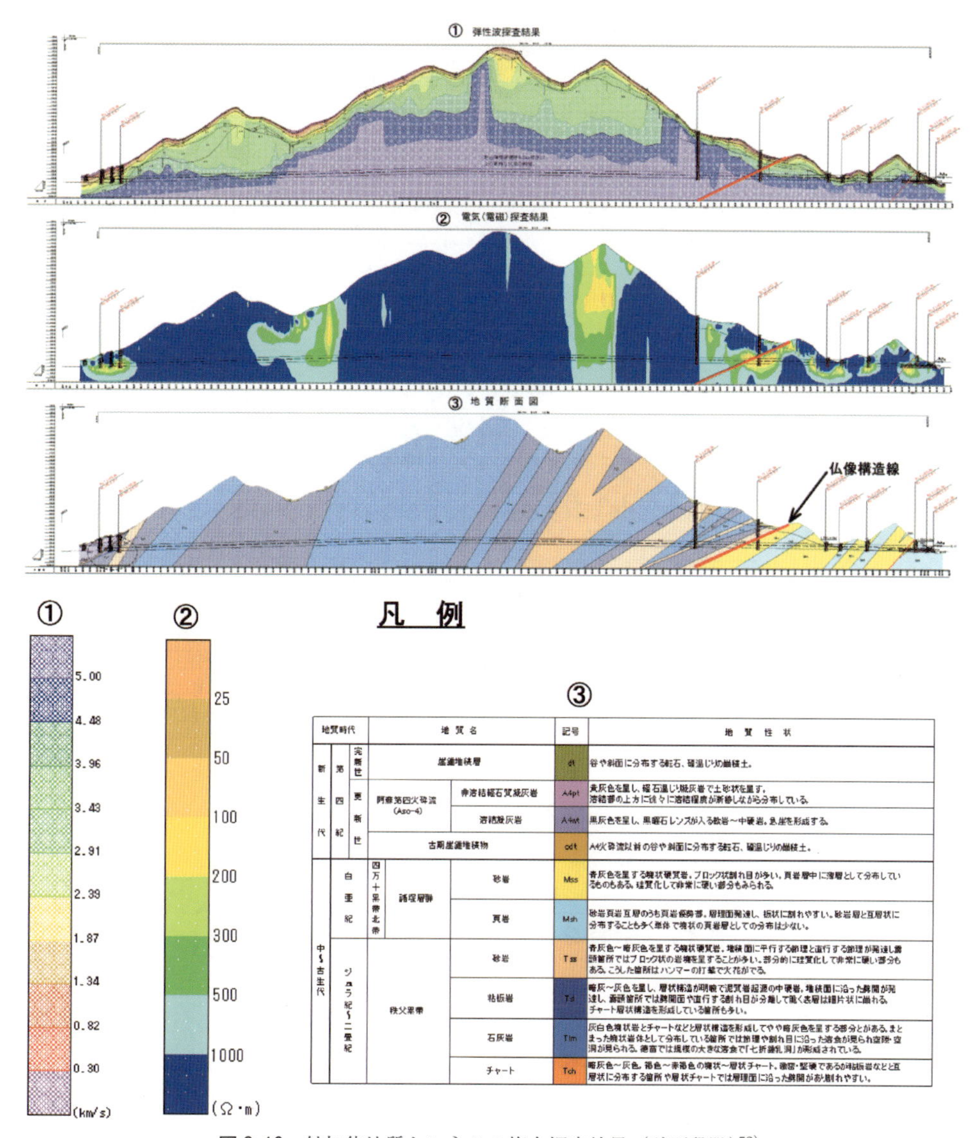

地質時代			地質名		記号	地質性状
新生代	第四紀	完新世	崖錐堆積層		dt	谷や斜面に分布する転石、礫混じりの崩積土。
		更新世	阿蘇第四火砕流 (Aso-4)	非溶結軽石質凝灰岩	A4pt	黄灰色を呈し、軽石混じり凝灰岩で土砂状を呈す。溶結部の上方に徐々に溶結程度が漸移しながら分布している。
				溶結凝灰岩	A4wt	黒灰色を呈し、黒曜石レンズが入る軟岩～中硬岩。急崖を形成する。
			古期崖錐堆積物		odt	A4火砕流以前の谷や斜面に分布する転石、礫混じりの崩積土。
中～古生代	白亜紀	四万十累帯北帯	諸塚層群	砂岩	Mss	青灰色を呈する塊状硬質岩。ブロック状割れ目が多い。頁岩層中に薄層として分布しているものもある。珪質化して非常に硬い部分もみられる。
				頁岩	Msh	砂岩頁岩互層のうち頁岩優勢部。層理面発達し、板状に割れやすい。砂岩層と互層状に分布することも多く単体で塊状の頁岩層としての分布は少ない。
	ジュラ紀～二畳紀		秩父累帯	砂岩	Tss	青灰色～暗灰色を呈する塊状硬質岩。堆積面に平行する節理と直行する節理が発達し露頭箇所ではブロック状の岩塊を呈することが多い。部分的に珪質化して非常に硬い部分もある。こうした箇所はハンマーの打撃で火花がでる。
				粘板岩	Tsl	暗灰～灰色を呈し、層状構造が明瞭で泥質岩起源の中硬岩。堆積面に沿った隙間が発達し、露頭箇所では隙間面や直行する割れ目が分離して脆く表層は細片状に崩れる。チャート層状構造を形成している箇所も多い。
				石灰岩	Tlm	灰白色塊状岩とチャートなどと層状構造を形成してやや暗灰色を呈する部分とがある。まとまった塊状岩体として分布している箇所では節理や割れ目に沿った溶食が見られ空隙・空洞が見られる。徳富では規模の大きな溶食で「七折鍾乳洞」が形成されている。
				チャート	Tch	暗灰色～灰色、褐色～赤褐色の塊状～層状チャート。緻密・堅硬であるが粘板岩などと互層状に分布する箇所や層状チャートでは層理面に沿った隙間があり割れやすい。

図 2-16　付加体地質トンネルの複合探査結果（計画段階）[52]

(2)　新たな物理量分布による地盤評価

松井・朴[53),54)]は，**図 2-17** に示すように，地盤（岩盤）の比抵抗と弾性波速度がそれぞれ間隙率と一義的な関係にあることを利用して，比抵抗から換算弾性波速度を求め，この換算弾性波速度に基づいて地山分類を行う手法を提案するとともに，実地盤のデータを用いて検証し，さらに，実トンネルでの比抵抗と弾性波速度の定量的評価による地山区分を行い，実績支保パターンと比較することによって，その適用性を確認している。

また，中村ほか[55)]は，**図 2-18** に示すように，岩石の比抵抗と間隙率，飽和度の関係を室内試験で把握し，現地で得られた弾性波速度と比抵抗の測定結果を間隙率と飽和度に変換して，トンネルの地質構造を評価する手法を提案している。弾性波探査と比抵抗高密度探査の結果から，地盤（岩盤）の間隙率と飽和度を求め，間隙率で地盤（岩盤）物性を評価し，体積含水率（間隙率×飽和度）で湧水箇所を評価する新しい地質構造評価の方法である。

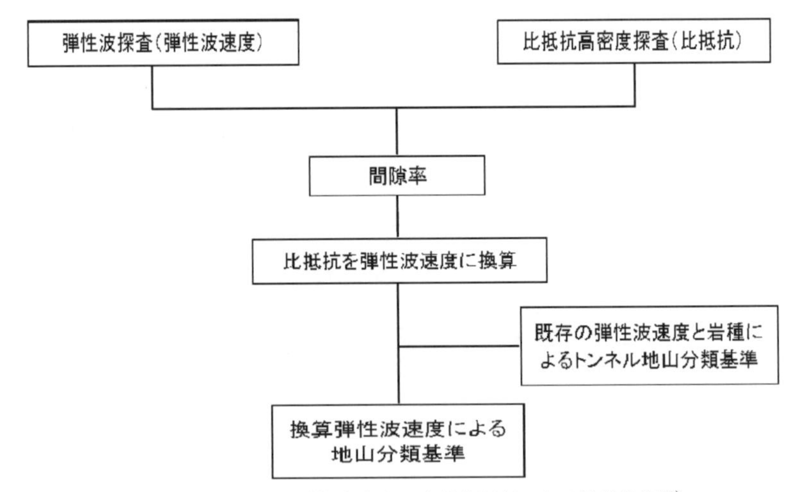

図 2-17　比抵抗と弾性波速度の定量的評価による地盤分類[53)]

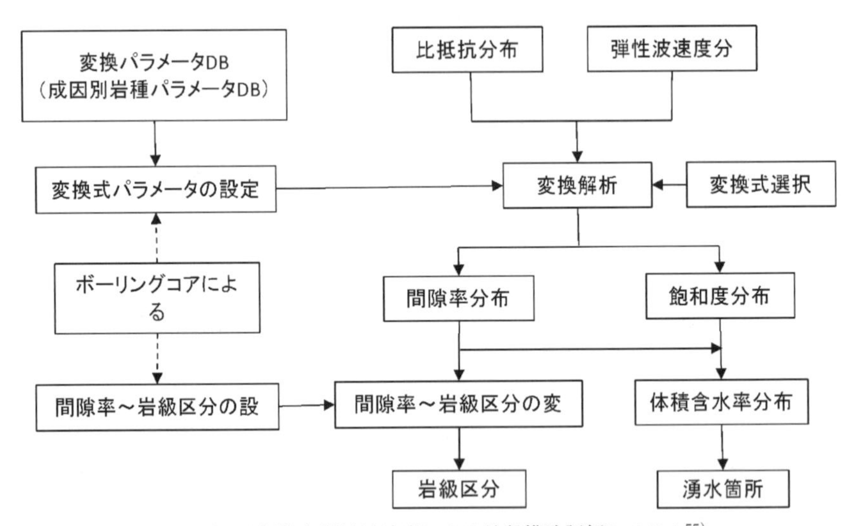

図 2-18　比抵抗と弾性波速度による地盤構造評価システム[55)]

(3)　組合せ解析による地盤評価

(a)　弾性波探査結果の組合せ解析

弾性波探査屈折法における，はぎとり法の解析結果にトモグラフィ解析手法を適用して再解析を行うことにより，実際により近い地下構造あるいはより複雑な地下構造の解析が可能になっている。しかし，解析に用いるデータははぎとり法によるデータであり，屈折法における原理上の限界は超えられない点（例えば，速度の逆転層の問題など）に注意が必要である。

(b)　地表弾性波探査屈折法と切羽前方探査の組合せ解析

地表での弾性波探査屈折法とトンネル坑内の切羽発破を利用した前方探査法[56)]を組み合せることにより，弾性波の波線がトンネル設計深度を通過するため，探査精度や解析精度が向上する。また，逆転層の問題も解決できる。トンネルの施工段階で行われる切羽前方探査が中心となるため，後述の**第 4 章**，**第 5 章**で詳しく述べる。

(c)　比抵抗高密度探査と IP 法の組合せ解析

比抵抗高密度探査と IP 法による複合探査の実施例を**図 2-19** に示す[57)]。比抵抗断面では蛇紋岩と緑色岩や泥質片岩の境界が不明瞭であるが，充電率断面では蛇紋岩と緑色岩の境

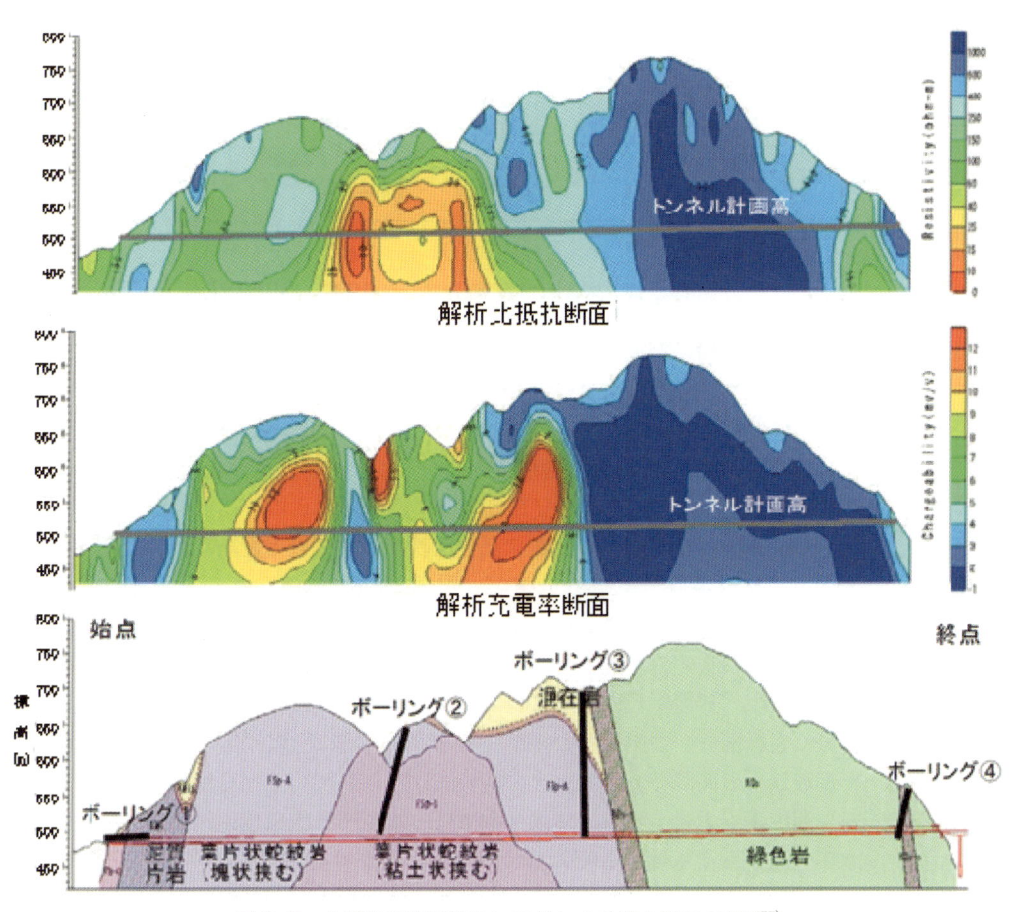

図 2-19　比抵抗高密度探査と IP 法による複合探査の事例[57]

界や蛇紋岩と泥質片岩の境界がより明確となり，IP 法で充電率を測定したことによって，蛇紋岩とそのほかの岩石に明瞭なコントラストが認められ，よりよい精度でトンネル区間に分布する蛇紋岩の範囲を確認することができた。

2.4.2　複合探査結果の解釈上のチェックポイント

本研究会では，1993 年（平成 5 年）以降今日まで，主として山岳トンネルを対象とした比抵抗探査および弾性波探査と施工実績に関する研究を継続し，探査結果の合理的かつ高精度の解釈を実現するにあたって，複合探査の実施が必要であることを世に提示してきた[58),59)]。本項では，本研究会がこれまでの研究活動の中で収集した 16 の探査―施工実績事例（内訳：中古生代砂岩・頁岩互層 6，古第三紀砂岩・頁岩互層 2，花崗岩類 4，閃緑岩・安山岩・流紋岩類 3，および結晶片岩類 1）について，複合探査結果の解釈上の着目点を念頭に，再度分析し直した内容を以下に要約する。

複合探査結果を解釈する前に，比抵抗高密度探査や弾性波探査において，それぞれの観測結果に表れる特徴を理解し（本書 **1.5**，**1.6** および **2.2**，**2.3** など参照），各々個別に結果を正しく解析したうえで，これらの結果に基づいて対象地山の地質構造を総合評価することが要求される。特に，弾性波速度の逆転層，褶曲構造，ミラージュ層（mirage layer），水平方向に発達するブロック構造，さらには脆弱化した破砕帯や突発湧水を発生させるおそれのある地下水ゾーンなど，施工の進行に大きく影響する地質現象の位置とその規模な

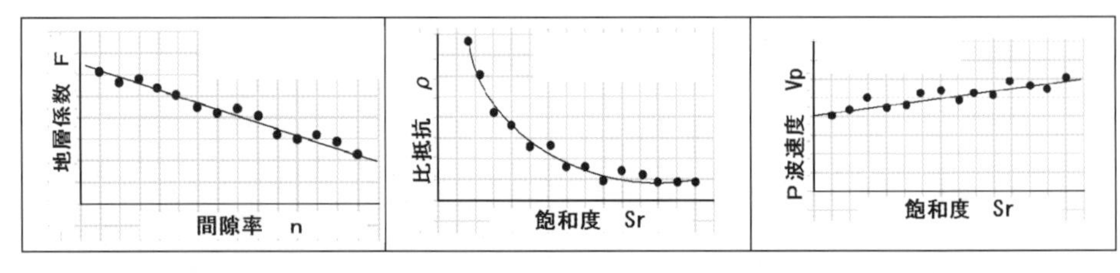

(a)地層係数と間隙率　(b)比抵抗と飽和度　(c)弾性波速度と飽和度

図 2-20　比抵抗，弾性波速度と地層係数，飽和度との関係モデル図

どを事前に正確に把握し，設計・施工計画に精度よく反映させることが要求される。

上記の視点に立ち，比抵抗高密度探査と弾性波探査の解析を行う際のそれぞれの留意点を以下に整理する。

(1)　比抵抗断面図と弾性波速度断面図から工学的物性値分布図の作成へ

1.5，**1.6** および **2.2**，**2.3** などですでに述べたように，比抵抗はその電気的性質から，地山の風化状況や地下水の分布状況を反映する電気量と認識され，よく知られるように，Archie により間隙率や飽和度の関数として表されている[60]。したがって，この関係式に用いられているパラメータが決定できれば，地山の風化度を示す間隙率や飽和度などの工学特性の分布の推定が可能となる。他方，弾性波速度は，理論的には弾性係数の関数として示される[61]。弾性係数は一般に地山の硬さ（強度）に比例するので，速度が地山の硬さの区分（岩級区分）の指標として用いられる。同時に，Wyllie の式などで代表されるように，弾性波速度と間隙率や飽和度との関係式が示されている[62]。地山の風化が進行すると，一般に間隙率も大きくなる。体積含水率は，間隙率と飽和度の積で与えられるため，体積含水率分布から湧水箇所とその量に関する評価が可能となる[63]。Archie の式や Wyllie の式には複数の変数が含まれているため，比抵抗断面図や弾性波速度断面図から地山の間隙率や飽和度および体積含水率などの工学的特性を一義的に導き出すのは困難で，多くの経験に基づく総合判断力が要求される。そこで，事前にボーリングコアなどを利用して，**図 2-20** に示すように，地層係数と間隙率（(a)図），比抵抗と飽和度（(b)図），弾性波速度と飽和度（(c)図）との関係図を作成できれば，間隙率分布や体積含水率分布などを類推し，これらの分布図を作成することが可能となる。

地山の評価に関し，比抵抗や弾性波速度などの間接的情報からの評価よりも，工学的情報を用いて地山の直接的評価を行う方が，土木建設領域ではより実用的であろう。

(2)　比抵抗～弾性波速度による地山区分の評価について

第 4 章でも触れるが，比抵抗・弾性波速度の組合せと地山評価の間に明瞭な関連性が認められれば，上記に述べた複合探査結果（比抵抗と弾性波速度）から，地山等級区分の推定が可能となる。一般には，**図 2-15** に示した比抵抗と弾性波速度についての概念的関係を想定している。比抵抗・弾性波速度と地山区分（実際の支保パターン）の間にこうした関係が認められれば，トンネル設計・施工計画作成の際の基準の作成が可能となる。本研究会では，トンネル施工実施例を収集し，地山の比抵抗・弾性波速度と実際の支保パターンなどとの関係について分析を継続してきた。詳細な内容は**第 4 章**に述べるが，これまでの分析の結果では，岩種や岩質によりその特徴が異なり，比抵抗・弾性波速度と実際の支保パターンとの間で一般化できるような，明瞭な相関性が必ずしも得られていない。今後，新たな事例を収集するなどして，設計計画に利用できる整合性ある関係を見いだすべく研究を継続したい。

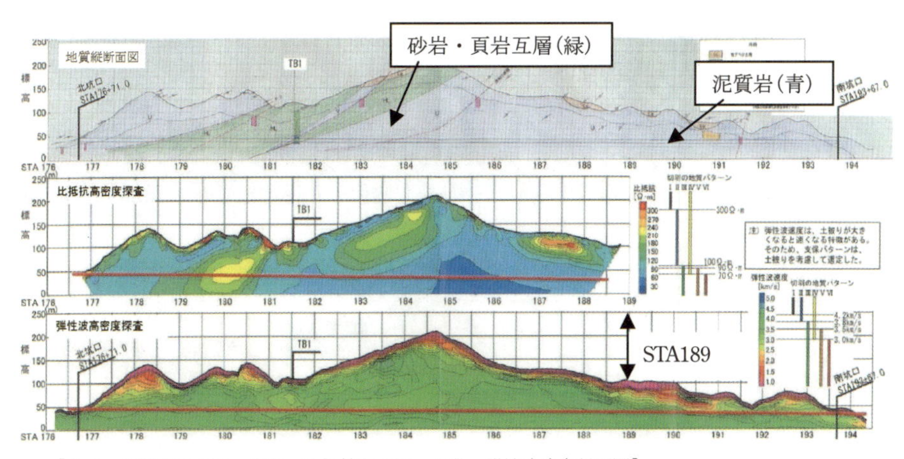

【上段：地質縦断面図，中段：比抵抗断面図，下段：弾性波速度断面図】

図 2-21　複合探査事例（1）[64]

(3)　複合探査による断面図の解釈における留意点

ここから，複合探査結果の解釈上のチェックポイントに関する直接的な事項について記述する。以下に，２つの模範事例を用いて留意点を要約する。

①　複合探査事例（1）

図 2-21 に示す断面図は，上段は主に地表地質踏査結果による地質縦断面図，中段は比抵抗断面図，下段は弾性波速度断面図である。終点側（図の右側）からトンネル掘削が開始され，STA189 付近から中段に示す比抵抗高密度探査と室内岩石試験による追加調査が実施されて，トンネル前方（同地点から起点側）のトンネル地山の再評価が行われた状況を示したものである。

この事例は，付加体に分類される四万十層群（古第三紀）に属する頁岩・砂岩互層中に計画されたトンネル工事の事例である。当初は主に，弾性波探査屈折法による弾性波速度層分布図から地山区分を行い，設計・施工計画がなされた。

当初設計計画の段階では，**図 2-21** の最下段に示されるように，両坑口付近を除き，トンネル区間ではほぼ一様に $v \fallingdotseq 4$ km/s の速度層が分布するとされ，この速度層断面図を中心に，全体に比較的硬質な岩盤が広がる，一様な地山であると評価された。

写真 2-1 に，付加体岩盤の例（奈良県吉野郡十津川村に分布する微細な破砕構造が発達した四万十層群泥質岩盤の状況写真）を示す。左の写真では，黒っぽい部分（破線右側）は微細な破砕構造が発達した泥質岩盤で，白っぽい部分（同左側）は硬質砂岩で，その境界に断層（白い破線）が走る。破砕構造が発達した地山を掘削すると，掘削による応力解

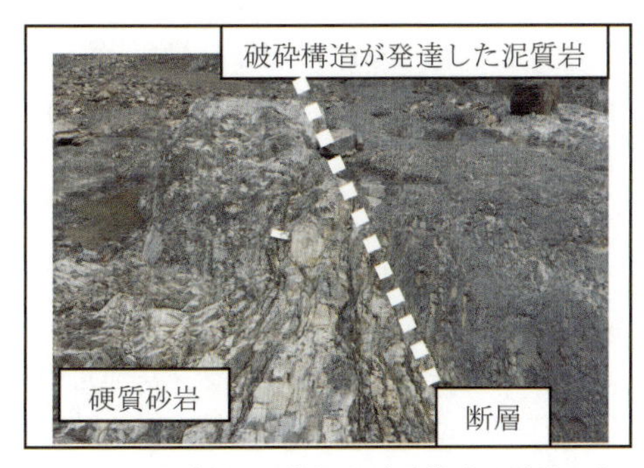

写真 2-1　微細な破砕構造が発達した四万十層群泥質岩盤（奈良県吉野郡十津川）

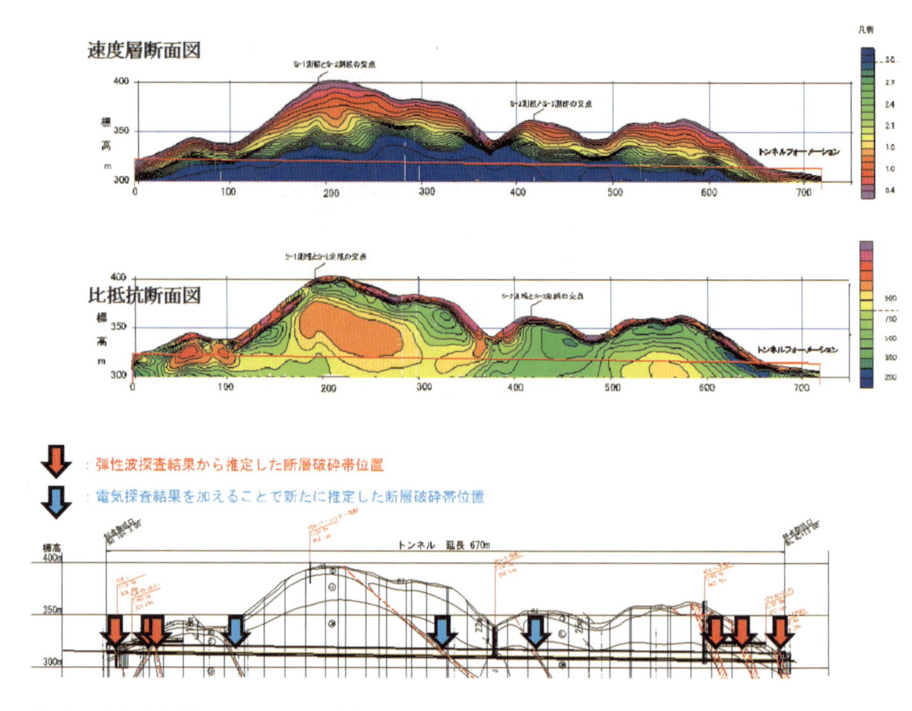

【上段：弾性波速度断面図，中段：比抵抗断面図，下段：両断面図から推定された断層破砕帯の位置】

図 2-22　複合探査事例（2）[65)]

放が生じ，微細な割れ目が開くなどして地山の脆弱化が進行し，切羽や切土斜面の不安定化をもたらす可能性が高い。したがって，こうした地山の潜在的特性をあらかじめ理解したうえで，物理探査結果を含めた調査・試験結果を総合評価することが肝要である。

この事例の当初の段階では，弾性波速度に重きが置かれ，こうした付加体泥質岩盤に発達する微細な破砕構造という特徴はあまり着目されなかった。その結果，掘削施工の地山への影響を十分に評価されず，施工開始後トンネル区間の約 1/3 付近（STA189 付近まで）までの区間で，掘削後の地山が脆弱化し，切羽が崩落するなどの現象が生じて，設計計画と施工実績との間に大きな乖離が生じた。そのため，その後の施工計画の見直しが実施された。見直し作業は，STA189 付近で施工をいったん中断し，その後の切羽前方地山を再評価する目的で，比抵抗高密度探査および室内岩石試験などを追加実施し，採取されたコア観察結果や比抵抗探査結果から，トンネル区間の地山がほぼ 100 Ωm を下回る低比抵抗で含水比の高い泥質岩からなり，岩盤中に微細な破砕構造が発達していると予想されたことや，トンネル縦断方向に地山の質が変化して一様でないこと，地山がスレーキング特性の高い岩盤で構成されていることなどの新たな地山情報を得て[64)]，以降のトンネル区間の地山の再評価を行い，トンネルの設計計画を変更して無事施工を終了した。

②　複合探査事例（2）[65)]

図 2-22 は，有馬層群（中生代・白亜紀）に属する流紋岩質火山砕屑岩が分布する地山におけるトンネル施工事例であり，上段は弾性波速度層断面図，中段は比抵抗断面図，下段は両断面図から推定された断層破砕帯の位置を示した断面図である。

地表の露頭などの情報から，地山中に断層が分布し，ブロック状構造の発達が予想されたため，物理探査として当初から比抵抗高密度探査と弾性波探査屈折法の両方を実施し，特に比抵抗断面図から，断層を中心に亀裂が集中して脆弱化するゾーンの位置や縦断方向に発達するブロック構造および地下水情報などに着目して慎重に検討を行い，設計・施工計画に反映させ，安全に施工を終了させた事例である。

このように，弾性波速度断面図と比抵抗断面図の各々に現れるそれぞれの特徴に着目し，地表地質踏査結果やボーリング調査結果などを加え，トンネル縦断方向の，①地質の分布構造，②地山の硬さや風化状況，③地山の質の変化やブロック構造の発達，④断層や地下水の位置情報などを総合評価することが肝要である。

参考文献

1）新村出 編（2008）：広辞苑第6版，岩波書店，p. 1274.
2）市原実（1991）：千里丘陵とその周辺の地質図，アーバンクボタ30号.
3）藤田和夫・笠間太郎（1982）：1：50,000地質図 大阪西北部，地質調査所.
4）中世古幸次郎・横山卓雄・中川要之助（1999）：豊中の地質図，新修豊中市史第3巻「自然編」.
5）中屋志津・原田哲朗・吉松敏隆（1999）：紀伊半島四万十帯の地質図，アーバンクボタ38号.
6）近畿地方土木地質図編纂委員会（1981）：近畿地方土木地質図3，財）国土開発技術研究センター.
7）宮地良典・田結庄良昭・吉川敏之・寒川旭（1998）：1：50,000地質図 大阪東南部，地質調査所.
8）中田高・岡田篤正・鈴木康弘・渡辺満久・池田安隆（1996）：1：25,000都市圏活断層図 大阪東南部，国土地理院.
9）（財）災害科学研究所トンネル調査研究会（2001）：地盤の可視化と探査技術，鹿島出版会，p. 61.
10）（財）災害科学研究所トンネル調査研究会（2001）：地盤の可視化と探査技術，鹿島出版会，pp. 68-69.
11）横山卓雄（1995）：移動する湖，琵琶湖，京都・法政出版.
12）活断層研究会（1980）：日本の活断層 分布図と資料，東京大学出版会，p. 192.
13）活断層研究会（1980）：日本の活断層 分布図と資料，東京大学出版会，p. 230.
14）活断層研究会（1980）：日本の活断層 分布図と資料，東京大学出版会，pp. 182-184.
15）Huzita Kazuo and Kihsimoto Yoshimiti (1973): Neotectonics and Seismicity in the Kinki Area, Journal of Geoscience, Osaka City University, Vol. 16, Art. 6, p. 107.
16）活断層研究会（1980）：日本の活断層 分布図と資料，東京大学出版会，p. 238.
17）活断層研究会（1980）：日本の活断層 分布図と資料，東京大学出版会，p. 186，p. 208.
18）活断層研究会（1980）：日本の活断層 分布図と資料，東京大学出版会，p. 146.
19）柴山元彦・中川要之助（1982）：大阪地下構造の研究（その5）―大阪平野を横断する活断層”豊中―柏原断層（新称）について―，大阪教育大学紀要第Ⅲ部門 第31巻，第1号，pp. 45-55.
20）中川要之助（2003）：奈良県川上村白屋地区の地すべりと豊中―柏原断層，第41回同志社大学理工学研究所研究発表会講演予稿集，pp. 5-10.
21）中川要之助・柴山元彦・清水啓三（2006）：近畿の活断層の方向性―特に豊中―柏原断層について，第44回同志社大学理工学研究所研究発表会 講演予稿集，pp. 1-6.
22）日本道路公団中部支社 清美工事事務所：TBM東海北陸自動車道飛騨トンネル（パンフレット），地質の概要.
23）阿部康則・安江勝男・原郁夫（2003）：飛騨トンネルの地質断面解析（1），応用地質年報，22，pp. 13-40.
24）阿部康則・安江勝男・原郁夫（2001）：飛騨トンネルの地質断面解析（2）―カタクレーサイト化した片麻岩・片麻状花崗岩の一軸圧縮強度異方性―，応用地質年報，22，pp. 13-40.
25）活断層研究会（1980）：日本の活断層 分布図と資料，東京大学出版会，p. 204.
26）宇佐美龍夫（2003）：日本被害地震総覧，東京大学出版会，pp. 48，49.
27）宇佐美龍夫（2003）：日本被害地震総覧，東京大学出版会，pp. 187-191.
28）宇佐美龍夫（2003）：日本被害地震総覧，東京大学出版会，pp. 207-211.
29）（財）災害科学研究所トンネル調査研究会（2001）：地盤の可視化と探査技術，鹿島出版会，p. 70.
30）藤田和夫（1968）：六甲変動，その発生前後，第四紀研究 第7巻 第4号.
31）磯崎行雄（2002）：日本列島の起源，進化，そして未来，熊沢峰夫，圓山茂徳編，プルームテクトニクスと全地球史解読，岩波書店，p. 255.
32）中川要之助（1995）：人と暮らしと大地の科学，京都・法政出版，p. 213.
33）（財）災害科学研究所トンネル調査研究会（2009）：地盤の可視化技術と評価法，鹿島出版会，pp. 29-

32.
34) 土木工学社（2000）：わかりやすい土木地質学，大島洋志監修，p. 110.
35) 日本道路協会（2010）：道路トンネル技術基準（構造編）・同解説.
36) 社団法人日本トンネル技術協会（1983）：トンネル施工に伴う湧水渇水に関する調査研究（その2）報告書，pp. 150-159.
37) 地盤工学会 地盤工学への物理探査技術の適用と事例編集委員会（2001）：地盤工学・実務シリーズ14 地盤工学への物理探査技術の適用と事例，地盤工学会，pp. 29-32.
38) 村瀬貴巳夫・田中崇生・小川哲司・足達康軌（2002）：付加体中の先行緩み探査と対策，近畿自動車道紀勢線 高田山トンネル，トンネルと地下，Vol. 33，No. 9，pp. 19-30.
39) 城戸正行・青木重人・二階堂邦彦・吉村寛（2002）：四万十帯の砂岩・頁岩互層地山における変状対策，近畿自動車道紀勢線 島田トンネル，トンネルと地下，Vol. 33，No. 10，pp. 15-23.
40) 高橋貴子・村重直邦・木村正樹・田中崇生・小川哲司・足達康軌（2002）：四万十帯におけるトンネル設計時の地山評価の留意点，日本応用地質学会関西支部平成14年度講演会概要集，pp. 15-18.
41) ジェオフロンテ研究会 新技術相互活用分科会　付加体地質WG（2004）：弾性波探査等の物理探査について，付加体地質とトンネル施工，pp. 120-121.
42) 堀川滋雄・久野春彦・小島芳之・長井誠二・宮下国一郎・岩盤分類再評価研究小委員会（2006）：付加体地質を対象としたトンネル岩盤分類のあり方（その2），平成18年度研究発表会講演論文集，日本応用地質学会，pp. 275-278.
43) 大石博之・宮崎精介・花村　修・牧野隆吾・日本応用地質学会九州支部ILCワーキンググループ（2014）：大深度長大トンネル適用地山における岩盤分類基準の策定とRMRの適用，平成26年度研究発表会講演論文集，日本応用地質学会，pp. 93-94.
44) 長谷川修一・菅原大介・吉田幸信・中川浩二（2004）：熱水変質地山ではトンネル地山評価を2度間違う，平成16年度研究発表会講演論文集，日本応用地質学会，pp. 85-88.
45) 酒徳和也・高林茂夫・西本和生・寒竹英貴・宮崎洋明・服部悦治（2010）：領家花崗岩におけるトンネル施工と切羽岩盤判定，平成22年度研究発表会講演論文集，日本応用地質学会，pp. 13-14.
46) 地盤工学会 地盤調査規格・基準委員会（2013）：地盤調査の方法と解説，地盤工学会，pp. 118.
47) （財）災害科学研究所トンネル調査研究会（2001）：地盤の可視化と探査技術，鹿島出版会.
48) 地盤工学会 地盤工学への物理探査技術の適用と事例編集委員会（2001）：地盤工学・実務シリーズ14 地盤工学への物理探査技術の適用と事例，地盤工学会.
49) 土木学会関西支部 比抵抗高密度探査に基づく地盤評価に関する調査・研究委員会（1997）：比抵抗高密度探査に基づく地盤評価，平成9年度講習・研究検討会テキスト，土木学会関西支部，pp. 42-51.
50) 島裕雅・梶間和彦・神谷秀樹編（1995）：比抵抗映像法，古今書店.
51) 佐々木裕（1993）：比抵抗の2次元インバージョンにおけるpitfall ―3次元構造に起因する偽装―，物理探査，Vol. 46，No. 5，pp. 367-371.
52) 今井千鶴・高林茂夫・岡島信也（2010）：付加体地質トンネルにおける物理探査の適用事例，全地連技術フォーラム2010，論文番号30.
53) 松井保・朴三奎（1995）：比抵抗高密度探査結果の定量的評価によるトンネル地山区分，物理探査学会第92回学術講演会論文集，pp. 418-421.
54) 松井保・朴三奎（1996）：比抵抗と弾性波速度による山岳トンネル地山の定量的評価手法とその適用性，土木学会論文集，No. 547，36，pp. 117-125.
55) 中村真・近藤悦吉・楠見晴重（2003）：併用探査によるトンネル施工ルートの岩盤および湧水予測評価法，土木学会論文集，No. 735/Ⅳ-59，pp. 209-214.
56) 篠原茂・塚本耕治・浜田元（2004）：トモグラフィ的解析手法によるトンネル切羽前方の弾性波速度分布の予測，第14回トンネル工学研究発表会，pp. 77-82.
57) 大塚智久・岡﨑健治（2011）：蛇紋岩の地質特性を考慮したトンネル調査事例，平成23年度 日本応用地質学会北海道支部・北海道応用地質研究会合同研究発表会講演予稿集，pp. 13-16.
58) 土木学会 関西支部（2005）：平成17年度講習会テキスト「地盤の可視化と評価法」，pp. 1-1-1-68.
59) （財）災害科学研究所トンネル調査研究会（2009）：地盤の可視化技術と評価法，鹿島出版会，pp. 59-164.
60) 物理探鉱技術協会（現物理探査学会）（1979）：物理探査用語辞典，pp. 8-9.
61) 物理探鉱技術協会（現物理探査学会）（1979）：物理探査用語辞典，pp. 212-213.
62) Wyllie, M. R. J., Gregory, A. R. and Gardner, G. H. F (1959): An experimental investigation of factors

affecting elastic wave velocities in porous media. Geophysics 23, pp. 459-493.
63) 松井保・磯崎弘治・小里隆孝（2002）：比抵抗探査データによるトンネル地山の含水状態の推定，地下水技術，Vol. 44，No. 12，pp. 25-31.
64)（財）災害科学研究所トンネル調査研究会（2009）：地盤の可視化技術と評価法，鹿島出版会，pp. 131-140.
65) 竹田好晴・遠藤司・碇雄太（2014）：断層沿いのトンネル新設における地質リスク評価事例，第５回地質リスクマネジメント事例研究発表会講演論文集，地質リスク学会，pp. 100-105.

第3章　地盤評価に基づくトンネル設計

3.1　トンネル設計手法

トンネルとは，広辞苑によれば「鉄道，道路，水路などを通すために，山腹・河川・海底もしくは地下に貫く通路」と記述されている。したがって，トンネル設計の目的は，地中に必要な空間を，線状構造物として必要とされる期間にわたって安定して確保することである。

そこで，トンネル設計は，地盤調査結果などに基づき，建設の目的，使用形態，その他必要となる条件を加味して，経済性，安全性，周辺への影響の程度，施工性および供用後の維持管理などを総合的に勘案して行わなければならない。また，道路，鉄道，電力および上下水道などにより，トンネル構造物に求められている機能が異なるので，それぞれの事業目的を理解して設計を行う必要がある。

3.1.1　山岳工法の選定

(1)　山岳工法の特徴[1)]

現在，トンネル掘削工法における標準的な山岳工法は，1986年度版のトンネル標準示方書で標準となっているNATMである。NATMはトンネル周辺地山の支保機能によりグラウンドアーチの形成を期待し，掘削後に施工する吹付けコンクリート，ロックボルト，鋼製支保工などにより地山安定を確保して掘進する工法である。地質変化に対応しやすく，任意断面形状での施工が可能で，施工途中の断面形状変更が容易であるという特徴を有する。

この工法による施工が成立するためには，掘削時の切羽が安定し自立することが前提となる。したがって，切羽が不安定な状態の場合には，切羽安定化対策としての掘削断面の分割，および吹付けコンクリート・鏡ロックボルトなどの各種の切羽補強対策が図られる。

(2)　山岳工法の適用範囲

山岳工法は，各種補助工法の開発が進んだことにより，従来は困難であった軟弱な地山条件下でも適用されるようになった。特に，従来はシールド工法あるいは開削工法が適用されていた都市部のトンネルにおいて，山岳工法が採用されるようになり，都市部山岳工法として普及している。

(3)　都市部山岳工法[2)]

都市部山岳工法では，地下埋設物や家屋などの近接構造物に対する制約条件と，土砂地山，小土被り，地下水などの自然条件から，山岳部と比較して厳しい条件での施工となる。このため，本工法は，施工時の安全確保はもちろん，施工による地表面への影響，地下水への影響，周辺の構造物や埋設物を含めた環境保全に対する影響，対策工などによる経済性について検討したうえで採用しなければならない。

図3-1に，都市部と山岳部の許容変位の考え方の違いを示す。一般の山岳部では，地表

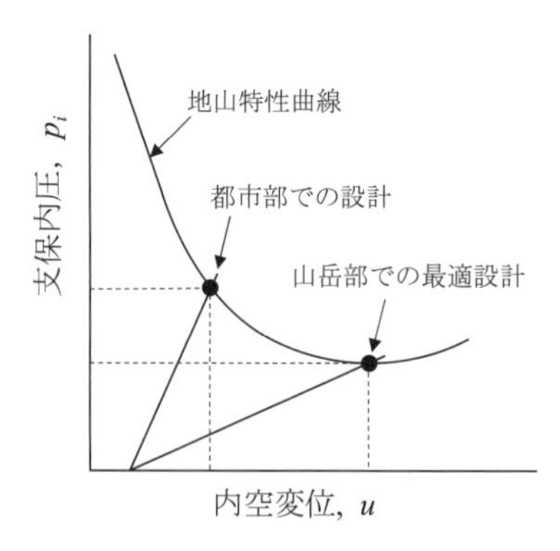

図 3-1　都市部と山岳部の許容変位の考え方の違い[2)を編集]

面などの変位に対する制限が少ないため，ある程度の内空変位を許容することで，支保内圧を低下させることができる。このため，山岳部における最適設計では，地山の変位を観察しながら，最適な支保工を検討する余裕がある。一方，都市部では，内空変位が極力発生しないよう施工を行う必要があるため，十分な剛性をもつ支保工を採用する必要がある。

(4)　山岳工法とシールド工法の境界領域

前述したように，山岳工法は，各種補助工法の開発などが進んだことにより，従来適用が困難であった軟弱な地山条件下でも安全に施工されるようになった。一方，シールド工法も，従来適用が困難であった硬質な地山条件下でも経済的に施工できるようになった。そのため，都市部の比較的安定性の高い地盤（例えば，新第三紀層や洪積層）においては，**図 3-2** に示すとおり，山岳工法とシールド工法の適用領域が競合し，両者の境界が不明瞭になっている。両工法の境界領域における最適な設計・施工法については，従来から課題として取り上げられており[3)]，当該地盤における，供用後の維持管理も配慮した安全かつ経済的な施工方法の確立が望まれている。なお最近では，この課題に対して，両工法の設計思想の統一化に向けた議論[4)]が行われ，また両工法の要素を合わせ持った工法（SENS工法）が開発されている[5)]。

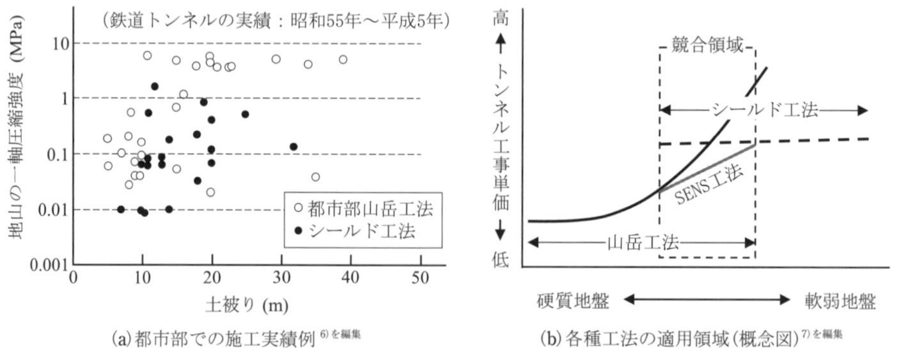

(a) 都市部での施工実績例[6)を編集]　(b) 各種工法の適用領域（概念図）[7)を編集]

図 3-2　山岳工法とシールド工法の境界領域

3.1.2　山岳工法での掘削方法

(1)　掘削方式

掘削方式には，発破掘削，機械掘削，および人力掘削がある。また，発破および機械を併用する方式が適用される事例もある。

発破掘削は硬岩から中硬岩，機械掘削は中硬岩から軟岩地山に適用されることが多い。

表 3-1　掘削方式の特徴比較[8)]

発破掘削	利点	• 経済的である • 比較的地質の変化に対応しやすい
	欠点	• 余掘りが比較的大きい • 周辺地山のゆるみが比較的大きい • 環境問題（騒音・振動など）の懸念
機械掘削	利点	• 余掘りが比較的少ない • 周辺地山のゆるみが比較的小さい • 環境問題（騒音・振動など）が少ない
	欠点	• 地質の変化に対応しにくい • 機械費が高く，地質に適合しない場合は不経済

表 3-1 に発破掘削と機械掘削の特徴を示す。

(a)　発破掘削

発破掘削は，削岩機で穿孔し，火薬（爆薬）により掘削する方法で，山岳トンネルにおける最も一般的な掘削方式である。

発破用の穿孔には，タイヤ式あるいはレール式の移動台に1～数台の削岩機を搭載したドリルジャンボが使用される。ドリルジャンボはロックボルトの穿孔にも使用される。装薬は人力作業が主体であるが，最近では，作業の安全性や効率化を目的に，ドリルジャンボによる遠隔装塡も行われるようになってきた[1)]。

発破掘削を採用する場合は，周辺地山のゆるみや余掘りができるだけ少なくなるように施工する必要がある。これらを低減するためには，スムースブラスティングなどの方法が効果的である[2)]。

スムースブラスティングを効果的に行うためには，周辺孔の配置，爆薬の種類，装薬量と方法に留意するとともに，高い穿孔精度を確保する必要がある[2)]。

穿孔精度を確保するためには，まず周辺孔の位置を正確に把握する必要があるが，最近では，レーザー測量による自動マーキングシステムを採用している例が多い[2)]。また，コンピュータで自動制御されるドリルジャンボが開発され，あらかじめプログラミングされたパターンに従って精度よく切羽断面に穿孔することが可能となっている[9)]。それにより余掘りを少なく効率的に掘削することができる。なお，削岩機の高機能化に伴い，急速施工やコスト縮減など効率的な施工を目的に，良質な岩盤において，1掘進長を2.0 m以上に延伸させる長孔発破の採用および検討が行われている[10)]。しかし，長孔発破は，急速施工による経済面での大きな効果が期待できる反面，地質や施工方法，使用機械によっては逆効果となる場合もあるため，十分な事前検討が必要である。

以上のように，発破作業の機械化・自動化は急速に進んでおり，発破作業に留まらず，穿孔長，穿孔角度，穿孔順序などの発破パターンデータの収集とともに，穿孔時の穿孔速度や油圧データなどから切羽前方の地山を評価するシステムも開発されている。詳細については**5.2**を参照されたい。

(b)　機械掘削

機械掘削は，発破掘削に比べて，地山のゆるみや余掘りが少なく，地質条件に適合すれば，経済的で安定したトンネルを構築することができる。また，騒音や振動などの規制がある場合に有効である。機械掘削は，自由断面掘削機（ブーム掘削機），ショベル掘削機（バックホウ），大型ブレーカー（割岩機）などによる自由断面掘削方式とTBM（Tunnel Boring Machine）による全断面掘削方式に分類される[1),2)]。

自由断面掘削機による掘削は，国土交通省をはじめとした発注機関において，一軸圧縮強さが 49 N/mm^2 以下の岩石を対象に標準化されたため[11]，一軸圧縮強さが 49 N/mm^2 以下の地山で多く適用されている。最近では，機械の大型化と高出力化に伴って，一軸圧縮強さが 100 N/mm^2 を超える岩盤を掘削できる機械も開発されている[12]。

TBM による掘削は，一般に水路トンネルや大断面トンネルにおける先進導坑などの比較的良好な地山において，延長が長く発破掘削に比較して高速掘進が要求される場合に適している[1]。海外では，大断面トンネルへの TBM の適用事例も多く，日本でも高速道路の 2 車線の全断面掘削に適用した事例がある[13]。なお，掘削効率は，岩盤の亀裂状態，岩石に含まれる石英粒子の大きさや含有量にも左右されるので，鉱物分析試験を実施してその程度を事前に把握しなければならない[1]。

(c) 発破掘削と機械掘削の併用

発破掘削と機械掘削の併用は互いの長所を生かした掘削方式であり，例えば，TBM による導坑掘進ののち，発破掘削による切拡げや，機械掘削に不利な硬岩対策として，発破により地山をゆるませてから機械掘削を行うなどがこれに該当する[1]。その他，坑口部で硬質な岩盤が出現し，振動・騒音などの問題から発破掘削が禁止されている場合にも採用される[14]。

(2) 掘削工法

山岳工法における掘削工法としては，一般には補助ベンチ付き全断面掘削工法，および上半先進ベンチカット工法（上部半断面掘削工法）が採用されており，その選定にあたっては，掘削する断面の大きさ（加背）に対する切羽の自立性のほか，地山の良否，工事規模，掘削方式，近接構造物への影響の有無などを考慮しなければならない。

山岳工法において標準的に採用されている，全断面工法および補助ベンチ付き全断面工法の概要について以下に記述する。

(a) 全断面工法

全断面工法は，全断面を一度に掘削する工法であり，小断面のトンネルや地質が安定した地山で採用される。また，切羽の安定化を図る目的で切羽に傾斜や核(さね)残しを設ける場合もこの工法に該当する。断面が大きい場合，掘削や支保工の施工に大型機械が使用でき，切羽が 1 カ所に集中するので作業管理がしやすいが，地山条件の変化への順応性は低い。

(b) 補助ベンチ付き全断面工法

補助ベンチ付き全断面工法は，切羽の安定性と安全性の確保を目的として，切羽に 2～5 m 程度のベンチ（補助ベンチ）を設け，下半盤にトンネル全断面に対応した施工機械を設置し，上半と下半を同時あるいは交互に施工する工法である。補助ベンチを鏡面に近接して設けることで切羽の安定性が高まる。また近年では，大変形を生じる不良地山や地表面沈下の規制が厳しいトンネルにおいて，トンネル構造を安定させ変形を抑制するために，**図 3-3** に示すような補助ベンチ付き全断面工法による早期断面閉合が採用されている。

早期断面閉合は，切羽から 1D（D は掘削幅）以内で，吹付けコンクリートと鋼製支保工，あるいは吹付けコンクリートにより，掘削サイクルの中で 1 次インバートを設置し，早期に断面を閉合する工法である。この施工方法は，地山変位の計測結果を勘案しながら，変位の収束前にインバートを施工することにより，地山の変形を抑制して断面の安定化を図るものである。この工法は，①土被りが大きい不良地山で内空変位を抑制するため，②坑口部の地すべり対策として周辺地山への影響を抑制するため，③土被りが小さく重要構造物が存在する地表面の沈下を抑制するためなどに採用されている[15]。

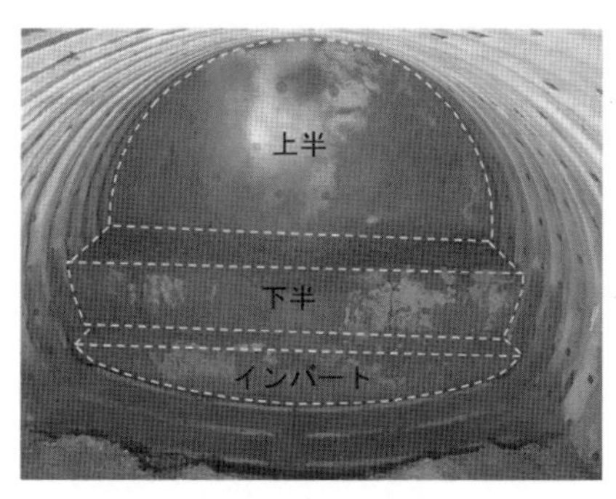

(a) 早期断面閉合の切羽状況(七尾トンネル)[16]

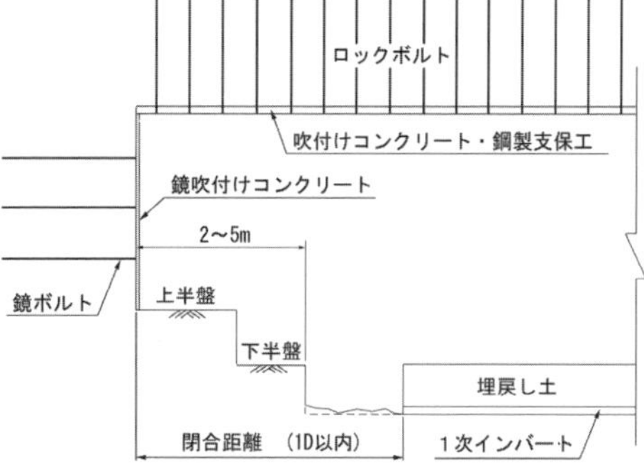

(b) 早期断面閉合の概念図 [15)を一部編集]

図 3-3　補助ベンチ付き全断面工法による早期断面閉合の例

3.1.3　トンネルの支保理論

(1)　トンネル掘削による周辺地山の挙動

山岳工法の標準とされるNATMは，地山自身の支保機能を有効活用してトンネル安定を保つ工法である。したがって，地山自身の支保機能を有効に活用するためには，トンネル掘削によって地山がどのように挙動してトンネル安定が損なわれるかを理解しておく必要がある。

トンネルを掘削することを力学的に見ると，トンネル掘削により取り除かれた土塊や岩塊が負担していた応力が解放されることと考えることができる。応力の解放に伴う応力の再配分と支保機能との相互関係を解析することが，トンネル安定を考えるうえでの基本となる。

トンネル掘削に伴う応力の再配分は条件によっては非常に複雑であるが，一様地盤内の円形トンネルの場合は理論解が得られている[17]ので，概念的にでもその状態を理解しておくことが，支保構造を設計する場合や支保工の妥当性を検証する場合において重要である[18]。

(2)　トンネル掘削による地山内の応力分布

以下に，簡単な例を用いて，トンネル掘削による地山内の応力分布を示す。

(a)　弾性地山の例

弾性範囲内で挙動する地山で，静水圧的な初期応力 p_0 が作用する地山に半径 R の円形トンネルを掘削する場合を考える。また，トンネルに作用する鉛直応力 p_v と水平応力 p_h が等しく，トンネル内空面には，支保内圧 p_i が作用するとする。ここで，平面ひずみ状態として解析すると，トンネル中心軸から距離 r だけ離れた微小要素に作用する半径方向の応力 σ_r と接線方向の応力 σ_θ は，次式で与えられる[17]。

$$\sigma_r = p_0 + (p_0 - p_i) \times \left(1 - \frac{R^2}{r^2}\right) \tag{3.1}$$

$$\sigma_\theta = p_0 + (p_0 - p_i) \times \left(1 + \frac{R^2}{r^2}\right) \tag{3.2}$$

ここに，$p_i = p_0$ の場合は掘削以前の状態を表し，$p_i = 0$ の場合はトンネルが掘削され，壁面が自由面となった状態（素掘り状態）を表す。

図 3-4 に，支保内圧 p_i を0とした水平軸に沿う応力分布を示す。トンネル壁面（$r = R$）

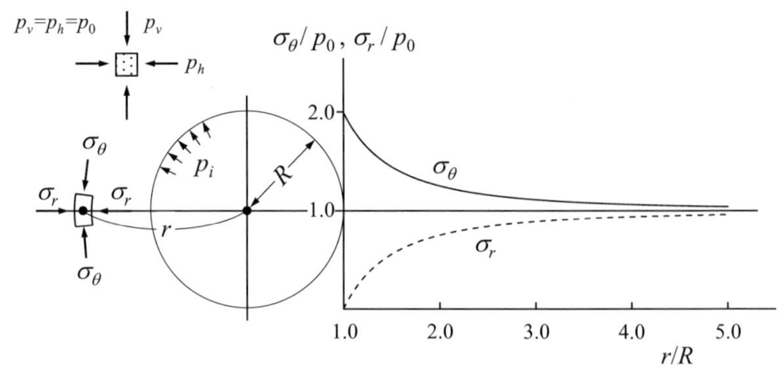

図 3-4　円形トンネル周辺の応力分布（弾性体）

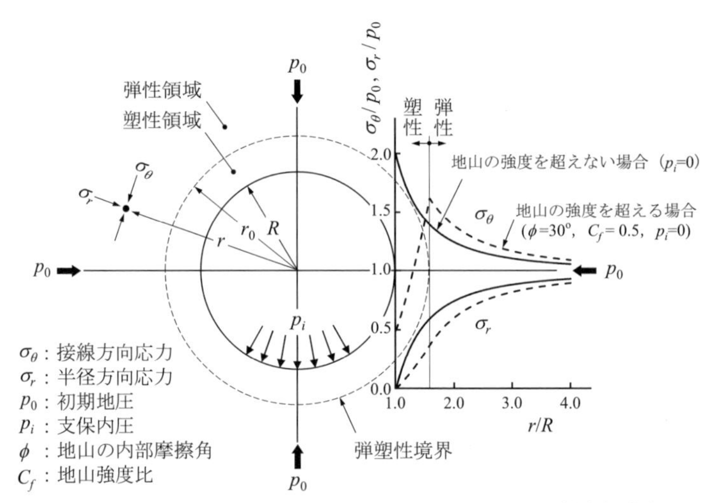

図 3-5　円形トンネル周辺の応力分布（完全弾塑性体）[19]を参考に作成

では，$2p_0$ の 1 軸圧縮状態にあることが分かる。したがって，地山の一軸圧縮強さ q_u がトンネルに作用する初期応力 p_0 の 2 倍以上であれば，トンネル周辺地山は安定する。すなわち，トンネルの安定性を示す指標として用いられている地山強度比 $C_f=q_u/p_0$ は，このような力学的な根拠に基づいている。なお，地山内応力は，トンネル壁面（$r=R$）から離れるに従って変化し，最終的に無限遠方（$r=\infty$）では，$\sigma_r=p_0$，$\sigma_\theta=p_0$ となり，トンネル掘削による地山内応力の乱れは完全に解消される。

(b)　塑性地山の例

次に，再配分された応力が地山の強度を超える場合，すなわち地山強度比 C_f が 2 以下の場合について考える。具体的には，静水圧的な初期応力 p_0 が作用する完全弾塑性を仮定した地山に半径 R の円形トンネルを掘削する場合を考える。

図 3-5 に，水平軸に沿う応力分布を示す。地山の内部摩擦角 ϕ を 30°，支保内圧 p_i を 0 として計算した。実線は地山強度比 C_f が 2 以上の場合での応力分布で，破線は地山強度比 C_f が 0.5 の場合の応力分布である。地山強度比 C_f が 2 以下になると塑性領域が形成され，接線方向の応力 σ_θ は，弾塑性境界において最大となる。また，塑性領域はこの地山強度比 C_f が小さくなるほど拡大する。塑性領域が形成されても応力的には釣合いの条件を満足しているため，トンネル周辺地山は安定する。しかし，トンネルとしては力の釣合いのみでなく，掘削面の変位も考慮しなければならない。したがって，塑性領域が拡大して，過大な変位が発生した場合には，支保内圧 p_i を作用させてトンネル周辺地山の安定を保

たなければならない。

$\phi>0$ の場合，トンネル中心から弾塑性境界までの距離 r_0 は次式で表される[17)]。

$$r_0=R\left\{\frac{2}{\zeta+1}\cdot\frac{p_0(\zeta-1)+q_u}{p_i(\zeta-1)+q_u}\right\}^{\frac{1}{\zeta-1}},\quad \zeta=\frac{1+\sin\phi}{1-\sin\phi} \tag{3.3}$$

式(3.3)から分かるように，支保内圧 p_i を作用させることにより，塑性領域を小さくすることができる。したがって，支保内圧 p_i を作用させることが，山岳工法の支保設計における鍵であり，塑性領域の拡大を防ぐ有効な手段であることを認識する必要がある。なお，式(3.3)から分かるように，塑性領域の拡大は内部摩擦角にも依存するため，地山の内部摩擦角の影響についても別途検討する必要がある。

(3)　トンネル支保構造に作用する荷重

トンネル支保構造に作用する荷重は，地山がトンネルの支保工や覆工に直接荷重として作用するとした土圧論的な考え方と，前述のトンネル周辺地山の応力状態を解析的に検討する弾性論あるいは弾塑性論的な考え方がある。それぞれ“ゆるみ土圧”と“真の土圧”に分けられ，常に両方が作用すると考えられている。どちらの土圧も掘削によって生ずる周辺地山のゆるみが関係している。また，周辺地山の物性が変化した領域をゆるみ領域と呼ぶ。地山を完全弾塑性体と仮定した場合，ゆるみ領域と塑性領域は同じ意味で使われることが多い。

ゆるみ土圧は，掘削によって地山がゆるむことで地山の一体性が崩れ，支保構造に直接荷重として作用する土圧である。不連続面が卓越した地山では，掘削により不連続面が開口し，それに沿って周辺の岩塊が重力により分離・移動することで，支保構造に直接荷重として作用することもある。低土被りの軟弱な土砂地山などで問題となる土圧である。

応力再配分後のトンネル周辺地山応力が地山強度を超えると，破壊または塑性変形が起こり，トンネル周辺地山には塑性領域が生じる。塑性領域が生じた場合，条件によっては支保工によって内圧を与えないとトンネル壁面が押し出してくることがある。このような押出しに対して，支保工を設けた場合に，支保工に作用する土圧を真の土圧と呼ぶことがある。塑性土圧とも呼ばれ，膨張性地山などで支保構造によって変位を拘束した場合に問題となる土圧である。

(4)　地山と支保工の相互作用

図3-6は，支保内圧 p_i とトンネル壁面変位 u との関係を概念的に示したFenner-Pacher曲線である。一般には，地山特性曲線と呼ばれ，真の土圧が支配的である部分とゆるみ土圧が支配的である部分で構成されている。地山特性曲線は，地山条件と応力条件が決まれば求めることができる。トンネルが掘削されると，地山安定を保つ支保内圧 p_i が変位の増加とともに減少し，変位がある程度に達すると，それ以降，ゆるみ土圧の増加により支保内圧 p_i が急激に上昇することを表している。したがって，図中の白丸で示した位置に最小となる支保内圧 $p_{i,\,min}$ が存在する。

以上のことから，合理的な支保設計を行うためには，トンネル掘削後に地山挙動を計測し，適切な時期に，適切な剛性をもった「柔な構造」を構築して，地山との一体化を図ることが重要となる。しかし，計測計画を施工にフィードバックさせる方法，地山応力と支保剛性をバランスさせる施工方法については，いまだに明確な手法が確立していない。

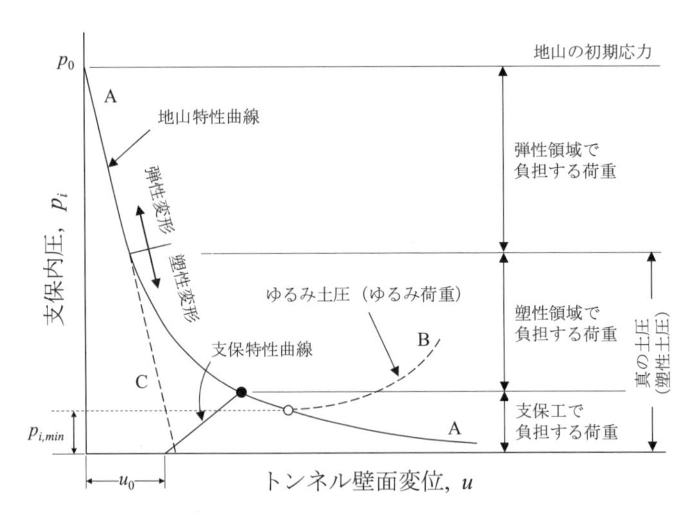

図 3-6　支保工と地山の相互作用

3.1.4　山岳工法における支保設計

(1)　設計の流れ

山岳トンネルの設計は，特に施工との関係が大きいという特徴をもっている。すなわち，事前地盤調査によって想定した地山条件に基づいた当初設計を，施工中の調査・観察・計測結果によって修正し，最終設計となる。特に施工中は，切羽状況を観察して，最も適合すると考えられる設計を当初設計の中から選択したり，場合によっては新たに設計したりする。トンネル支保工の設計は，施工過程を含めた各段階における技術的判断が必要であり，もし当初設計が安定性と経済性の点で不適切と判断されれば修正される，というフローで行われる。

(2)　設計手法の選定

一般構造物の設計では，構造物に作用する荷重を吟味し，それに見合う設計がなされる。しかし，山岳トンネルの場合には，個々の設計条件から作用荷重を想定することが困難であるため，過去の設計や施工実績および経験を重視する特有の設計手法が用いられる。

山岳トンネルの設計手法については，過去の多くの設計や施工実績を反映し，トンネルに作用する荷重や地山条件などの設計条件を包括的に加味する考え方を採用しており，以下に示す３つのいずれかが用いられている。

①　標準設計の適用（標準支保パターンの適用）
②　類似条件での設計の適用
③　解析的手法の適用

表 3-2 は，地山条件および他の条件における設計手法の適用性を示したものである[20]。標準断面で一般的な地山の場合（特殊な地山条件以外）は，地山等級に応じた標準支保パターンをあらかじめ設定しており，地山等級が確定されれば，一義的に支保パターンを決定することができる。ただし，特殊な地山，特殊条件が介在する地山，特殊断面のトンネルの場合には，標準支保パターンをそのまま適用することはできず，既往の事例を参考にした類似条件での設計の適用，解析的手法の適用といった設計手法を採用する必要がある。

以下に，各設計手法の概要と特徴を示す。

(a)　標準設計の適用

標準設計による手法では，標準断面で一般的な地山の場合（特殊な地山条件以外）は，

表 3-2　トンネルの状態と設計手法[20]を一部修正

トンネルの状態	標準支保パターンの適用	類似条件での設計の適用	解析的手法の適用
標準断面で下記の特殊な地山を除く			
• 硬岩・中硬岩地山	○		
• 軟岩地山	○		△
• 土砂地山	○*	△	○
標準断面で特殊な地山			
• 膨張性地山など著しい押出し性地山		○	
• 流動性地山		○	
• 偏圧地山		△	○
• 土被り特に大，土被り特に小		△	○
特殊断面（大断面，特殊な形状）		△	○
特殊条件（構造物近接，接合など）		△	○

○：適する。
△：適切な場合もある。最適ではないがこれによらざるを得ない。
*：先受け工や簡単な水抜き工で切羽が安定する地山に限定される。

地山等級に応じた標準支保パターンをあらかじめ設定しており，地山等級が確定されれば，一義的に支保パターンを決定することができる。

(b)　類似条件での設計の適用

設計対象のトンネルに近傍または近接するトンネルが既存する場合や，文献などで類似した条件で施工されたトンネルが確認された場合は，それらのトンネルでの地山条件・施工法・支保規模および施工記録・計測結果などの事例が貴重な情報となり得る。このような場合においては，これらの情報を分析・吟味して，適切な支保パターンや施工法を設定することが大切である。

(c)　解析的手法の適用

解析的手法は，大きな変位量や異常な土圧が想定される地山の場合，地表・地中の近接する構造物への影響が考えられる場合，および特殊条件であるトンネル相互の分合流点，双設トンネル，めがねトンネルおよび大断面トンネルの場合などにおいて適用される。一般には数値解析を用いて断面形状や支保構造，および施工法が選定される。

解析にあたっては，地盤調査結果から地山物性値を，場合によってはトンネルに作用する荷重も設定し，変形や支保部材応力に対する一定の管理基準を満足する断面形状や支保構造，および施工法を選定していくことになる。解析によりトンネル掘削に伴う地山および構造物の変位や応力状態が定量的に把握できることから，近年，特殊な条件のトンネルを対象に適用される事例が多い。

(3)　地山評価に関わる用語の定義

本書では，地山を工学的に評価し，「地山等級」に等級区分することを「地山分類」といい，「地山等級」に対応して準備される標準的な支保構造の組合せを「支保パターン」と呼ぶ。また，トンネルの地山評価に関わる用語について，調査・設計・施工の各段階で，以下のように使い分ける。

①　調査段階の地山評価

地盤調査段階では，既存資料，航空写真解析，地表地質踏査，物理探査，ボーリング調査などの各種調査結果から得られた地形・地質・地下水情報，および地山の圧縮強度や変形係数などの工学的情報を含めて，可能な範囲で設計・施工の視点を加味した総合判断に基づく地山評価が行われる。調査段階での地山等級を「調査段階の地山等級」とする。

② 設計段階の地山評価

設計段階では，地盤調査結果をもとに，トンネルの設計に必要な詳細な地山評価を行う。設計段階での地山等級を「当初設計の地山等級」とする。その結果に対応した支保パターンは，「当初設計の支保パターン」とする。当初設計の地山等級および支保パターンについては3.2で述べる。

③ 施工段階の地山評価

施工段階では，実際の切羽の地山状況などを評価して，それに適合した支保を施工する。支保の施工実績を「実施の支保パターン」とする。実施の支保パターンの適用，すなわち，設計の修正・方法については3.5.2で述べる。

3.2 トンネル設計の種類

3.2.1 トンネルの用途別分類

山岳工法トンネルを用途別に分類すれば，以下のとおりである。

① 道路トンネル

人および車両の交通を目的としている。道路構造令[21)]で定められた所要の幅員構成および建築限界を満足するだけではなく，安全かつ快適な交通を確保するための換気・照明・非常用（防災）などの付属施設のほか，保守点検のための監視員通路（あるいは監査歩廊）も考慮して設計する必要がある。

② 鉄道トンネル

安全な鉄道輸送を確保することを目的としている。路線によって走行する車両が定まっているため，鉄道事業者ごとの実施基準に基づく所要の規格・構造を有する。送電線などの電気設備，信号設備のほか，必要に応じて防災を目的とした待避所の配置計画なども設計時に検討する必要がある。

③ かんがい用水路トンネル

農業用水の導水を目的としている。所定の流量を安全かつ経済的に流下させるために，水理条件を考慮した構造であることが求められる。

④ 電力関係トンネル

主に電力会社が発注する電力施設（水力発電所，火力・原子力発電所，送変電施設）に付属するトンネルである。また，山岳工法を適用する点から，地下発電所の大規模地下空洞（掘削断面積が300～1,500 m^2 程度）もトンネルに含まれる。

3.2.2 山岳工法の設計基準

国内の各発注機関においては，それぞれのトンネル用途とトンネル等級区分に応じた設計基準を設けて適用している。また発注機関ごとに，設計断面積や設計条件などが異なり，支保構造も違ってくる。設計基準の体系の概要については，以下のとおりである。

(1) トンネル標準示方書

土木学会は，土木工学的見地に立って，各種トンネルの技術的成果を集約し，トンネル標準示方書［山岳工法編］・同解説[22)]をとりまとめ，トンネルの調査，計画，設計，施工技術の国内における標準的な統一性や基準を示している。また，今後の技術の発展と変革を図る目的で一定期間ごとに内容の更新を図っている。

(2)　道路トンネルの設計基準

道路関係のトンネル設計基準は，各発注機関によって作成・運用されており，国土交通省関連機関と高速道路会社の基準に大別される。基本的には，内容はほぼ同じであるが，道路規格・等級などによって若干考え方が異なる。以下にその概要について示す。

(a)　国土交通省関連機関の設計基準

国土交通省におけるトンネル建設では，以下に示す①～③などに基づいて，各地方整備局が管轄する地域の特性を反映させた設計基準を定めている。

①　トンネル標準示方書［山岳工法編］・同解説（土木学会）[22]

②　道路トンネル技術基準（構造編）・同解説（日本道路協会）[23]

③　道路トンネル観察・計測指針（日本道路協会）[24]

各地方整備局の設計基準の内容は，基本的には各整備局ともほぼ同じである。また，都道府県などの地方自治体の設計基準は，当該自治体の所属する地方整備局の設計に準拠している例が多いが，地方自治体の独自の考え方を設計に取り入れている場合もある。

(b)　高速道路会社の設計基準

NEXCO 3社における設計基準は，設計要領第三集（トンネル本体工建設編）[25]である。本要領は，通常の山岳工法により建設する共通的かつ一般的な考え方を示しており，NEXCOの2車線および3車線の道路トンネルに適用される。3車線断面トンネルについては，新東名・新名神高速道路などの実績に基づき，設計に関する基本的な事項のみが記述されている。また，新東名・新名神トンネルでの高規格支保材の施工実績に基づき，2車線トンネルの支保部材においても，高規格材による支保構造を採用することを基本とし，掘削断面の縮小と経済性を追求している。

設計要領はあくまでも基本的な考え方を示したものであるので，トンネル標準設計図集(2014)[26]のほか，国土交通省関連機関の設計基準で示した①～③の技術資料も参考にするとよいとされている。

(3)　鉄道トンネルの設計基準

鉄道トンネルでは，昭和58年にわが国初のNATMに関する技術指針としてNATM設計施工指針（案）が制定され，平成8年改訂のNATM設計施工指針を経て，現在の山岳トンネル設計施工標準・同解説（鉄道・運輸機構，2008）[27]に至っている。

そのほか，私鉄各社・地下鉄各社は，基本的には，山岳トンネル設計施工標準・同解説に準拠しているが，独自に基準を定めているところもある。

(4)　かんがい用水路トンネルの設計基準

農林水産省管轄の農業用水および農地排水を目的とする水路トンネルの設計・施工基準は，土地改良事業計画設計基準及び運用・解説 設計「水路トンネル」（農林水産省構造改善局，2014）[28]である。現行の基準では，内空断面の直径が概ね4m以内を対象としている。

(5)　電力関係トンネルの設計基準

発電用水路トンネルは，発電方式，使用水量，水路勾配に応じて，トンネルの断面形状および掘削方法が決定されるため，他機関のような統一的な設計基準は存在しないが，以下に示す参考図書がある。

①　電力施設地下構造物の設計と施工（電力土木技術協会，1986）[29]

②　小断面水路トンネルNATM設計・施工マニュアル（案）（新エネルギー財団，1987）[30]

③　中小水力発電の新技術の手引き（新エネルギー財団，1993）[31]

表 3-3　電研式岩盤分類[32]

記号	特　　　　徴
A	極めて新鮮なもので，造岩鉱物および粒子は風化，変質を受けていない。 亀裂，節理はよく密着し，それらの面に沿って風化の跡は見られないもの。 ハンマーによって打診すれば，澄んだ音を出す。
B	岩質堅硬で開口した（たとえ1 mm でも）亀裂あるいは節理はなく，よく密着している。ただし造岩鉱物および粒子は部分的に多少風化，変質が見られる。 ハンマーによって打診すれば，澄んだ音を出す。
C_H	造岩鉱物および粒子は石英を除けば風化作用を受けてはいるが，岩質は比較的堅硬である。 一般に褐鉄鉱などに汚染せられ，節理あるいは亀裂の間の粘着力はわずかに減少しており，ハンマーの強打によって割れ目に沿って岩塊がはく脱し，はく脱面には粘土物質の薄層が残留することがある。 ハンマーによって打診すれば，少し濁った音を出す。
C_M	造岩鉱物および粒子は石英を除けば風化作用を受けて多少軟質化しており，岩質も多少軟らかくなっている。 節理あるいは亀裂の間の粘着力は多少減少しており，ハンマーの普通程度の打撃によって割れ目に沿って岩塊がはく脱し，はく脱面には粘土質物質の層が残留することがある。 ハンマーによって打診すれば，多少濁った音を出す。
C_L	造岩鉱物および粒子は風化作用を受けて軟質化しており，岩質も軟らかくなっている。 節理あるいは亀裂の間の粘着力は減少しており，ハンマーの軽打によって割れ目に沿って岩塊がはく脱し，はく脱面には粘土質物質が残留する。 ハンマーによって打診すれば，濁った音を出す。
D	造岩鉱物および粒子は風化作用を受けて著しく軟質化しており，岩質も著しく軟らかい。 節理あるいは亀裂の間の粘着力はほとんどなく，ハンマーによってわずかな打撃を与えるだけで崩れ落ちる。 はく脱面には粘土質物質が残留する。 ハンマーによって打診すれば，著しく濁った音を出す。

3.2.3　設計基準の比較

(1)　地山分類（岩盤分類）

各発注機関が目的とするトンネルの設計および施工にあたっては，各機関で区分した代表岩種ごとに，有効な支保構造を適用するための地山判定基準を使って地山等級が区分される。一般に，地山等級は，硬岩～軟岩，および脆弱な軟質地盤の定量的な因子による地山判定基準に基づいて区分される。

設計時の地山等級区分と施工時の支保区分を対応させており，その判定基準では，地山の弾性波速度（V_p）を主因子とし，その他に地山強度比，岩石の風化や粘土化の状態，割れ目の状態（不連続面の間隔および密着や開口の状態），コアの RQD などを用いる例が多い。以下に代表的な地山分類の例を示す。

(a)　電研式岩盤分類

表 3-3 に電研式岩盤分類[32]を示す。この岩盤分類は，観察によって判定するので，地質学に関する若干の素養と経験が必要で，結果に個人差が入る可能性がある。しかし，分類が簡単で直観的に使いやすく，国内では，この分類あるいはこれを修正した分類が現在でも広く用いられている。

(b)　道路トンネル

地山等級は，**表 2-4** に示した日本道路協会の「道路トンネル技術基準（構造編）・同解説」[23]における「地山分類表」のとおり，B，CⅠ，CⅡ，DⅠ，DⅡの5等級に区分される。なお，地山分類表には示されていないが，A と E 区分は特異値とされている。坑口部低土被り区間を示す DⅢは，岩種に関係なく，硬質～軟質岩盤や土砂地盤の状況により，トンネル天端より 1D ～2D の土被り以下の区間（D は掘削幅）に適用される。また，地山分類にあたっては，**表 2-5** に示した岩石グループのとおり，岩盤を初生的な新鮮な状態での強

表 3-4　計画段階における地山分類基準（鉄道トンネル）[27]

<table>
<tr><th rowspan="2">地山種類
地山等級</th><th rowspan="2">A岩種</th><th rowspan="2">B岩種</th><th rowspan="2">C岩種</th><th rowspan="2">D岩種</th><th rowspan="2">E岩種</th><th colspan="2">F，G岩種</th></tr>
<tr><th>粘性土</th><th>砂質土</th></tr>
<tr><td>V_{N}</td><td>$V_p \geqq 5.2$</td><td>—</td><td>$V_p \geqq 5.0$</td><td>$V_p \geqq 4.2$</td><td>—</td><td>—</td><td>—</td></tr>
<tr><td>IV_{N}</td><td>$5.2 > V_p \geqq 4.6$</td><td>—</td><td>$5.0 > V_p \geqq 4.4$</td><td>$4.2 > V_p \geqq 3.4$</td><td>—</td><td>—</td><td>—</td></tr>
<tr><td>$\mathrm{III}_{\mathrm{N}}$</td><td>$4.6 > V_p \geqq 3.8$</td><td>$V_p \geqq 4.4$</td><td>$4.4 > V_p \geqq 3.6$</td><td>$3.4 > V_p \geqq 2.6$
かつ $G_n \geqq 5$</td><td>$2.6 > V_p \geqq 1.5$
かつ $G_n \geqq 6$</td><td>—</td><td>—</td></tr>
<tr><td>II_{N}</td><td>$3.8 > V_p \geqq 3.2$</td><td>$4.4 > V_p \geqq 3.8$</td><td>$3.6 > V_p \geqq 3.0$</td><td>$2.6 > V_p \geqq 2.0$
かつ $5 > G_n \geqq 4$</td><td>$2.6 > V_p \geqq 1.5$
かつ $6 > G_n \geqq 4$</td><td>—</td><td>—</td></tr>
<tr><td>$\mathrm{I}_{\mathrm{N\text{-}2}}$</td><td>$3.2 > V_p \geqq 2.5$</td><td>—</td><td>$3.0 > V_p \geqq 2.5$</td><td>$2.6 > V_p \geqq 2.0$
かつ $4 > G_n \geqq 2$
あるいは
$2.0 > V_p \geqq 1.5$
かつ $G_n \geqq 2$</td><td>$2.6 > V_p \geqq 1.5$
かつ $4 > G_n \geqq 3$</td><td>—</td><td>—</td></tr>
<tr><td>$\mathrm{I}_{\mathrm{N\text{-}1}}$</td><td>—</td><td>$3.8 > V_p \geqq 2.9$</td><td>—</td><td>—</td><td>$2.6 > V_p \geqq 1.5$
かつ $3 > G_n \geqq 2$</td><td>$G_n \geqq 2$</td><td>$D_r \geqq 80$
かつ $F_c \geqq 10$</td></tr>
<tr><td>I_{S}</td><td rowspan="4">$2.5 > V_p$</td><td rowspan="4">$2.9 > V_p$</td><td rowspan="4">$2.5 > V_p$</td><td rowspan="2">$1.5 > V_p$ あるいは
$2 > G_n \geqq 1.5$</td><td rowspan="2">$1.5 > V_p$ あるいは
$2 > G_n \geqq 1.5$</td><td>$2 > G_n \geqq$
1.5</td><td>—</td></tr>
<tr><td>I_{L}</td><td>—</td><td>$D_r \geqq 80$
かつ $10 > F_c$</td></tr>
<tr><td>特S</td><td rowspan="2">$1.5 > G_n$</td><td rowspan="2">$1.5 > G_n$</td><td>$1.5 > G_n$</td><td>—</td></tr>
<tr><td>特L</td><td>—</td><td>$80 > D_r$</td></tr>
</table>

※ V_p：弾性波速度（km/s），G_n：地山強度比，D_r：相対密度（%），F_c：細粒分含有率（%）

度により，一軸圧縮強度が 80 N/mm² 以上の硬質岩（H），20～80 N/mm² の中硬岩（M），20 N/mm² 未満の軟質岩（L）に区分するとともに，劣化の仕方により，節理面が支配的な不連続面となるようなものを「塊状」，層理面や片理面といった不連続面が支配的となるようなものを「層状」として区分している。なお，道路トンネルの地山分類表の適用にあたっての留意事項は，「道路トンネル技術基準（構造編）・同解説」[23]，または NEXCO の「設計要領第三集」[25]に記載されているので参照されたい。なお，両者の記述内容は以下の点が異なる。

① 設計要領第三集では，地山等級 B において L 層状の第三紀泥岩に V_p=4.2～5.2 km/s の弾性波速度が設定されている。

② 道路トンネル技術基準では，RQD が軟質岩（L）でも亀裂状況の参考になると記載されている。

③ 道路トンネル技術基準では，比較的岩片の硬い頁岩，粘板岩，片岩類は，薄板状にはく離する性質があり，切羽の自立性，ゆるみ領域の拡大，ゆるみ荷重に注意を必要とする場合があると記載されている。

また，北海道開発局では，**表 2-4** の地山分類表に従って地山等級を判定したのち，得られた地山定数がその地山等級に対応するかを北海道開発局が別途定める分類表[33]で確認して，最終的に決定することにしている。

(c) 鉄道トンネル

鉄道関係における地山分類の例として，「山岳トンネル設計施工標準・同解説」[27]における地山分類基準を**表 3-4** に示す。

鉄道関係の地山等級の区分は，一般地山を $\mathrm{I}_{\mathrm{N\text{-}1}}$，$\mathrm{I}_{\mathrm{N\text{-}2}}$ および II_{N} ～ V_{N} の 6 等級に，特殊地山を特 L ～ I_{S} の 4 等級に分類している。なお，サフィックスとして，一般的な地山

表 3-5　鉄道トンネルの岩種分類表[27]を一部修正

岩種	形成時代，形態，岩石名	硬さによる分類
A	①中生代，古生代の堆積岩類（粘板岩，砂岩，礫岩，チャート，石灰岩など） ②深成岩（花崗岩類）③半深成岩（ひん岩，花崗はん岩など） ④火山岩の一部（緻密な玄武岩，安山岩，流紋岩など） ⑤変成岩（片岩類，片麻岩，千枚岩，ホルンフェルスなど）	硬岩（$50 \leqq q_u$）（$15 \leqq q_u < 50$）
	塊状の硬岩（亀裂面のはく離性が小さい）	
B	①はく離性の著しい変成岩類（片岩類，千枚岩，片麻岩） ②はく離性の著しいまたは細層理の中生代，古生代の堆積岩類（粘板岩，頁岩など） ③節理などの発達した火成岩	
	硬岩でありながら，亀裂が発達し，著しいはく離性を示す	
C	①中生代の堆積岩類（頁岩，粘板岩など） ②火山岩類（流紋岩，安山岩，玄武岩など） ③古第三紀の堆積岩類（頁岩，泥岩，砂岩など）	中硬岩（$2 \leqq q_u < 15$）
D	①新第三紀の堆積岩類（頁岩，泥岩，砂岩，礫岩），凝灰岩など ②古第三紀の堆積岩類の一部 ③風化した火成岩	
E	①新第三紀の堆積岩類（泥岩，シルト岩，砂岩，礫岩），凝灰岩など ②風化や熱水変質および破砕の進行した岩石（火成岩類や変成岩類および新第三紀以前の堆積岩類）	軟岩
F	①第四紀更新世の堆積物（礫，砂，シルト，泥および火山灰などより構成される低固結～未固結な堆積物） ②新第三紀堆積岩の一部（低固結層，未固結層，土丹，砂など） ③マサ化した花崗岩類	土砂（$q_u < 2$）
G	表土，崩積土，崖錐など	

※一軸圧縮強さ q_u（N/mm²）は目安

にはN，塑性化地山にはS（Squeezing），未固結地山にはL（Loose）を付ける。また，地山等級の区分にあたっては，**表 3-5** に示す岩種分類のとおり，地質の形成時代，形態，および岩石名によってA～Gの７岩種に分類している。この時，室内岩石試験結果により一軸圧縮強さが求められている場合には，硬さによる分類を考慮する。

計画段階の地山等級は，**表 3-5** に示す岩種分類に応じて，弾性波速度（V_p），地山強度比（G_n），相対密度（D_r）および細粒分含有率（F_c）によって区分される。なお，E岩種で $V_p \geqq 2.6$ km/s の場合はD岩種に準じて評価し，A，B，C岩種の$\mathrm{I_S}$は，断層破砕帯，褶曲じょう乱帯，貫入岩などに伴う変質帯などに適用される。

(2)　弾性波速度区分による比較

表 3-6 に，代表的な発注機関の地山等級に対する弾性波速度区分の比較を示す。岩種，トンネルの断面積，形状の違いなどにより，弾性波速度区分を単純に比較することは難しい。岩種やトンネルの断面積の違いに絞って再整理することで，発注機関によらない統一的な地山分類表の作成が可能であると考えられる。

(3)　地山強度比による比較

表 3-7 に，代表的な発注機関の地山等級に対する地山強度比を比較したものを示す。**3.1.3** で述べたように，地山強度比には理論的な背景があるため，各発注機関で地山強度比に関する考え方に違いはない。円形断面トンネルの理論値の場合，側圧係数が１の岩盤では，地山強度比が２になると，また側圧係数が０（理論上）の岩盤では，地山強度比が３になると，トンネル坑壁が破壊する。一般的な馬蹄形断面の場合には，地山強度比が２～４よりも小さくなるほど，坑壁周辺で塑性的な破壊が起こりやすくなり，この比が４程度で破壊の目安とされている。地山強度比がこれ以下の地山では，坑壁周辺の破壊領域（塑性領域）が広がる。道路トンネルではＤⅠ以下，鉄道トンネルでは$\mathrm{I_{N\text{-}2}}$以下の地山等級が

表 3-6　発注機関別の弾性波速度区分の比較

発行者（用途）	岩種		弾性波速度（km/s）1.0 ～ 5.5					
日本道路協会（道路トンネル）	塊状	H1	DⅠ	CⅡ	CⅠ	B		
		H2	DⅡ	DⅠ	CⅡ	CⅠ		
		M1	DⅡ	DⅠ	CⅡ	CⅠ	B	
		M2	DⅡ	DⅠ	CⅡ	CⅠ		
		L	DⅠ, DⅡ	CⅡ	CⅠ	B		
	層状	M	DⅠ, DⅡ	CⅡ	CⅠ			
		L1	DⅠ	CⅡ	CⅠ			
		L2	DⅠ, DⅡ	CⅡ	CⅠ			
鉄道・運輸機構（鉄道トンネル）	A		$\mathrm{I_S}$, $\mathrm{I_L}$, 特S, 特L	$\mathrm{I_{N\text{-}2}}$	$\mathrm{Ⅱ_N}$	$\mathrm{Ⅲ_N}$	$\mathrm{Ⅳ_N}$	$\mathrm{Ⅴ_N}$
	B		$\mathrm{I_S}$, $\mathrm{I_L}$, 特S, 特L	$\mathrm{I_{N\text{-}1}}$	$\mathrm{Ⅱ_N}$	$\mathrm{Ⅲ_N}$		
	C		$\mathrm{I_S}$, $\mathrm{I_L}$, 特S, 特L	$\mathrm{I_{N\text{-}2}}$	$\mathrm{Ⅱ_N}$	$\mathrm{Ⅲ_N}$	$\mathrm{Ⅳ_N}$	$\mathrm{Ⅴ_N}$
	D		$\mathrm{I_S}$, $\mathrm{I_L}$	$\mathrm{I_{N\text{-}2}}$	$\mathrm{Ⅱ_N}$, $\mathrm{I_{N\text{-}2}}$	$\mathrm{Ⅲ_N}$	$\mathrm{Ⅳ_N}$	$\mathrm{Ⅴ_N}$
	E		$\mathrm{I_S}$, $\mathrm{I_L}$	$\mathrm{Ⅲ_N}$, $\mathrm{Ⅱ_N}$, $\mathrm{I_{N\text{-}2}}$, $\mathrm{I_{N\text{-}1}}$				
農林水産省（水路トンネル）	α		D	C	B	A		
	β		D	C	B	A		
	γ		D	C	B	A		
	δ		D	C	B			
電研式（参考）			$\mathrm{C_L}$, D	$\mathrm{C_M}$	$\mathrm{C_H}$	A, B		

※道路トンネルの岩種分類（日本道路協会）

［塊状・H1］：はんれい岩，かんらん岩，閃緑岩，花崗閃緑岩，花崗岩，石英斑岩，輝緑岩，花崗斑岩，ホルンフェルス，角閃石岩

［塊状・H2］：中・古生層砂岩，石灰岩，チャート（珪岩），片麻岩

［塊状・M1］：安山岩，玄武岩，輝緑凝灰岩，石英安山岩，流紋岩，ひん岩，［塊状・M2］：第三紀層砂岩，礫岩

［塊状・L］：蛇紋岩，凝灰岩，凝灰角礫岩

［層状・M］：粘板岩，中・古生層頁岩，［層状・L1］：千枚岩，黒色片岩，石墨片岩，緑色片岩，［層状・L2］：第三紀層泥岩

※水路トンネルの岩種分類

α：①古生層，中生層，②深成岩，③半深成岩，④火山岩（玄武岩），⑤変成岩

β：①はく離の著しい変成岩，②細層理の発達した古生層，中生層，③火山岩（流紋岩，安山岩など），④古第三紀層の一部

γ：古第三紀層～新第三紀層

δ：①新第三紀層～洪積層，②洪積層～沖積層，③表土，崩壊土

表 3-7 発注機関別の地山強度比の比較

<table>
<tr><th>発行者（用途）</th><th colspan="4">日本道路協会（道路トンネル）</th><th colspan="3">鉄道・運輸機構（鉄道トンネル）</th><th>農林水産省[2]（水路トンネル）</th><th>電研式（参考）</th></tr>
<tr><th>岩種</th><th>H 塊状</th><th>M 塊状</th><th>M 塊状（堆積岩）</th><th>L 塊状・M, L 層状</th><th>D 岩種</th><th>E 岩種</th><th>F, G 岩種（粘性土）</th><th>全岩種</th><th>塊状</th></tr>
<tr><td>地山強度比（G_n）6〜</td><td rowspan="3">—</td><td rowspan="3">—</td><td rowspan="3">CⅠ, CⅡ</td><td rowspan="3">CⅠ, CⅡ</td><td rowspan="2">Ⅲ$_\mathrm{N}$</td><td>Ⅲ$_\mathrm{N}$</td><td rowspan="5">Ⅰ$_\mathrm{N-1}$</td><td>B</td><td>C_H, C_M</td></tr>
<tr><td>5〜6</td><td rowspan="2">Ⅱ$_\mathrm{N}$</td><td rowspan="4">C</td><td rowspan="4">C_M, C_L</td></tr>
<tr><td>4〜5</td><td>Ⅱ$_\mathrm{N}$</td></tr>
<tr><td>3〜4</td><td rowspan="2">DⅠ</td><td rowspan="2">DⅠ</td><td rowspan="2">DⅠ</td><td rowspan="2">DⅠ</td><td rowspan="2">Ⅰ$_\mathrm{N-2}$[1]</td><td>Ⅰ$_\mathrm{N-2}$</td></tr>
<tr><td>2〜3</td><td>Ⅰ$_\mathrm{N-1}$</td></tr>
<tr><td rowspan="2">1〜2</td><td rowspan="2">DⅡ</td><td rowspan="2">DⅡ</td><td rowspan="2">DⅡ</td><td rowspan="2">DⅡ</td><td>Ⅰ$_\mathrm{S}$, Ⅰ$_\mathrm{L}$</td><td>Ⅰ$_\mathrm{S}$, Ⅰ$_\mathrm{L}$</td><td>Ⅰ$_\mathrm{S}$</td><td rowspan="3">D</td><td rowspan="3">C_L, D</td></tr>
<tr><td rowspan="2">特 S, 特 L</td><td rowspan="2">特 S, 特 L</td><td rowspan="2">特 S</td></tr>
<tr><td>〜1</td><td>E</td><td>E</td><td>E</td><td>E</td></tr>
</table>

1）弾性波速度が 2.0〜2.6 km/s の場合は，$4>G_n \geqq 2$，弾性波速度が 1.5〜2.0 km/s の場合は，$G_n \geqq 2$

2）農林水産省の水路トンネルの地山強度比は，トンネルタイプ A が 10 以上，トンネルタイプ B が 6〜10 である。

それに対応する。また，地山等級が道路トンネルでは DⅡの場合，鉄道トンネルでは Ⅰ$_\mathrm{S}$ の場合に，変形余裕を設けることが必要であるとされており，地山強度比 2 が変形余裕の必要性の境界となっている。

3.2.4 標準支保パターンと標準断面

(1) 標準支保パターン

道路トンネルの例として，NEXCO が定める高速道路の 2 車線トンネルの代表的な標準支保パターンを**表 3-8** に，鉄道トンネルの例として，鉄道・運輸機構が定める新幹線複線の代表的な標準支保パターンを**表 3-9** 示す。

それぞれのトンネルの標準支保パターンにおける支保構造の組合せは，地山の特徴を反映したものであり，ロックボルトの配置，鋼製支保工の有無，変形余裕などの考え方について，両者に大きな違いはない。

高速道路の 2 車線トンネルの支保部材は，コスト縮減と支保構造の合理化を行うため，材料強度を高めた高規格支保材が用いられている。したがって，ロックボルトの施工間隔，吹付けコンクリートの厚さおよび鋼製アーチ支保工のサイズなどが，一般国道などのトンネルの標準支保パターンと異なる。

鉄道トンネルの標準支保パターンの分類記号は，地山等級と区別するため，P（Pattern）のサフィックスが付けられる。また，**表 3-10** に示す標準支保パターン選定表を参照して，岩種と地山等級の組合せから，標準支保パターンを選定する。

(2) 標準断面

国土交通省における道路トンネル断面は，**表 3-11** に示すように，内空幅によって 3 種類の断面に分けられる。歩道が設置されるトンネルでは，80〜100 m^2 の大断面となり，内

表3-8　道路トンネルの標準支保パターンの例（2車線高速道路）[25]

地山等級	支保パターン	標準1掘進長(m)	ロックボルト					吹付けコンクリート(36 N/mm^2)	鋼製アーチ支保工		覆工厚（cm）		変形余裕(cm)	掘削工法
			長さ(m)	耐力(kN)	施工間隔（m）周方向	施工間隔（m）延長方向	施工範囲	厚さ（cm）	上半サイズ	下半サイズ	アーチ・側壁	インバート		
B	B-a（H）	2.0	3.0	170	2.0	2.0	上半120°	5	—	—	30	0	0	補助ベンチ付き全断面工法またはベンチカット工法
CⅠ	CⅠ-a(H)	1.5	3.0	170	2.0	1.5	上半	7	—	—	30	(40)	0	
CⅡ	CⅡ-a(H)	1.2	3.0	170	1.8	1.2	上下半	7	—	—	30	(40)	0	
	CⅡ-b(H)				1.8	1.2			HH-100	—				
DⅠ	DⅠ-a(H)	1.0	3.0	290	1.8	1.0	上下半	10	HH-100	HH-100	30	45	0	
	DⅡ-b(H)	1.0	4.0											
DⅡ	DⅡ-a(H)	1.0	4.0	290	1.8	1.0	上下半	15	HH-108	HH-108	30	50	10	

※支保パターン名の（H）は高規格を表し，鋼製アーチ支保工のHHは高規格鋼を表す。

表3-9　鉄道トンネルの標準支保パターンの例（新幹線複線）[27]に加筆，一部編集

標準支保パターン	ロックボルト			吹付けコンクリート	鋼製支保工	覆工厚（cm）		変形余裕(cm)	掘削工法
	縦断間隔(m)	配　置	長さ(m)×本数	厚さ（cm）	種　類	アーチ・側壁	インバート		
Ⅳ$_{NP}$	—	—	—	5(平均)	—	30	適宜	—	全断面工法
Ⅲ$_{NP}$	(随意)	アーチ	2×0～5	10(平均)	—	30		—	全断面工法
Ⅱ$_{NP}$	1.5	アーチ	3×10	10(平均)	—	30	45	—	全断面工法またはベンチカット工法
Ⅰ$_{N\text{-}2P}$	1.2	アーチ，側壁	3×10	12.5(最小)	125H(上半)	30	45	—	
Ⅰ$_{N\text{-}1P}$	1.0	アーチ，側壁	3×14	15(最小)	125H	30	45	—	
Ⅰ$_{SP}$	1.0	アーチ，側壁	3×14	15(最小)	150H	30	45	7.5(上半) 5.0(下半)	ショートベンチカット工法
		1次インバート	3×4[2]	15(最小)[2]	150H[2]				
Ⅰ$_{LP}$	1.0	アーチ，側壁	3×12	20(最小)	125H	＊[1]	45	—	ショートベンチカット工法

1）地山条件を考慮して検討する。
2）Ⅰ$_{SP}$の1次インバートは基本的に施工し，地山状況により支保部材を選定する。

表3-10　標準支保パターン選定表[27]

地山等級＼岩種	A岩種	B岩種	C岩種	D岩種	E岩種	F，G岩種	
						粘性土	砂質土
Ⅴ$_{N}$	Ⅳ$_{NP}$	—	Ⅳ$_{NP}$	Ⅳ$_{NP}$	—	—	—
Ⅳ$_{N}$	Ⅳ$_{NP}$	—	Ⅳ$_{NP}$	Ⅳ$_{NP}$	—	—	—
Ⅲ$_{N}$	Ⅲ$_{NP}$	Ⅲ$_{NP}$	Ⅲ$_{NP}$	Ⅲ$_{NP}$	Ⅲ$_{NP}$	—	—
Ⅱ$_{N}$	Ⅱ$_{NP}$	Ⅱ$_{NP}$	Ⅱ$_{NP}$	Ⅱ$_{NP}$	Ⅱ$_{NP}$	—	—
Ⅰ$_{N\text{-}2}$	Ⅰ$_{N\text{-}2P}$	—	Ⅰ$_{N\text{-}2P}$	Ⅰ$_{N\text{-}2P}$	Ⅰ$_{N\text{-}2P}$	—	—
Ⅰ$_{N\text{-}1}$	—	Ⅰ$_{N\text{-}1P}$	—	—	Ⅰ$_{N\text{-}1P}$	Ⅰ$_{N\text{-}1P}$	Ⅰ$_{N\text{-}1P}$
Ⅰ$_{S}$	Ⅰ$_{SP}$	Ⅰ$_{SP}$	Ⅰ$_{SP}$	Ⅰ$_{SP}$	Ⅰ$_{SP}$	Ⅰ$_{SP}$	—
Ⅰ$_{L}$	Ⅰ$_{LP}$	Ⅰ$_{LP}$	Ⅰ$_{LP}$	Ⅰ$_{LP}$	Ⅰ$_{LP}$	—	Ⅰ$_{LP}$
特S	＊	＊	＊	＊	＊	＊	—
特L						—	＊

注）＊は特殊設計範囲を示す。

表 3-11　国道トンネルの断面区分（日本道路協会）[23]

項目＼区分	通常断面	大断面	小断面
内空幅（m）	8.5～12.5 程度	12.5～14.0 程度	3.0～5.0 程度
内空形状	一般的に 上半単心円断面	一般的に 上半三心円断面	一般的に 上半単心円 側壁部鉛直断面
内空縦横比	概ね 0.6 以上	概ね 0.57 以上	概ね 0.8 以上
内空断面積（m^2） （参考値）	40～80 程度	80～100 程度	8 ～16 程度

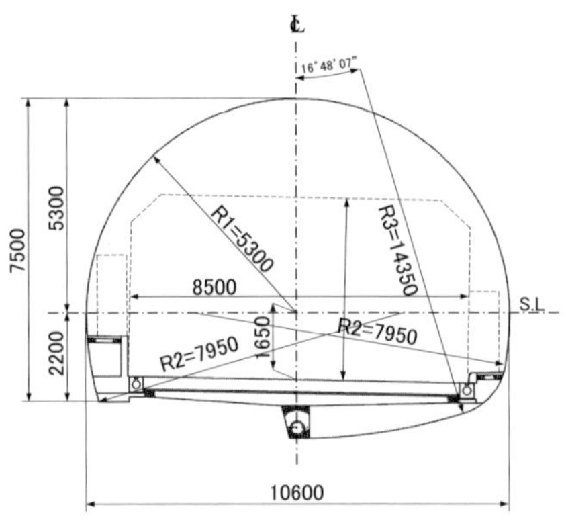

(a) 道路トンネルの例（一般国道通常断面）[34)を編集]

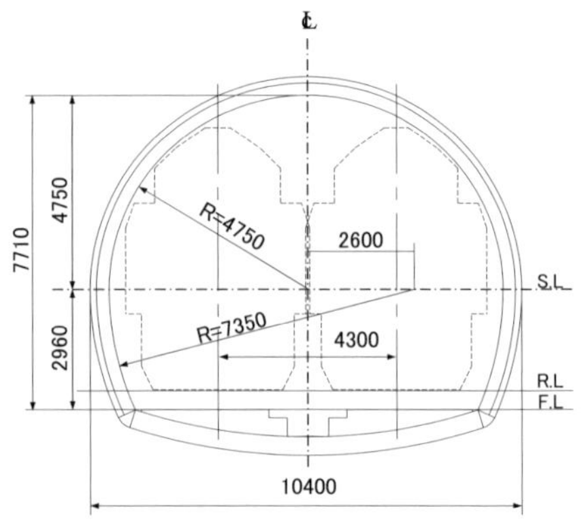

(b) 鉄道トンネルの例（新幹線複線断面）[27)を編集]

図 3-7　トンネルの標準断面の例

空縦横比が小さく扁平化して不安定な形状となる。そのため，設計にあたってはトンネルの安定性を十分検討した上で採用する必要がある。

鉄道および道路トンネルの標準断面を図 3-7 に示す。鉄道トンネルの例で示した新幹線複線断面の内空縦横比は約 0.8 であり，道路トンネルが横長であるのに対して円形に近い。

3.2.5　山岳工法トンネルのインバート工

(1)　インバートの目的

地山が不良の場合，トンネルに作用する側圧の増大，偏圧の作用，覆工の脚部での支持力不足などの問題が発生し，支保工や覆工に大きな断面力や変形が生じることがある。このような場合には，インバートを設けて断面を閉合し，トンネルを構造的に安定させる必要がある。

インバートの施工は，地盤が不良なほど，過度な地盤のゆるみや変形を少なくするよう，できるだけ早い段階で行うこと（早期閉合）が望ましい。そのため，吹付けコンクリートによるインバートや鋼製インバート支保工などによる 1 次インバートで対応し，断面閉合によるトンネル断面の安定を図る場合もある。このほか，近接施工の計画があり，その影響が懸念される場合，断層破砕帯などにおける耐震性の向上を図る必要のある場合，あるいは上部地山の地形改変などの可能性のある低土被りトンネルの場合などでも，インバートの設置を検討する必要がある。

(2)　インバートの機能

インバートの機能として，以下のものが挙げられる。

表 3-12　トンネル用途別のインバート設置基準の比較

トンネル用途	発行者	基準書	設置基準
一般国道など	日本道路協会	道路トンネル技術基準（構造編）・同解説 平成15年11月	• 地山等級CⅠ，CⅡで第三紀層泥岩，凝灰岩，蛇紋岩などの粘性土岩や風化結晶片岩，温泉余土などの場合 • 地山等級DⅠ（岩の長期的支持力が十分で側圧による押出しなどがない場合は省略可） • 地山等級DⅡ以下
高速道路	NEXCO 3社	設計要領第三集 トンネル本体工建設編 平成26年7月	• 長期安定性の確保，掘削時の変位が大きく早期閉合が必要な場合 • 掘削時の変位は小さいが，その後の水などによる地山の劣化などでトンネルの長期的安定を損ねるおそれがある場合 • 地山等級CⅠ，CⅡで泥岩，凝灰岩，蛇紋岩などの粘性土岩や風化結晶片岩，温泉余土などの場合（長期耐久性に対して十分安全であると判断される場合は省略可） • 地山等級DⅠ，DⅡ，Eは原則設置
鉄道 （新幹線）	鉄道・運輸機構	山岳トンネル設計施工標準・同解説 平成20年4月	• 原則設置（明らかにその必要性が認められない場合は除く）

※水路トンネルでは，水密性保持の面から原則設置

① 覆工とともに必要な内空断面を保持する機能
② 地山が不良な場合に，支持力不足による覆工脚部の沈下や塑性地圧などの作用による側壁部や底盤の変位などを防止する機能
③ 押出し性地山や長期的な地山劣化が生ずる地山での盤ぶくれなどの変状の防止，および施工時や完成後の繰返し荷重による地山劣化の防止により，トンネルの構造物としての耐久性を向上させる機能
④ 施工中のトンネル断面の変形を抑制するために，早期に支保工と一体となった環状構造を形成することによって，トンネルの変形に対する安定性を向上させる機能

(3)　インバート設置基準の比較

表 3-12 に，トンネル用途別のインバート設置基準の比較を示す。

3.2.6　支保設計時における緩衝区間の扱い方

(1)　国土交通省における例

地山条件に応じてトンネル周辺地山の挙動は異なり，また支保構造の違いにより，作用する荷重や変位量も異なる。支保構造が急変すると力学的な不連続面が生じ，その変化点付近の覆工コンクリートにひび割れが生じるおそれがある。国土交通省の設計基準では，地方整備局ごとに多少の考え方に違いはあるが，断層破砕帯や低速度帯付近で2ランク以上の地山等級差がある場合には，安全性を考えて，20 m程度の緩衝区間を設けることが望ましいとされている。詳細については，国土交通省管轄の地方整備局の各設計基準を参照されたい。

(2)　高速道路会社における例

高速道路での基準はないが，地山状態の急変は避けられないため，設計上，隣り合う支保区分が2ランク以上異なる場合には，(1)と同様に中間ランクを間に設け，緩衝区間を見込む設計とすることが多い。また，断層破砕帯や不良帯がトンネルと交差する場合，走向・傾斜を考慮して，破砕帯の両端部より5 m程度の一定区間を断層などによる影響が及

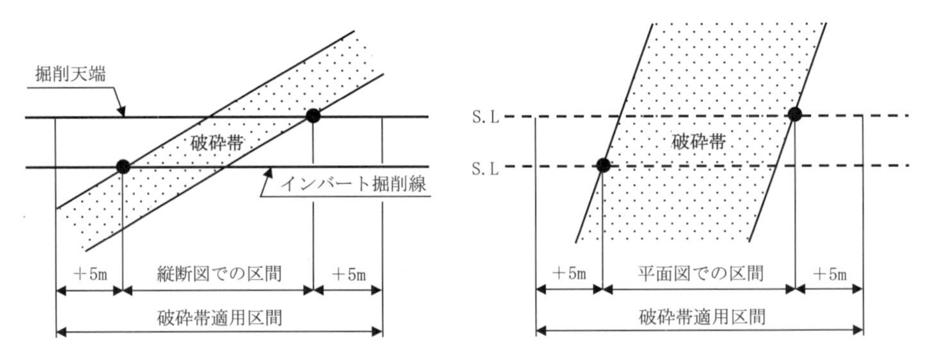

図 3-8　断層破砕帯を挟んだ緩衝区間の例（縦断図および平面図）

ぶ区間として，**図 3-8** のように緩衝区間を設ける[35)]。

3.3　特殊地山における支保設定の考え方

トンネル掘削において対応が難しい特殊地山としては，内空変位量が特に大きい膨張性地山，掘削時に湧水が多く切羽の安定性が得られない大量湧水地山，および粘着力が乏しく切羽の安定対策が困難な未固結地山などがある（**表 1-2** 参照）。以下に，これらの地質での支保設定事例を紹介する。

3.3.1　膨張性地山での事例

3 軸状態に保たれていた地山内にトンネル掘削をすると，掘削面では応力が解放され，それに伴って変位が生じる。**3.1.3** で記述したように，この変位は，地山の応力，地山の強度と変形係数，および支保内圧などに支配され，土被りが大きく地山応力が大きい場合や地山強度が小さい場合には変位が大きくなる。このような状況を生じる地山は，膨張性地山と呼ばれている。膨張性地山は，その発生要因によって押出し性地山（Squeezing graund）と膨潤性地山（Swelling graund）に分類される。

押出し性地山は，岩盤強度をはるかに超える応力による塑性流動化を原因として内空断面が縮小する地山をいう[36)]。

一方，膨潤性地山は，掘削による応力解放と地山内に含まれる膨潤性粘土鉱物の吸水膨張を原因として内空断面が縮小する地山のことをいう[36)]。いずれにおいても新第三紀以降の泥岩や凝灰岩（グリーンタフ），断層部の粘土，破砕帯，温泉余土，蛇紋岩などで見られることが多い[36)]。

以下では，膨張性地山として，大土被りかつ脆弱な蛇紋岩帯において，約 200 mm を超える変位を呈した押出し性の著しい地山の支保設定事例を紹介する[37)〜39)]。

(1)　工事概要

穂別トンネルは，道東自動車道の夕張 IC から占冠 IC に位置する全長 4,323 m の山岳トンネルである。特に，土被りが 250 m 以上の区間において，脆弱な蛇紋岩（塊状と葉片状の混在）が出現し，最大 200 mm を超える変位が生じている。支保工の剛性を増加させる方法では対処できない特殊条件下で，1 次支保にも耐力を残したうえで 2 次支保を施工するという，変位制御型 2 重支保構造を採用した押出し性地山での設計・施工事例である。

(2)　地形・地質概要

穂別トンネルは，夕張山地の南端部に位置し，蛇紋岩の分布規模が日本最大と言われる

表 3-13　脆弱地山の物性[37]

地　質	蛇紋岩（Sp）	ハッタオマナイ層（Ht）	
		粘板岩・緑色岩メランジュ	粘板岩・蛇紋岩メランジュ
性　状	（塊状～）葉片状～粘土状	葉片状	葉片状
単位体積重量	（26～）20 kN/m^3	26 kN/m^3	23 kN/m^3
一軸圧縮強度	（50～）0.8 N/mm^2	2.7 N/mm^2	1.4 N/mm^2
地山強度比	0.2	0.5	0.3

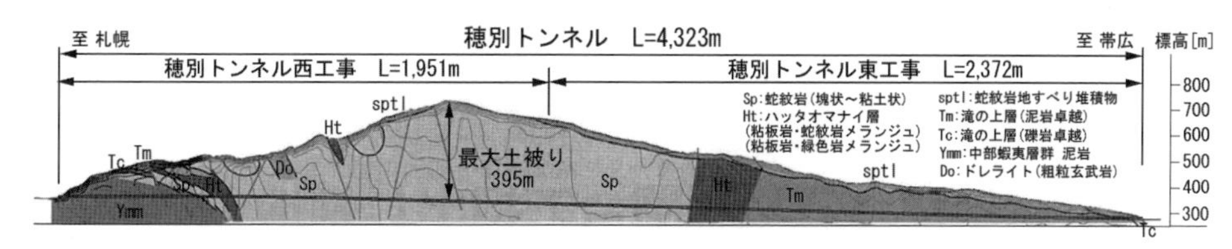

図 3-9　地質縦断図[38]を一部編集

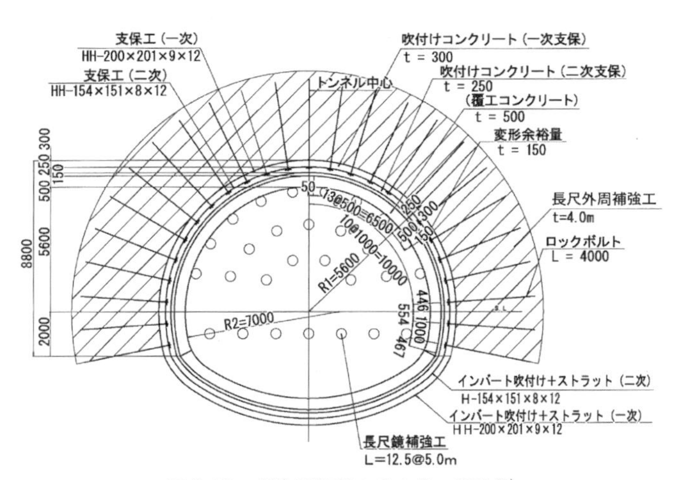

図 3-10　変位制御型 2 重支保の構造[39]

神居古潭変成帯をほぼ東西に貫いている。施工区間は標高 700～800 m の山岳地帯で，トンネルの最大土被りは 395 m である。

トンネルの地質は付加体で，岩石種の異なる岩体（泥岩，緑色岩，蛇紋岩）が複雑に関係した地質を呈しており，硬軟も様々である。葉片状蛇紋岩には，非常に脆くて膨張する性質がある。地山の物性を**表 3-13** に，地質縦断図を**図 3-9** に示す。

(3)　支保構造と対策工

トンネルの支保構造の検討では，先行する避難坑の施工実績を踏まえたうえで，解析的手法も取り入れ，加背割り（断面形状），補助工法，支保パターンについての検討を行った。土被りが大きいことからトンネル壁面への圧力も強く，脆弱な地質と相まって，掘削中に掘削鏡部およびトンネル天端部の崩落やトンネル支保工の変形が多数発生した。

その結果を参考に，トンネル構造全体の安定を図る目的から，変位制御型高耐力 2 重支保工と極力円形に近づけたインバート形状を採用するとともに，トンネル全断面の早期閉合を実施することで対応した。

(a)　高耐力２重支保工の構造

高耐力の支保構造は，軸力構造に近づけるためインバート半径を上半半径の1.5倍程度とした円形状断面とした。大きな押出し性土圧に対抗するため，補助ベンチ付き全断面掘削工法，上半切羽離隔1D程度以内での吹付けインバートと鋼製インバート支保工による早期断面閉合，高強度支保部材（高強度吹付けコンクリート，高規格鋼製支保工）による２重支保構造を採用した。これらの構造の断面図を**図 3-10** に示す。

(b)　早期断面閉合

計測結果から，トンネルの変位挙動は上半・下半ともに変位速度が速く，吹付けインバートによる断面閉合までに変位が過大となった。そのため，最終形による断面閉合をいち早く構築できる施工手順を検討し，上半掘削，下半掘削，インバートによる全断面閉合の順に，各々２mサイクルで進める断面３分割施工で，断面閉合は切羽離れ10mの位置とした。

3.3.2　大量湧水地山での事例

トンネルの施工では，しばしば高圧・大量の湧水に遭遇する。大量の湧水は，脆弱あるいは不良な地盤では切羽崩壊の大きな原因となり，的確な対応が必要である。湧水への対応は，水が切羽に到達する以前に抜くことが基本である。そのため，まず水がどこに存在するかを把握しなければならない。しかし，事前の地盤調査で断層破砕帯や地層境界などにおける出水の可能性について概略の予見ができても，その位置，性状，規模などを把握することは難しい。そこで，大量湧水の可能性がある場合は，坑内から先進ボーリングを行い正確な情報を得ることに努める必要がある。また，トンネル掘削に伴い，地下水の低下が余儀なくされる場合もあるので，トンネル上部の利水や土地利用形態などの周辺環境も事前に調査を行っておくことも重要である[40),41)]。以下では，高圧大量湧水帯を貫くトンネルの支保設定事例を紹介する[42)]。

(1)　工事概要

一般国道440号地芳（じよし）トンネルは，四国カルストを貫くトンネルで，最大土被りは地芳峠付近で約400mであり，突発湧水が20 t/minおよび最大湧水圧力が2.65 MPaに達する大量湧水帯での施工事例である。高圧大量湧水に対処するため，止水注入工法を採用して掘削が進められたが，地質脆弱部（緑色岩部）においては，６t/minの湧水を伴う二度の支保工および地山の変状が発生した。トンネル中間付近の地質脆弱部（粘板岩部）での切羽天端部の崩壊は，湧水量が0.4 t/minの状況で，土量100 m^3 を伴った。いずれの場合も本坑掘進を一時中断し，迂回調査坑を掘進して排水処理を行っている。

(2)　地形・地質概要

地芳トンネル（延長2,990m）の直上は，四国カルスト台地のほぼ中央部に位置し，付近の尾根部には非常になだらかなカルスト地形が広がり，ドリーネが点在する。トンネルの地質はジュラ紀付加体に属する秩父帯であり，愛媛県側坑口から700m間は粘板岩，緑色岩および砂岩が混在したメランジュであった。坑口より700m付近から地質は石灰岩に変わり，地層境界で上記のように，高水圧下で多量の突発湧水に遭遇している。多量の湧水区間は，坑口から700〜1,300m間の600mに及ぶ大規模なものであることが，事前の地表と坑内からのボーリング調査によって分かっていたが，その湧水点を探るために行った削孔検層では把握できなかった。1,300m以奥には，粘板岩主体部および細片状緑色岩と石灰岩のメランジュ部が存在する。湧水区間の地質縦断図および平面図を**図 3-11** に示す。

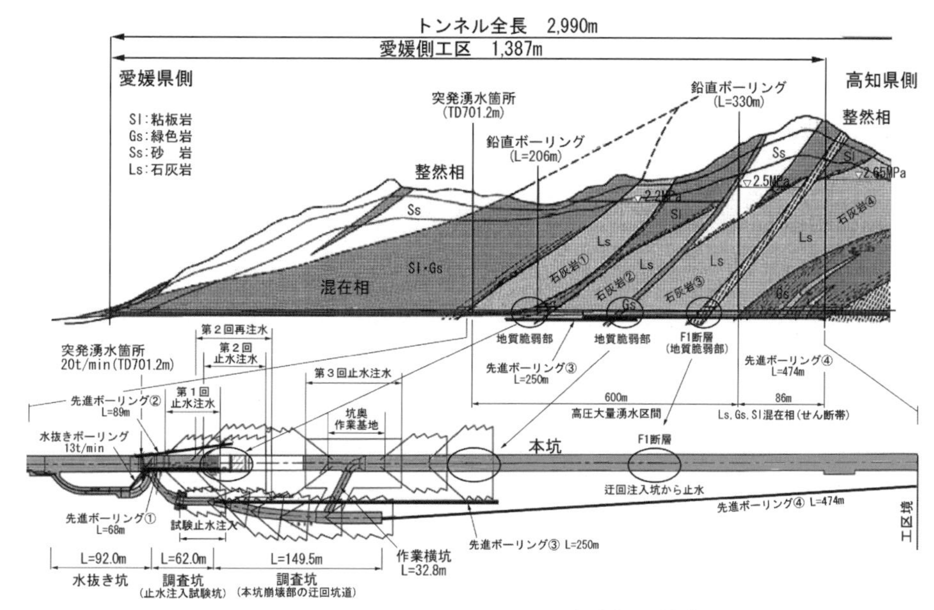

図 3-11　地質縦断図および平面図[43]に加筆，一部編集

写真 3-1　突発湧水発生状況[42]

写真 3-2　水抜きボーリング施工状況[42]

(3)　大量湧水帯での施工と対策工

愛媛県側坑口から 700 m 付近のメランジュと石灰岩に変わった境界部で，**写真 3-1** に示すような約 20 t/min の突発湧水に遭遇した。

この対策として，本坑から迂回した水抜き坑による排水を行い，本坑切羽への湧水量の減少を図った。水抜き抗は，掘削断面 18 m^2 の馬蹄形断面で NATM により施工した。水抜き坑施工中に本坑の突発湧水が切羽前方の底盤部より噴出していることが分かったため，水抜き坑の施工基面を 3 m（本坑インバート下部まで）盤下げし，水抜きボーリング（ϕ135 mm）を 10 本施工し，**写真 3-2** に示すような合計 13 t/min の排水を行った。

(4)　支保工の変状対策

２度にわたる止水注入を行いながら掘進施工を進めてきたが，２回目注入後，坑口部より約 796 m 付近において，切羽での約 6 t/min の湧水とともに上半部の鋼製支保工に圧壊による変状が発生した。具体的には，高水圧が作用する石灰岩中の脆弱な緑色岩の分布により周辺地山の耐力が低下し，既存の支保工では耐力不足となり，内空変位の増大とゆるみ領域の拡大により支保工の変状に至った。さらに，再び盤ぶくれとボイリングに起因する地盤の破壊が生じた。本坑下半部からの湧水とともに土砂が噴き上げられ，鋼製支保工の脚部が約 460 mm も沈下し，再度本坑支保工が破壊した。このような状況下で，現状の

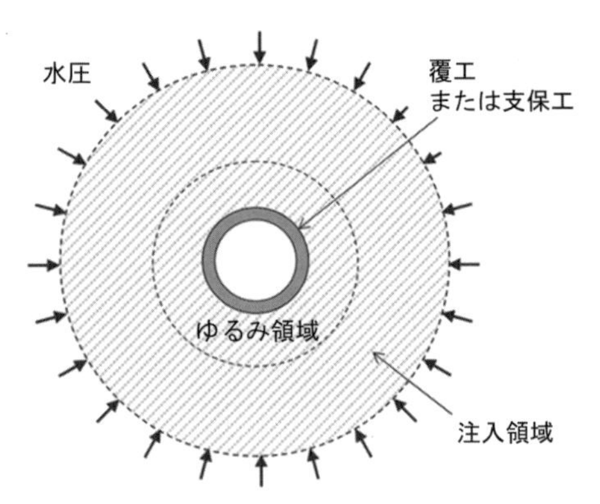

図 3-12　青函トンネルにおける注入領域の概念図[45]を一部編集

切羽から本坑を掘進することは無理であると判断し，止水注入試験坑として掘削してあった調査坑を延伸し，変状発生箇所を迂回して，本坑坑奥の堅固な石灰岩部に到達し，そこを基地として坑奥側から掘削する迂回坑案を採用した。

(a)　調査坑における支保工の設計

本坑での2度の大規模な支保工崩壊で得た教訓を生かし，調査坑（迂回坑）を，荷重がどの方向から作用しても安定な円形断面とした。円形断面の支保工として，高規格支保材であるHH-150を2重に配置し，高強度鋼繊維鏡吹付けコンクリートを40 cm吹き付け，早期に断面を閉合した。補助工法は全周注入式長尺鋼管先受け（AGF）工法を採用した。

(b)　止水注入領域の設計

止水注入領域の設計では，経験則だけに頼っていては対応できないと判断され，「青函トンネル土圧研究調査報告書」[44]に従って設計した。

青函トンネルにおける注入の考え方は，**図 3-12** に示すとおり，掘削に伴うゆるみ領域の形成を想定して，その外側を注入領域として支保工や覆工に高水圧を直接作用させないことを基本としている。すなわち，注入領域を厚肉円筒平面ひずみ問題として考え，支保内圧と注水領域外周に作用する水圧との釣合いから最適な注入領域の範囲を決定した。

(5)　高圧大量湧水区間の本坑の設計と施工

調査坑より高知県側工区境までの先進ボーリング（L＝474 m）を実施した結果，高圧大量湧水帯や断層破砕帯を含む脆弱なメランジュ層の存在が3カ所確認された。そのため，本坑の設計を，調査坑での設計・施工実績に基づいて実施した。比較的地質が良好な石灰

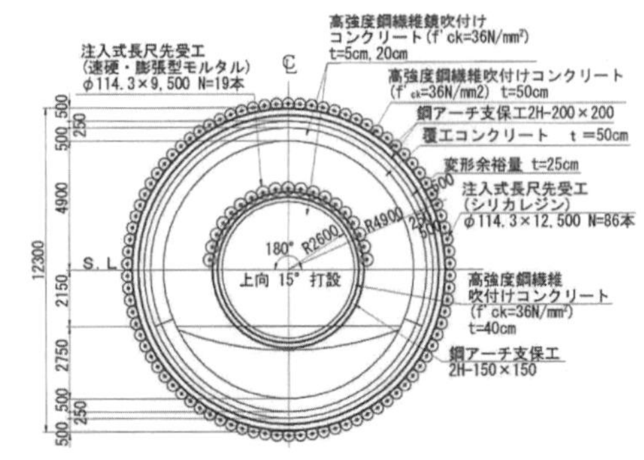

図 3-13　地質脆弱部での支保構造[42]

岩部では断面形状を馬蹄形，地質脆弱部では円形を採用した。また，本坑は調査坑（掘削径：5.2 m）に比べて大断面掘削（掘削径：9.8 m）になるため，**図 3-13** に示す中央導坑先進分割式全断面掘削工法を採用した。

3.3.3　未固結地山での事例

トンネル掘削面の地盤安定性が脆弱で不安定な地質においては，支保工によりトンネルの安定化を図るまでに，何らかの補助工法が必要となる。

土砂地山は通常粘着力をもっているが，破砕が著しい地山や未固結の砂層などでは粘着力が著しく小さい。このような未固結地山のように内部摩擦角があっても粘着力のない地山では，掘削面は不安定となり容易に崩壊する。また，砂質地盤で多少固結している場合でも，水が存在すると粘着力が失われ，容易に流砂現象を起す。流砂現象を起こす地山であるかどうかは，今までの実績から，均等係数が4程度以下，細粒分含有率が10%程度以下を目安としている[46]。いずれにしても，流砂現象を起こす地山は施工に苦労する場合が多く難渋する地山であり，シールド工法の採用を含めて対応を検討する必要がある。

未固結の砂質地山以外にも流砂と同様の現象を起こす地山として，断層などで破砕された地山，ならびに節理や層理などの不連続面が発達し，掘削により拘束が解かれると不連続面から次々とはく離し，崩壊が連続的に進行する地山がある[47]。ここでは，極めて安定性の悪いシラス地質をもつ未固結地山の支保設定事例を紹介する[48]。

(1)　工事概要

新武岡トンネルは，山岳工法としては極めて軟質な火砕流堆積物の未固結部（いわゆるシラス地質）を掘削対象としたものである。トンネルの本線とランプの接合部では，掘削断面積 378 m^2（延長 50 m）の超大断面トンネルとして施工を行った。このシラス地山は未固結の砂地盤で，一軸圧縮強度 20～100 kN/m^2 程度の極めて安定性の悪い未固結地質である。このような軟質未固結地山における超大断面トンネルでの設計・施工事例である。新武岡トンネルの本線一般部，および大断面部のトンネル断面図を**図 3-14** に示す。

(2)　地形・地質概要

新武岡トンネルが位置する鹿児島市域の地形は，鹿児島湾岸に展開する沖積低地と海抜標高 50～200 m の台地・丘陵地（シラス台地）に代表される。

本トンネルの地質は，ほぼ全線が1次シラスで，最大土被り 80 m に達する地点においても，掘削対象地山は土砂状を呈する。また，本トンネルでは1次シラスのほか，トンネル坑口部や斜面付近に，2次シラスと呼ばれる極めて軟質な2次堆積物が出現した。新武岡トンネルの地質縦断図および平面図を**図 3-15** に示す。

(3)　シラスの力学特性

シラスは，N 値が 30～50 程度で，一軸圧縮強度が 20～100 kN/m^2 程度の砂質土で，人

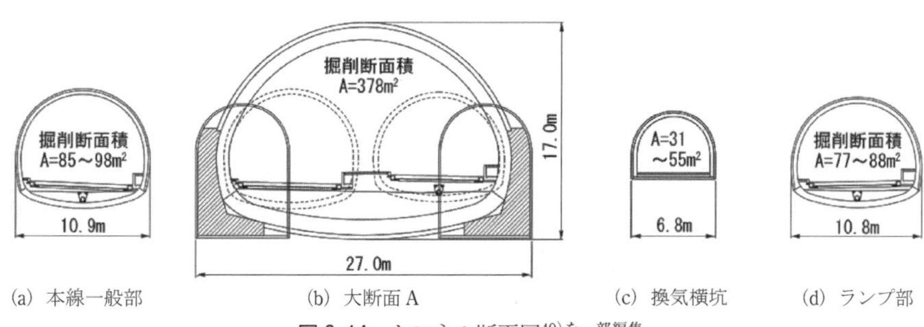

図 3-14　トンネル断面図[49]を一部編集

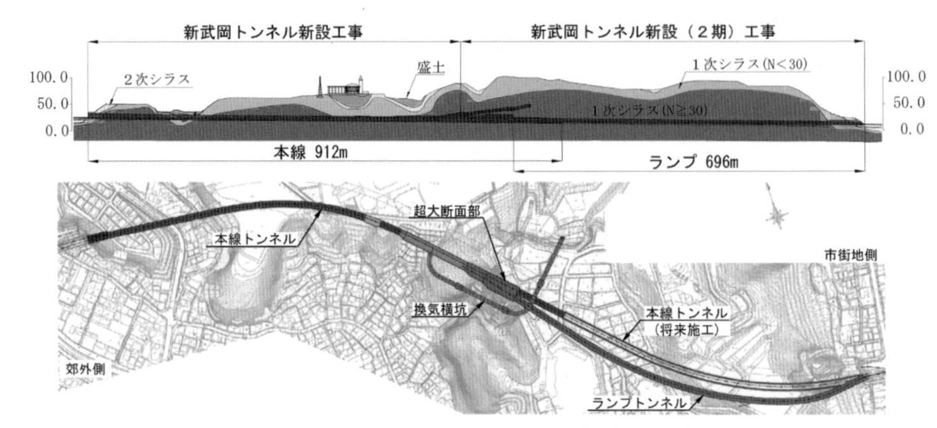

図 3-15　地質縦断図および平面図[48),49)]を一部編集

力掘削も可能なほど軟質である。新武岡トンネルで出現するシラス地山について，一軸圧縮強度を 50 kN/m², 土被りを 30 m と設定すると，地山強度比 G_n は 0.1 程度となる。通常の岩盤地山であれば切羽の自立が著しく困難であるが，本トンネルのようなシラス地山では，土被りが 30 m 程度であれば，一定の自立性を有していることが知られており，経験的に 2 車線道路程度の断面であれば，比較的軽い支保パターン（D I 相当など）で施工が可能とされてきた。

本トンネルでは，未固結の砂質地盤において，土被りが概ね 50 m より大きくなると，本線一般部であっても切羽の自立性が悪化し，崩壊が頻発した。さらに切羽の崩壊の規模は，トンネル断面積が大きいほど大きくなる傾向を示すことが確認されている。

本トンネルでは，これまでに経験したことのない超大断面トンネルを施工することから，本線一般部でシラス性状の確認，および支保安定性の検証を行ったうえで，大断面の設計・施工へフィードバックする必要があった。

そこで，従来の弾性解析に変えて，拘束圧に依存した変形係数の変化に着目した応力依存剛性変化モデルを構築し，これを用いた 3 次元連続体解析を行い，シラス地山におけるトンネル掘削時の挙動の検討を行った。

解析は，土被りおよびトンネルの断面の大きさを変化させて実施し，それぞれの力学状態を解明している。その結果，土被りが大きくなるほど，またトンネル断面が大きくなるほど，切羽面が不安定化する状況が再現された。

(4)　超大断面部における支保および切羽面の安定検討

(a)　支保パターンと掘削工法の選定

超大断面部は土被り 70 m に位置し，既設トンネルと換気横坑に挟まれた区間に構築するため，トンネル上部の荷重をトンネル周辺の残った地山に効率的に伝達することが求められた。そのため，トンネルの沈下防止，沈下に伴うゆるみ荷重の増大の防止などを目的として，側壁導坑先進工法が採用された。

超大断面部の支保工および切羽の安定性については，前述のシラスの力学特性を考慮した 3 次元解析手法を，側壁導坑先進工法により掘削を行った超大断面トンネルに適用し，実際のトンネル施工時の計測結果と比較することにより，以降の支保パターンや補助工法を選定した。図 3-16 に超大断面部（大断面 A）の支保パターンを示す。

(b)　解析的手法を用いた切羽面の安定性検討

切羽面の安定性検討では，鏡ボルトで対応する案と中央導坑を追加する案を比較検討している。中央導坑案は，静的な切羽安定性だけを考慮すると，効果が認められるが，中央

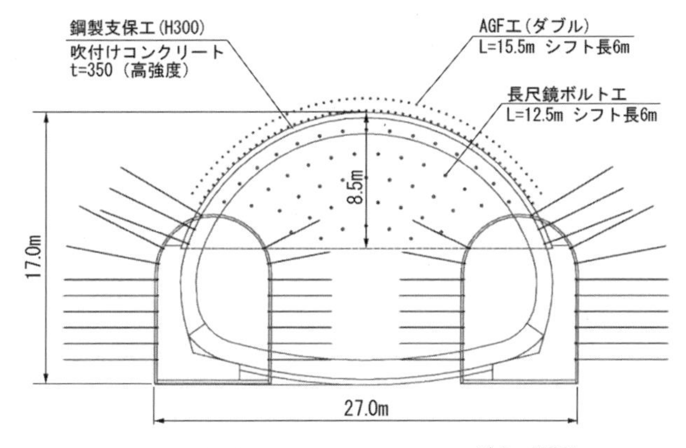

図 3-16　超大断面部の支保パターン[48]を一部修正

導坑掘削時のゆるみの増大および中央導坑の支保工撤去時の振動などによる切羽の不安定化が懸念され，最終的に鏡ボルトで対応する案が採用された。

3.4　山岳トンネル設計上のチェックポイント

3.4.1　地山分類の適用上のチェックポイント

(1)　地山分類の要素[50)～53)]

トンネル用途別の地山分類の指標を**表 3-14** に示す。トンネルの用途にかかわらず，地山分類は対象となるトンネルに出現する岩盤（地盤）を分類することから始められる。また，どの発注機関も，岩種，地山の弾性波速度あるいは地山強度比の組合せを基本としている。これは，地山の種類とその硬軟が，特に軟岩地山の場合はトンネル周辺地山の破壊が問題となるので，地山強度比が弾性波速度に加えて分類の指標として用いられている。

道路トンネルの地山分類は，弾性波速度と地山強度比のほか，観察を主体とした指標が用いられており，調査段階や設計段階の地山評価に限らず，施工段階のトンネル切羽の地山評価にも用いられる。

北海道開発局が管轄する道路トンネルでは，従来の道路トンネルで利用されてきた地山分類に加えて，独自の指標を用いて地山を評価している。

鉄道トンネルの地山分類は，事前地盤調査により計画・設計を行うための支保パターンを決めるためのものであり，施工中の支保パターンを決定するためのものではないとされている。したがって，他の地山分類とは異なり，事前地盤調査で通常得られる最低限の指標のみで構成されている。

なお，トンネル用途別の地山分類の詳細については，**3.2** を参照されたい。

(2)　適用上のチェックポイント[50),54)]

適用上留意すべき最も重要な事項は，個々の指標で地山を分類するのではなく，複数の指標を使って，相補的に地山を評価することである。したがって，個々の指標について，その特性を十分理解しておく必要がある。

(a)　弾性波速度

第２章で示した事前地盤調査の弾性波速度は，トンネル掘削以前のものであり，トンネル掘削に伴う岩盤のゆるみについては考慮されていないことに注意が必要である。具体的には，頁岩，粘板岩，片岩などで褶曲などによる初期地圧が潜在する場合，あるいは微細

表 3-14　トンネル用途別の地山分類の指標

用途（発行者）	分類指標
道路トンネル（日本道路協会）（NEXCO 3 社）	①岩石グループ
	②弾性波速度
	③地山の状態 岩質・水による影響，不連続面の間隔，不連続面の状態
	④コアの状態・RQD（10）
	⑤地山強度比
	⑥トンネルの掘削の状況と変位の目安
道路トンネル（北海道開発局）	①日本道路協会の地山分類表
	②岩種区分 古生層～深成岩（はく離性に富むものと富まないもの），火山岩，第三紀堆積岩類
	③地山弾性波速度 Vp ＊
	④ RQD（5）
	⑤亀裂係数＝$\{1-(Vp*/Vp)^2\}\times100$ Vp は岩石試料の超音波伝播速度
	⑥地山強度比
	⑦地山定数 準岩盤圧縮強度，変形係数，地山の粘着力，内部摩擦角，ポアソン比
	⑧主な地質状況（大まかな目安）
鉄道トンネル（鉄道・運輸機構）	①岩種
	②弾性波速度
	③地山強度比（中硬岩，軟岩，土砂で使用）
	④相対密度，細粒分含有率（F，G岩種のうち砂質土のみ）
水路トンネル（農林水産省）	①岩種
	②弾性波速度
	③岩石試料圧縮強度
	④見かけの地山強度比
	⑤地山ポアソン比
	⑥地圧の程度
	⑦亀裂・破砕・軟質状況

な亀裂が多く，施工時にゆるみやすい場合には，切羽で確認されている地山等級よりも事前の弾性波速度によるものが良好に評価されていることがあるので注意が必要である。したがって，ボーリング調査結果などと対比させて，弾性波速度のもつ意味を考察し，掘削後の地山状態を予測することが肝要である。あくまでも弾性波探査は間接的な手法であるので，探査精度の限界や誤差を生じることを認識しておく必要がある。

また，設計時の弾性波探査の評価は，**図 3-17** に示すように，トンネル計画高より約 1.5D（D は掘削幅）上方のトンネル掘削位置より高い地点を目安としている。その地点が複数の速度層からなる場合は，弾性波速度が遅い層を採用することが望ましいとしている[50)]。

図 3-18（a）に示すように，切羽前方の天端に断層破砕帯や未固結土砂層などが存在する場合，切羽前方の地下水位が低下せず，突発的な湧水に遭遇するとともに，切羽の不安定化といったトラブルを生じるおそれがある。したがって，設計時の弾性波探査の評価地点については，このようなトラブルを想定して，安全側に配慮することが望ましい。

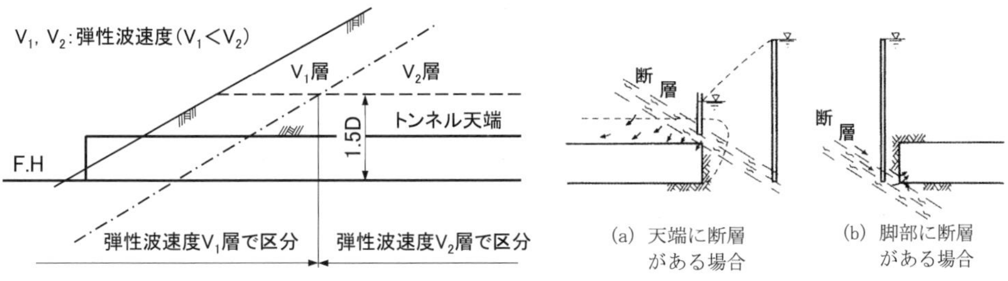

図 3-17　設計時の弾性波探査の評価地点

図 3-18　地質構造と湧水[55)]を一部編集

(b)　地山状態

トンネル掘削の対象となる地山，すなわち岩盤を評価するためには，岩盤が岩塊や岩片という要素が重なり合った不連続体であり，岩片がある一定以上の強度をもつものであれば，その強度は不連続面の強度に支配されるということをよく理解しておく必要がある。一方，地山状態が非常に悪くなれば，無数の不連続面の存在により逆に連続体的な挙動を示すようになり，トンネル掘削による挙動は不連続面を含む地山の強度が支配的になる。

当初設計段階において，湧水があると予想される場合には，地下水による強度劣化を想定して地山評価を行い，施工段階では，実際の湧水量と強度劣化の度合いに応じて，地山評価を修正することが望ましい。

(c)　ボーリングコアの確認

ボーリングコアから得られる情報は，すべての岩種において直接地山を観察できることから極めて有用である。当初設計段階では，設計資料としてボーリング柱状図やコア写真が利用されるが，近年のボーリング掘削技術の向上により，脆弱な岩石であっても高品質なコアの採取が可能となっており，コア写真で堅岩に見えても軟質であることも少なくない。したがって，その性状を適切に判断するために，コア写真だけでなく，実際に目で見て触って実物を確認することが重要である。

ボーリングコアの割れ目頻度から地山分類の指標であるRQDが求められる。はく離性を有する層状岩盤では，採取したコアが細かい岩片状を呈するかあるいは板状を呈するなど，RQDが著しく低下することが多いこと[52)]，割れ目が著しい方向性をもつ場合は，ボーリングの方向によって極端に異なった値を与えることを認識し，一律にRQDだけで岩盤を評価しないよう，注意が必要である。また，RQDは岩盤の良質部に着目した評価手法といってよく，劣化部の判別精度はよくない場合がある。例えば，割れ目の多い岩盤も断層破砕部も区別なく同様の評価結果となる場合がある。このため，RQDを求める際の境界値「10 cm以上」を「5 cm以上」に修正して，下位の等級区分（例えば，C_L級とC_M級との区分）の判別精度を上げたり，境界値を「30 cm以上」に変更して，上位の等級区分（例えば，B級とC_H級との区分）の判別精度を上げたりする方法も提案されている[56)]。なお，前者はRQD（5）のように表示されて，北海道開発局の地山分類の一指標として利用されている。

(d)　地山強度比

地山強度比は，塑性地圧が作用するかどうかの判断基準として重要であるが，**3.1**と**3.2**で述べたように，地山強度比には理論的な背景があることから，単に機械的にあてはめるのではなく，その背景を理解したうえで利用すべきである。また，地山強度比を算出するために岩石の一軸圧縮強度を用いるが，試験値が地山を代表する値であるかの検討も怠ってはいけない。

表 3-15　トンネル工事において注意を必要とする岩石の特徴[57)〜60)]

注意を必要とする岩石	特　徴
蛇紋岩	超塩基性深成岩で，緑色〜紫色〜暗緑色で樹脂光沢を呈する。 鱗片状で光沢のあるはく離面を形成しているものがあり，すべりを起こしやすい。 葉片状および粘土状のものは膨張性があるため，押出し性地圧が発生する。 水による劣化を生じやすい。 アスベスト（石綿）が含まれている可能性が高い。
頁岩，粘板岩，千枚岩，片岩	異方性を示し，薄板状にはく離する性質がある。 褶曲や断層などの影響を受けている場合，トンネルの完成後長期にわたって塑性地圧を作用させることがある。 風化を受けやすく粘土化している場合が多く，トンネル坑口では地すべりが発生しやすい。
新第三紀の泥岩，凝灰岩	岩自体の強度が小さい。 膨張性地圧が発生する。
変朽安山岩	安山岩が熱水変質した岩石で，亀裂が多く脆弱なために土木工事で問題となりやすい。また，地下水を多く含む場合もあり，トンネルの場合は湧水量が多くなることがある。 トンネルでは膨張性が明確に確認された場合は，DⅡまたはEに等級を下げる。
自破砕溶岩	溶岩が堆積するときに早く固結した部分が再度破壊されてできた岩石であり，亀裂が多く，脆弱である。
温泉余土	火山岩が熱水により変質し粘土化した岩石であり，トンネルの掘削により空気に触れると発熱し，著しい膨張性を示す。
石灰岩	水中に含まれる酸によって溶解されやすいので，地下深部に石灰洞を形成している場合がある。 空洞は不規則に発達するので発見や予測が難しい。 トンネル掘削では突然の出水や土砂流出を起こすことがあるので注意が必要である。
酸性水を発生する岩石	東日本のグリーンタフ地帯の岩石の一部に黄鉄鉱の微粒結晶を含む地層がある。 空気と水に触れることにより酸化して硫酸酸性の水を発生する。 $2FeS_2$［黄鉄鉱］$+2H_2O+7O_2 \rightarrow 2Fe^{2+}+2SO_4^{2-}+4H^+$ 新第三紀の凝灰岩の堆積物でも発生する場合があるので注意を要する。 文献などで事前に発生履歴を確認する必要がある。

(e)　注意すべき岩石

岩石の中にはトンネルを建設するうえで大きな障害となるものがあり，これらの岩石の見落しが工事の進展に大きな影響を与えることになるので，十分注意する必要がある。

施工に問題が生じると考えられる場合には，対策工の検討や等級を落とす必要があるが，ボーリングコアの観察結果だけからトンネルの代表的な岩石を決定するだけではなく，文献，地表踏査などの調査も活用して，障害となり得る岩石の存在を事前に明らかにしておくことも重要である。**表 3-15** に代表的な岩石とその特徴を示す。

3.4.2　当初設計による支保パターン選定上のチェックポイント

(1)　トンネル一般部の支保パターン選定上のチェックポイント

支保構造は，地山条件，施工方法，施工順序，補助工法などを考慮し，吹付けコンクリート，ロックボルト，鋼製アーチ支保工および覆工（インバート含む）を単独あるいは組み合わせて適用される。

地山条件には，地山の強度，地山の節理などの不連続性，初期地圧，地下水の影響などがある。これらの条件に応じて，切羽安定性の欠如，膨張性地圧による過大な変位，崩落などが生じる。

したがって，当初設計による支保パターン選定では，想定される地山条件を可能な限り洗い出し，選定した支保パターンが，その地山条件に適合したものか，各支保部材が効果的な組合せであるかを確認することが重要である。

(a)　支保工選定の基本事項

膨張性地山（3.3.1），大量湧水地山（3.3.2），未固結地山（3.3.3）などの特殊地山を除いて，施工実績から，大部分のトンネルにおける掘削時の挙動を概略的に分類すると，以下に示す①～④のいずれかに分類される[61]。

①　弾性変位で収束する良好な地山

②　肌落ちや少しのゆるみが生じる地山

③　大きなゆるみや一部塑性化する地山

④　地山強度が不足することによる塑性変形が生じ，真の土圧が生じる地山

したがって，支保工の選定にあたっては，はじめに，特殊な地山か一般的な地山かを判別し，一般的な地山である場合は，地山の挙動を把握することが重要となってくる。

切羽安定性が乏しい地山条件の場合，従来はトンネル断面を分割し，一度に掘削する断面を小さくして切羽の自立時間を長くし，その時間内に必要な支保工を施工し，順次切り拡げて最終的な断面を仕上げることが一般的であった。しかし現在では，経済性を追求する観点から，切羽の安定性対策としてフォアポーリングなどの段取替えの不要な汎用的な補助工法によって，切羽安定性を改善することができるようになってきた。これにより，山岳工法の標準とされるNATMは，補助工法を用いることを前提とした施工法へと移行している。したがって，支保工に加えて適切な補助工法の選定も重要となってきている。

(b)　支保工の役割

当初設計は，不確実な部分が残る地盤調査結果をもとに実施されるので，地山等級同様，個別の指標で判断するのではなく，地表地質踏査，弾性波探査，ボーリング調査などの結果を総合的に判断し支保パターンを決定することが重要である。そのためには，支保工の作用効果や役割を十分理解しておくことが重要である。

支保工の役割は，地山の挙動が不連続面に支配される硬岩・中硬岩地山と，地山そのものの強度に支配される軟岩地山で考え方が異なってくる。すなわち，硬岩・中硬岩地山では，基本的に掘削により生じる不連続面に沿った岩塊の局所的な崩落を防止することが支保工に求められる。一方，軟岩地山では，内空変位が問題となることが多く，地山の力学・変形特性に支配されるため，支保工は地山の変形に追随し，地山に内圧を与え，ゆるみや変位を抑制することが求められる。なお，支保工の役割などの詳細については，参考図書[52),54]を参照されたい。

(c)　地山特性に基づく支保パターンの選定

道路トンネルでは，トンネル壁面変位と荷重との関係が，弾性的挙動を示す場合には地山等級A～CII，塑性化するが通常の支保構造でトンネルを安定させることができる場合には地山等級DIおよびDIIとして，標準支保パターンによる設計を適用している[61]。

地山等級A～CIIのうち，CIとCIIの違いは，掘進長，周方向ロックボルト施工間隔，鋼製アーチ支保工の有無である。鋼製アーチ支保工は変位制御のための支保工ではなく，吹付けコンクリートが強度発現するまでの肌落ち・抜落ちの防止と吹付けコンクリートのせん断強度を増加させる観点から，採用されるケースが多い。したがって，事前の弾性波速度によるものが良好に評価されていても，ボーリングコアの観察から掘削時にゆるみを生じる可能性がある地山については，鋼製アーチ支保工が設定されている支保パターンCIIの採用の有無を検討する必要がある。

地山等級DIIは，弾性変形とともに大きな塑性変形を生じる場合（内空変位が問題となるケース）に区分されるもので，インバートによる早期断面閉合や変形余裕を検討するこ

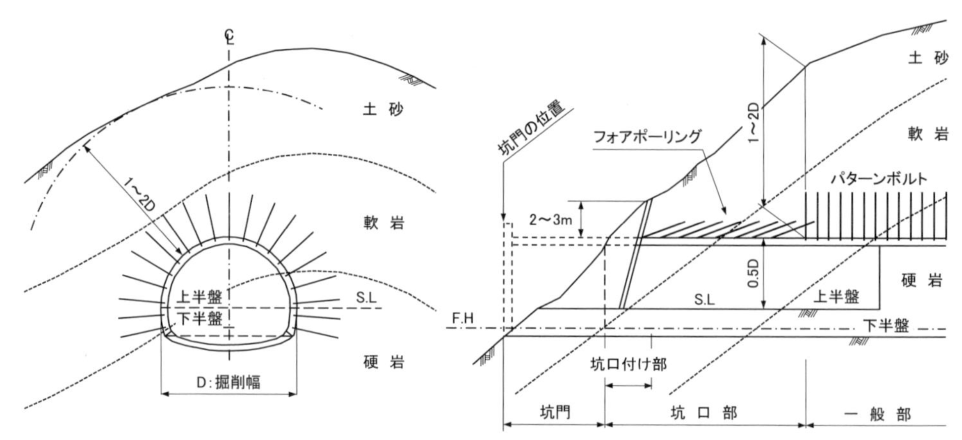

図 3-19　坑口部範囲設定概念図[62)]に加筆，修正

とが必要となる。当初設計では，地山強度比や粘土鉱物の有無を確認する必要がある。

以上のように，標準支保パターンは，複雑な地山特性の中で特徴的な事象を抽出して単純に区分し，それらに対応した支保構造で構成されているので，目安として活用することが肝要である。

(2)　トンネル坑口部の支保パターン選定上のチェックポイント[54),59)]

(a)　坑口部範囲の設定

トンネル標準示方書［山岳工法］・同解説によると，坑口部は，「トンネルの出入口付近で，土被りが小さく，グラウンドアーチが形成されにくい範囲」と定義されている。一般に坑口部の範囲は，図 3-19 に示すとおり，これまでの実績に基づいて，坑門背面から坑奥のグラウンドアーチの形成が可能な 1～2D（D：掘削幅）程度の土被りが確保できることを目安としている。また，一般の設計では，地質条件による判定基準として以下のものが用いられている[62)]。

①　掘削断面が硬岩の場合：土被り 1.0D

②　掘削断面が軟岩かつパターンボルトが軟岩以上の地質に打設できる場合：土被り 1.5D

③　上記以外，もしくは掘削断面が土砂の場合：土被り 2.0D

ただし，土被りを目安とすると，急傾斜地では坑口部延長が極端に短くなり，反対に緩傾斜地では坑口部延長が長くなる。また偏圧地形部では，トンネル横断方向に地形が傾斜しているため，トンネル直上において土被りが確保されていても，肩部において確保されていない場合があるので留意を要する。

(b)　坑口部での調査・設計・施工

近年，路線選定上の制約，橋梁といった構造物の制約，用地的制約などから，トンネル坑口を地すべり地や断層といった地形，地質的に問題のある箇所へ施工せざるを得ないことがある。その結果として，切羽の崩壊，トンネルの変形，地表の陥没などの問題を引き起こした事例が報告されている。したがって，坑口部では，一般部以上に十分な地盤調査を実施して，トンネル掘削が及ぼす影響を把握し，安全性・施工性・経済性などを比較検討したうえで，適切な補助工法を選定し設計する必要がある。施工中は，厳しい計測管理のもと慎重に工事を進めていくとともに，計測から得られた情報は，設計へフィードバックする必要がある。なお，この坑口部での調査・設計・施工は，いわゆる地質リスクマネジメントを効果的に運用したものといえる。地質リスクについては 3.6 を参照されたい。

(c)　坑口部の支保パターン

NEXCOでは，坑口部の標準支保パターンとしてDⅢパターンを設定している[61]。DⅢパターンは，一般部の設計・施工法を考慮して，鋼製アーチ支保工および吹付けコンクリートを主体とし，必要に応じて，フォアポーリング（先受け工）を地山条件に応じて用いることとしている。なお，先受け工などの補助工法については参考図書[55]を参照されたい。

3.4.3　修正設計による支保パターン選定上のチェックポイント[54),63]

(1)　観察・計測の目的

前述したように，事前に得られる地山の情報には不確実な部分があり，当初設計段階においてトンネル掘削による周辺地山挙動と支保工効果を正確に予想することは困難である。したがって，施工段階に実際の地質状況を確認し，掘削に伴う地山挙動および支保工効果を計測により確かめながら，当初設計や施工方法を地山条件に適合するように修正することが，施工の安全性と経済性を確保するうえで非常に重要である。

(2)　観察・計測の種類

施工中の観察・計測には，日常の施工管理のための計測A，および地山条件や設計内容に応じて実施して設計・施工に反映するための計測Bがある。計測Aには，観察（切羽，既設工区間，地表面），天端沈下測定，内空変位測定，地表面沈下測定（坑口部および低土被り部）がある。計測Bには，地表面沈下測定，地中沈下測定，地中変位測定，ロックボルト軸力測定，鋼製アーチ支保工応力測定，吹付けコンクリート応力測定，地山試料試験および原位置試験などがある。

計測Aは主に地山の挙動に着目して，地山が異常な挙動をしていないか，安定しているかを判断するために実施される。一方，計測Bは主に支保部材の挙動に着目し，現状の支保パターンが地山と適合しているかを判断するために実施される。なお，計測Aの観察のうち，切羽観察は，その結果から地山を評価し，実施の支保パターン選定の一資料として用いられる。具体的な方法については3.5.2を参照されたい。

(3)　観察・計測のチェックポイント

観測・計測から得られた情報は設計や施工へフィードバックされ，修正設計による支保パターン選定に利用される。したがって，地山や支保工の状況と挙動を十分な精度で把握でき，即時性を有することが求められる。また，各項目が相互に関連しているため，各項目の精度が修正設計による支保パターンの選定に影響を及ぼすことに注意を要する。

(a)　切羽観察におけるチェックポイント

切羽観察による地山評価は，普遍的で定量的なものが望ましいが，観察を主体とした地山評価であるため，評価する人の技量に依存する傾向がある。また，切羽全体が均質であることはまれであり，劣化箇所の見落としにより重大事故に発展した事例[64]も報告されている。したがって，切羽観察は地山評価を目的とするだけではなく，肌落ちなどの予兆現象の把握を常に心がけ，切羽前方の地質状況変化を予測することを忘れてはならない。なお，切羽に平行な不連続面やトンネルに並走する破砕帯など，切羽に現れないものもあるので，切羽観察と合わせて計測値に異常がないかの確認も怠ってはならない。また，切羽観察による地山評価では，割れ目や風化の状態などは定性的な判断指標であるので，これを避けるための定量的な評価を絶えず試みることが重要である。なお，定量的な評価への試みは現在進行形である。例えば，3.5で述べる従来から行われている切羽評価点法の観察項目のうち，数値化しにくく誤差を生じやすい「風化変質」の項目について，タブレット内蔵のカメラで切羽を撮影し，画像解析することにより風化変質の程度を数値化するシステムが開発されている[65]。なお，このシステムと装薬削孔時の穿孔データとの組合せから，長孔発破の可否を切羽で迅速に判定するシステムも開発されている[66]。

(b) 変位計測におけるチェックポイント

坑内からの計測では，掘削以前から計測開始するまでの変位（先行変位）を予測することが重要である。従来は，安全性を確認したうえで速やかに計測を開始することで変位予測の精度の向上を図っていたが，現在では，施工中に先行変位を常時観測できるシステムが開発され，掘削に伴う切羽前方の変位を詳細に捉えることができるようになっている。

詳細については**5.6.3**を参照されたい。

3.4.4 切羽前方探査の重要性

計測結果はもとより，例え切羽観察であっても，切羽前方の地質状況を正確に予測することは困難である。したがって，掘削時に適正な支保パターンを選定するためには，地質状況を精度よく予測することが重要であり，安全で合理的なトンネル掘削を行うためには，切羽前方探査が不可欠であると考えられる。切羽前方探査については**第5章**を参照されたい。

3.5 設計と施工実態との乖離

3.5.1 乖離の原因

山岳トンネルの建設においては，当初設計による地山区分と施工段階における支保パターンが合わないことが少なくない。この原因として，事前調査で得られる地盤情報の不確実性が挙げられている。中川ら[67]は，トンネルの当初設計における地盤調査の問題点として，①地盤調査の技術的限界，②地質情報の不足，③地質技術者の地山解釈に関する個人差，④地質，設計および施工技術者の地山評価差の4項目に集約している[67]。

① 地盤調査の技術的限界

探査技術の原理上の結果と複雑な地質構造への適応能力の限界などがある。弾性波探査の技術的限界の例として，高い弾性波速度を示す地層の下位に弾性波速度の低い地層が分布する地層構成の場合，および断層や岩脈が緩やかな傾斜をして分布する場合などに，解析上の限界が発生するのはよく知られているところである。

② 地質情報の不足

予算の制約により調査項目や数量が不足する場合，土被りが大きく施工基面付近の地質状況を詳細に調査することができない場合，表土や植生に覆われて地山の露頭が少なく地表地質踏査の精度が上がらない場合などが例として挙げられる。

③ 地質技術者の地山解釈に関する個人差

地質技術者は，得られた情報を帰納的に解釈して地山評価する。したがって，技術者の知識や経験などにより解釈が異なる可能性がある。また，経験差が地山解釈・評価の確度の差となる可能性も多い。

④ 地質，設計および施工技術者の地山評価差

事前調査から施工までの一貫した過程の中，工学的に適正な地山評価は，同じ技術レベルにある技術者間によって行われ，継承されることを前提としている。しかし，技術者が異なると，地山判断に関する習熟度の違いや当初設計と施工時の情報量の違いなどで，判断が一致しないことがあり得る。このような場合には，事前に適切な地山評価を

行ってもうまく継承されず，施工段階で変更されることになり，結果的に事前調査結果が反映されないこともある。

これらの各項目に対し，実際に施工したトンネルにおいて検証した結果，④を除く，①，②，③によるものが主な乖離の原因として考えられることが明らかになっている。

3.5.2　設計の変更・修正の方法

(1)　変更・修正の考え方

設計の変更・修正に関して，道路トンネルと鉄道トンネルで考え方は概ね共通である。

鉄道トンネルにおける設計指針として，「山岳トンネル設計施工標準・同解説」がある。ここでは，トンネル掘削中において，観察および計測の結果に基づき，当初設計が適切でないと判断された場合に，すみやかに設計の修正を実施するとの記載がある。すなわち，地山評価が極めて重要であり，施工中に支保パターンを随時見直し，地山の支保機能を評価して，支保パターンや補助工法などの変更を実施する設計の修正を随時行っていく。

支保工の変更の程度に関しては，地質や湧水などの地山状況，内空変位量，変位速度，変位の収束性，切羽の安定性，周辺環境への影響などを考慮して，主に支保部材の変形や応力状態に着目してロックボルトの本数，長さ・形状寸法，吹付けコンクリートの厚さ，材質，１掘進長，鋼製支保工の大きさなどを一部変更するものから，根本的に地山評価の見直しを行い，適用支保パターン，変形余裕量，掘削断面形状，施工法，覆工巻厚の変更など，大規模な変更を伴うものまである。特に，得られた観察・計測結果が当初設計の想定と大きく異なる場合，または前方地山に大きな変化が予測される場合には，切羽前方の地盤調査が必要となり，これらの結果も合わせて的確に判断することが望ましい。

支保工の変更には，①未掘削部分の当初設計を変更する場合，②既掘削区間の当初設計を変更する場合の２通りがある。一般的な修正方法と留意事項を**表 3-16** に示す。このような修正の必要性の判断は，トンネル掘削時の観察・計測結果に基づき行う。

道路トンネルにおける実施例は，NEXCO の「設計要領第三集」に記載されている。設計の修正事項は多くのものがあるが，施工時の現象との関係で修正の考え方を示すと**表 3-17** のようになる。

地山等級Ａ～ＣⅡの場合には，地山自身の強度がトンネル掘削によって作用する荷重に比べて大きいので，トンネル掘削に伴う変位が小さく，トンネルの挙動は地山の不連続面によって支配される。このような場合に，トンネルの支保規模を経験的に選定するためには，岩盤の不連続面の状態を切羽で直接目視して行う切羽観察が重要となる。

(2)　変更・修正方法

鉄道トンネルにおいて，未掘削部分の当初設計を変更するケースでは，観察・計測結果を踏まえ，当初設計の支保パターンを合理的なものへ修正していくことになる。この場合，地山条件や変位量が当初想定したものと相違する程度によって，当初設計の変更内容や規模も異なる。また，既掘削区間の当初設計を変更するケースでは，変形余裕量との兼合いにより，増しボルト，増し吹付けコンクリートの施工，および早期断面閉合などを行うことがある。過度な変位や変状が生じ設計断面や必要な覆工巻厚が確保できなくなった場合には，変位の状況を見て，部分的あるいは一定区間の既設支保工を撤去しながら，再度新たな剛性を持った支保工を設置する縫返しを行う場合もある。

このように，観察・計測結果を設計・施工に反映させる目的は，第一に施工の安全性を確認し，第二に経済性を向上させることにある。観察調査としては，切羽の観察，既施工区間の観察，および坑外の観察がある。

表 3-16　設計の修正方法と留意事項[68]を一部編集

現　　象	修正方法	具体的項目と留意事項
内空変位量が想定よりも大きくなることが予想される場合	支保部材の増強	• 天端沈下や内空変位の発生特性とインバート部を含めた支保部材の機能を十分検討して，適切な施工時期を選定して，吹付けコンクリートを厚くしたり，ロックボルトを長くしたり，ロックボルトの本数を増やしたり，鋼製支保工間隔を短縮する。 • 鋼製支保工の足元を繋いだりして，トンネル縦断方向の剛性の増強を考える。 • 鋼製支保工の剛性を多少高めても，変形抑制に効果的でない場合もあることを念頭におく必要がある。 • 1次インバートや仮インバートにおいて鋼製支保工のストラットを用いる。
	切羽および切羽前方地山の補強	• 切羽および切羽前方の地山変位が施工上または，地山の安定上必要な場合に実施する。一般に，内空変位の抑制に対する先受け工の効果は小さいことが多い。
	断面の閉合	• 1次インバートや仮インバートの早期施工により断面の閉合を図る。 • 天端，地表面の沈下や内空変位の抑制に最も効果がある。また，地山の時間経過に伴う劣化やゆるみの増大を抑制する効果も高い。
	変形余裕量の増大	• 吹付けコンクリートにひび割れなどの変状がないことを確認する。 • ロックボルトの軸力に余裕があることを確認する。 • 地山の安定を損なわず，変形が完全に収束することを確認する。
	掘削工法（加背割り，掘削縦断面形状）の変更	• 上記によってもトンネルの安定が得られない場合など，根本的な対策による対応が必要な場合に採用する。
	掘削横断面形状	• 盤ぶくれ現象を呈する内空変位が発生する場合には，インバートの曲率半径を小さくする。
内空変位量が想定よりも小さくなることが十分な精度で予想される場合	支保部材の減少	• ロックボルトの軸力が大きくないことを確認のうえ，本数を減じる。打設位置の変更も考慮する。 • 1掘進長を増大させ，鋼製支保工ピッチも増大させる。 • 鋼製支保工をサイズダウンさせる。
	補助工法の減少	• 変形量抑制や地山補強を目的に実施していた補助工法の数量，範囲を減じる。 • ロックボルトの軸力に余裕があることを確認する。 • 地山の安定を損なわず，変形が完全に収束することを確認する。
	変形余裕量の縮小	• 十分な地質状態，施工を検討のうえ，実施する。
	加背割り，掘削縦断面形状の変更	• 施工能率向上のために加背割りを変更する。 • ベンチ長を増大させる。 • 1次インバートや仮インバートを施工しない。 • 1次インバートや仮インバート閉合時期を変更する。 • 変更後は，地山と支保工の状態をよく観察するとともに，計測結果を確認する。

表 3-17　設計の修正の考え方[69]を一部修正

	現　　象	検討事項	修正方法
設計を軽減する必要がある場合	• 変位量が小さい。 • ロックボルトの軸力が小さい。 • 吹付けコンクリートの応力が小さくかつ変状がない。 • 切羽が安定している。	• 不連続面の間隔，状態 • 湧水の多少 • 地山強度比の大きさ	• 支保構造の軽減 • 1掘進長の延伸 • 断面分割の変更 • 変形余裕量の低減
設計を補強する必要がある場合	• 変位量が大きい。 • 吹付けコンクリートに変状がある。 • ロックボルトに過大な軸力が作用している。 • 鋼製アーチ支保工に変状がある。 • 切羽が安定しない。	• 初期変位速度 • 変位の収束性 • 地山の応力・ひずみ状態 • ゆるみ領域の大きさ • 地山強度比の大きさ • 切羽の自立性 • 湧水の多少	• 支保構造の増加 • 切羽付近の補強（フォアポーリング，鏡吹付けなど） • 断面の早期閉合 • 断面分割の変更 • 掘削断面の変更（インバートの曲率を大きくするなど） • 変形余裕量の増加

表 3-18　坑内観察調査の記録様式[68]**を一部編集**

トンネル名		位　置	起点からの距離程 坑口からの距離程		
土　被　り		総合判断	地山区分あるいは パターン区分の判定		
岩　　種		岩　石　名 形成地質時代			
特殊条件 状　　態	膨張性土圧・偏圧・流動性・土被り小（　　）m・重要構造物近接・谷の直下 その他特殊な条件：				
この切羽で採用している補助工法	長尺先受け（　°　本）・短尺先受け（　°　本）・鏡ボルト（　本）・地盤改良				
地質構造	1. 互　層	2. 不 整 合	3. 岩脈貫入	4. 褶　曲	5. 断　層　6. そ の 他

掘削地点の地山の状態と挙動					特記事項
Ⓐ 切羽の状態	1. 安　定	2. 鏡面から岩塊が抜け落ちる	3. 鏡面の押出しを生じる	4. 鏡面は自立せず崩落あるいは流出	
Ⓑ 素掘面の状態	1. 自　立	2. 時間が経つとゆるみ肌落ちする	3. 自立困難 掘削後早期に支保する	4. 掘削に先行して山を受けておく必要がある	
Ⓒ 圧縮強度	1. σc≧100MPa ハンマー打撃ではね返る	2. 100＞σc≧20 ハンマー打撃で砕ける	3. 20＞σc≧5 ハンマーの軽い打撃で砕ける	4. 5MPa＞σc ハンマーの刃先がくい込む	
Ⓓ 風化変質	1. なし・健全	2. 岩目に沿って変色，強度やや低下	3. 全体に変色，強度相当に低下	4. 土砂状，粘土状，破砕，当初より未固結	
Ⓔ 破砕部の切羽に占める割合	1. 5%＞破砕	2. 20%＞破砕≧5%	3. 50%＞破砕≧20%	4. 切羽面の大部分が破砕されている状態	
Ⓕ 割れ目の頻度	1. 間隔 d≧1m	2. 1m＞d≧20cm	3. 20cm＞d≧5cm	4. 5cm＞d 破砕，当初より未固結	
Ⓖ 割れ目状態	1. 密　着	2. 部分的に開口	3. 開　口	4. 粘土を挟む，当初より未固結	
Ⓗ 割れ目形態	1. ランダム方形	2. 柱状	3. 層状 片状 板状	4. 土砂状，細片状 当初より未固結	
Ⓘ 湧水 目視での量	1. なし，滲水程度	2. 滴水程度	3. 集中湧水（　リットル/分）	4. 全面湧水（　リットル/分）	
Ⓙ 水による劣化	1. な　し	2. ゆるみを生ず	3. 軟弱化	4. 崩壊・流出	

割れ目の方向性		
縦断方向（切羽鏡面）	1. 水　平（10°＞θ＞0°） 2. さし目（30°＞θ≧10°，80°＞θ≧60°） 4. 流れ目（60°＞θ≧30°） 6. 垂直（θ≧80°）	3. さし目（60°＞θ≧30°） 5. 流れ目（30°＞θ≧10°，80°＞θ≧60°） 〔最大傾斜角〕
横断方向（切羽鏡面）	1. 水　平（10°＞θ＞0°） 2. 右から左へ（30°＞θ≧10°，80°＞θ≧60°） 4. 左から右へ（60°＞θ≧30°） 6. 垂直（θ≧80°）	3. 右から左へ（60°＞θ≧30°） 5. 左から右へ（30°＞θ≧10°，80°＞θ≧60°） 〔見掛けの傾斜角〕

未固結地山の場合は，下記項目の追記を要す

地山の状態	地層の状態	1. 単一土層 2. 互層（ア. 水平 イ. 傾斜） 3. レンズ状の挟み層（ア. なし イ. あり） 4. その他（　　　　）
	特殊な状態	1. 崖錐層 2. 段丘堆積物 3. 火山砕屑岩 4. 泥流層 5. 岩盤との境界部 6. 断面外の上部に軟弱層あり 7. 埋土・盛土 8. その他（　　　　）
	不連続面	1. 割れ目発達 2. シーム 3. 断層 4. 不整合 5. その他（　　　　）
土　質		1. 粘性土 2. 砂質土 3. 礫質土 4. 特殊土（ア. まさ土 イ. 火山灰 ウ. シラス エ. 有機質土） 5. その他（　　　　）
種類	粘性土	1. 軟らかい（4＞N）　2. 中位（8＞N≧4）　3. 硬い（15＞N≧8） 4. 非常に硬い（30＞N≧15） 5. 固結（N≧30）
	砂質土	1. ゆるい（10＞N）　2. 中位（30＞N≧10）　3. 密な（50＞N≧30） 4. 非常に密な（N≧50）
	礫質土	1. ルーズ 2. 締まっている ／ 礫径 1. 2～5cm 2. 5～20cm 3. 20～75cm 4. 75～300cm 5. 300cm以上 ／ 礫分の比 1. 30%以上 2. 30～50% 3. 50%以上
地山の特性		N値 ／ 透水性 1. 透水層 2. 不～難透水層 3. 両者の互層 4. その他（　　　　）
地下水頭（掘削時）		F.Lより±　　m ／ 備　考

切羽観察図の例（スケッチまたは写真のいずれでも良いが，以下の例に準ずること）

切羽スケッチ　　トンネル掘削方向　N45W

湧水
青灰（粘性土）
灰色（粘性土）
茶色（砂）
黒色（粗砂）
灰色（シルト～砂）
茶色（砂）
S.L

記事
切羽中央から下は茶色（砂）層，黒色（粗砂），灰色（シルト～砂）にて形成されており，比較的安定している。しかし，中央より上については青灰，灰色（粘性土）層で非常に脆い。

注）下半掘削時は新たにスケッチを提出すること。

切羽写真添付

写真を添付する場合も，手書きスケッチと同様に層理，節理，断層などの走向傾斜および湧水などの記事を明記すること。

記事

記載者氏名

切羽観察は，地山安定性の判断および今後の未掘削区間の適切な支保工選定のためにも重要である。また，掘削断面，1掘進長および支保パターンの変更の必要性などを判断するためには，既掘削区間の地山条件（切羽状態，土被りなど）と地山挙動（内空変位など）との関係，あるいは最も近い位置での内空変位の傾向を十分に把握しなければならない。切羽観察の具体的な項目は**表 3-18** に示すとおりである。

表 3-19　施工段階の地山分類基準[68)]

地山等級	最大変位量 δ（mm）	Ⓐ切羽の状態	Ⓑ素堀面の状態	Ⓙ水による劣化	その他	坑内の地山の状態
V_N	単線　25>δ 複線，新幹線　50>δ	1	1	1		•割れ目がほとんどないか，あっても密着しており，肌落ちの懸念がない
IV_N		1	1	1	Ⓕ=2の場合	•割れ目はところどころ開口したり粘土をはさみ，局所的に肌落ちしたり滲水や湧水があって局部的に肌落ちが懸念される
				2		
III_N		1	2	1		•割れ目はかなり発達し，密着しておらず時間の経過とともに，ゆるみ，肌落ち傾向が見られる •岩質は軟質で，割れ目が少なく，密着もしているが時間が経つとゆるみ傾向が見られる。鏡は安定している
II_N		1	2	2，3		•割れ目はかなり細かく，掘削後早期に支保を行う必要がある •岩質が軟質で，時間が経つと山のゆるみ，若干の壁面の押出し傾向が見られる •大きな鏡面では安定性が少し悪くなる
I_{N-2}		1，2	2，3	2，3		•岩片は固くとも細片状に破砕し，粘土，岩塊と混在する部分がある地山あるいは風化し脆弱化した地山で，掘削後直ちに支保を要する。切羽面はゆるむ傾向があり，核残しを要す •均質でも，軟弱で，周辺の押出し傾向があり切羽面のゆるみ傾向もみられ，核残しを要す
I_{N-1}	単線 75>δ≧25 複線，新幹線　100>δ≧50	1，2，3	2，3	2，3		
I_L		1，2	1，2	3，4		•わずかの湧水のもとでも，核を残せば，切羽面は安定し，掘削に先行して，若干の先受け（パイプ，ボルトなど）を必要としても掘削後直ちに支保すれば地山は安定する
I_S	単線 100>δ≧75 複線，新幹線　150>δ≧100	3	2，3	3，4		•当初，あまり開口亀裂の見られないものでも，時間の経過とともに分離面が顕著となり，著しい押出し，はく離を生ず。鏡の押出し，はく離も著しい
特L 特S	単線 δ≧100 複線，新幹線　δ≧150	4	4	4		•湧水に伴って，地山が流動化し，押し出してくる。切羽面の自立は，全く期待できない

（注）Ⓐ，Ⓑ，Ⓙ，Ⓕおよび1～4は**表 3-18** による

内空変位量および天端沈下量は，トンネル掘削に伴う周辺地山挙動，地山条件，支保効果などの影響が総合的に表れたものであり，トンネル全長にわたって実施すべき重要な計測項目である。支保パターンの変更に際しては，最終変位の予測値，切羽観察，切羽前方地山に関する情報，土被りなどを考慮し，その他の計測データも合わせて総合的に判断する。**表 3-19** は施工実績の分析から，施工段階の地山分類基準として，地山等級と内空変位，坑内地山状態の概略的な関係を示したものであり，支保パターン変更の際の参考となる。

道路トンネルにおいても同様に，切羽観察に岩盤工学の考え方を取り入れ，できるだけ

表 3-20　切羽観察表[69]

トンネル名：〇〇トンネル		観察年月日：平成〇〇年〇〇月〇〇日	
測点 Sta.　〇〇＋　〇〇	坑口からの距離：〇〇　m	断面番号：No.　〇〇	支保パターン：DⅠ－a
土被り高さ：〇〇　m	岩石名・地質時代：礫岩　第三紀層	岩石グループ（1～5）：2	岩石名コード：32
補助工法（鏡吹き，ボルトを含む）の諸元　無し	増し支保工の諸元　無し	A，B計測　最も近い断面であればA，Bを記入	

天端　H/2
左肩部　右肩部　H/2
S.L
B/2　B/2

特殊条件・状態等　無し

崩壊の有無，状況　水により風化作用がすすむ部分がある

インバート早期閉合の有無　無し

観察項目		評価区分						左肩	中央	右肩
A. 圧縮強度（N/mm^2）	一軸圧縮強度	100以上	100～50	50～25	25～10	10～3	3以下	5	5	5
	ポイントロード	4以上	4～2	2～1	1～0.4	0.4以下				
	ハンマーの打撃による強度の目安	岩片を地面に置きハンマーで強打しても割れにくい。	岩片を地面に置きハンマーで強打すれば割れる。	岩片を手に持ってハンマーでたたいて割ることができる。	岩片どうしをたたき合わせてわることができる。	両手で岩片を部分的にでも割ることができる。	力を込めれば，小さな岩片を指先で潰すことができる。			
	評価区分	1	2	3	4	5	6			
B. 風化変質	風化の目安	概ね新鮮	割れ目沿いの風化変質	岩芯まで風化変質	土砂状風化，未固結土砂			3	3	3
	熱水変質などの目安	実質は見られない	変質により割れ目に粘土を挟む	変質により岩芯まで強度低下	著しい変質により全体が土砂状，粘土化					
	評価区分	1	2	3	4					
C. 割目間隔	割れ目の間隔	d≧1m	1m＞d≧50cm	50cm＞d≧20cm	20cm＞d≧5cm	5cm＞d		4	3	4
	RQD	80以上	80～50	60～30	40～10	20以下				
	評価区分	1	2	3	4	5				
D. 割目状態	割目の開口度	割目は密着している	割目の一部が開口している（幅＜1mm）	割目の多くが開口している（幅＜1mm）	割目が開口している（幅1～5mm）	割目が開口し5mm以上の幅がある		4	3	4
	割目の挟在物	なし	なし	なし	薄い粘土を挟む（5mm以下）	厚い粘土を挟む（5mm以上）				
	割目の粗度鏡肌	粗い	割目が平滑	一部に鏡肌	よく磨かれた鏡肌					
	評価区分	1	2	3	4	5				
E. 走向傾斜	走向がトンネル軸と直角	1：差し目 傾斜45～90°	2：差し目 傾斜20～45°	3：差し目流れ目 傾斜0～20°	4：流れ目 傾斜20～45°	5：流れ目 傾斜45～90°		5	3	5
	トンネル軸と平行			1：傾斜0～20°	2：傾斜20～45°	3：傾斜45～90°		1	1	1

切羽10m区間での湧水量と水による劣化状態による評価（劣化は現在および将来における可能性について判定する）

						左肩	中央	右肩
F. 湧水量	状態	なし，滲水1ℓ/分以下	滴水程度1～20ℓ/分	集中湧水20～100ℓ/分	全面湧水100ℓ/分以上	1	1	1
	評価区分	1	2	3	4			
G. 劣化	水による劣化	なし	ゆるみを生ず	軟弱化	流出	2	2	2
	評価区分	1	2	3	4			

客観的に実施できる切羽評価点法を用いて，支保パターン選定が行われている。**表 3-20** に切羽観察表の例を示す。

3.6　地質リスクを考慮した地山評価

3.6.1　地質リスクを考慮する必要性

トンネルの建設工事では，地表にある一般構造物とは異なり，地下深くにある地盤を対象としているため，地盤構成や性状を容易に把握することができない。したがって，建設対象となる地盤には必ず不確実な要素が含まれる。

高度経済成長期における建設事業では，計画から施工の各段階において地盤調査が実施され，その調査精度（数量）を高めていくことで，不確実な要素を明らかにし，不確実な要素によって生じる不都合な事象に対応してきた。その際，事前に予想された地盤状況と実際の地盤状況が大きく乖離することがあったが，施工以前に実施される地盤調査は量および質に限界があるため，乖離は予見が困難な不可抗力として認識されてきた。そのため，乖離による施工段階における建設費などの大幅な増加分（事業コスト損失）は，事業者が負担してきた。

近年，国や地方自治体などの財政状況が悪化する中，このような事業コスト損失は許容されにくくなっており，透明性を高めつつ効率的かつ効果的に事業を実施し，事業コスト損失そのものや，事業コスト損失を発生させるような要因を軽減することが求められている。すなわち，事業コスト損失やその要因を「地質リスク」と捉えるならば，国，地方自治体などは，地質リスクを考慮し，そのリスクを適切にマネジメントすることが求められている[70)]。

3.6.2　地質リスクとは

(1)　標準規格によるリスクの定義[71)～74)]

リスクという言葉は，様々な分野で使われるようになり，環境リスク，医療リスク，投資リスク，政治リスク，地震リスクなど，馴染みの深い言葉となってきているが，それぞれの分野の目的に合わせて理解され，リスクの定義や理解は，分野横断的に一様なものではなかった。このような状況を打開するために，組織や規模・種類を問わず，すべてのリスクに適応可能なリスクマネジメントの汎用的プロセスとして国際規格 ISO 31000（2009）が発行され，その翻訳規格である JIS Q 31000（2010）が発行された[73)]。

JIS 規格では，リスクは「目的に対する不確かさの影響」と定義された。すなわち，目的を設定しなければ，リスクを定めることができないことになる。

ここで，不確かさとは，「事象，およびその結果（起こりやすさ）に関する情報や理解（知識）が，たとえ部分的にでも欠落している状態をいう」とされ，影響とは，「期待されていることから，好ましい方向および／または好ましくない方向に乖離することをいう」とされた。したがって，不確かさが組織の目標達成に与える影響すべてをリスクと考え，リスクマネジメントは，従来の好ましくない影響の管理手法から組織目標を達成する手法へと進化した[73)]。なお，リスクは，起こり得る事象，結果またはこれらの組合せについて述べることによって，その特徴を記述することが多く，ある事象の結果とその発生の起こりやすさとの組合せとして表現されることが多いとされ，旧来の規格の定義（事象の確からしさ（発生確率）とその結果の組合せ）にも配慮されている。

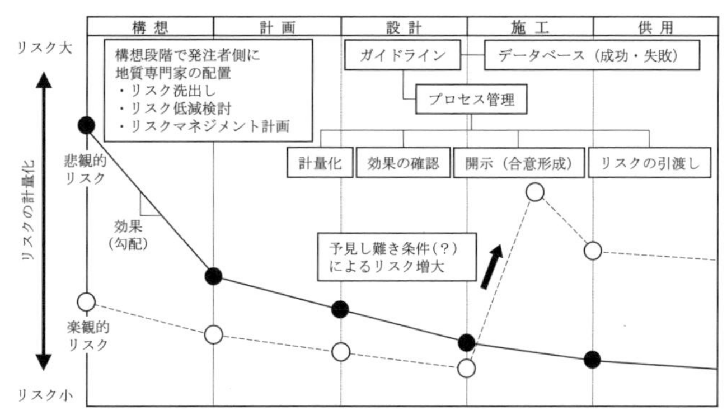

図3-20　地質リスクマネジメントの概念図[75]を加筆修正

(2)　地質リスクの定義と考え方

地質や地盤の様々な不確実性に起因して生じる不都合な事象に対し，「地質リスク」「ジオリスク」「地盤リスク」「地山リスク」などの類似の用語が用いられているが，概念として大きな違いはない。リスクをどうのように表現するのか，またリスクの大きさをどのように表すかによって若干の違いがある。本書では，これらを「地質リスク」として統一することとし，以下に，いくつかの地質リスクの定義を示す。

(a)　地質リスク学会における地質リスク[75]

地質リスク学会では，全国地質調査業協会連合会での定義を踏襲し，地質に関わる事業リスクを地質リスクと定義し，「事業コスト損失そのものとその要因の不確実性」を指すとした。地質リスク学会では，事業コストの縮減を目的としているため，「好ましくない方向に乖離すること（損失）」に着目している。

図3-20に，地質リスク学会における地質リスクマネジメントの概念図を示す。

図中の白丸と破線は，構想段階で地質リスクを楽観的に考えて（地質リスクを過小評価），工事を開始した場合の地質リスクの変化を示したものである。また，楽観的リスクからスタートした場合，想定外の地質条件によっては，地質リスクが，施工段階で大幅に増加する可能性があることを示している。図中の黒丸と実線は，早い段階で専門家（地質技術者）の調査・分析が行われ，想定される潜在リスク（悲観的リスク）の洗出しや評価を行い，各段階で適切なリスクの引渡しが行われれば，地質リスクの低減が大きく期待できることを示している。

地質リスク学会では，このマネジメントシステムを運用するためには，①発注者側に立つ技術顧問，②リスクの計量化，③プロセスマネジメントシステムの3つの要素が必要であるとしている。また，これらの3つの要素からなるマネジメントシステムを構築するために，事例研究の収集を定期的に行っている。

(b)　意思決定の判断指標としての地質リスク[76]

大津らは，事前の調査により得られる地盤情報の不確実性が事業コストに及ぼす影響を地質リスクと定義している。設計段階における地山評価と実際の地山状況との乖離の原因が設計段階の地盤情報の不確実性にあるとして，この地盤情報の不確実性を考慮した地山評価手法の開発を進めるとともに，不確実性を考慮した地盤情報から推定された事業コストの確率分布から，金融工学で用いられている超過確率曲線（リスクカーブ）を作成し，施工段階に確定する事業コストとの関係から地質リスクの評価を行っている。

本研究では，地盤情報が最終的に事業コストへと換算されている。したがって，地盤情報の不確実性は，事業コストの不確実性（ばらつき）と言い換えることができる。また，地質リスクマネジメントの観点から事業コストの変動幅が重要であるため，事前の地盤調査において予測される事業コストの期待値だけではなく，その期待値からのはずれ量（ばらつき）の評価も重要であると指摘している。なお，地質リスクマネジメントを，意思決定に資する情報（地質リスク）を明示する方法の一つとして捉え，研究を進めている。

(c) 施工サイドからみた地質リスク[77]

片山によると，施工サイドからみたリスクは，作業の安全や工程，品質などに対し障害となる要因を優先的に地質リスクと捉える傾向にあり，トンネル掘削時には問題とならないような環境に関わる要因なども地質リスクと捉えられていると述べている。また，これら障害となる要因の克服には，事業コスト損失を考慮しながら事業者と協議する場合が多いため，施工サイドは利益の増減に対し無視できない状況であるとも述べている。

(d) 石油・ガス探鉱に関わる地質リスク[78]

石油・ガスの探鉱・開発は，投資額が巨額であるものの，期待どおりに収益を得られ事業が成功する確率は極めて低い。したがって，合理的な投資行為とするためには，地質技術者が精度よくリスク（試掘が成功，または不成功となる確率）と不確実性（成功した場合の埋蔵量の幅）を評価することが求められる。かつて，探鉱の投資判断は，対象事業に対する石油地質学的見地からの定性的な評価および決定論的な期待埋蔵量評価に基づいて行われてきた。しかし，1980 年代後半から 90 年代にかけての低油価を背景に，探鉱のリスクを正しく把握し，多数の事業を体系的に管理・運営する必要性が出てきたことから，統計学や確率論を用いた地質リスク評価の手法が編み出されてきた。今日では，ほとんどの石油探鉱会社において探鉱に対する地質リスクの定量評価（地質的成功確率と確率論的手法による期待埋蔵量評価）が取り入れられている。ここに，地質リスクの定量化とは，地下を予測する根拠となる現有データの量や質を考慮し，地質的に想定し得る幅（不確実性）を客観的に認識して，その不確実性を数値化して定量的に表現するものである。

(3) 本書での地質リスクに関する考え方

トンネル建設技術者にとって「地質リスク」という用語はまだ一般的ではないが，破砕帯や未固結地山あるいは大量湧水などの地質的要因による切羽の不安定化や，それらによる作業の安全性低下が懸念されることを「リスク」として認識しているものと思われる。その「リスク」を調査段階や施工段階で低減する必要性を感じているものの，そのための方法論が明確になっていないのが現実である。一方で，学会等によるいくつかの地質リスクの定義や考え方を概観すると，地質リスクは主に地質の不確実性に起因する事業コスト損失を指すようである。これは，地質リスクマネジメントの実施主体が事業者であることが関係しており，事業者の目的が，事業コストの縮減にあるためであると考えられる。また，国や地方自治体などの財政状況が悪化する中で，必要と考えられる事前の地盤調査費用の削減が進んでいるが，その原因は，地盤調査への投資効果などを十分に説明できていないことにあると考える。事業者としては，地盤調査への投資を行う意思決定に資する情報を明示すること，すなわち，事業コストがばらつく要因やばらつきを低減できる説明を求めている。トンネル建設技術者が認識している「リスク」は事業コストを左右するものであるとともに，必ずしも事業者側のコストに反映されない安全管理面にも関わる点において，事業者が認識している「リスク」との間に若干の認識の違いを生じている可能性があるが，本書では，地質リスクは事業コスト損失と事業コストのばらつきを指すこととする。

3.6.3　地質リスクを考慮した地山評価事例

(1)　確率論的手法を用いた地山評価[79),80)]

(a)　トンネルの概要

検討対象トンネルは，奈良県中部に位置する全長約2.4 kmの2車線道路トンネルである。地質は領家帯に属し，石英花崗岩と花崗閃緑岩が分布する。

図3-21に地質縦断図と弾性波速度分布を示す。トンネル掘削位置付近の弾性波速度の8割以上の区間が4.7～5.0 km/sであり，当初良好な地山であると推定された。しかし，地表踏査の結果，鉱化変質帯が確認されたため，図中のB-1～B-3の位置で，追加のボーリング調査が実施された。これらのボーリング孔では，ダウンホール法による速度検層が実施されている。また，B-2では音波検層（速度検層よりも高精度）も実施されている。

(b)　コア評価点による地山評価

コア評価点法[81)]は，事前地盤調査段階で得られるボーリングコアに対して，切羽評価点法と同じ方法で点数化を行う手法である。圧縮強度，風化変質，割れ目間隔，割れ目状態の4項目で点数化するとともに，ボーリング孔内で実施する湧水圧試験や室内で実施するスレーキング試験などの結果をもとに，湧水量および水による劣化の2項目で点数補正を行う。地山等級判定は，これら6項目の合計点から行われる。

コア評価点を用いた地山評価の流れを**図3-22**に示す。はじめに，コア評価点を付けた同じボーリング孔で実施した速度検層による弾性波速度とコア評価点との間に相関があるとして，両者の関係を直線近似して，相関式を得る。次に，弾性波探査屈折法などで得られるトンネル掘削位置での弾性波速度を相関式に代入し，トンネル全線の掘削位置におけるコア評価点を算出する。最後に，切羽評価点の地山区分に基づき，コア評価点から地山等級を判定する。

弾性波速度とコア評価点の関係を**図3-23**に示す。ただし，図の弾性波速度は，B-2孔で求めた音波検層によるものである。

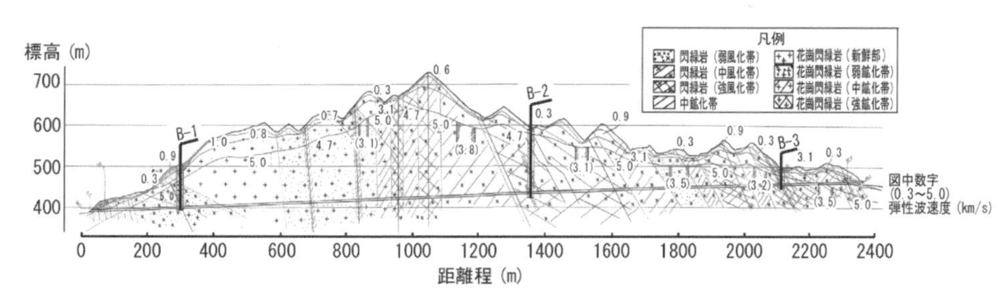

図3-21　地質縦断図と弾性波速度分布[79)]

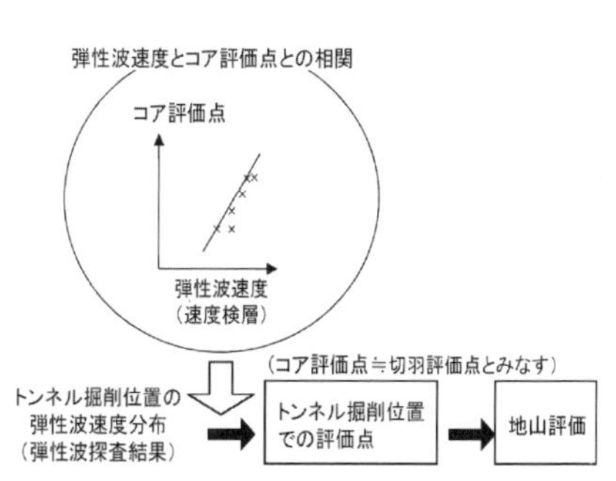

図3-22　コア評価点を用いた地山評価の流れ[79)]

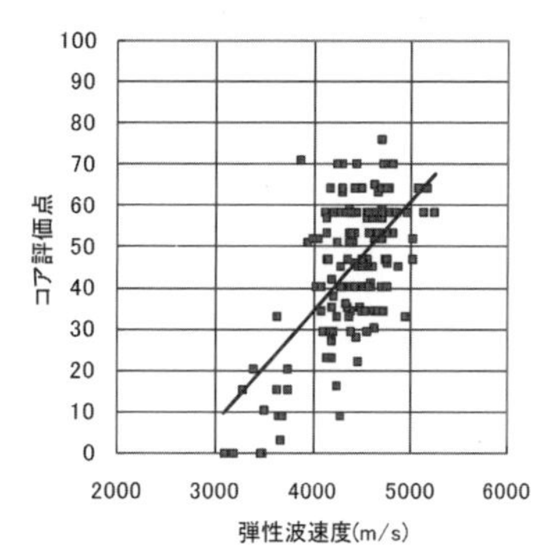

図3-23　弾性波速度とコア評価点の関係例[79)]

図に示す弾性波速度 V_p（m/s）とコア評価点 C_p との相関を直線で近似すると式(3.4)のようになる。

$$C_p=0.0270\cdot V_p-70.1,\ \sigma=12.8 \tag{3.4}$$

ここに，σ は標準偏差である。

(c) 外生ドリフト・クリギングによる弾性波速度の推定

弾性波探査屈折法で得られるトンネル掘削位置付近の弾性波速度は，測定精度の限界などにより地質構造を正確に反映したものではない。そこで，地球統計学手法の一つである外生ドリフト・クリギングを用いて，トンネル掘削位置での弾性波速度の推定を行った。外生ドリフト・クリギングの特徴は，精度のあまり高くない面情報（例えば，弾性波探査屈折法データ）と精度の高い点情報（例えば，速度検層データ）を関連づけて，空間分布を推定できることである。したがって，探査精度の限界により把握できないトンネル掘削位置での地盤情報を把握することが可能となる。なお，弾性波速度の推定値は期待値と推定誤差標準偏差をもつ。また，トンネル掘削位置でのコア評価点は，このトンネル掘削位置での弾性波速度の推定値を用いて，式(3.4)から算出される。

(d) コア評価点による地山等級の判定と掘削コストの算定方法

施工段階の切羽評価点を参考に作成した地山等級ごとのコア評価点の範囲と掘削単価の関係を**表 3-21** に示す。

コア評価点が得られれば，**表 3-21** に示すコア評価点の範囲に応じて，地山等級が判定される。しかし，コア評価点は，地山等級BとCⅠの間，地山等級CⅠとCⅡの間で重複するため，どちらか一方の地山等級をある基準をもとに選択する必要がある。具体的な方法については後述する。

地山等級を判定したのち，それぞれの地山等級に対応する掘削単価を掛け，トンネル全長で総和を取ることにより掘削コストが算出される。

(e) 地盤情報の不確実性と評価方法

地盤情報の不確実性を考慮した地山評価を行うために，地盤情報の不確実性を以下の3つの不確実性に分類し，乱数を用いて表現した。

① 弾性波速度の不確実性

外生ドリフト・クリギングによるトンネル掘削位置における弾性波速度の推定値の期待値と推定誤差標準偏差を使って，正規乱数を1万個発生させる。

② コア評価点の不確実性

外生ドリフト・クリギングによるトンネル掘削位置における弾性波速度の推定値から，式(3.4)の関係を使って算出されるコア評価点を期待値とし，この期待値と式(3.4)の標準偏差 σ を使って，正規乱数を1万個発生させる。

表 3-21 地山等級ごとのコア評価点の範囲と掘削単価（直接工事費）[79)]に加筆

地山等級	コア評価点の範囲	掘削単価（円/m）
B	65～	620,000
CⅠ	55～70	680,000
CⅡ	35～60	800,000
D	～40	1,280,000

③　地山等級の判定における不確実性

同じコア評価点に対して2つの地山等級が想定される場合には，0～1の一様乱数を発生させて，0.5以上であれば良好側の地山等級，0.5未満であれば不良側の地山等級と判定する。なお，地山等級の判定における不確実性は，地盤情報の不確実性というよりも，地山等級判定の個人差によるものといえる。

(f)　地質リスクの評価

地盤情報の不確実性を考慮した地山評価における掘削コストの変動幅を比較するため，**表3-22**に示す4ケースで検討を行った。得られた掘削コストの確率分布を，掘削コストが大きい方から累積していき，最大の累積値で基準化すると，縦軸を超過確率，横軸を掘削コストとした超過確率曲線（リスクカーブ）が得られる。超過確率が，0.1，0.5，0.9における掘削コストを，それぞれ悲観，最尤，楽観シナリオにおける掘削コストとした。

図3-24に，各ケースにおける掘削コストを示す。図中の黒丸が最尤シナリオ，エラーバーの上限が悲観シナリオ，下限が楽観シナリオにおける掘削コストである。また，図中の破線は，施工実績（実施の支保パターン）から算出した掘削コスト（19.8億円）を示している。

表3-22　評価ケースと不確実性の組合せ

ケース名	不確実性の種類		
	弾性波速度	コア評価点	地山等級の判定
地山等級の判定における不確実性を考慮した地山評価（ケース1）	—	—	○
弾性波速度の不確実性を考慮した地山評価（ケース2）	○	—	○
コア評価点の不確実性を考慮した地山評価（ケース3）	—	○	○
すべての不確実性を考慮した地山評価（ケース4）	○	○	○

単位：億円

	1	2	3	4
悲観	15.6	24.1	24.7	26.4
最尤	15.6	20.1	20.1	20.1
楽観	15.5	18.1	18.0	17.7

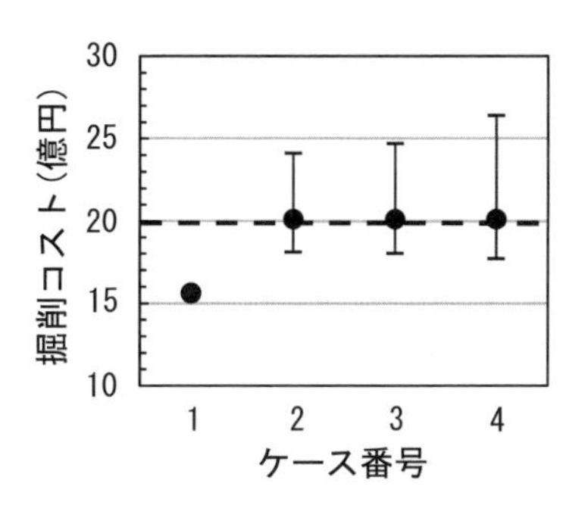

図3-24　掘削コストの比較[79]に加筆，修正

ケース1では，施工実績との乖離（最尤シナリオとの差）が大きく，4.2億円の事業コスト損失が生じている。ケース1は，**図3-20**で示した事前地盤調査の不足による楽観的リスクに該当する。なお，ケース1では，コア評価点と弾性波速度との相関は，音波検層より精度の低い速度検層の結果を用いている。

ケース2とケース3の掘削コストの変動幅は同程度であり，それぞれ6.0億円，6.7億円であった。すべての不確実性を考慮したケース4では，掘削コストの変動幅は8.7億円となり，わずかに大きくなっている。なお，ケース2～4では，施工実績からの乖離は小さく，0.3億円であった。

ここで，ケース2は，探査結果の不確実性に該当し，ケース3は，探査結果の解釈の不確実性に該当する。ケース2の掘削コストの変動幅を小さくするには，探査精度の向上が有効であると考えられるが，それに伴い，結果の解釈も変わってしまう場合がある（例えば，地山等級に対応した評価点の範囲が変わる）。したがって，探査結果の解釈も考慮し，地盤情報の不確実性，すなわち事業コストのばらつきを適切に評価することが重要である。

(g) 事前地盤調査への投資に対する効果

事前地盤調査において地質リスクを考慮した地山評価を行うことで，様々な意思決定に関わる重要な情報を提供することが可能となる。地盤情報の不確実性，すなわち事業コストのばらつきを適切に評価することで，事前地盤調査への投資効果が明確になり，適切な投資が図られることが期待される。

(2) 弾性波速度と比抵抗の複合解釈による地質リスクの低減[82)]

山岳トンネルの事前地盤調査では，弾性波探査と比抵抗探査を併用した複合探査の事例が増えている。これは，異なる物性値の組合せによって地山評価を行い，高精度化を期待するためである。その際，主に不良地山が想定される部分では比抵抗を，それ以外については弾性波速度を基準に地山評価が行われる。

建設や地盤調査の費用の削減が進んでいる現在，地盤調査費用の増加となる複合探査に対しても，地盤調査への投資効果について十分な説明ができなければ，実施意義が認められない。そのため，投資効果の指標として地質リスクと地盤調査への追加投資を合算した建設費用の変動幅に着目し，複合探査による建設費用の低減が図られるように，その投資効果を検討する必要がある。以下に，弾性波速度と比抵抗の複合解釈による地質リスク低減の検討結果の事例を示す。

(a) トンネルの概要

検討対象トンネルは事例（1）と同じである。前述したように，地表踏査の結果，鉱化変質帯が確認されたため，この変質帯の分布状況を把握するために，追加のボーリング調査と合わせて，比抵抗高密度探査が実施されている。**図3-25**に比抵抗分布を示す。なお，B-2では電気検層も実施されている。

(b) コア評価点による地山評価

事例（1）と同様に，コア評価点による地山評価を行った。ただし，考慮した地盤情報の不確実性は，コア評価点の不確実性（事例（1）のケース3）のみとした。また後述するとおり，事例（1）とは異なり，個々の観察項目ごとに物理探査データとの相関を求め，それぞれの項目で点数化するとともに，湧水量による調整点を加味して，それらの合計からコア評価点を算出している。したがって，事例（1）とは単純に比較できないことに注意されたい。

(c) 弾性波速度・比抵抗と各項目の評価点との関係

図3-26に，コア評価点における各観察項目の評価点と弾性波速度および比抵抗との関

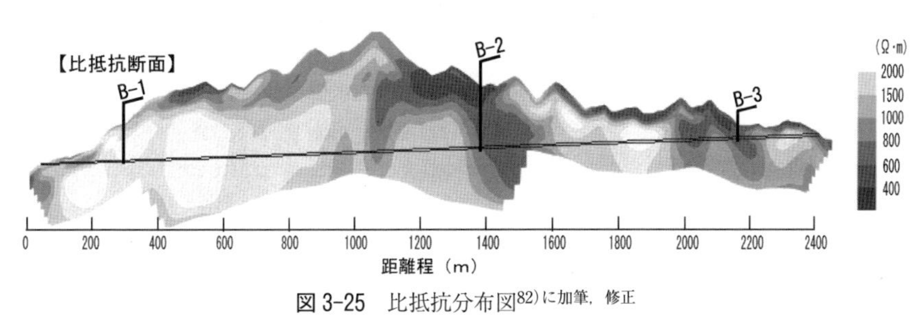

図 3-25　比抵抗分布図[82]に加筆，修正

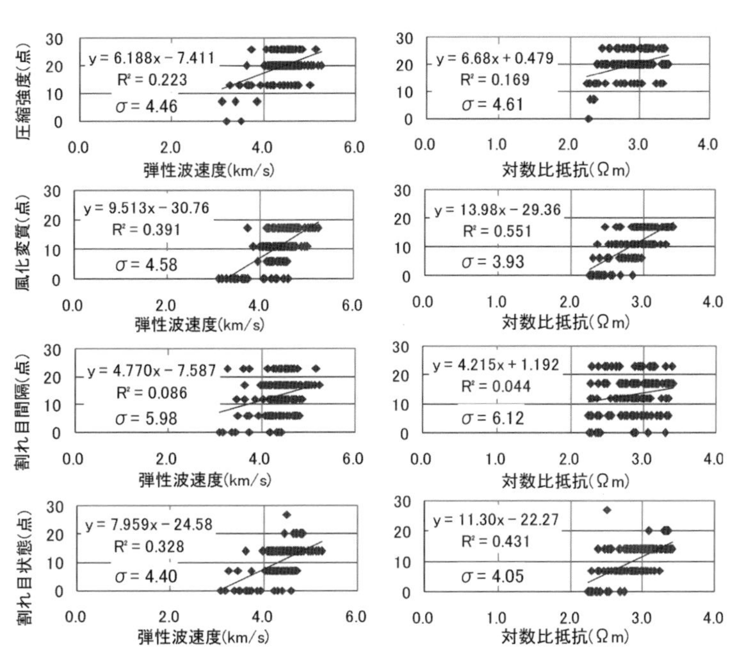

図 3-26　各項目の評価点と弾性波速度および比抵抗との関係[82]に加筆，修正

係を示す。なお図には，相関式，R^2 値，標準偏差 σ の値を併記している。R^2 値を比較すれば，圧縮強度では弾性波速度が大きく，風化変質では比抵抗が大きい。また，割れ目間隔では，弾性波速度および比抵抗とも R^2 値は小さく，物性値から評価点との相関を得ることは難しい。これは，トンネル掘削前の地山では，応力によって割れ目が密着しているため，割れ目間隔による影響がほとんどなく，割れ目状態では，比抵抗の方が R^2 値は大きいという結果となったと考えられる。

(d)　掘削コストの変動幅評価

弾性波速度，比抵抗，および両者の組合せによる地山評価における掘削コストの変動幅を比較するため，**表 3-23** に示す3ケースで検討を行った。

図 3-27 に，各ケースにおける掘削コストを示す。図中の黒丸が最尤シナリオ，エラーバーの上限が悲観シナリオ，下限が楽観シナリオにおける掘削コストである。また，図中の破線は，施工実績（実施の支保パターン）から算出した掘削コスト（19.8億円）を示している。なお，参考として，図の左端に事例（1）でのケース3の掘削コストを示した。

図 3-27 に示すように，掘削コストの変動幅は，ケース1で3.4億円と最も小さく，同じ不確実性を考慮した事例（1）でのケース3の掘削コストの変動幅（6.7億円）の約1/2であった。コア評価点の算出方法が異なるだけで，掘削コストの変動幅，すなわち地質リスクが低減されたとは考えにくい。したがって，ケース1は，地質リスクを過小評価したも

表 3-23 評価ケースと各評価項目で採用した探査手法[82]

	圧縮強度	風化変質	割れ目間隔	割れ目状態
ケース 1	弾性波	弾性波	弾性波	弾性波
ケース 2	比抵抗	比抵抗	比抵抗	比抵抗
ケース 3	弾性波	比抵抗	弾性波	比抵抗

単位：億円

	参考	1	2	3
悲観	24.7	21.8	24.1	23.7
最尤	20.1	20.2	18.8	20.0
楽観	18.0	18.3	16.6	16.9

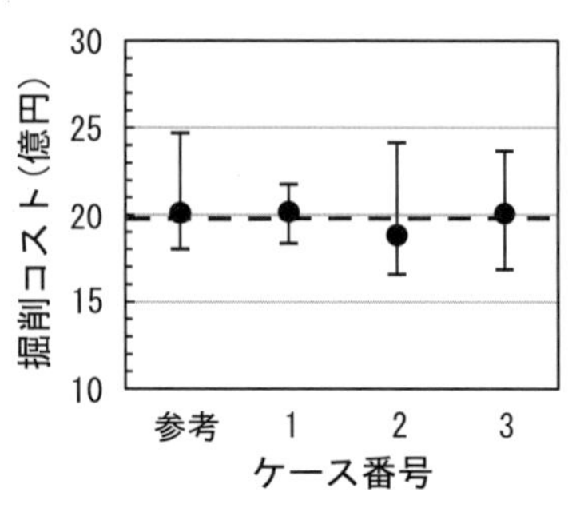

図 3-27 掘削コストの比較[82]を参考に作成

のと考えられる。

施工実績との乖離は，ケース 2 が最も大きく 1 億円であった。これは，比抵抗のみを使って地山を評価することが困難であることを示しているものと考えられる。しかし，掘削コストの変動幅は 7.6 億円と最も大きい。このことは，不良地山となる可能性のある鉱化変質帯を捉えることを目的として実施された比抵抗高密度探査の適用が有効であったと考えることができる。

ケース 3 については，施工実績との乖離が小さく 0.2 億円であり，掘削コストの変動幅は 6.8 億円であった。このことは，ケース 2 と比較すると，複合探査によって施工実績との乖離や掘削コストの変動幅が小さくなったこと，すなわち地質リスクの低減が図られたと考えることができる。

3.6.4 今後の課題と事例の蓄積

地質リスクを考慮した地山評価の事例を紹介した。事前の地盤調査において予測される事業コストの期待値だけではなく，その期待値からのはずれ量（ばらつき）の評価も重要であることを示すことができたと考える。しかし，紹介した地山評価手法は，コア評価点と各種物理探査データとの相関式に依存しており，特異なデータが含まれる場合や，データ数が少ない場合には，地山評価の精度低下を招く。これに対して，大津らは，ニューラルネットワークを用いた地山評価手法[83]など，より精度の高い地山評価手法の開発に取り組まれている。この手法を用いた地山評価では，弾性波速度や比抵抗といった事前地盤調査で得られる物性値，およびトンネル施工時に得られる切羽評価点との相関を学習させたデータベースが不可欠である。したがって，ニューラルネットワークを用いた地山評価を運用するためには，事例による検討の積重ね（事後評価事例のデータベース化）が不可欠である。また，確率が低くても顕在化すると大きな損失が生じる地質リスクの評価手法，地質技術者の判断をどのように確率的に扱うかなどの課題もあるが，今後，地質リスクを考慮した地山評価手法が実用化されることを期待したい。

参考文献

1) 土木学会（2006）：トンネル標準示方書［山岳工法］・同解説，土木学会・丸善出版.
2) 鉄道建設・運輸施設整備支援機構（2008）：山岳トンネル設計施工標準・同解説.
3) 土木学会（2003）：トンネルライブラリー第13号　都市NATMとシールド工法との境界領域　―荷重評価の現状と課題―，土木学会・丸善出版.
4) 木村宏（2015）：講座「NATMとシールドトンネルの設計と実際」7．NATMとシールドトンネルの設計思想の統一化，地盤工学会誌，Vol. 63，No. 3，pp. 46.
5) 玉井達毅（2010）：北海道新幹線　津軽蓬田トンネル（SENS工法）の施工，建設の施工企画，No. 730，pp. 14-18.
6) 鉄道総合技術研究所（2002）：鉄道構造物等設計標準・同解説　都市部山岳工法トンネル，丸善出版，p. 4.
7) 焼田真司・丸山修（2015）：最近の鉄道トンネル建設技術，RRR，Vol. 72，No. 9，p. 11.
8) 地盤工学会（2007）：山岳トンネル工法の調査・設計から施工まで，地盤工学会・丸善出版，p. 86.
9) 山田隆昭（2008）：わかりやすいトンネルの発破技術，土木工学社.
10) 川島義和・田辺洋一・畑生浩司・島根米三郎・中川浩二（2012）：道路トンネルにおける長孔発破の施工報告，トンネル工学報告集，第22巻，pp. 191-198.
11) 北海道開発局（2015）：道路設計要領　第4集トンネル，p. 4-3-1.
12) 領家邦泰・青木智幸・田村壽夫・福井勝則・大久保誠介・松本一騎・宮本義広（1998）：硬岩用自由断面掘削機の掘削体積比エネルギーと岩盤物性，土木学会論文集，No. 603/Ⅲ-44，pp. 89-100.
13) 森山守・寺田光太郎・小林伸二（2007）：世界最大級（φ12.84 m）で地下1000 mを掘削（設計編），トンネルと地下，Vol. 38，No. 10，pp. 15-25.
14) 玉野達・長谷川功・平川泰之・福留朋之（2013）：トンネル坑口部の硬岩掘削における割岩工法の採用，土木学会第68回年次学術講演会，Ⅵ-402，pp. 803-804.
15) 角湯克典・森本智・砂金伸治・日下敦（2011）：山岳トンネルの早期断面閉合の適用性に関する研究，土木研究所，平成23年度プロジェクト研究・重点研究報告書.
16) 石山宏二・大谷達彦・高橋誠二（2011）：全断面早期閉合における合理化施工，建設の施工企画，No. 741，p. 25.
17) 今田徹（2010）：山岳トンネル設計の考え方，土木工学社，pp. 9-30.
18) 東・中・西日本高速道路株式会社（2014）：設計要領第三集　トンネル本体工建設編.
19) 高山昭・今田徹（1981）：NATM（2），トンネルと地下，Vol. 12，No. 2，pp. 65-71.
20) 吉川恵也・朝倉俊弘（1983）：NATMのための設計のパターン化の研究，鉄道技術研究報告，No. 1235.
21) 日本道路協会（2015）：道路構造令の解説と運用.
22) 前出1）
23) 日本道路協会（2010）：道路トンネル技術基準（構造編）・同解説.
24) 日本道路協会（2009）：道路トンネル観察・計測指針.
25) 前出18）
26) 東・中・西日本高速道路株式会社（2014）：トンネル標準設計図集.
27) 前出2）
28) 農林水産省構造改善局（2014）：土地改良事業計画設計基準及び運用・解説 設計「水路トンネル」.
29) 電力土木技術協会（1986）：電力施設地下構造物の設計と施工.
30) 通商産業省資源エネルギー庁・新エネルギー財団（1987）：中小水力標準化モデルプラント設計調査報告書「小断面水路トンネルNATM設計・施工マニュアル（案）」.
31) 新エネルギー財団（1993）：中小水力発電の新技術の手引き，第6章水路用小断面トンネルのNATM.
32) 田中治雄（1964）：土木技術者のための地質学入門，山海堂.
33) 北海道開発局（2015）：道路設計要領　第4集トンネル，p. 4-2-27.
34) 中部地方整備局（2014）：道路設計要領　第7章トンネル，p. 7-13.

35) 明石健・稲葉力（1997）：切羽前方弾性波探査の探査精度についての基礎的検討，トンネル工学研究論文・報告集，第7巻，pp. 141-146.
36) 土木学会（2006）：トンネル標準示方書［山岳工法］・同解説，土木学会・丸善出版，p. 21.
37) 高速道路調査会（2015）：高速道路のトンネル技術史，6.1.22 穂別トンネル，pp. 6-97.
38) 高橋俊長・向井隆・井上孝俊・垣見康介（2010）：高耐力による早期閉合で押出し性地山に挑む―北海道横断自動車道　穂別トンネル東工事―，トンネルと地下，Vol. 41，No. 1，pp. 15-25.
39) 高橋俊長・大村修一・高田篤・山田浩幸（2010）：蛇紋岩地山早期閉合と二重支保で変位制御―北海道横断自動車道　穂別トンネル西工事―，トンネルと地下，Vol. 41，No. 5，pp. 7-18.
40) 今田徹（2010）：山岳トンネル設計の考え方，土木工学社，p. 159.
41) 日本トンネル技術協会（1983）：トンネル施工に伴う湧水渇水に関する調査研究（その２）報告書，pp. 121-122.
42) 片岡正彦・濵田向啓・松川久俊・藤井広志（2009）：四国カルスト直下の高圧大量湧水帯を貫く――一般国道 440 号　地芳トンネル―，トンネルと地下，Vol. 40，No. 3，pp. 15-26.
43) 萩原智寿・小野塚大輔・松川久俊・尾崎美伸・藤井広志（2005）：高圧・多量地下水下における長尺先進ボーリング施工実績，第 40 回地盤工学研究発表会（函館），C-05，pp. 139-140.
44) 土木学会（1977）：青函トンネル土圧研究調査報告書，pp. 402-434.
45) 秋田勝次・井浦智実・朝倉俊弘（2011）：海底トンネルで施工されたセメント水ガラス注入材の長期材料特性と性能の評価，土木学会論文集 F1（トンネル工学），Vol. 67，No. 2，pp. 95-107.
46) 土木学会（2006）：トンネル標準示方書［山岳工法］・同解説，土木学会・丸善出版，p. 36.
47) 今田徹（2010）：山岳トンネル設計の考え方，土木工学社，p. 160.
48) 五反田信幸・緒方秀敏・多宝徹・日向哲朗（2012）：シラス地盤に超大断面 378 m^2 の地中分岐部を建設，トンネルと地下，Vol. 43，No. 3，pp. 15-25.
49) 五反田信幸・柿内和哉・緒方秀敏（2012）：未固結シラス地山における道路トンネル分岐施工―鹿児島３号新武岡トンネルの事例―，平成 24 年度九州国土交通研究会論文集，第Ⅳ部門，No. 17.
50) 前出 23）
51) 前出 33）
52) 前出２）
53) 前出 28）
54) 前出１）
55) 土木学会（2009）：トンネルライブラリー第 20 号　山岳トンネルの補助工法　―2009 年版―，土木学会・丸善出版.
56) 菊池宏吉（1990）：地質工学概論，土木工学社，pp. 118-123.
57) 全国地質調査業協会連合会（2013）：ボーリングポケットブック（第５版），オーム社.
58) 今田徹（2010）：山岳トンネル設計の考え方，土木工学社.
59) 山岳トンネル工法Ｑ＆Ａ検討グループ（2007）：改訂新版山岳トンネル工法Ｑ＆Ａ，電気書院.
60) 地盤工学会（2005）：事例で学ぶ地質の話―地盤工学技術者のための地質入門―，地盤工学会・丸善出版.
61) 前出 18）
62) 岐阜県（2015）：道路設計要領　第７章トンネル，p. 7-50.
63) 前出 24）
64) 京都府道路公社（2013）：鳥取豊岡宮津自動車道　野田川大宮道路　第 14 トンネル崩落事故に関する原因究明と再発防止策.
65) 戸邉勇人・宮嶋保幸・山本拓治・白松久茂・岩村武史・中村祐・岩熊真一（2014）：山岳トンネル切羽の風化変質判定システムの開発―切羽観察での適用例―，土木学会第 64 回年次学術講演会，Ⅳ-043，pp. 85-86.
66) 松下智昭・宮嶋保幸・犬塚隆明・手塚康成（2016）：トンネル切羽の定量評価による掘削の合理化，第 44 回岩盤力学に関するシンポジウム講演集，38，pp. 217-221.
67) 中川浩二・保岡哲治・北村晴夫・三木茂・藤本睦・木村恒雄（2000）：トンネル事前設計における地質調査の問題点とその評価に関する研究，土木学会論文集，No. 658/Ⅵ-48，pp. 33-43.
68) 前出２）
69) 前出 18）
70) 国土交通省国土交通政策研究所（2001）：社会資本整備におけるリスクに関する研究，国土交通政策研究，第4号.
71) ISO 31000 (2009): Risk management — Principles and guidelines.
72) JIS Q 31000 (2010)：リスクマネジメント—原則及び指針，日本規格協会.
73) 野口和彦 (2013)：リスクマネジメントの最新の動向—管理からマネジメントへ—，非破壊検査，Vol. 62，No. 5，pp. 194-199.
74) 小林誠 (2011)：初心者のためのリスクマネジメントQ＆A100，日刊工業新聞社.
75) 地質リスク学会・全国地質調査業協会連合会 (2010)：地質リスクマネジメント入門，オーム社.
76) 大津宏康・尾ノ井芳樹・大西有三・李圭太 (2003)：金融工学理論に基づく地質リスク評価に関する一考察，土木学会論文集，No. 742/VI-60，pp. 101-113.
77) 片山政弘 (2011)：山岳トンネル工事における施工サイドからみた地質リスク，土木学会第66回年次学術講演会，VI-408，pp. 815-816.
78) 石油技術協会 (2013)：石油鉱業便覧，pp. 351-361.
79) 長谷川信介・松岡俊文・大津宏康 (2010)：地質リスク評価における物理探査の課題，物理探査学会学術講演会講演論文集（第122回），pp. 135-138.
80) 長谷川信介 (2009)：山岳トンネル事前調査における地盤リスク評価に関する研究，京都大学博士論文.
81) 木村正樹・杉田理・大塚康範 (2001)：評価点法を用いた事前調査による地山評価と施工，トンネル工学研究発表会論文・報告集，Vol. 11，pp. 87-92.
82) 長谷川信介・松岡俊文 (2010)：弾性波速度と比抵抗の複合解釈による地質リスクの低減に関する研究，物理探査学会学術講演会講演論文集（第123回），pp. 1-4.
83) 大津宏康・小林拓・長谷川信介 (2014)：ニューラルネットワークを用いた山岳トンネル事前調査段階地山評価，土木学会論文集F4，Vol. 70，No. 4，pp. I_83-I_94.

第4章　トンネル施工時の地盤調査

4.1　事前調査の不足箇所に対する詳細調査

地山を工学的に評価し，「地山等級」に等級区分することを「地山分類」といい，「地山等級」に対応して準備される標準的な支保の組合せを「支保パターン」と呼ぶ。以下，施工中の地盤調査について記載するにあたり，**第3章**で用語定義したように，地盤調査の段階での地山等級を「調査段階の地山等級」，設計段階での地山等級とその結果に対応した支保パターンをそれぞれ「当初設計の地山等級」と「当初設計の支保パターン」，施工段階の支保の施工実績を「実施の支保パターン」とする。

4.1.1　施工計画のための地盤調査

トンネルの施工計画では，以下の2点を適切に決定することが重要である。

① 代表的な地質に対する基本的施工法・施工機械

② 局所的に出現する**表4-1**に示すような特殊地山区間への対応策

①に関しては，弾性波探査から得られる地盤の硬軟に関する情報が非常に重要である。また，トンネルの標準支保パターンは主に弾性波探査の結果に着目して設計されている。しかしながら，弾性波探査では，②に示したようなトンネルの局所的に出現する特殊地山の範囲やその状況を捉えることが難しく，弾性波探査のみに基づいて設計されたトンネルでは，施工中に設計変更を余儀なくされることが多い。

一方，比抵抗高密度探査では，その結果から地盤の硬軟を推定することは困難であることが多いが，地盤の間隙部の情報を得ることに優れ，粘土化や風化，あるいは含水状況の差異などによる地山の比抵抗の違いに基づいて探査深度200～300 m程度までの地質状況を推定することができる。また，②に対して**表4-1**中のd「膨張性地山」とe「山はねが予想される地山」を除いた項目について，有効な情報を提供することが可能な場合が多い。

このように，比抵抗高密度探査と弾性波探査屈折法など地盤調査手法には，それぞれに得失がある。したがって，良好な地質が続くことが珍しく，むしろ地質が変化に富み，あ

表4-1　トンネルにおける特殊地山

a	地すべりなどの移動性地山および斜面災害が予想される地山
b	断層破砕帯，褶曲じょう乱帯
c	含水未固結地山
d	膨張性地山
e	山はねが予想される地山
f	高い地熱，温泉，有害ガスなどがある地山
g	高い水圧や大量の湧水の発生が予想される地山
h	重金属等含有地山

るいは不良な地山区間が多いわが国においては，弾性波探査と比抵抗高密度探査などの調査手法を組み合わせ，互いの結果を補完し合ってトンネルの事前設計および施工計画を行うことが合理的であると考えられる。

(1)　事前に予見される特殊地山・特殊部に対する地盤調査

詳細地形地質構造，水文地質，特殊地山の性状，地盤の物理・力学特性，断層・破砕帯などの，ぜい弱部の分布・性状など，詳細設計に必要な基礎資料を得ることを目的として，測量，地表踏査，弾性波探査や比抵抗高密度探査などの物理探査や，ボーリング調査，物理検層，水文調査，室内試験，孔内力学試験，原位置試験などが行われる。しかし，地下深部に位置する線状構造物であるトンネルでは，全線にわたって詳細な地盤情報を得ることは困難であるため，路線に沿った地表踏査と弾性波探査屈折法を基本として，坑口予定部付近などでの数本のボーリング調査と孔内検層，およびボーリングコアなどを利用した室内試験が実施されるのが一般的である。このような地盤調査は，一般に設計段階で実施されるが，その結果は，施工計画の立案に重要であるとともに，施工段階において実施されることもある。

(2)　予見されない不確実な地質に対する施工中の地盤調査

トンネル施工中には，計画・設計段階で実施された地盤調査の不確実性を補い，施工中に生ずる問題点の予測および確認，設計変更，施工管理，あるいは補償や，近い将来に予定されている近接工事などの資料を得ることを目的として，施工中の調査が実施される。主にトンネル内および施工により影響を受けるおそれがある範囲を対象として，切羽前方の地質，切羽の岩質や亀裂状況，特殊地山の分布や性状，掘削による周辺への影響などの情報を得るために，切羽前方探査，水平ボーリング，切羽観察，湧水調査，地盤沈下調査，変位計測，室内試験などが行われる。特に切羽から行う調査は，地表から行う調査よりも調査対象までの距離が短くなるため，調査精度の向上が期待できる。

ところで，トンネル工事では，事前地質情報が必ずしも十分でないため，施工時に実際の切羽の地質状況を評価して支保パターンや補助工法の選定を行うことが重要である。そのためヨーロッパでは，トンネル建設現場に地質技術者を常駐させることが多い。彼らは地質を評価するのみならず，地質状況に合った支保工を決定する責務を負っている。日本では，トンネル建設現場に地質技術者を常駐させることはまれであるが，土木技術者が日々切羽観察を行い，その地質を発注者の仕様に従って定量評価し，必要に応じて支保パターンの変更や補助工法の選定について協議している。

写真 4-1 は，切羽観察で得られたトンネル軸方向に連続した地質情報を坑壁展開図として透明フィルムに転写し地質平面図と重ね合わせた事例である。このように，地質構造の

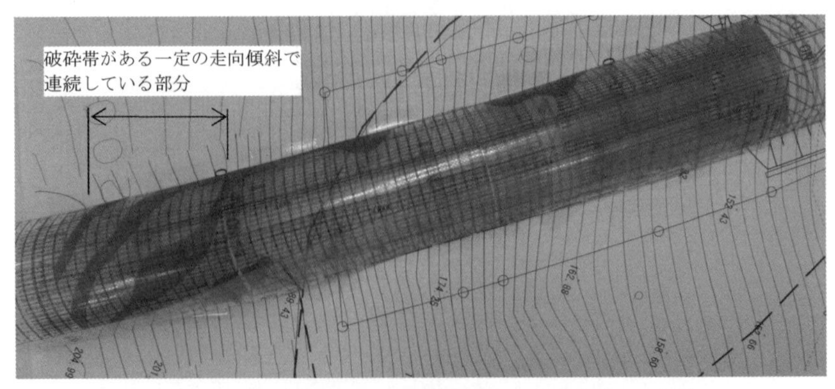

写真 4-1　切羽観察スケッチを簡易的に 3 次元表現した事例

走向や傾斜が一定しているような地山においては，切羽前方の地質を評価するための貴重な情報源となる。一方，複雑に変化する地山では，観察できる切羽状態と，次に掘削する地山状態が異なる場合があり，切羽状態から想定されるよりも地質が悪ければ，次の掘削時に切羽の安定性が損なわれる懸念がある。このような理由から，トンネル施工時に真に求められる地質情報は切羽のものではなく，むしろ切羽前方の情報であるといえる。そのため，昨今では切羽前方探査の重要性が認識され，簡易的には削岩機ののみ下がりなどの情報をもとに切羽数m先を調査する方法から，削岩機で切羽の数10m先までを穿孔してその穿孔エネルギーを評価する方法，あるいは切羽からの弾性波探査で切羽前方数10～100m程度を探査する方法などが採用されている。これらの切羽前方探査については**第5章**で詳しく述べる。

4.2　施工中に実施される複合探査

トンネル調査のシステム化において，複合探査は重要な役割を果たす。ここでは，施工中に実施される複合探査について記述する。

トンネル建設では，施工延長が長いことや土被りが大きいなどの理由で，事前に地山性状を十分に把握することが困難である場合が多い。このような場合，施工段階で地盤調査を追加して，事前調査結果と組み合わせて地山評価の精度を高めることが合理的である。

事前に地山性状を十分に把握できない原因として，**図1-2**に示したような弾性波探査屈折法の探査可能深度と解像度の問題がある。事前調査での弾性波探査屈折法が一般に地表面から行われるが，土被りが大きい場合，探査深度に対して十分な測線長や，必要とされる測定精度に応じた測点間隔を取ることができないことが多い。その結果，トンネル施工深度での地盤情報が十分な精度で得られていないことが多い。このような場合，切羽前方探査を行うことで，トンネル施工深度における切羽前方地質の推定が可能となる。

切羽前方探査は，削孔によるものや物理探査によるものなどがある。いずれも事前調査とは独立した調査であるため，事前調査結果に新たな情報を加えて総合的に評価することとなる。

4.2.1　地盤調査における組合せの事例

(1)　組合せ事例の調査[1)]

地盤調査に際しては，その目的に応じて様々な地盤調査手法を組み合わせて実施されることがある。しかし，コストなどの問題により，必ずしも必要な調査が組み合わせて行われているとは限らない。そこで，本研究会では，会員に対して，地盤調査の目的と調査手法の組合せの実態に関するアンケートを行った。得られた40事例について分析を行った結果を以下に示す。

① ボーリング調査（32事例），地表踏査（30事例），比抵抗高密度探査（30事例），弾性波探査屈折法（24事例），標準貫入試験（23事例），孔内水平載荷試験（18事例）が多用されている。

② ボーリング調査32事例に対して電気検層，PS検層，速度検層がそれぞれ7事例，6事例，3事例であり，ボーリングの孔内を利用した物理検層があまり実施されていない。

③ ボーリング調査と地表踏査の組合せは30事例であり，すべての事例で行われてい

るわけではない。

④　弾性波探査屈折法と比抵抗高密度探査の組合せは20事例であり，そのうち比抵抗高密度探査2極法の組合せが15事例で多い。

⑤　弾性波探査屈折法と比抵抗高密度探査の組合せは20事例であり，そのうち18事例でボーリング調査が併用されている。しかし，16事例では解釈精度向上に有効なボーリング孔内を利用した物理検層が組み合わせて行われていない。

②，③，⑤に示したように，必ずしも地盤調査が合理的に行われていない現状が確認できた。

(2)　複合解釈と単独解釈の比較

本研究会で，弾性波探査と比抵抗高密度探査を組み合わせて山岳トンネルの調査および施工された事例について，それぞれの探査結果を単独で解釈した結果と両者の結果を総合的に解釈した結果を比較検討した[2]。事例の多くでは，まず，弾性波探査などが実施されており，引き続き何らかの目的を持って比抵抗高密度探査が実施されている。組み合わせた結果をもってしても，なお，実際の掘削地山の状況と異なっていた事例もあるが，ここでは，組み合わせたことにより実際の地山に近い状況が事前に推定できていた事例を簡潔に紹介する。詳細については，参考図書を参照されたい。

(a)　伯母谷第5トンネル

中・古生層の砂岩，頁岩，石灰岩，チャート，砂岩頁岩互層からなる，最大土被り60mのトンネルである。大規模な逆断層が位置している。弾性波探査屈折法およびボーリング調査の単独解釈およびそれらを総合した結果では，低速度帯が窪地状に現れ，深部まで劣化した状態であると予想された。

施工上課題となる断層・破砕帯の確認のため，露頭の比抵抗調査および比抵抗高密度探査を行い，地表地質踏査およびボーリング調査結果を踏まえて複合解釈した結果，断層や褶曲が存在する複雑な地質構造であること，および全体に低含水状態にあるものと予想された。実際の地山分類や地下水の賦存は，複合解釈結果に一致した。

(b)　水越トンネル

石英閃緑岩からなる，最大土被り212mのトンネルである。露頭によりトンネル軸に沿った断層・破砕帯が確認されていた。弾性波探査屈折法とボーリング調査の単独解釈およびそれらを総合した結果では，低速度帯が多数存在すると予想され，これらは断層破砕帯や擾乱帯と判断された。

当トンネルの施工上の課題は湧水であったが，上記調査結果からは湧水状況が確認できなかったため，比抵抗高密度探査を行っている。その結果，弾性波速度断面図における低速度部と低比抵抗部が概ね一致していた。しかし，弾性波探査屈折法は，深部における信頼性に劣るため，比抵抗高密度探査の結果を地山区分の基礎資料としている。さらに，地表地質踏査，水文調査およびボーリング調査結果を踏まえ，新たな試みとして比抵抗と透水係数を関連づけ，トンネル掘削に伴う表流水や地下水の挙動について数値シミュレーション結果による複合解釈を行っている。

実際の地山区分は，相対的には複合解釈結果と一致していたが，支保パターン自体は，湧水の影響で1～2ランク低くなっていた。また，坑内湧水は，位置および量ともに，複合解釈（解析）結果と概ね一致した。

(c)　盤滝トンネル

中世代白亜紀の黒雲母花崗岩からなる，最大土被り280mのトンネルである。露頭やリニアメントから，断層が多数確認されていた。弾性波探査屈折法，ボーリング調査の単独

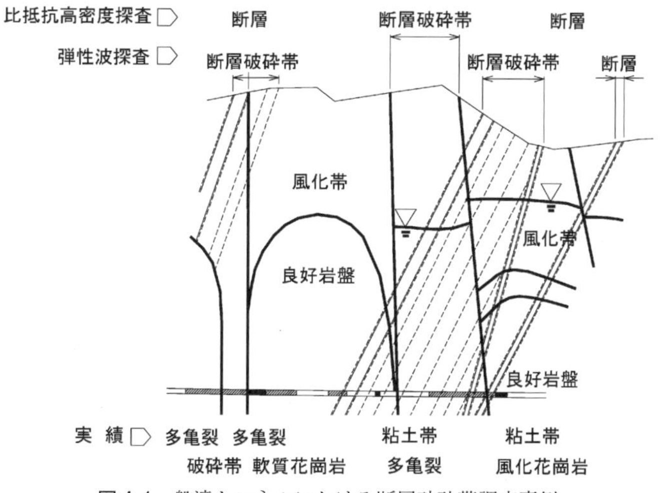

図 4-1　盤滝トンネルにおける断層破砕帯調査事例

解釈およびそれらを総合した結果では，いくつかの断層が予想されたが，それ以外は良好な岩盤であると想定された。実際に掘削を開始すると，熱水変質帯や断層破砕帯が多く分布し地山状況が極めて悪かったため，比抵抗高密度探査を追加して実施した。

それまでの施工実績を加味して，低比抵抗部（300 Ωm 以下）は粘土化した変質帯，中程度の比抵抗部（300～600 Ωm）は亀裂が発達した断層破砕帯で，比抵抗の急変部で湧水に遭遇，高比抵抗部は新鮮な岩盤であると推定した。

図 4-1 は，本トンネルにおける最大の断層破砕帯における弾性波探査結果，比抵抗高密度探査結果およびトンネル施工時に確認された地質を重ねて示したものである。実際に確認された粘土帯や破砕帯の位置や傾斜は，比抵抗高密度探査結果に比較的一致した。また，比抵抗高密度探査結果では，この断層破砕帯の地下水位がトンネルからおよそ 150 m 上方に位置すると推測されたが，施工中に地下水圧を確認したところ 1.5 MPa であり，よく一致した。

その他，全体として地山の相対的な良否の程度は一致していたが，実区分は 1 ランク低い状況であった。また，湧水状況は，高比抵抗部にも小規模な断層破砕帯が断続的に分布し，これらによって集中湧水が見られた。

(d)　初島トンネル

古生層の黒色および緑色千枚岩，崖錐堆積物からなる，最大土被り 45 m のトンネルである。ボーリング調査では，坑口付近の地質が非常に悪く断層の存在が予想されたにもかかわらず，弾性波探査屈折法では，それが低速度帯として捉えられておらず，さらに基盤岩と崖錐堆積物との境界も明確ではなかった。

この断層の方向と破砕帯の広がりや地下水の分布を明確にすることを目的として，地表からの比抵抗高密度探査，切羽および地下水の比抵抗試験が実施された。それらの結果を総合的に解釈した結果，全体に低比抵抗でありながら，地質による比抵抗の変化が明瞭であり，地すべり面をはじめとする地質・地層構造が明確になった。

(e)　新玉手山トンネル

新第三紀中新世～鮮新世の泥岩，砂岩，泥流堆積物，黒雲母石英安山岩からなる，最大土被り 75 m のトンネルである。弾性波探査屈折法の結果は，土被り 30 m 未満の浅い部分は施工実績と一致しているが，トンネル掘削レベルの主要部分である 30 m 以深は実績との対応が悪かった。

一方，比抵抗高密度探査の結果は，**図 4-2** に示すように，地山区分が実績とほぼ一致しており，岩盤の硬軟を概ね把握できている。本トンネルでは切羽観察とともにシュミットハンマー試験が実施されており，切羽の代表的な 3 ～ 4 点に対する試験結果の平均値を一軸圧縮強度に換算することで，切羽状態の複合解釈を行っている。この換算一軸圧縮強度と比抵抗は，**図 4-2** に示すように，定性的傾向が概ね一致している。

4.2.2　先進調査ボーリング

ボーリング調査は地盤調査における基本手法の一つであり，トンネルにおける切羽前方探査においても同様に位置づけられる。物理探査が一般に特定の物理量の分布しか分からないのに対して，ボーリングでは実際の地山性状を直接目視確認でき，さらに孔内を利用

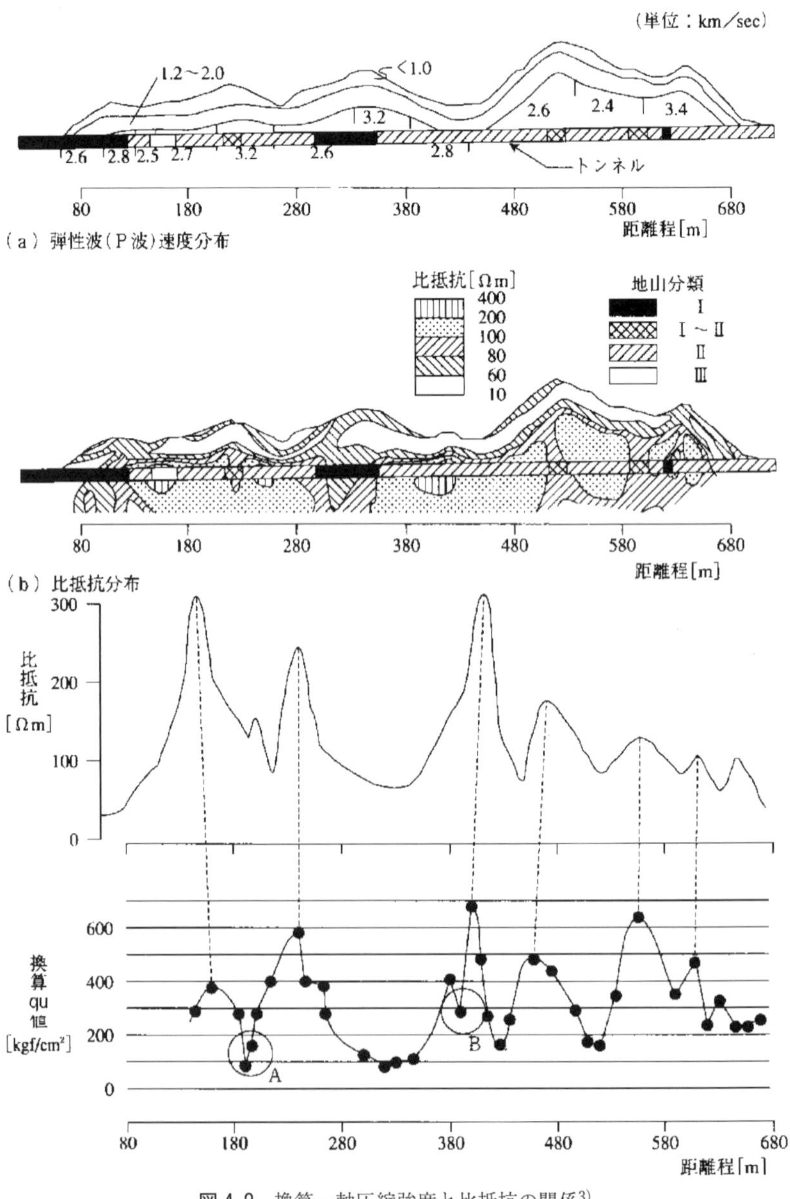

図 4-2　換算一軸圧縮強度と比抵抗の関係[3)]

して，各種検層や孔壁の映像確認など追加の調査を行えることから，有用性が高い。しかし，高価であることから標準的に実施されることは少なく，大量の湧水が予想される場合に水抜きを兼ねて実施される，あるいは昨今問題となるケースが多い重金属含有地山において，事前調査として実施されることが多い。

ボーリングを実施するにあたっては，コア採取の有無，使用する機械（トンネル掘削用機械と専用機械のいずれを使用するか），調査に割り当てることのできる時間，調査延長など，目的や施工条件に応じて計画する必要がある。調査延長（先進調査ボーリング長）については，削孔方向を制御することにより1 kmに及ぶ範囲をある程度の精度で孔曲がりせずに調査できるまで，技術水準が向上している。

先進調査ボーリングを標準化している発注者も増えつつある。一例として北海道開発局は，施工中の調査としての先進ボーリングの必要性について，「トンネル工事の特殊性として，着工前に行った地質などの調査と施工の際の状態とは必ずしも一致しないことが多い。特に，トンネル深奥部については，調査ボーリングを到達させることが難しく，正確な地質情報を得ることが困難である。このことから，施工時における地質的検討と実施パターンの照査は不可欠であり，継続的に行うことが必要となる」[4]として，全線において実施することを原則としている。その目的は，①岩質，断層破砕帯，しゅう曲構造，変質帯，ガスなどの性状把握，②地山試験試料の採取である。

なお，ボーリングの結果は，鏡面においては“点”，トンネル全体としては“線”の情報であり，それぞれ地山全体の情報を代表していない場合もある。したがって，事前地盤調査の結果や，切羽前方探査として実施する弾性波探査や複数点で実施する削孔検層などの結果のキャリブレーションに利用するなど，結果の評価や利用には工夫や注意が必要である。

4.2.3　複合探査による地山区分の試み

新名神高速道路・甲南トンネルは，掘削断面積が190 m^{2}であり，その大断面を効率的かつ安全に掘削するために，TBM導坑先進拡幅掘削工法を採用している。本トンネルを対象として，様々な複合探査が行われている。

(1)　弾性波探査屈折法結果のトモグラフィ再解析

弾性波探査屈折法の結果をもとに，トモグラフィ再解析を行っている。再解析結果を**図4-3**に示す。その結果，地表付近では，既往弾性波探査屈折法結果と類似した速度分布を示しているものの，波線は地表から数10 m程度の範囲を通っており，トンネル基盤面まで到達していないことが分かった。

(2)　複合探査による地山区分推定の試み[5]

TBM導坑内から弾性波探査屈折法と比抵抗高密度探査を実施し，それら両者の結果をもとに地山区分を推定し，施工実績との対比を行っている。

弾性波速度と比抵抗は異なる物理量であるが，それぞれ飽和度と有効間隙率の関数として表現できる。したがって，弾性波速度および比抵抗が既知であれば，飽和度と有効間隙率を含む2変数の連立方程式を解くことで，有効間隙率と飽和度を求めることができる。なお，比抵抗の関係式に使用する指数や係数である変換パラメータは，現場で得られたボーリング供試体に対して測定することで設定できる。

ボーリングなどの結果から，岩級分布が既知である位置で間隙率と岩級区分を相関づけておくことにより，変換解析により求められた間隙率分布から，掘削地点の地山（岩級）区分を推定することが可能である。間隙率と飽和度を掛け合わせることで得られる体積含

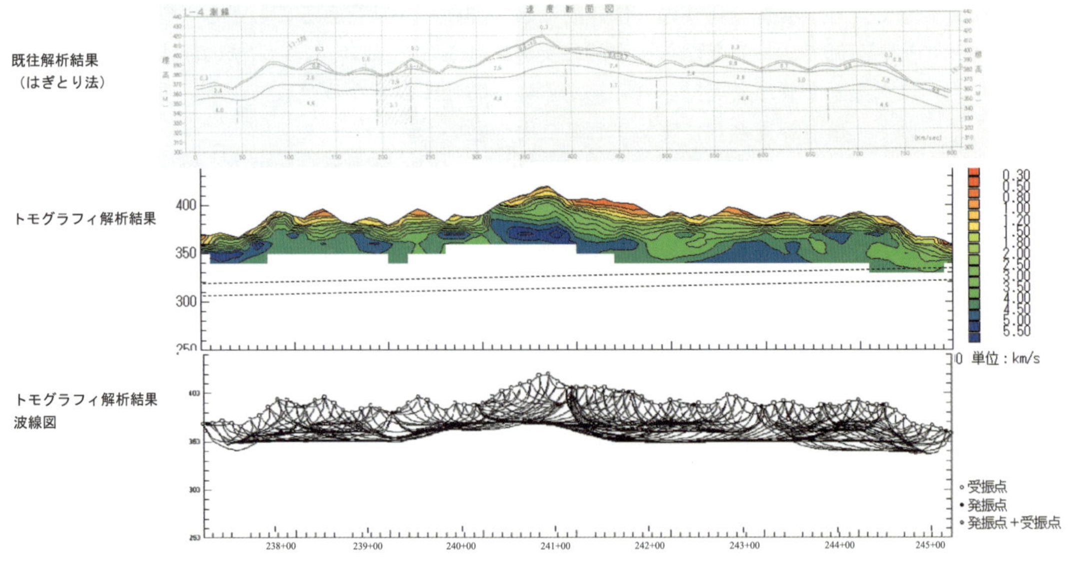

図 4-3　弾性波探査屈折法結果のトモグラフィ再解析結果[6)]一部加筆修正

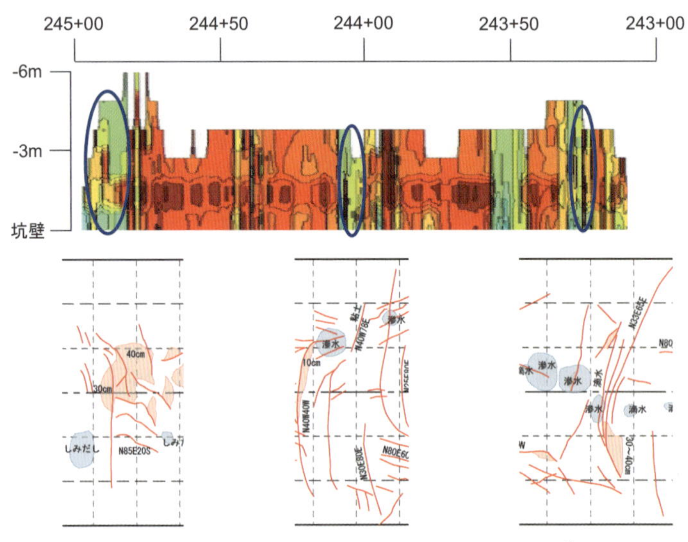

図 4-4　体積含水率分布と坑壁地質展開の比較[6)]

水率分布からは，体積含水率の急変箇所から湧水が発生する可能性があると推定できる。以上のことから，今まで単独で定性的に評価されていた弾性波速度分布や比抵抗分布を間隙率分布や体積含水率分布に置き換える本手法により，より施工に有用な地山特性の把握が可能となる。

得られた体積含水率分布と坑壁地質展開[6)]の比較を**図 4-4** に，間隙率分布と導坑の支保パターンの比較を**図 4-5** に示す。**図 4-4** より，体積含水率が高い箇所と坑壁地質展開図における湧水箇所がよく一致することが確認された。**図 4-5** より，相対的に間隙率が大きい箇所がＤＩパターンの支保となっていることから，変換結果と支保パターンの相対的分布がよく一致していることが確認された。

また，各支保パターンに含まれる間隙率の分布を，**図 4-6** に示す。本図より，本手法により得られる間隙率分布と支保区分には相関があり，トンネル設計・施工において，有用な情報となることが示された。

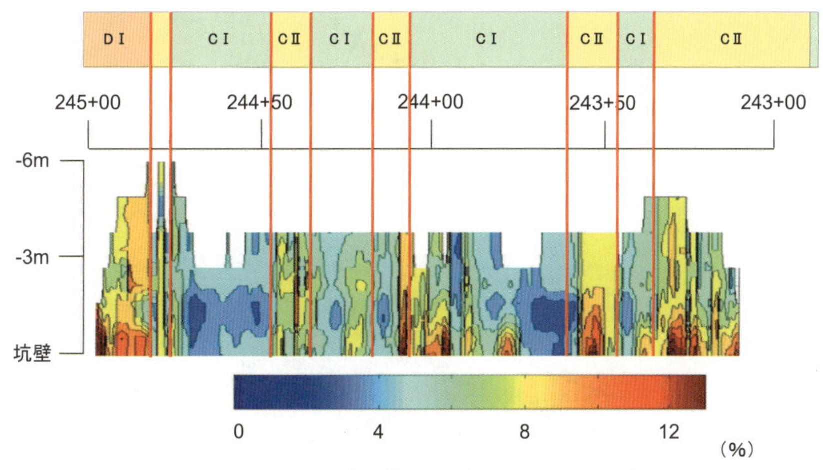

図 4-5　間隙率分布と導坑の支保パターンの比較[6)]

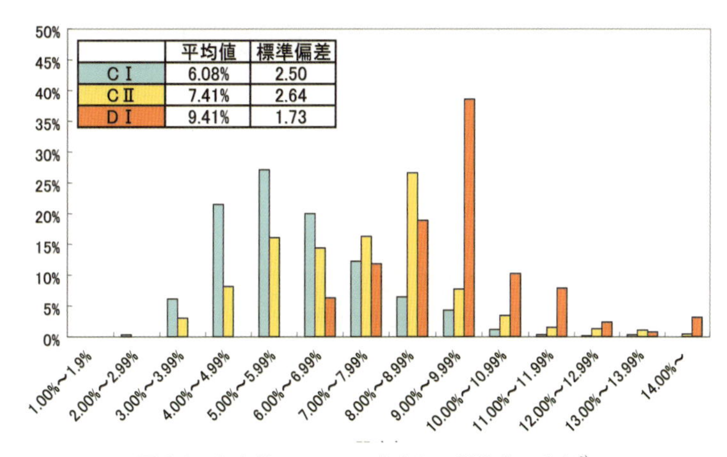

	平均値	標準偏差
CⅠ	6.08%	2.50
CⅡ	7.41%	2.64
DⅠ	9.41%	1.73

図 4-6　各支保パターンに含まれる間隙率の分布[6)]

4.2.4　切羽発破を利用した弾性波高密度探査による複合探査事例

山岳トンネルの設計支保パターンは，ほとんどの場合に弾性波探査屈折法で得られた弾性波速度などに基づいて決められている。しかし，この設計支保パターンと実際の施工時の支保パターンは一致しないことが少なくない。その原因の一つに，付加体起源の複雑な地質構造が卓越するわが国では，トンネル通過位置の弾性波速度が従来の弾性波探査屈折法で用いられてきた層構造解析によって正しく評価できない点が挙げられる。これに関しては，近年，トモグラフィ解析手法が開発され，改良が図られつつある。しかし，一般に事前の弾性波探査は地表から行われるため，土被りが大きいトンネルでは，掘削位置まで弾性波が十分に届かないことが多く，探査精度の向上には限界がある。このため，トンネルの施工中に何らかの方法で切羽前方の地山を予測することが必要である。

これに対応する方法として，ここでは，トンネル切羽の発破を起振源として利用することによって，施工サイクルに全く影響を及ぼさない簡便な弾性波探査を切羽の進行に合わせて随時行い，この結果と事前の弾性波探査結果を組み合わせてトモグラフィ解析をすることによって，弾性波探査の高精度化を図る方法を示す。

(1)　手法の概要

トンネル切羽の発破で発生する振動を，切羽前方の地表に設置した複数の受振器で測定

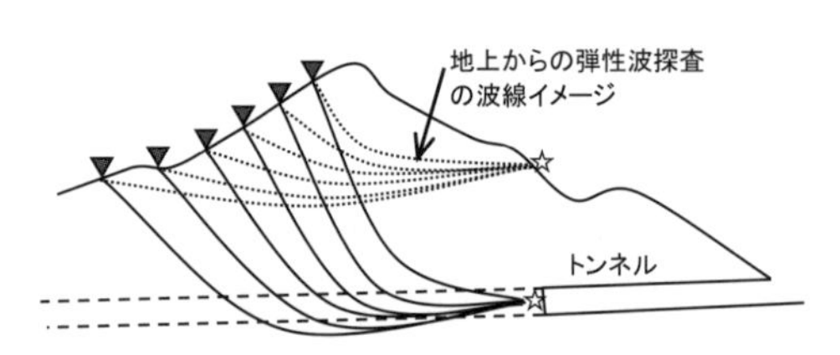

図 4-7　切羽を起振源とする切羽前方探査の概念図[7)]

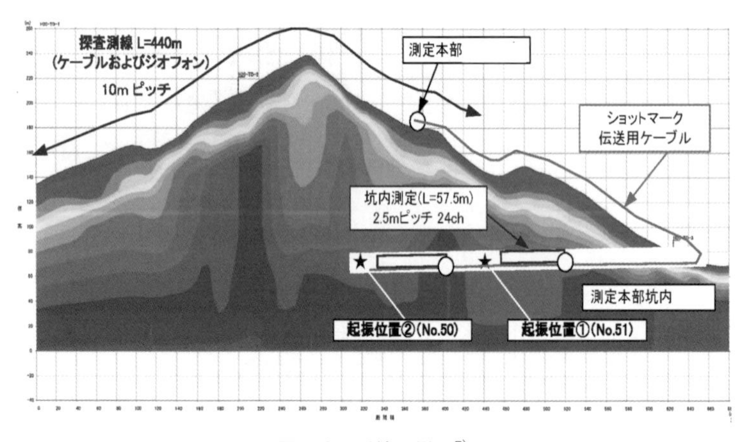

図 4-8　測線配置図[7)]

すれば，図 4-7 に示すように，弾性波はこれから掘削する地山を通るため，トンネル切羽前方の地山性状を反映した結果が得られる。したがって，これらのデータと事前調査での探査データとを合わせて解析すれば，より正確な地山の速度分布が求められる。掘削時の発破を利用した探査の最大の利点としては，施工サイクルに全く影響を及ぼさずに測定を実施できる点が挙げられる。

トンネル切羽の発破を利用した探査では，発破時刻と受振器に波が到達する時刻をそれぞれ 1 ms 程度の精度で測る必要があり，そのために，発火器および受振器の記録を GPS の信号と同期させて正確な時刻を刻時しながら測定することも行われている[8)]。しかし，本研究会では，図 4-8 に示すように坑内外を直接結線する，簡易で誰でも実施できる方法を採用して調査を行った。

(2)　対象トンネルと適用結果

新鹿トンネルは延長 734 m の道路トンネルである。最大土被りが約 170 m で，花崗斑岩を主体とし，トンネル中央部に大規模な低速度帯の存在が予想されていた。探査測線は，図 4-8 に示したように測線長を 440 m，測点間隔を 10 m とし，その測点位置は事前調査と同位置とした。また，起振には，No. 51 付近および No. 50 付近の切羽における掘削用発破を利用した。

解析結果として，図 4-9 に波線経路と弾性波速度分布を，事前調査データの再解析結果と合わせて示す。これらの結果より，以下のことが確認できている。

① 事前調査では，土被りの大きいトンネル中央部でトンネル深度に波線が届いていなかったが，切羽発破を使用した探査では，トンネル深度に達しており，回数を重ねてデータ量が増えるほど，トンネル深度における解析結果の信頼性が向上している。

② 切羽前方の弾性波速度のコントラストをより明瞭に把握することができる。

③ 通常のトンネル掘削で使用する段発発破を適用することができる。

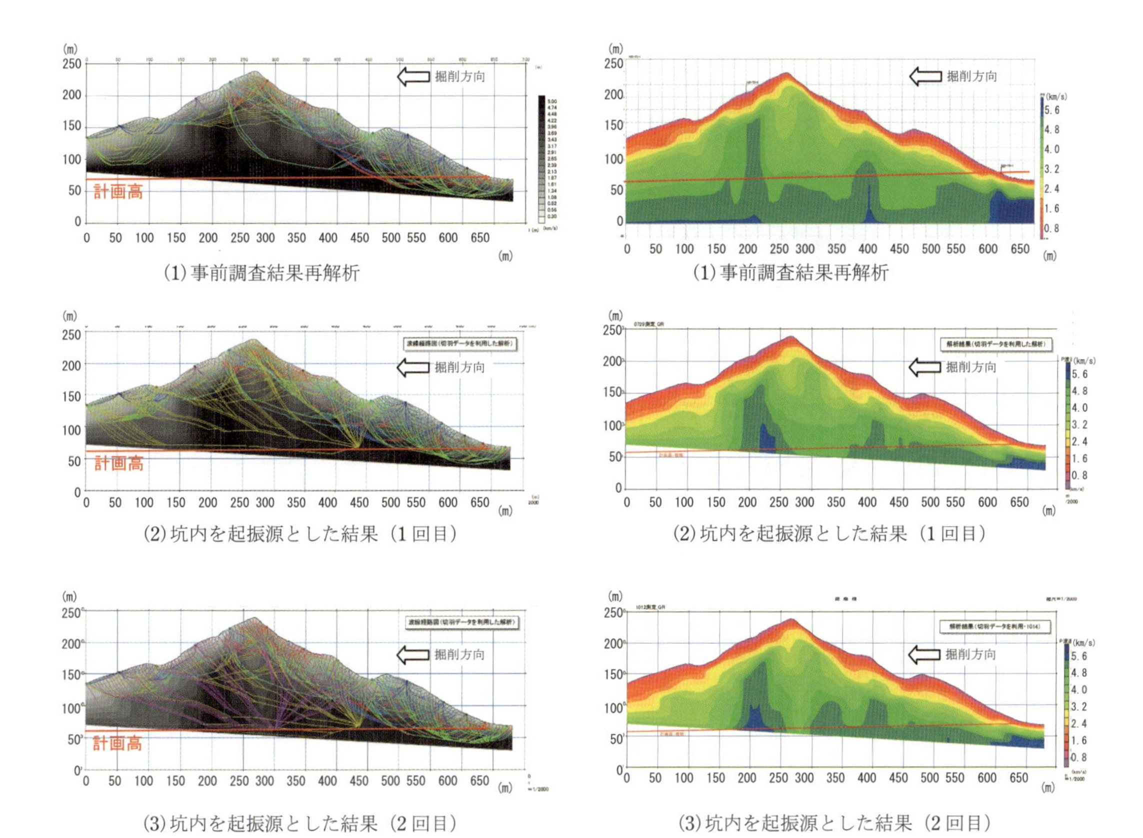

図 4-9　波線経路および弾性波速度分布[7)]

④　本トンネルは地山内の弾性波速度差があまり大きくなく，支保パターン変更のための根拠とはできなかったが，事前探査に限界がある大土被りのトンネルにおける施工管理として本手法が有効である。

今後，このような手法をより効率的かつより高精度に行うことができるようにするためには，以下の点に配慮が必要である。

①　事前調査の弾性波探査データを再度トモグラフィ解析で使用するため，探査結果（走時データ，測点の座標データ）を電子ファイルで入手できるようにする。

②　切羽発破振動測定用の振動計は事前調査の測線上に設置する必要があることから，探査時の測点杭を施工中も残すようにする。

③　最適な受振点の数や配置および発破位置（測定時の切羽位置）を十分考慮したうえで，探査を実施する。

4.2.5　切羽前方探査による複合探査事例

須知第二トンネルは延長 380 m の道路トンネルである。丹波帯の付加体堆積物である緑色岩，層状チャート，頁岩・砂岩を主とする破砕岩類が分布する。

(1)　手法の概要

工事着手前の弾性波探査による地盤調査では，4カ所の断層破砕帯の存在が推測されていた。岩質判定時に最も信頼の高い切羽前方探査結果は先進調査ボーリングであるが，コストや工程に与える影響が大きいため，広い範囲に適用することは困難である。そこで，それらの断層破砕帯を確認するため，以下に示すように，TSP 探査で先進調査ボーリン

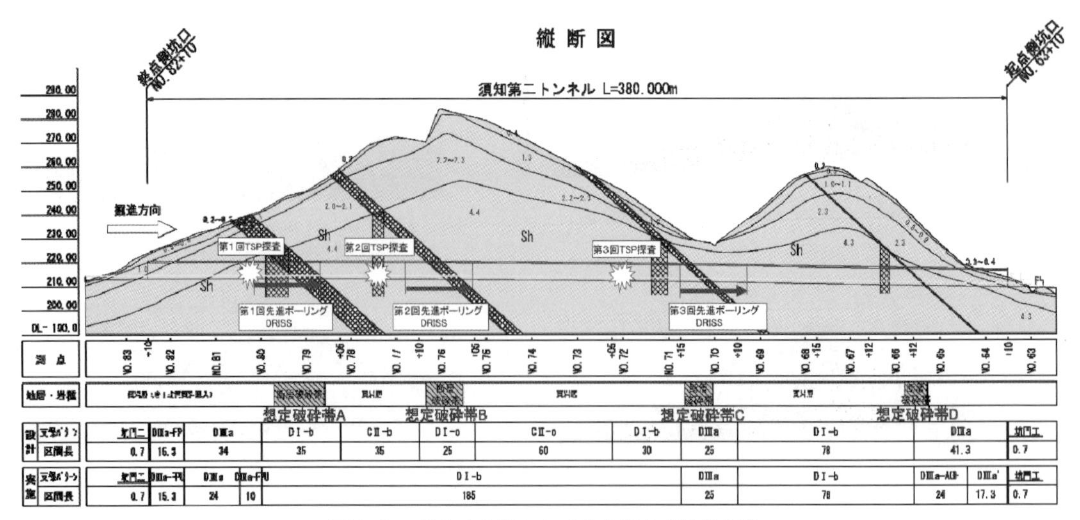

図 4-10　想定破砕帯および前方探査実施位置[9)]

グを実施する区間を特定して前方探査を実施した。想定破砕帯の位置と各探査の実施位置を**図 4-10** に示す。

① 想定破砕帯の約 20 m 手前から弾性波探査反射法による切羽前方探査（TSP）を行い，破砕帯の位置をある程度特定する。

② 特定した破砕帯位置の 10 m 手前から先進調査ボーリングおよび削孔検層を行い，破砕帯の 3 次元的な位置と地質性状を把握する。

先進調査ボーリングには，コアサンプリングが可能なワイヤライン工法（以下 PS-WL 工法）を採用した。ボーリング箇所は切羽中央部 1 カ所とし，30 m の穿孔およびコアサンプリングを行った。削孔検層は，両肩部 2 カ所を対象とし，30 m を調査した。

(2)　適用結果

本トンネルの地質は，**図 4-11** に一例として示す切羽状況においても先進調査ボーリングの結果からも，軟質な破砕された黒色頁岩（泥岩基質）に硬質な珪質頁岩，緑色岩，砂岩の岩塊が混在する「混在岩相」を呈していた。

TSP 探査では多くの反射面が観察されたが，それらは各岩塊の境界面での反射波を捕らえたものと考えられ，破砕帯など特に脆弱な部分のみを抽出して特定することはできなかった。しかし，切羽やボーリングで確認できた混在岩相と TSP 探査における反射面密度との対応性が強かったため，この情報に基づき地山の脆弱な区間を読み取ることができた。この考え方を適用して，TSP の結果から設計で CII-b であった区間を DI-b と予想をしていたが，実際に掘削した結果，DI-b へ変更となっている。以上のことより，TSP 探査により得られた前方地山の想定は，実際の地山状況に概ね一致するものであったとしている。

先進調査ボーリングでは，PS-WL 工法を採用したため RQD は得られないものの，岩石種や岩性状などを容易に観察できた。粘土を伴う地層でもコアを採取でき，粘土層を含む破砕帯を確認することができた。直接，地山試料を確認できることから，今回行った 3 つの探査方法の中では，最も信頼性の高い調査方法といえる。

削孔検層調査では，地山が付加体の中でも複雑な地質構造である混在岩相であったため，破砕帯や同一岩種の明確な連続性は認められなかった。しかし，比較的単純な地質構造を示す地山を対象とした別の事例では，切羽の左右 2 カ所での検層調査と切羽中央の先進調

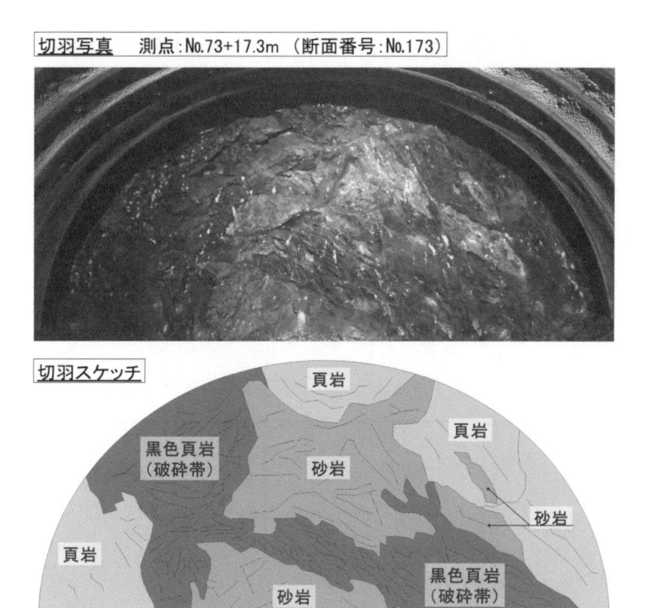

図 4-11　切羽写真およびスケッチ（混在岩相部）[9]

査ボーリングによって，ボーリングだけでは把握できない不連続面の走向・傾斜や3次元的な地層分布が想定できているため，組合せとしては適切であると考えられる。

このように，地質構造，工程，費用などの条件を考慮して，各探査技術の特徴に応じて組み合わせて前方探査を実施することは，トンネル施工の安全性とトンネルの安定性を確保するうえで有効である。

4.3　施工中の地盤調査・評価の高度化のために

本節ではトンネルを対象とした「施工中の地盤調査・評価の高度化」について，事例分析結果をもとに，本研究会の考え方を提案する。

4.3.1　施工実績に基づく地盤調査結果からの地山区分の可能性

本項では「施工実績に基づく地盤調査結果からの地山区分の可能性」と題して，(1) では，弾性波速度と比抵抗による地山分類判定を試みた目的について述べる。(2) では，トンネルの事前調査，設計，施工に関する事例を紹介する。(3) では，弾性波速度と比抵抗による地山分類の可能性について考察する。(4) では，比抵抗測定による地山分類判定基準の試みについて述べる。

(1)　弾性波速度と比抵抗による地山分類判定の試み（目的）

山岳トンネルの調査段階では，弾性波速度と地山強度比をもとに地山分類が行われるのが一般的である。硬岩では弾性波速度，軟岩では地山強度比，さらに軟質な地山では相対密度や細粒分含有率が主な指標となる。

設計段階で，弾性波速度，地山強度比，地山の状況，コアの状態，RQD，相対密度，細粒分含有率，地山ポアソン比などが地山等級区分の指標となり，設計（当初設計の支保パターンの設定）を行う。

本研究会では，弾性波速度だけでなく，弾性波速度と比抵抗の組合せ，さらに，比抵抗だけで地山分類ができるのではないかと考えた。そこで，研究会メンバーが施工に関わったトンネルの事例を用いて分析を行うことにした。

(2)　事例データ

各トンネルについて，トンネル延長20 m ごとの土被り，地質年代，地山岩種，弾性波速度，比抵抗，当初設計の支保パターン，実施の支保パターン，湧水量（4段階区分）を抽出・整理した。対象とした14トンネルの一覧表を**表4-2**に示すとともに，代表的なトンネルの弾性波速度図および比抵抗断面図，ならびに諸元について，**図4-12**～**図4-14**に掲載する。

表4-2　トンネル分析事例一覧

トンネル名	場所	用途	書籍※1)	書籍※2)	地質年代	地質	延長(m)	最大土被り(m)	物理探査		事例の概要・特徴
									弾性波探査	電気探査	
平山	岐阜	道路	A		中・古生代	堆積岩類	1,413	190	屈折法	2極法	破砕帯と集中湧水箇所を把握
伯母谷第5	奈良	道路	B		中・古生代	堆積岩類	470	60	屈折法	2極法	複雑な地質構造の把握と地山分類
綾部第5	京都	道路	C		中・古生代	堆積岩類	1,378	190	屈折法	2極法	地質構造の把握と地山分類
乙訓	京都	導水路	D		中・古生代	堆積岩類	4,650	330	屈折法	CSAMT	土被りの深い事例，湧水箇所の把握 TBM工法
高田山	和歌山	道路		G	新生代古第三紀	堆積岩類	1,700	170	屈折法	2極法	応力解放による変形を考慮した地山評価 施工中の調査で比抵抗高密度探査を実施
箕面	大阪	道路		E	中・古生代	堆積岩類	5,523	380	屈折法	CSAMT	広域の地質構成・地質構造を詳細に把握
水越	大阪 奈良	道路	E		中生代白亜紀	花崗岩類 石英閃緑岩	2,370	212	屈折法	2極法	比抵抗による地山・地下水状況の総合評価
金剛2期	大阪	道路	F		中生代白亜紀	花崗岩類	246	50	屈折法	2極法	地質構造，風化変質部の把握
栗東	滋賀	道路	J	A	中生代白亜紀	花崗岩類	3,772	220	屈折法	2極法	TBM施工中に比抵抗高密度探査などを実施し，地山等級を見直したTBM導坑先進拡幅工法
新鹿	三重	道路			新生代新第三紀	花崗岩類	734	170	屈折法	2極法	切羽発破を利用した弾性波高密度探査による複合探査事例
初島	和歌山	道路	P		中生代	結晶片岩	175	45	屈折法	2極法	結晶片岩での適応例，坑口部地質状況の把握
新玉手山	大阪	鉄道	Q		新生代新第三紀	堆積岩類 安山岩	715	75	屈折法	2極法	堆積岩と安山岩，地質構造と地山の硬軟の把握
青峰	三重	鉄道	R		中・古生代	堆積岩類 蛇紋岩	2,700	90	屈折法	2極法	蛇紋岩と堆積岩，複雑な地質構造地帯での適応例
新矢立	宮崎	道路	S		新生代古第三紀	堆積岩類	1,021	220	屈折法	2極法	古第三紀堆積岩での適応例，岩種区分への利用

※1)（財）災害科学研究所トンネル調査研究会（2001）：地盤の可視化と探査技術，鹿島出版会，pp. 79-150　の評価事例記号
※2)（財）災害科学研究所トンネル調査研究会（2009）：地盤の可視化と評価法，鹿島出版会，pp. 87-164　の評価事例記号

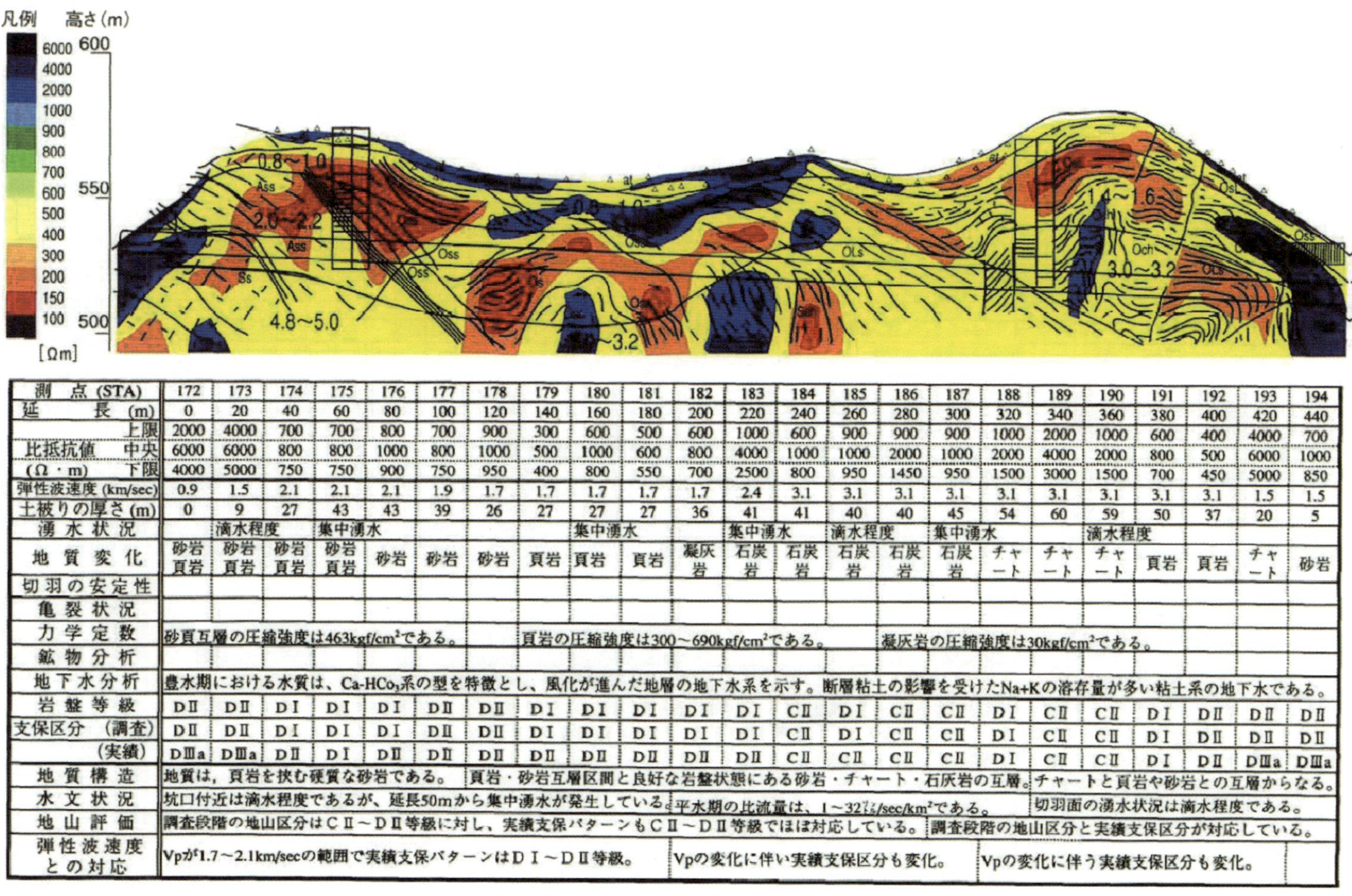

測点 (STA)	172	173	174	175	176	177	178	179	180	181	182	183	184	185	186	187	188	189	190	191	192	193	194
延長 (m)	0	20	40	60	80	100	120	140	160	180	200	220	240	260	280	300	320	340	360	380	400	420	440
比抵抗値 (Ω・m) 上限	2000	4000	700	700	800	700	900	300	600	500	600	1000	600	900	900	900	1000	2000	1000	600	400	4000	700
比抵抗値 (Ω・m) 中央	6000	6000	800	800	1000	800	1000	500	1000	600	800	4000	1000	1000	2000	1000	2000	4000	2000	800	500	6000	1000
比抵抗値 (Ω・m) 下限	4000	5000	750	750	900	750	950	400	800	550	700	2500	800	950	1450	950	1500	3000	1500	700	450	5000	850
弾性波速度 (km/sec)	0.9	1.5	2.1	2.1	2.1	1.9	1.7	1.7	1.7	1.7	1.7	2.4	3.1	3.1	3.1	3.1	3.1	3.1	3.1	3.1	3.1	1.5	1.5
土被りの厚さ (m)	0	9	27	43	43	39	26	27	27	27	36	41	41	40	40	45	54	60	59	50	37	20	5
湧水状況		滴水程度		集中湧水					集中湧水			集中湧水		滴水程度		集中湧水			滴水程度				
地質変化	砂岩 頁岩	砂岩 頁岩	砂岩 頁岩	砂岩 頁岩	砂岩	砂岩	砂岩	頁岩	頁岩	頁岩	凝灰岩	石炭岩	石炭岩	石炭岩	石炭岩	石炭岩	チャート	チャート	チャート	頁岩	頁岩	チャート	砂岩
切羽の安定性																							
亀裂状況																							
力学定数	砂頁互層の圧縮強度は463kgf/cm^{2}である。							頁岩の圧縮強度は300～690kgf/cm^{2}である。							凝灰岩の圧縮強度は30kgf/cm^{2}である。								
鉱物分析																							
地下水分析	豊水期における水質は、$Ca\text{-}HCo_3$系の型を特徴とし、風化が進んだ地層の地下水系を示す。断層粘土の影響を受けたNa+Kの溶存量が多い粘土系の地下水である。																						
岩盤等級	DⅡ	DⅡ	DⅠ	DⅠ	DⅠ	DⅡ	DⅡ	DⅠ	DⅠ	DⅠ	DⅠ	DⅠ	CⅡ	DⅠ	CⅡ	CⅡ	DⅠ	CⅡ	CⅡ	DⅠ	DⅡ	DⅡ	DⅡ
支保区分 (調査)	DⅡ	DⅡ	DⅠ	DⅠ	DⅠ	DⅡ	DⅡ	DⅠ	DⅠ	DⅠ	DⅠ	DⅠ	CⅡ	DⅠ	CⅡ	CⅡ	DⅠ	CⅡ	CⅡ	DⅠ	DⅡ	DⅡ	DⅡ
支保区分 (実績)	DⅢa	DⅢa	DⅡ	DⅠ	DⅡ	DⅡ	DⅡ	DⅡ	DⅡ	DⅡ	DⅡ	DⅡ	CⅡ	CⅡ	CⅡ	CⅡ	DⅠ	CⅡ	CⅡ	DⅠ	DⅡ	DⅢa	DⅢa
地質構造	地質は，頁岩を挟む硬質な砂岩である。						頁岩・砂岩互層区間と良好な岩盤状態にある砂岩・チャート・石灰岩の互層。											チャートと頁岩や砂岩との互層からなる。					
水文状況	坑口付近は滴水程度であるが、延長50mから集中湧水が発生している。										平水期の比流量は、1～32ℓ/sec/km^{2}である。							切羽面の湧水状況は滴水程度である。					
地山評価	調査段階の地山区分はCⅡ～DⅡ等級に対し、実績支保パターンもCⅡ～DⅡ等級でほぼ対応している。															調査段階の地山区分と実績支保区分が対応している。							
弾性波速度との対応	Vpが1.7～2.1km/secの範囲で実績支保パターンはDⅠ～DⅡ等級。										Vpの変化に伴い実績支保区分も変化。						Vpの変化に伴う実績支保区分も変化。						

図4-12　地盤調査結果整理図（伯母谷第5トンネル）

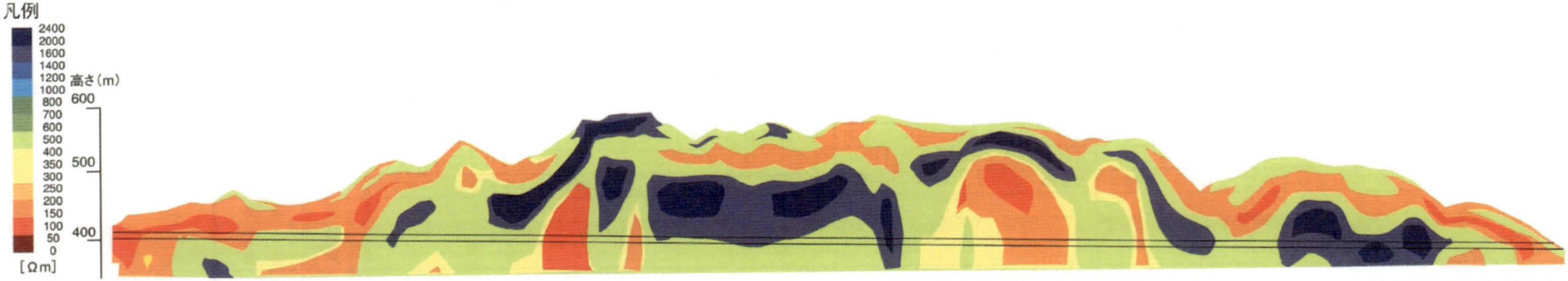

測点 (STA)	30	32	35	37	40	42	45	47	50	52	55	57	60	62	65	67	70	72	75	77	79	82
延長 (m)	0	50	100	150	200	250	300	350	400	450	500	550	600	650	700	750	800	850	900	950	1000	1050
比抵抗値 (Ω・m) 上限	150	50	150	150	150	150	400	400	400	150	1200	800	1200	1800	1200	150	600	600	1400	1200	1400	1200
中央	250	200	250	300	250	300	500	600	500	250	1000	700	1000	1400	1000	100	500	500	1200	1000	1200	1000
下限	400	400	400	400	400	400	800	800	600	400	800	600	800	1200	600	50	400	400	800	800	800	800
弾性波速度 (km/sec)	0.8	4.0	2.0	3.8	4.0	4.0	4.0	4.6	4.6	4.0	4.6	4.6	4.6	2.4	3.8	3.8	3.8	4.8	4.8	4.8	4.8	4.8
土被りの厚さ (m)	0	11	22	37	52	61	52	46	75	107	112	125	145	115	114	136	153	178	179	156	163	159
湧水状況	滲水程度		同左	同左	同左	同左	同左	同左	滴水程度		同左	同左	同左	滲水程度								
地質変化	石英閃緑岩	石英閃緑岩	変質岩	石英閃緑岩	石英閃緑岩	石英閃緑岩	石英閃緑岩	石英閃緑岩	変質岩	変質岩	変質岩	石英閃緑岩	石英閃緑岩	石英閃緑岩	石英閃緑岩	石英閃緑岩	変質岩	変質岩	石英閃緑岩	石英閃緑岩	石英閃緑岩	石英閃緑岩
切羽の安定性																						
亀裂状況																						
力学定数	CM～CH岩級のコアの圧縮強度は250～670kgf/cm²である。																					
鉱物分析																						
地下水分析	大阪側の13箇所の水質分析結果は、Ca-HCO3が多くSO4, Cl, Mg, Na+Kの溶存成分が少ない。																					
岩盤分類	DⅡ	CⅠ	DⅡ	CⅠ	DⅡ	CⅡ	CⅡ	CⅡ	CⅠ	CⅠ	B	B	B	B	CⅠ	DⅠ	DⅠ	CⅠ	B	B	B	DⅡ
支保区分 (調査)	DⅡ	CⅠ	DⅡ	CⅠ	DⅡ	CⅡ	CⅡ	CⅡ	CⅠ	CⅠ	B	B	B	B	CⅠ	DⅠ	DⅠ	CⅠ	B	B	B	DⅡ
(実績)	DⅢb	DⅢa	DⅢa	CⅡ	CⅡ	DⅠ	DⅠ'	DⅠ'	DⅠ'	DⅠ'	DⅠ'	CⅡ	DⅠ'	DⅠ'	CⅡ	CⅡ	CⅡ	DⅠ	DⅠ	DⅠ	CⅡ	CⅡ
地質構造	地質は、領家花崗岩類の石英閃緑岩で、新鮮岩、変質岩、カタクラサイトおよび破砕帯に大別される。																					
水文状況	孔口より20m付近から最大20ℓ/minの湧水が発生した。											大阪側は、既にトンネル掘削が完了した反対側からの水抜き										
地山評価	調査段階の地山区分はB～DⅡ等級に対し、実績支保区分はCⅡ～DⅢ等級で1～2ランク低く評価されている。																					
弾性波速度との対応	トンネルルート上の弾性波速度が0.8～4.8km/secの範囲で分布しているが、実績支保区分とは対応してない。																					

測点 (STA)	84	87	89	92	95	97	100	102	105	107	110	112	115	117	120	122	125	127	130	132	135	137	140	142	145	147
延長 (m)	1100	1150	1200	1250	1302	1353	1403	1453	1502	1552	1603	1654	1702	1754	1803	1851	1902	1951	2003	2049	2103	2155	2203	2251	2301	2350
比抵抗値 (Ω・m) 上限	1000	1000	800	1200	800	600	600	400	400	600	800	400	1200	1200	1200	800	1200	1200	1200	1200	1200	800	600	600	400	
中央	900	900	700	1000	600	400	400	150	150	400	600	150	800	800	800	600	800	800	800	800	800	600	400	400	150	
下限	800	600	600	800	700	500	500	275	275	500	700	275	1000	1000	1000	700	1000	1000	1000	1000	1000	700	500	500	275	
弾性波速度 (km/sec)	4.8	4.8	3.8	3.8	3.8	3.8	3.8	4.4	4.4	4.4	4.4	4.4	4.4	4.4	4.4	4.4	4.0	4.0	3.4	3.4	1.8	5.0	5.0	3.2	2.2	1.0
土被りの厚さ (m)	175	162	195	205	195	194	195	201	193	178																
湧水状況					全面湧水		同左	集中湧水		滴水程度		同左	同左	同左	同左	同左	同左	滲水程度		滴水程度		同左	同左	同左	同左	同左
地質変化	石英閃緑岩	石英閃緑岩	石英閃緑岩	石英閃緑岩	石英閃緑岩	石英閃緑岩	石英閃緑岩	石英閃緑岩	石英閃緑岩	石英閃緑岩	石英閃緑岩	石英閃緑岩	石英閃緑岩	石英閃緑岩	石英閃緑岩	石英閃緑岩	石英閃緑岩	石英閃緑岩	石英閃緑岩	石英閃緑岩	石英閃緑岩	石英閃緑岩	石英閃緑岩	石英閃緑岩	石英閃緑岩	石英閃緑岩
切羽の安定性				岩塊が抜け落ちる				安定	岩塊が抜け落ちる				安定	岩塊が抜け落ちる				安定	岩塊が抜け落ちる							
亀裂状況					部分的開口			密着	部分的開口					密着				密着			密着					
力学定数																										
鉱物分析																										
地下水分析	奈良側の水質分析結果は、pHは7.0～7.9、亜硝酸性窒素が0.5mg/ℓ、塩素が10mg/ℓ、K Mn O4が1mg/ℓ、鉄分が0.12mg/ℓ、フッ素が0.4mg/ℓである。																									
岩盤分類	B	B	CⅠ	CⅠ	CⅠ	CⅠ	CⅠ	DⅠ	DⅡ	DⅡ	DⅡ	DⅠ	CⅠ	CⅠ	CⅠ	CⅠ	CⅡ	B	CⅠ	CⅠ	CⅠ	DⅠ	DⅠ	DⅡ	DⅡ	DⅡ
支保区分 (調査)	B	B	CⅠ	CⅠ	CⅠ	CⅠ	CⅠ	DⅠ	DⅡ	DⅡ	DⅡ	DⅠ	CⅠ	CⅠ	CⅠ	CⅠ	CⅡ	B	CⅠ	CⅠ	CⅠ	DⅠ	DⅠ	DⅡ	DⅡ	DⅡ
(実績)	CⅡ	CⅡ	CⅡ	CⅡ	CⅡ	CⅡ	CⅡ	DⅡ	DⅠ	DⅡ	DⅡ	DⅠ	DⅠ	CⅡ	CⅡ	CⅡ2	DⅠ	DⅠ	DⅡ	DⅠ	DⅡ			DⅠ		
地質構造	これらは西北西～東南東方向の断層破砕帯によって規制され、平面的には帯状～レンズ状に分布する。																									
水文状況	ボーリングにより、全体に坑内湧水量が少ない。									集中湧水が発生した区間は、比抵抗値が急激に変化する区間である。																
地山評価	調査段階の地山区分はB～DⅡ等級に対し、実績支保区分はCⅡ～DⅡ等級で1～2ランク低く評価されている。																									
弾性波速度との対応	トンネルルート上の弾性波速度が1.0～4.4km/secの範囲で分布しているが、実績支保区分とは対応してない。																									

図 4-13　地盤調査結果整理図（水越トンネル）

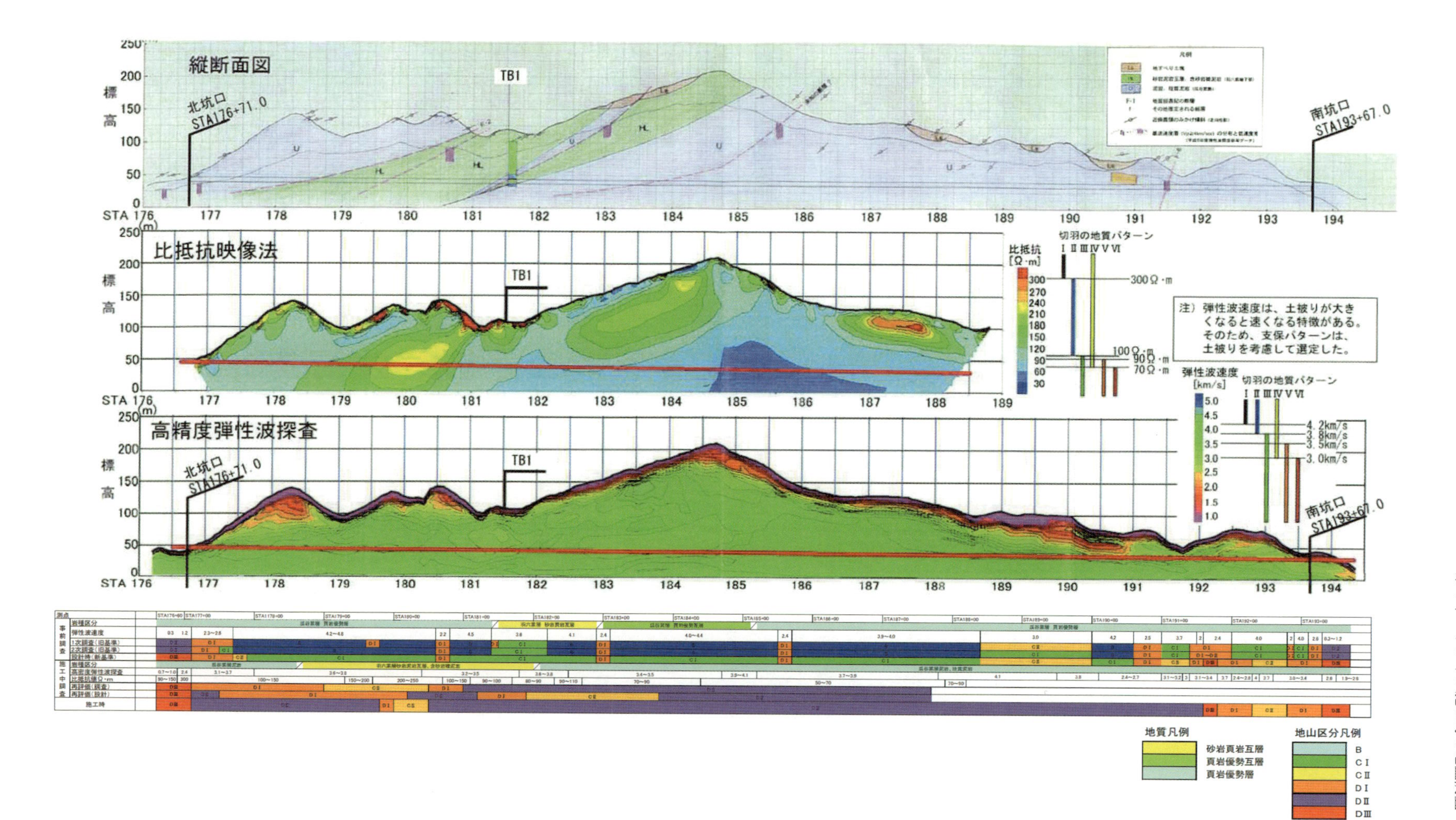

図 4-14　地盤調査結果整理図（高田山トンネル）

(3) 弾性波速度と比抵抗による地山区分（支保区分）の可能性

本研究会では，20 数年前から「地盤の可視化」の実現を追い求めてきた。初期の段階では，比抵抗高密度探査で取得した比抵抗と工学的特性との相関性や地山区分の可能性について，そしてその数年後に，同一測線での弾性波探査屈折法による弾性波速度（P 波速度）を加えて，比抵抗と弾性波速度の組合せ（以後「複合探査」と呼ぶ：本書の**第 2 章**参照）による工学的特性との関連性や地山区分（支保区分）評定の可能性について研究を追加・継続し，各々の時点での成果を「比抵抗高密度探査に基づく地盤評価（1997.9）[10]」，「地盤の可視化と探査技術（2001.7）[11]」，「地盤の可視化とその評価法（2005.10）[12]」，「地盤の可視化技術と評価法（2009.12）[13]」などで結果を公表してきた。しかし，比抵抗や弾性波速度とトンネル地山区分（支保区分）との間の相関性については，明確な結論を得るには至らなかったので，2001～2009 年に収集したトンネル施工事例に，2009 年 12 月以降新たに収集したトンネル施工事例から得た地山の比抵抗と弾性波速度のデータを加え，比抵抗および弾性波速度とトンネル地山区分（支保区分）の間の関係について再度分析・検討を試みた。今回の分析・検討に使用したトンネル施工事例は（2）に示す 14 事例で，その内訳は中古生代・砂岩頁岩互層 6，古第三紀砂岩・頁岩互層 2，花崗岩類 3，閃緑岩～安山岩～流紋岩類 2 および結晶片岩類 1 である。

一般に，比抵抗は主に地山の物理特性（間隙率や飽和度など）に関連する量とされ，他方，弾性波速度は主に地山の力学特性（変形・強度特性など）に関連する量とされる。また，比抵抗や弾性波速度と間隙率や飽和度などとの関係については，例えば，文献 10），11），12），13），さらには羽竜・西川（2003）[14]，楠見・高橋・中村（2006）[15]などに示されている。トンネル対象区間に存在する原位置地山の間隙率や飽和度を精度良く把握することは容易ではないが，あらかじめ室内試験などにおいて比抵抗や弾性波速度と間隙率や飽和度などとの関係性を見つけておけば，先の文献中にある Archie や Wyllie の式および Gassmann-Biot 理論式などを用いて，地山の比抵抗と弾性波速度の分布から間隙率分布や飽和度分布あるいは体積含水率（間隙率×飽和度）分布などの推定が可能となり，これらから地山の工学的特性や含水状況を評価することも可能となる。このように，複合探査の結果を用いて比抵抗と弾性波速度の組合せと地山区分との関係を見いだすことができれば，この関係を利用して，比抵抗と弾性波速度の組合せから原位置地山の高精度地山区分図作成に近づけると期待される。

比抵抗ならびに弾性波速度と地山状況との関係については，**1.5**「弾性波探査屈折法」および **1.6**「比抵抗高密度探査」で詳述したが，改めて要約すると，以下のように整理される。

（a）比抵抗の傾向

① 岩盤が新鮮な場合，細粒岩盤（泥質岩，流紋岩質岩）ほど小さく，粗粒岩盤（礫質岩，花崗岩質岩）ほど大きい。

② 粘土鉱物の含有量が多いほど小さく，少ないほど大きい。

③ 飽和度一定の条件下では間隙率が小さいほど小さく，大きいほど大きい。

④ 間隙率一定の条件下では飽和度が高いほど小さく，低いほど大きい。

（b）弾性波速度の特徴

① 新鮮・硬質な岩ほど大きく，風化が進行し脆弱な岩ほど小さい。

② 固結度が低い場合あるいは亀裂が発達している岩盤では，土被りに影響されて，深さ方向に速度が増加する（したがって，掘削などにより上載圧が除去されると速度が低下することになるので，地山評価の際に注意を要する）。

③　原位置での弾性波探査では，地下水面の識別や断層破砕帯中の含水状況など，水に関する情報の把握が困難なので，比抵抗情報を加味して評価する必要がある。

比抵抗を縦軸に，弾性波速度を横軸に取り，地山の比抵抗および弾性波速度と地山等級が先の**2.4.1**（1）で示した**図 2-15**のようにイメージ化できれば，比抵抗と弾性波速度から地山等級が一義的に導き出せると考え，本節（2）に示した14の施工事例の分析を行った。

それぞれの施工報告書に記載された施工断面図を用いて，20 m 間隔ごとに地山の弾性波速度，比抵抗と支保パターンの関係を整理し，比抵抗を縦軸に，弾性波速度を横軸にしたグラフに，岩種別を色分けし，支保パターンごとに記号を割り当てて図化した。その結果を**図 4-15**に示す。この図より，岩種ごとに分布の特徴が異なることが分かる。まず，今回の事例では，頁岩，粘板岩，砂岩・頁岩互層で弾性波速度と比抵抗の組合せから，概ね２つのグループに分けられる。さらに，細粒岩（頁岩や流紋岩）では，比抵抗が高ければ弾性波速度も大きく，逆に低ければ弾性波速度は小さくなる傾向が見られる。粗粒岩（花崗岩系の岩盤）では，弾性波速度が 1.5～ 2 km/s と 5 km/s 前後の 2 グループに分けられ，各グループで比抵抗が数 10～数 1,000 Ωm まで変化する縦長の分布形態を示している。これは弾性波速度が地山の風化度を反映し，比抵抗はその風化度での飽和度を反映していると推察される。粗粒岩（砂岩）・細粒岩（頁岩）の互層帯や細粒変成岩（蛇紋岩）においても花崗岩系と同様に縦長の分布形態を示し，弾性波速度は 3.5～ 4 km/s 付近に集中していて，比抵抗が数 10～1,000～2,000 Ωm まで変化する。このケースの比抵抗も飽和度の違いを反映していると推察される。粗粒岩（砂岩）単一では，比抵抗が数 100～1,000 Ωm の範囲で，弾性波速度が数 100 m/s ～ 5 km/s の広い範囲の，図の黄緑色で囲んだ四角の範囲に分布し，その間に一定の関連性は認められない。最後に，破砕帯では，今回の事例での比抵抗はほぼ 60 Ωm に集中し，弾性波速度は 1 ～3.5 km/s まで変化する。比抵抗が低いことから，破砕帯中に粘土鉱物が多く含まれ，かつ飽和度が高いことを示していると推察される。また，これまで述べた各グループにおいて，支保区分（E～D～C～B）と弾性波速度との間に一般とは逆の関係（E～Dクラスの速度がC～Bクラスの速度より大きくなるなど）を示すものも見られる。

以上のことから，現時点では，今回の 14 事例のデータの評価結果では，比抵抗と弾性波速度の組合せと地山等級の間に一定の整合性ある関係を見いだすのは困難である。しかし，上に述べたように**図 4-15**は岩種別に一定の関係を示唆しており，さらに多くの事例を収集して，例えば，土質基礎工学ライブラリー 16 の表-7.3[16]にあるように，岩種別に地山等級ごとの比抵抗，弾性波速度，間隙率，密度，飽和度などの地盤情報が蓄積されデータベース化できれば，複合探査結果を用いての地山の工学的評価の実現に希望が見いだせると期待したい。なお，周知のように，S波速度は一軸圧縮強度や剛性率との関係式が示されていて[17]，地山の力学的評価を行う際によく用いられている。したがって地山のS波速度が得られれば，より望ましい。

(4)　比抵抗による地山判定基準作成の試み

比抵抗高密度探査は，前項（3）で述べられているとおり，飽和度と間隙率の積で求まる体積含水率の大きい軟岩地山や未固結地盤，水や粘土鉱物を多く含む風化帯や断層破砕帯，熱水変質帯などの不良地盤の同定に優れている。異種岩盤や地盤の硬軟が近接する場合の比抵抗分布範囲の形状から，地盤構造などの情報が得やすい地盤の可視化のツールでもある。

トンネルの施工条件によっては，火薬を使用する弾性波探査を行えないこともある。そ

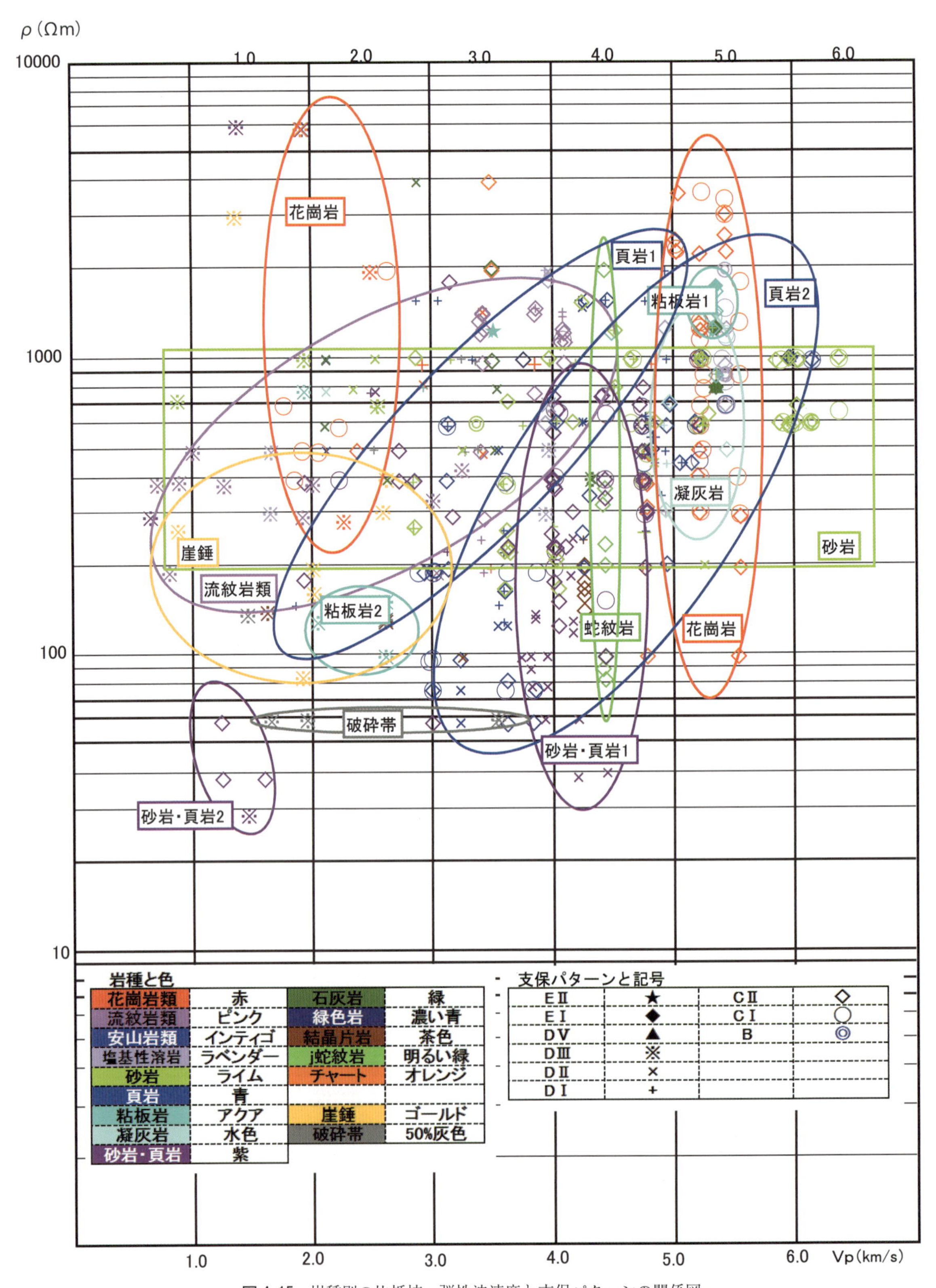

図 4-15　岩種別の比抵抗―弾性波速度と支保パターンの関係図

こで，弾性波探査につぐ物理探査として適用の機会が増えている比抵抗探査のみで地山判定ができないかについて検討した。

(a)　トンネル不良地山と比抵抗高密度探査

トンネルの難工事をもたらす地山の要因は，以下に示す地山状況などが複雑に影響し合っていると考えられる[18]。

① 不連続性の影響：亀裂性岩盤の節理や不連続面の開口により密着性が喪失する（間隙の増加による粘着力や摩擦の喪失）。あるいは，キーブロック的な岩盤破壊やせん断破壊などにより地山の一体性が喪失する。

② 地下水の影響：大量湧水や高水圧の影響により地山が軟弱化や崩壊流動する。あるいは，地下水変動による見かけ粘着力の消失などにより不安定化する。

③ 風化変質の影響：断層破砕帯や風化・熱水変質などによる土砂化や粘土化した脆弱地盤の強度不足により塑性破壊する。

これらに対して，地盤の硬軟や亀裂の多少を把握するためには弾性波探査屈折法が有効であり，地盤の間隙や飽和度，地下水や粘土化などの分布，すなわちトンネルの難工事をもたらす不良地山を把握するためには比抵抗高密度探査が有効であるといわれている。

比抵抗の大小を決める要素・要因は多いが，一般に，比抵抗が低くなる場合には，以下の地山状態などが想定される。

① 亀裂が開口しているなど間隙率が大きくかつ飽和度が高いため，水が多く含まれ，湧水量が多い。

② 風化や熱水変質が進行した地盤では，粘土化や土砂化した地盤である。

③ 断層破砕帯が疑われる場合には，破砕部で粘土化しているか湧水を伴っている。

このように，弾性波探査の低速度帯と比抵抗が低い場合には，不良地山を示すサインとなることから，地盤調査の目的が達せられることとなる。

(b)　比抵抗高密度探査の結果から地山分類を行った事例[19]

以上のような比抵抗探査の特徴を生かして，岩種が1種類に特定されるようなトンネル工事で，比抵抗高密度探査の結果から地山分類を行った事例がある。

近鉄けいはんな線東生駒トンネル（複線トンネル延長＝3,625 m）は，直上に住宅地とゴルフ場があり，土被りは40～70 mの位置にあった。地質は，中生代白亜紀の花崗岩と片麻岩の混成岩を頻繁に挟む。丘陵周辺および高標高部に，井戸，池および湧泉が多数存在し，断層も多数あることが推定されたことから，水理地質特性の把握，推定断層の通過位置や性状の把握に優れた比抵抗高密度探査とボーリング調査により地質状況を十分把握できるものと判断された。なお，土地利用の状況から，火薬消費許可に必要な地元同意を得ることが非常に困難であると予測されたため，この事例では，弾性波探査屈折法は実施していない。本事例では，**図 4-16** に示すように，比抵抗高密度探査で得られた比抵抗と，事前調査で実施したボーリング孔内での PS 検層による弾性波速度とを対比することで，安全側の見地から下限値として換算曲線を定め，これを用いて，比抵抗高密度探査で得られた地山の比抵抗から換算弾性波速度を求めて地山分類を行っている。

今後も，住宅地周辺などにおけるトンネル計画にあたり，環境上の制約などにより弾性波探査屈折法を実施できない場合には，本事例のように，比抵抗から換算弾性波速度を推定し地山評価を行う方法は有効であると考えられる。

(c)　比抵抗による地山判定基準作成の目的

現行の，道路や鉄道系などの発注機関のトンネル設計における地山分類では，設計上の支保区分である地山等級を決める判定指標として，弾性波速度を主とし，それに地山の状

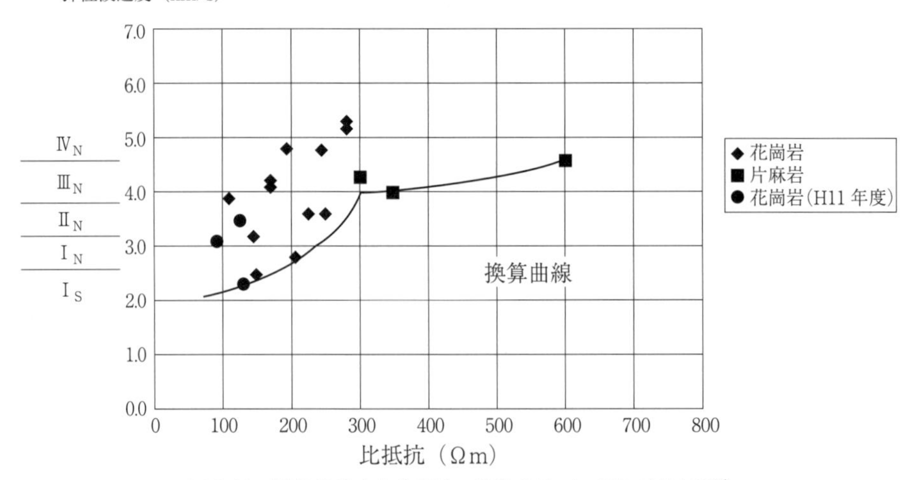

図 4-16　弾性波速度と比抵抗の換算曲線（一部加筆修正）[19]

況，コアの状態，地山強度比などの指標が用いられている。しかし，土木建設分野での弾性波探査屈折法の探査深度については，実用上は，せいぜい 100～200 m 程度であるとされている[20]。

また，土被りに比べて，現地の地形や用地上の制約から発破点距離が十分ではなく，弾性波がトンネル計画探査深度まで届いていない多くの実態がある。さらに解析上は，下部に速度層の低い地層がある場合には，解析ができないなどの弾性波探査屈折法の限界があることが知られている。

このように，弾性波探査のみによる地山分類では，設計時と施工時との支保パターンの間に乖離による変更が多いことなどの問題がしばしば見られる。そのため近年では，探査精度の向上と，地盤の可視化を目的とし，比抵抗高密度探査を併用または追加調査をして，地山評価の精度向上を図るケースが増えている。

地盤の可視化技術と評価法の施工事例分析[21]では，比抵抗探査の結果により多くの精度向上が図られた事例が報告され，比抵抗探査の重要性が改めて紹介されている。

一方，市街化地域を通過する交通インフラなどの建設においては，弾性波探査における起震により環境上の問題が起きやすく，環境や保安上の問題が少ない比抵抗高密度探査による探査のニーズが増えている。このように，比抵抗高密度探査による探査実績は増えてきているにもかかわらず，発注機関各社における設計段階における地山分類では，地山判定基準の主たる指標は地盤の生成年代・岩種ごとの弾性波速度であり，比抵抗は指標にはなっていないのが現状である。

(d)　弾性波速度および比抵抗と地質の一般的な関係[22]

地盤の比抵抗および弾性波速度に影響を及ぼす要素・要因は，前出**図 2-4** や**図 4-17** に示すように多く，その大小が弾性波速度や比抵抗を左右するばかりでなく，多くの要素・要因が複雑に関与している。そのため，何が原因でその弾性波速度や比抵抗が決まっているのかを特定することは難しいが，弾性波速度および比抵抗と地質状態とは，少なくとも何らかの相関があることが知られている。例えば，比抵抗が小さく弾性波速度が小さいものほど地盤が脆弱であり，湧水や粘土化の要因が大きくなる。これらの関係から見ても比抵抗と地盤地質状況とは何らかの相関があり，地山判定の指標となることが十分に期待できる。しかし，前述事例のように，比抵抗高密度探査は，弾性波探査ができないために実

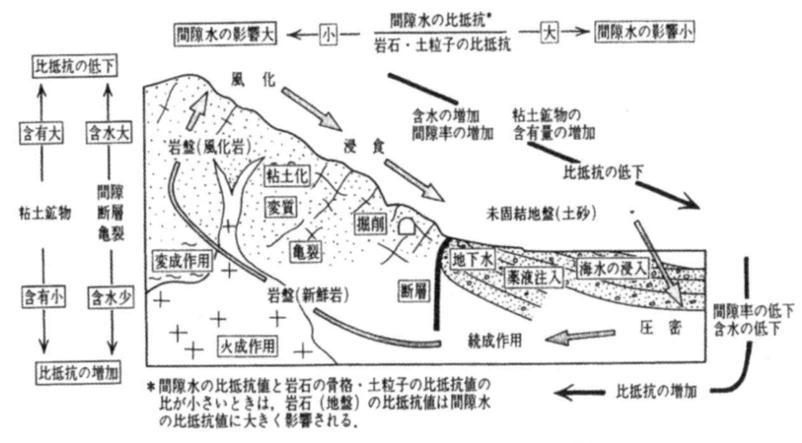

図 4-17　地盤の比抵抗の変化の概念図[23)]

施するとか，比抵抗を弾性波速度に換算するなどして地山等級を区分する，あるいは比抵抗分布や値の傾向から，弾性波速度の一部を修正するなどして，同定解釈するのに利用されているのが現状である。ましてや，比抵抗から直接的に地山等級を類推するなどの地山分類方法はないのが現状である。比抵抗高密度探査が使われる機会がいまだに少ないのは，その結果を直接的に地山分類に適用する地山判定基準が示されていないことにも一因があると思われる。

このような背景から，前項（2）における 14 トンネルの施工事例で得られた弾性波探査と比抵抗高密度探査の両データの見直し分析を行い，比抵抗による地山判定基準（案）の作成を試みることとした。

(e)　実測弾性波速度と比抵抗実績データの整理

各トンネルで実測された弾性波速度が設計時の地山等級相当であるとみなし，同じ位置で実測した比抵抗の測定値と実施支保パターンが当該地山等級に対応しているものと仮定すれば，設計時の地山等級区分の弾性波速度と比抵抗を対比できる。そこで，施工事例の実績データから，設計時の地山等級に対応する比抵抗の分布範囲を特定できれば，比抵抗による地山判定基準の作成が可能であると考えた。

使用した実績データは，**4.3.1**（2）の**表 4-2** に示した弾性波探査屈折法と比抵抗探査による複合探査が行われた 14 トンネルの施工事例のものである。全データ（資料数：42，総データ数 853）について，トンネル延長 20 m ごとに，土被り，岩種区分，弾性波速度，比抵抗，設計地山等級，実施支保パターン，湧水量区分を施工実績データから読み取り整理した。

これらのデータをもとに，同一の実施支保パターンと岩種ごとのデータとして集計し，平均値と分布範囲を取りまとめ，弾性波速度と比抵抗を対比させ，以下のように整理した。

(f)　弾性波速度と比抵抗による地山判定基準（案）の取りまとめ

①　実測された弾性波速度と比抵抗を，同一の代表岩種・設計地山等級ごとに X-Y グラフに対比して整理した。

②　NEXCO 設計要領の地山分類表[24)]に示された，各々の岩種ごとの弾性波速度の範囲に対応する実測比抵抗の範囲を抽出した。

③　②の範囲を，設計時の比抵抗の範囲と等価の値と仮定して，NEXCO の地山分類表に示された弾性波速度の範囲に併記し，比抵抗による地山判定基準（案）として**表 4-3** をまとめた。

表 4-3　弾性波速度と比抵抗による地山判定基準（案）

地山等級	岩石グループ	代表岩石名	弾性波速度Vp（km/s） 0　1.0　2.0　3.0　4.0　5.0	比抵抗ρ（Ωm） 10　100　1000
B	H塊状	花崗岩、花崗閃緑岩、石英斑岩フォルンフェルス		
		中古生層砂岩、チャート		
	M塊状	安山岩、石英安山岩、玄武岩、流紋岩（塩基性溶岩類）		
	L塊状	第三紀層砂岩・礫岩		
		蛇紋岩、凝灰岩、凝灰角礫岩		
	M層状	粘板岩、中古生層頁岩		
	L層状	黒色片岩、緑色片岩		
		第三紀層泥岩		
CⅠ	H塊状	花崗岩、花崗閃緑岩、石英斑岩フォルンフェルス		
		中古生層砂岩、チャート		
	M塊状	安山岩、石英安山岩、玄武岩、流紋岩（塩基性溶岩類）		
	L塊状	第三紀層砂岩・礫岩		
		蛇紋岩、凝灰岩、凝灰角礫岩		
	M層状	粘板岩、中古生層頁岩		
	L層状	黒色片岩、緑色片岩		
		第三紀層泥岩		
CⅡ	H塊状	花崗岩、花崗閃緑岩、石英斑岩フォルンフェルス		
		中古生層砂岩、チャート		
	M塊状	安山岩、石英安山岩、玄武岩、流紋岩（塩基性溶岩類）		
	L塊状	第三紀層砂岩・礫岩		
		蛇紋岩、凝灰岩、凝灰角礫岩		
	M層状	粘板岩、中古生層頁岩		
	L層状	黒色片岩、緑色片岩		
		第三紀層泥岩		
DⅠ	H塊状	花崗岩、花崗閃緑岩、石英斑岩フォルンフェルス		
		中古生層砂岩、チャート		
	M塊状	安山岩、石英安山岩、玄武岩、流紋岩（塩基性溶岩類）		
	L塊状	第三紀層砂岩・礫岩		
		蛇紋岩、凝灰岩、凝灰角礫岩		
	M層状	粘板岩、中古生層頁岩		
	L層状	黒色片岩、緑色片岩		
		第三紀層泥岩		
DⅡ	H塊状	花崗岩、花崗閃緑岩、石英斑岩フォルンフェルス		
		中古生層砂岩、チャート		
	M塊状	安山岩、石英安山岩、玄武岩、流紋岩（塩基性溶岩類）		
	L塊状	第三紀層砂岩・礫岩		
		蛇紋岩、凝灰岩、凝灰角礫岩		
	M層状	粘板岩、中古生層頁岩		
	L層状	黒色片岩、緑色片岩		
		第三紀層泥岩		

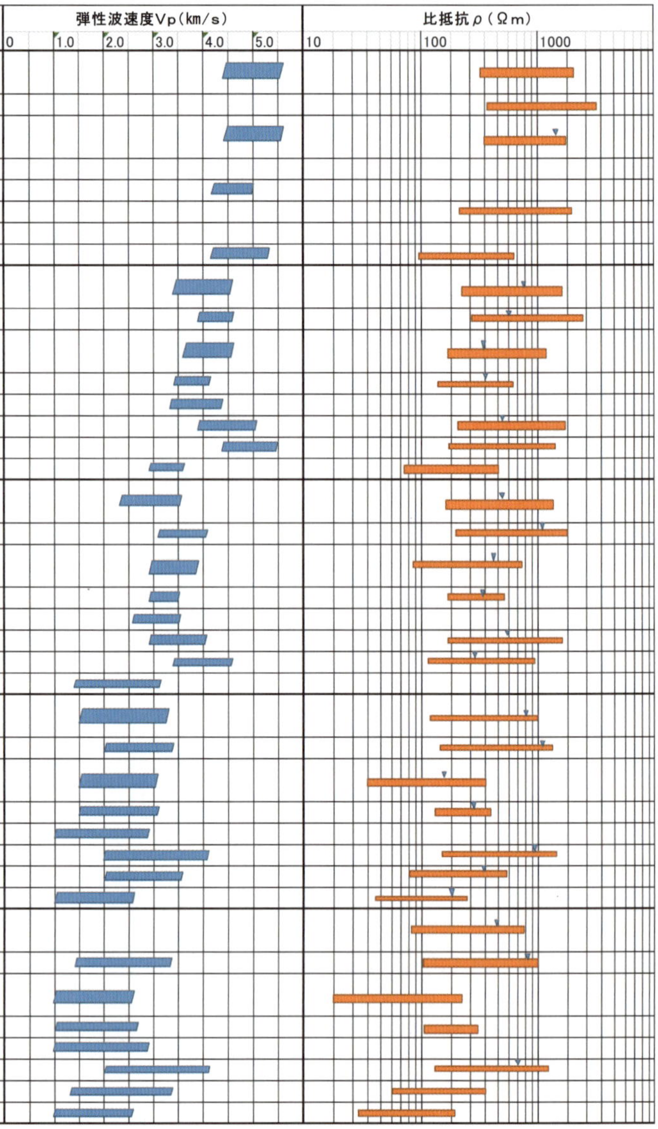

注意①：比抵抗の範囲は，幅の広い解析事例の分布範囲のうち，設計要領の弾性波速度の分布幅に対応する比抵抗の最大と最小値の分布幅を示す。

注意②：比抵抗の範囲図で範囲指定していないものは，事例解析において実測範囲がないものを示す。弾性波速度がなくて事例解析のあるものは参考的に示した。

注意③：使用にあたり，比抵抗範囲は，解析結果から類推した範囲であり，多くの誤差を内在しており，あくまで参考値としての使用にとどめる。

注意④：比抵抗の枠上の▼は，範囲枠内の比抵抗の平均値を示す。ないものは，データ数が極端に少ないかないもので範囲を推定しているものを示す。

比抵抗の範囲は，10～1,000 Ωm と分布幅が大きいため，対数表示で示してある。また，図示した範囲内の比抵抗の平均値を▼で示した。

いずれの岩石グループにおいても，設計地山等級が悪くなるにつれ，比抵抗の範囲が小さい方に移行している。

(g)　比抵抗に基づく地山判定基準（案）の課題

本案自体は，わずか 14 トンネルの施工事例データに基づくものである。岩種や地山等級によっては，実測データがないものや極端にデータが少ないものも多く，比抵抗の範囲分布で範囲表示できていない地山等級区分もある。また，4.3.1 (3) の比抵抗と弾性波速度とのプロット図に示すように，明確な相関関係が示されないものも少なくなかった。

また，比抵抗は，対数表示しているように，分布幅が3桁に及び，地山判定基準として扱いづらい点もある。したがって，当該地山判定基準（案）は，データが集積されれば，比抵抗を用いてこのような基準を示すことができるのではないかという考え方を示したものであり，現時点では補助的な地山判定基準と位置づけている。

さらに，比抵抗は，測定方法による違い，測定深度による精度低下，地形条件による偽像，解析・判読方法などにより誤差が発生する。一方，施工実績としての実施支保パターンについても，トンネル切羽の安定性確保の面から実際よりも安全側に判断されるケースもある。このため，今回求めた岩種・地山等級ごとの比抵抗の分布幅は，多くの誤差を含むものであることに注意を要する。

今後，この地山判定基準（案）を実用化するためには，弾性波探査と比抵抗高密度探査を組み合わせた複合探査などの事例を増やして，さらに多くのデータを収集し，整理・分析する必要がある。

4.3.2　調査手法の改善・技術開発

(1)　地下深部の地盤情報を正確に得るための技術開発

地下深部に位置する線状構造物であるトンネルにおいて，設計や施工のために地質を調べる場合，地表から行うボーリング調査は極めて効率が悪い。そのため，トンネル線形に沿ったある一定の範囲を一度に調査できる弾性波探査や比抵抗高密度探査などの物理探査に頼らざるを得ず，これらの物理探査技術と解析技術の果たす役割は特に大きいといえる。

しかしながら，探査技術と解析技術には限界があり，現時点では万能ではない。特に探査深度が大きくなると分解能は低下し，期待するレベルの成果が得られないことがある。実用上の探査可能深度は，振源に少量の爆薬を使用する弾性波探査屈折法の場合で100〜200 m程度，比抵抗高密度探査の場合で200〜300 m程度といわれている。したがって，より深部の地盤情報を正確に得るためには，さらなる技術開発が必要である。

(a)　弾性波探査屈折法

1）測定技術

受振データのS/N比を上げることで，探査の深度や精度を高めることができる。S/N比を上げるためには，エネルギーの高い起振源を使用することが有効である。一方，近年では爆薬の使用に対する制約が多くなりつつあるため，爆薬に変わるエネルギーの大きい震源の開発が望まれており，爆薬を使わない破砕方法として非火薬式破砕薬，電気を使った破砕方法が開発されている。また，長距離にわたって一度にデータを採取する，あるいは3次元探査を行うためには，より多くのデータを一度に取得する必要がある。データ収録装置のチャンネル数を増やして，一度に多くの地点のデータを取得すれば，展開の継ぎ目を減らすことができ，探査の精度向上，測定時間短縮，あるいは発破回数低減につながる。

2）解析技術

1.5.1に示したように，従来のはぎとり法と比較して様々なメリットのあるトモグラフィ解析手法が実施されるケースが増えてきている。本手法は，水平多層構造とは異なる複雑な地質構造に対する適用性が高いなどの特徴以外に，可視化の面でも優れており，今後，主流になることが望まれる。

また，一方で，全波形（フルウェーブ）のデータを取得し，それにより初動後の波形も解析に利用することで，弾性波探査屈折法と弾性波探査反射法の特徴を生かした結果が得られる可能性がある。

(b)　比抵抗高密度探査

1）測定技術

表 1-13 に示されているように，探査できる深度は測線長と遠電極の位置（距離）に依存する。仮にこれらの距離を十分に確保できるとしても，電極間隔を，同表に示されるように探査深度の 1/10～1/15 程度にした場合には，必要な分解能を得られない。したがって，大深度を対象として探査する場合には，より多数の測点を一度に測定できる測定システムが必要である。また，測線長が長くなることでノイズも増える傾向にあるので，ノイズを拾いにくい測定方法やノイズを除去できるソフトも必要である。

また，**表 1-6** に示されているように，比抵抗高密度探査の種類によって探査深度と分解能のバランスが異なる。そこで，**1.6.6** で紹介したジョイント解析のように，必要とされる深度を網羅するようにこれらを組み合わせ，精度の高いと考えられる浅部を対象とした手法の結果を，深部を対象とした手法に付加情報として提供して複合的に解析することで，より深部の予測精度の向上を図ることができると考えられる。

2）解析技術

比抵抗高密度探査では，電極配置によって結果が異なる，地形の影響を受ける，偽像を生じるなど，解析上の課題がある。3 次元解析により，その一部は解決されるものの，依然として偽像の問題は残る。したがって，より精度の高い解析結果が得られるよう，解析技術の向上が望まれる。

(c)　地盤評価技術

例えば比抵抗高密度探査の場合，得られた比抵抗断面図から偽像を見極めること，高比抵抗部を含水率が低いと判断するかあるいは空隙が多いと判断するか，低比抵抗部を含水率が高いと判断するかあるいは粘土が多いと判断するかなど，結果の解釈が難しい場合がある。これらを正確に判断するためには，地質的な素養が欠かせない。しかし，技術伝承が難しくなってきている現在では，蓄積されたデータベースなどをもとにソフト的に判断できるようにするなど，地質技術者の判断を支援する技術が必要である。

このように，単独の探査手法による結果のみから地盤評価をする場合には，その手法特有の課題がついてまわる。これに対して，**4.2** で示した複合探査を行えば，それぞれの探査手法の欠点を補うことが可能であり，地盤評価の精度を向上させることができる。

ただし，複合探査の成果を最大限に発揮させるためには，調査・設計・施工の段階でどのような調査をするのが合理的かつ効率的かを検討し，計画的に実施することが必要である。

(2)　事前調査結果の施工初期段階における評価

トンネル掘削初期段階では，土被りが小さく，坑口付近のボーリング調査も実施されているケースが多いため，事前調査結果と実際に出現する地山評価は近似する可能性が高い。

しかし，付加体などのような複雑な層構造となっている地盤や深部に弱層が存在している地盤，あるいはトンネル縦断方向に平行して存在する断層などにより，掘削初期段階から事前調査結果と乖離する場合もある。そのような場合は，長期にわたるトンネル掘削において，工事費の増大抑制や作業の安全性を高める観点から，事前調査結果の見直しを検討する必要がある。また，掘削初期段階で事前調査結果との乖離がないような場合でも，トンネル延長が長く，土被りが物理探査深度を超えるような場合は，再評価に向けた準備を始めておく必要がある。

(3)　事前調査結果の計測結果によるキャリブレーション

NATMは，トンネル掘削に伴い実施する切羽・坑内観察や天端・内空変位の計測結果により，地山等級を再評価し，最適な支保パターンに修正していくものである。したがって，観察などの結果，事前調査結果との乖離が明らかな場合は，実際に出現し確認された地山条件を考慮して再解析を実施するか，あるいは追加地盤調査を実施するなど，事前調査結果の再評価を行う必要がある。

(4)　データ集積による精度向上

トンネル施工では，日常の切羽・坑内観察や天端・内空変位計測のほかに，追加調査ボーリングや切羽前方探査などを実施することが多くなっている。これらの施工時に得られた地盤情報や計測結果は非常に貴重なデータであり，これらデータをもとに事前調査結果を再評価して，事前調査結果と実際の地盤との乖離の原因を追究することで，調査・評価精度向上に寄与できる。

また，周辺での各種工事で獲得した地盤情報や，類似地山における施工情報を集積していくことで，事前調査の精度向上が期待できる。

(5)　調査手法の改善

わが国での土木分野ではまだ一般化されていないが，資源分野では地質技術者がプロジェクト全体に深く関わっている。その過程で，地質データの蓄積を進めるとともに，調査・探査手法，解析手法，地盤評価方法によるそれぞれの結果を評価し，そして次のプロジェクトへ向けて，それぞれの改善を行うPDCA（計画・実行・評価・改善）サイクルを構築している。トンネルをはじめとする土木分野では，地盤の調査や評価に携わった地質技術者が施工の現場に深く関わることはまれである。したがって，地質技術者が調査結果や評価結果と現実との間に，いかなる乖離が生じているかを知る機会がなく，そのため，それらの技術を改善する積極的な動機が生じない。

地盤調査や評価に関わる技術を改善していくためには，地質技術者が現場に関わるとともに，業務の成果にある一定の責任を課すシステムが必要である。

4.3.3　地山評価方法・支保設定方法の見直し

計画や設計の段階では，事前調査結果から，地山等級に応じて支保パターンを設定する。さらに，トンネル建設時に切羽の地山評価などを行い，支保パターンの再評価および修正を行っている。

切羽の地山評価は，圧縮強度，風化変質，割れ目の間隔，割れ目の状態，湧水量，水による劣化などに着目し，切羽観察を行い，切羽評価点を付けることにより，定量的評価を行っている。その際，計測結果，使用火薬量，切羽前方探査の結果も考慮して，発注者の組織する委員会などの現場技術者が支保パターンの修正を行う場合が多い。

当初設計の支保パターンと実施の支保パターンには乖離が生じることが多い。特に予期せぬ不良地山や大量湧水に遭遇すると，切羽崩壊による労働災害や地表面の陥没事故，工法の変更，設備の追加や工期の延長などによる建設費の増加だけでなく，トンネル開通の遅れによる社会的，経済的損失も発生する。また，事前調査で，トンネル掘削位置の地質状況を完全に把握することは不可能であり，トラブルを未然に防ぐために，施工中の地盤調査とその評価が必要となる。

そこで本項では，(1) で施工中に地盤調査を追加し修正設計を行った事例の紹介，(2) で施工中の地盤調査の基本方針，(3) で地山評価・支保設定の信頼性を高めるための視点と方法について述べる。

表 4-4　高田山トンネルの調査内容（事前調査，事後調査）

調査段階		調査内容と数量	確認されたこと
事前調査	第1次詳細調査	地表地質踏査 ボーリング3孔　56 m 　上り線　坑口2孔， 　一般部1孔 弾性波探査屈折法 　上り線　2.01 km 速度検層　2孔　49 m 室内試験 　一軸圧縮強度試験　3試料 　超音波伝播速度測定　3試料	• 小規模な断層（5本）は存在するが，地形・地質構造上大きな問題はないと評価している。低速度帯，断層はすべて鉛直傾斜を想定している。 • 弾性波速度が4 km/s以上であることから，良好地山でB・CⅠ主体と評価している。 • 低土被り区間，幅の広い低速度帯（40 m）区間での追加ボーリングを提案している。
	第2次詳細調査	地表地質踏査 水平ボーリング　75 m 鉛直ボーリング　2孔　45 m 　上り線坑口部，低土被り部 室内試験 　一軸圧縮強度試験　5試料 　超音波伝播速度測定　5試料	• 既存資料，地質踏査により瓜谷累層の頁岩優勢層は褶曲，小断層が見られ攪乱状を呈し，問題があることを指摘している。 • しかし，具体的に地山評価には反映されていない（弾性波速度結果を重視している）。
施工中調査		地質踏査 ボーリング　一般部　1孔67 m 比抵抗高密度探査　1.79 km 弾性波探査屈折法　1.10 km トンネル側壁電気検層 トンネル側壁速度測定 スレーキング試験 岩石の偏光顕微鏡観察	• 瓜谷累層の頁岩は，鱗片状劈開を含む，地層の連続性がない，細粒に粉砕した泥質の基質に散在した組織を持つことなどからメランジュの可能性がある。 • 羽六累層は砂岩レンズ状体を含む泥岩層であり，整然層の状態を保っているが，部分的にメランジュとなっている。 • 詳細踏査，比抵抗構造から地質構造を推定，断層・層理面はいずれも低角度であることから，岩質劣化によるトンネルへの影響区間が長くなるとしている。 • 先進ボーリングによる速度検層の結果，トンネル掘削に伴い弾性波速度が50～70%減少することを指摘している。

(1)　施工中に地盤調査を追加し修正設計を行った事例[25]

高田山トンネルは，付加体で施工された2車線道路トンネルで，最大土被りは170 mである。実施の支保パターンの大幅な変更，各種対策工法の施工により，工事費および施工期間ともにほぼ倍増した事例である。

表 4-4 に地盤調査内容を示す。事前の地盤調査を2回に分けて実施しており，道路トンネルの調査としては，標準的な調査が行われている。しかし，約600 m施工した段階で当初よりも不良地山が多かったため，未施工区間の地山をより精度よく把握するために，施工中に調査を追加して実施し，設計を変更している。

事前弾性波探査において，4 km/s以上の速度が検出されて，全体の78%がCⅠ・CⅡで設計されたが，応力解放やわずかな湧水による細片化などが顕著な不良地山で，全体の87%がDⅡで施工された。付加体では，事前の弾性波速度の評価や応力解放による変形性を考慮した地山評価などが重要であることを示唆している事例である。

(2)　施工中の地盤調査の基本方針

トンネルでは，地表の利用状況や土被りなどにより，路線選定・設計，施工計画の各段階で地盤調査が十分に行えない場合がある。また，施工中に，調査・設計時に予測されていなかった地質状況に遭遇する場合や，予測していなかった問題が発生する場合もある。このような場合は，施工中であっても，トンネルを安全かつ経済的に施工するため，すみやかに必要に応じた地盤調査を実施する必要がある。

施工中の地盤調査では，実際の岩盤位置での物理特性を確認し，当初の調査結果と合わせて総合的な判断をすることが重要である。ここで，施工中の地盤調査について，次に示すような基本方針を提案する。

(a) 施工中の地盤調査計画

① 土被りが大きく，事前の地盤調査では十分な精度を探査に期待できない場合には，施工中に切羽からボーリングや物理探査などの追加調査を行い，事前調査の結果を補完・補足できるように調査計画を立案することが重要である。

② トンネルの場合，坑内から調査すると実質的な探査距離が小さく，より精度の高い情報が得られる。例えば，切羽の発破を振源として坑壁や地表との間で弾性波探査を実施すると，振源のエネルギーが大きいことと実質的にトモグラフィ解析となることから，より精度の高い評価を行うことができる。

③ 弾性波探査や比抵抗高密度探査を追加して実施する場合には，**1.1.2** (3) で記載したように，各手法における留意点に配慮して，計画・実施することが重要である。

(b) 施工中の調査ボーリングの留意点

① 孔壁が良好に保たれた調査ボーリング孔において物理検層を実施し，実施の支保パターンに対応する弾性波速度や比抵抗などの基本的物性値を知ることが必要である。また，得られたデータは地盤データベース化するうえで，結果の整理や表示をどのようなフォーマットにするか決めておくことも重要である。

② 切羽からの先進調査ボーリングは，地山の硬軟や地下水帯水層の有無を直接確認できるため，非常に有効な地盤調査である。目的に応じて，コア採取の有無，長さ（短尺 30 m ～超長尺 1,000 m），水圧測定の有無などについて計画する必要がある。ボーリングの位置と長さを決める際には，走向・傾斜なども考慮する必要がある。また，水抜きを目的とした場合，たとえ湧水が減っても，前方に遮水層があり背面に水が滞留している可能性を忘れてはならず，本数を減らしても，水抜きは継続することが必要である。

③ 長尺ボーリングで，多量の湧水が予測される場合には，事前に濁水処理設備を設置する必要がある。濁水を処理できなければ，トンネル掘削を行えなくなる。

以上は事業内での事項であり，施工完了後，事前の地盤調査結果，施工中の地盤調査結果と実際の地盤とを比較し，その差異についての原因などを検討するとともに，得られた地盤調査や物理探査の結果，および施工実績をデータベース化する必要がある。

これまで，地盤調査結果と施工結果の整合性について議論されることが少なく，そのために，必要な精度の地盤調査が行われない状況が続いてきたともいえる。整合性が得られない原因を徹底的に追究し，その解決法を考えることは，地盤調査技術の進歩には不可欠であるといえる。また，得られた結果をデータベース化することで，以降の地盤調査の軽減や，あるいは評価精度の向上に有効であると考える。

(3) 地山評価・支保設定の信頼性を高めるための視点と方法

トンネル技術者は，理論に加えて豊富な経験が不可欠である。そのために，工事着手前に発注者，設計者および施工者からなる工事施工調整会議などの場で，地質技術者から地質情報の伝達を受け，設計意図を共有したうえで工事を進めることを提案する。

また，支保パターンの実績をもとに，当初設計との乖離の理由を徹底的に分析し，地山評価・支保設定の PDCA サイクルを回すことにより，トンネル技術全体がスパイラルアップすることが肝要と考える。

前述の高田山トンネルの分析結果[25]では，地山評価・支保設定の信頼性を高めるための視点と方法として，以下のことを提案しているので，参考として紹介する。

(a) 総合評価

地山評価は各機関により異なるが，概ね地質，弾性波速度，地山強度比，地山の状態（岩質，不連続面の間隔，不連続面の状態），コアの状態，RQD，トンネル掘削の状況と変位を総合的に評価して決定するものであり，その評価基準は，事前調査段階から施工中に至るまで一貫したものでなければならない。しかし，調査・設計の担当者の認識不足のため，弾性波速度で一義的に地山評価を行っている例が少なくない。高田山トンネルにおいても，事前2次調査で地質・岩質的な問題を認識しながら，地山評価段階では弾性波速度のみで評価している。

(b) 複合探査の活用

よく利用されているトンネルの物理探査として，弾性波探査屈折法と比抵抗高密度探査がある。弾性波探査屈折法は，短時間で伝播する初動をもとに解析するために，地山状態を実際よりも良好なものとして評価する傾向がある。一方，比抵抗高密度探査では電流が低比抵抗部を流れやすいために，地山を実際よりも悪いものとして評価する傾向にある。そのため，破砕帯や変質帯など問題のある地山においては，弾性波探査屈折法と比抵抗高密度探査による複合探査を行うことで，より正確な地山状態を把握することが望ましい。

(c) トンネル周辺の応力履歴の評価

頁岩，粘板岩，片岩などで断層や褶曲により複雑な初期地圧状態が予測される場合や，メランジュなど破砕質で微細な亀裂が多い地山では，地山弾性波速度は過大に評価される場合が多い。このような地山では，以下に示すような検討を追加して評価する必要がある。

① 超音波速度と地山弾性波速度の比較によるゆるみの評価
② スレーキング試験
③ 偏光顕微鏡観察による破砕度観察
④ 膨潤性鉱物の有無を把握するためのX線分析

(d) 施工事例・地盤情報のデータベース化

高田山トンネル周辺の四万十帯の付加体は，事前調査で予測される地質性状と実際に施工時に現れる地山が大きく異なることが判明した。本トンネルと同時代の付加体の地質は静岡県西部～紀伊半島南部～四国南部～九州南部などに広く分布している。本トンネル周辺の既設トンネルにおいても，200～300 mm といった大きな変位・変状の発生や，これに対する種々の補強対策の施工が文献にて報告されている。これら周辺の施工事例や，地盤，地質，地下水といった調査結果のデータなどが事前評価の段階において有効に活用できるようにするために，統一フォーマットによるデータベース化を図り，国民の財産としてのデータ共有が図られるシステムの構築を行うべきである。

(e) 地山に応じた支保構造の選定

高田山トンネルのように，四万十帯の一部の地盤におけるトンネル設計と施工の乖離が大きい理由には，弾性波探査屈折法の測定・解析上の精度問題のほかに，掘削前の3軸応力状態にある地山の弾性波速度と，掘削に伴う応力解放状態の弾性波速度が極端に異なる点が指摘できる。このような地山特性を有するトンネルにおいては，設計と実施の支保パターンが著しく異なる場合が多く，支保のミスマッチによる支保構造の崩壊，切羽崩落などにより重大な災害につながる危険性がある。したがって，このような地山特性をもつ地盤でのトンネルの設計では，地盤調査により特異性を設計段階で発見し，トンネル工学的見地による安定した支保構造の選定を行うことが重要である。

(f) 施工時の地山再評価システムの確立

現在のトンネル工事においては，事前の地盤調査・評価を行った調査会社により，事前に評価した結果の妥当性について，施工中のフォローやその結果に基づく地山評価技術へのフィードバックがほとんどなされていないのが現状である。

トンネルの変形・変状は，切羽全体の地山の良否よりも一部分の不良地山を原因として，弱層への応力集中，ゆるみ領域の拡大により生じる場合が多く，事前の地盤調査の限られた情報だけで，施工時に支保構造の変更が生じないような正確な地山評価を行うことは困難であると考える。よって，トンネル施工は大口径の地質ボーリングを進めているとの視点に立ち，発注者，地質調査業者，設計業者，施工業者が一体となって地山の再評価・再調査を行うとともに，地山評価技術をスパイラルアップすることができるシステムを構築し，日本独特の目まぐるしく変化する地山に適応した支保構造をフレキシブルに選定し，安全かつ安定した施工環境を確保する必要がある。

参考文献

1）（財）災害科学研究所トンネル調査研究会（2009）：地盤の可視化技術と評価法，鹿島出版会，pp. 66-67.
2）（財）災害科学研究所トンネル調査研究会（2009）：地盤の可視化技術と評価法，鹿島出版会，p. 67.
3）島裕雅（1992）：二極法電極配置データを用いた実用的な二次元比抵抗自動解析法—比抵抗映像法の解析法と適用例，物理探査学会，物理探査 Vol. 45，No. 3，pp. 204-223.
4）北海道開発局（2015）：道路設計要領第4集トンネル，p. 4-11-4.
5）楠見晴重・高橋康隆・中村真（2006）：比抵抗・弾性波速度の変換解析によるトンネル建設時の岩盤評価法，土木学会論文集F，Vol. 162，No. 4，pp. 603-608.
6）（財）災害科学研究所トンネル調査研究会（2009）：地盤の可視化技術と評価法，鹿島出版会，pp. 68-73.
7）新庄大作・富澤直樹・森山祐三・若林宏彰・長沼諭・高馬崇（2013）：山岳トンネルにおける新しい技術的取り組みについて，鴻池組技術研究報告 2012 年度，pp. 25-32.
8）篠原茂・塚本耕治・浜田元（2004）：トモグラフィ的解析手法によるトンネル切羽前方の弾性波速度分布の予測，第14回トンネル工学研究発表会，pp. 77-82.
9）斎藤泰信・原田建志・阪口治（2015）：丹波帯の付加体堆積物における3種類の探査による切羽前方予測，土木学会関西支部他平成26年度施工技術報告会講演概要，pp. 29-38.
10）土木学会関西支部 比抵抗高密度探査に基づく地盤評価に関する調査・研究委員会（1997）：比抵抗高密高密度査に基づく地盤評価，平成9年度講習会テキスト，pp. 52-57.
11）（財）災害科学研究所トンネル調査研究会編（2001）：地盤の可視化と探査技術—比抵抗高密度探査法の実際，鹿島出版会，pp. 6-7，pp. 53-70.
12）土木学会関西支部 地盤の可視化とその評価法に関する調査研究委員会（2005）：地盤の可視化とその評価法，平成17年度講習会テキスト，pp. 1-48-1-58.
13）（財）災害科学研究所トンネル調査研究会編（2009）：地盤の可視化技術と評価法，鹿島出版会，pp. 67-73.
14）羽竜忠男・西川貢（2003）：電気比抵抗—弾性波速度モデルによる変形係数及び透水係数の地下空間分布の推定，第32回岩盤力学シンポジウム講演論文集，pp. 81-88.
15）楠見春重・高橋康隆・中村真（2006）：比抵抗・弾性波速度の変換解析によるトンネル建設時の岩盤評価法，土木学会論文集F　Vol. 62，No. 4，pp. 603-608.
16）（社）土質工学会（現（公社）地盤工学会）風化花崗岩とまさ土の工学的性質とその応用編集委員会編（1979）：土質基礎工学ライブラリー 16 風化花崗岩とまさ土の工学的性質とその応用，pp. 132-133.
17）物理探鉱技術協会編（1979）：物理探査用語辞典，物理探鉱技術協会，pp. 212-213 など.
18）（財）高速道路技術センター（1997）：トンネル切羽安定に関する調査研究（平成9年12月）対策工の選定と評価，pp. 50-51.
19）（財）災害科学研究所トンネル調査研究会（2009）：地盤の可視化技術と評価法，鹿島出版会，pp. 111-115.
20）（財）災害科学研究所トンネル調査研究会（2009）：地盤の可視化技術と評価法，鹿島出版会，p. 27.
21）（財）災害科学研究所トンネル調査研究会（2009）：地盤の可視化技術と評価法，鹿島出版会，pp. 87-148.

22) 土木学会関西支部比抵抗高密度探査に基づく地盤評価に関する・調査研究委員会（1997）：比抵抗高密度探査に基づく地盤評価，平成9年度講習・研究検討会テキスト，p. 107.
23) 鍛冶義和・三木茂・羽竜忠男・増本清（1997）：物理探査結果と地盤特性の相関，土と基礎，Vol. 45, No. 9, pp. 11-14.
24) NEXCO東，中，西日本高速道路株式会社（2012）：設計要領第3集トンネル（平成24年7月），p. 77.
25)（財）災害科学研究所トンネル調査研究会（2009）：地盤の可視化と評価法，鹿島出版会，pp. 131-140.

第5章　トンネル切羽前方探査

5.1　トンネル切羽前方探査の概要

5.1.1　トンネル切羽前方探査の必要性

(1)　トンネル施工に必要な地質情報

各種調査・探査によってトンネル施工の対象地山がどのような地山条件かを把握する必要がある。硬岩地山，中硬岩地山，軟岩地山，および土砂地山などの一般的な地山条件のほかに，以下に示すような特殊な地山条件（以下，特殊地山）がある[1),2)]。

①　地すべりや斜面災害の可能性がある地山
②　断層破砕帯，褶曲じょう乱帯
③　未固結地山
④　膨張性地山
⑤　山はねが生じる地山
⑥　高い地熱，温泉，有毒ガスなどがある地山
⑦　高圧，多量の湧水がある地山
⑧　重金属等がある地山

これらの地山条件を把握するため，トンネル施工前の計画段階に実施する地質調査として，既存文献調査や地表地質踏査，ボーリング調査などの地質工学的調査のほか，地表面からの物理探査やボーリング孔を用いた原位置試験などの調査・試験を実施する。得られた調査・試験データを総合的に解析し，地山の地質構成，地質構造や地山の物性などを推定する。

高品質で低コスト，かつ安全で合理的なトンネル施工にあたって，地質構成や地質構造，物性値などの地質情報のうち，トンネル施工基面（計画高）上の様々な地質情報が必要になる。トンネル施工に必要な地質情報を以下に述べる。

(a)　地形・地質の状況[2)]

トンネル施工の対象地山について，地すべり・崩壊地形や土被りなどの地形情報や，構成地質の分布状況と地層の走向・傾斜，断層，褶曲，撓曲などの位置や範囲といった地質構造の情報が基本情報として必要である。トンネル施工に必要な地形・地質の情報には，以下のようなものがある。

①　地すべり，崩壊地形
②　偏圧が作用する地形
③　土被り
④　地質分布
⑤　地質構造（断層，褶曲，撓曲など）
⑥　岩質・土質名
⑦　岩相

⑧　割れ目など分離面
⑨　風化，変質
⑩　固結度

特に，地山の崩壊や崩落，トンネル内の変状などを引き起こす大きな原因となるものに，断層破砕帯や多亀裂帯などの不連続面がある。この断層破砕帯や多亀裂帯などの位置や性状などを把握することが重要である。

(b)　地山の物性値（物理的性質・力学的性質，鉱物化学的性質）[2]

地山の岩盤・地盤の物性値（物理的性質・力学的性質・鉱物化学的性質）の情報が必要である。トンネル施工に必要な地山の物性値の情報としては，以下のようなものがある。

①　弾性波速度
②　物理特性（比抵抗，密度，含水比，コンシステンシーなど）
③　強度特性（一軸圧縮強さ，引張強さなど）
④　変形特性（変形係数，ポアソン比，内部摩擦角，粘着力など）
⑤　粘土鉱物（膨潤性粘土鉱物含有）
⑥　スレーキング特性
⑦　吸水膨張率

特に，軟岩地山や特殊地山の場合，トンネルや地表面に変状や変形などの影響を与える地質で構成されていることが多いため，地山の挙動を把握するうえで地山の物性値が重要な地質情報となる。また，断層破砕帯や多亀裂帯などの脆弱部は，地山の硬軟の状況を示している場合が多く，例えば，弾性波速度などの物性値の分布として捉えられることが可能である。故に，地山の物性値は重要な地質情報の一つと認識されている。

(c)　地下水や湧水の状況[2]

トンネル施工基面上での地下水分布や湧水状況の情報が必要である。トンネル施工に必要な地下水の情報には，以下のようなものがある。

①　帯水層
②　地下水位（ボーリング孔地下水位，比抵抗分布など）
③　透水係数
④　地下水流動

特に，施工時の地下水挙動については，一般的に事前地質調査ではその把握が困難であるため，施工中の地下水調査や対策工（水抜きボーリングなど）が必要になる場合が多い。また，地下水や湧水については，透水係数の高い地層や帯水層，さらには断層破砕帯・多亀裂帯などの分布状況と密接な関連性があるため，地質分布や地質特性を正確に把握することが重要となる。

(d)　自然由来重金属等の含有状況

平成 22 年に改正された土壌汚染対策法（以下，改正土対法）により，それまで適用の対象外とされてきた「指定基準を超過する特定有害物質が専ら自然由来の可能性が高いと判断できる場合の土壌」についても，適切な対応が求められることとなった。

改正土対法による土地の形質変更の面積算出の考え方では，**図 5-1** に示すように開口部（坑口部）を地上に投影した部分の面積の合計としている。したがってトンネル工事においては，届出対象となる「一定規模（3,000 m^2）以上の土地の形質変更」には当てはまらない場合が多い[3]。

しかしながら，現状のトンネル工事においては，掘削ずりからの溶出などが問題になる事例が多くあるため，自然由来重金属等の含有や溶出が疑われる地質が存在する場合は，

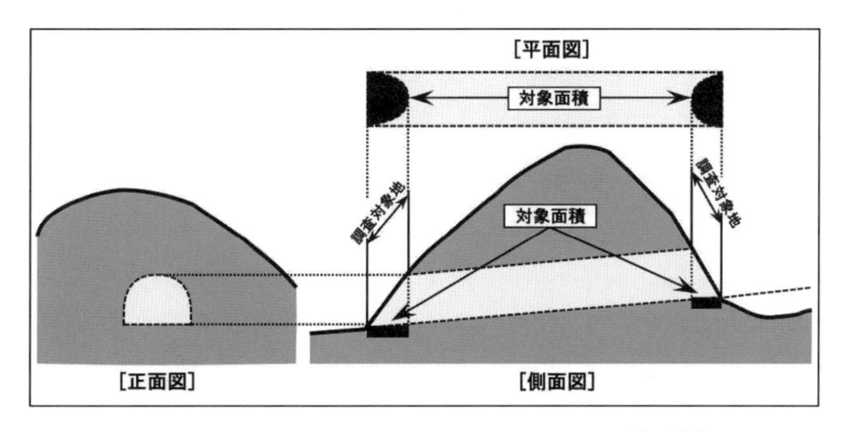

図 5-1　トンネルなどの地下掘削の場合の調査対象例[3)]を一部編集

表 5-1　トンネル建設工事の自然由来重金属等への対応事例[4)]に加筆，一部編集

トンネル名	顕在化の概要	対策土量	対　策
中越トンネル	•事業実施区域周辺に銅鉱床が存在することが明らかとなった •詳細設計時の地質調査ボーリングに重金属調査を追加し，溶出量基準を超過するひ素を確認した	800,000 m^3	1重遮水シートの盛土内封じ込めによる事業用地内処理
八甲田トンネル	•事業計画時に鉱化変質岩が存在することが明らかになった •酸性水や溶出した重金属等による周辺環境への影響が懸念された	540,000 m^3	2重遮水シートの盛土内封じ込めによる事業用地外処理
仙台市営地下鉄東西線	•「土壌・地質汚染評価基本図～仙台地域～2006年」により建設予定地に自然由来の重金属等が分布することが明らかとなった •現地調査を行ったところ，竜の口層にひ素，カドミウムが確認された •仙台市が定めた「建設副産物適正処理推進要綱」(H15.5.20制定）に基づき，適切な処理を行うべき検討を開始した	400,000 m^3	底部1重遮水シートおよび覆土の盛土内封じ込めによる事業用地外処理
甲子トンネル	•「甲子トンネル施工技術検討委員会」の提言により重金属調査を実施した •詳細設計時の地質調査ボーリングコアから土壌溶出量基準を超過する鉛，セレンを確認した •また，ひ素とカドミウムの長期的な溶出可能性を確認した	50,000 m^3	2重遮水シートの盛土内封じ込めによる事業用地内処理
道道西野真駒内清田線（こばやし峠）トンネル	•事業実施区域のトンネル建設予定地で土壌等調査（平成17・18年度）を実施した •溶出量基準を超過するセレン，鉛，ひ素を確認した	56,000 m^3	底部2重遮水シートおよび側壁部1重遮水シートの分岐トンネル内封じ込めによる事業用地内処理

改正土対法の対象となる他の掘削工事などと同様の調査や対応が求められている。トンネル建設工事において，自然由来重金属等が顕在化した主な事例を**表 5-1** に示す[4)]。実際の工事では，国土交通省が2010年に発行した「建設工事における自然由来重金属等含有岩石・土壌への対応マニュアル（暫定版）」を参考にして，発注者が検討委員会の設置やマニュアル作成などを行い，施工者がマニュアルに沿った方法で，自然由来重金属等の適切な処理を実施している事例が多くなっている。

土壌汚染に関わる環境基準の対象物質のうち，自然由来で岩石・土壌中に存在する可能性がある物質は，カドミウム（Cd），六価クロム（Cr(VI)），水銀（Hg），セレン（Se），鉛

表 5-2 都市部山岳工法の設計，施工において留意すべき条件とその調査方法[7]に加筆

留意すべき条件	発生する現象	主な調査方法	得られる情報	検討事項
小さな土被り	グラウンドアーチが形成されにくい 地山のゆるみに伴う地表面沈下や陥没	ボーリング調査	地質分布，亀裂など	沈下の予測 （地表に構造物がある場合）
		原位置試験	強度，変形特性，透水性など	
		室内試験	物理特性，強度，変形特性，透水性など	
軟弱地盤が分布する地山	地表面の沈下 地下水位の低下 圧密沈下	ボーリング調査	地質分布，地下水の分布など（腐植土層，泥炭層の有無など）	沈下の予測 （地表に構造物がある場合） 圧密沈下の予測 （特に第四紀更新世の粘性土層，泥炭（ピート）層がある場合） 地下水位の予測 （地下水利用がある場合）
		原位置試験	強度，変形特性，透水性など	
		室内試験	物理特性，強度，変形特性，透水性，圧密定数など	
レンズ状構造などを呈する不均質な層状地盤	宙水や被圧水による突発湧水 切羽の崩壊	ボーリング調査	地質分布，地下水の分布など	詳細な地質構成の把握 突発湧水，切羽の崩壊などの危険性の予測
		物理探査	地質分布，地下水の分布など	
		原位置試験	強度，変形特性，透水性など	
		室内試験	物理特性，強度，変形特性，透水性など	
埋没谷など顕著な不整合面が分布する地盤	層境からの大量の突発湧水 切羽の崩壊	ボーリング調査	地質分布，地下水の分布など	詳細な地質構成の把握 突発湧水，切羽の崩壊などの危険性の予測
		物理探査	地質分布，地下水の分布など	
		原位置試験	強度，変形特性，透水性など	
		室内試験	物理特性，強度，変形特性，透水性など	

(Pb)，ひ素（As)，ふっ素（F)，ほう素（B）の 8 物質である。さらに，岩石・土壌中にしばしば含まれる黄鉄鉱に代表される硫化鉱物の酸化によって酸性水が発生し，それに伴って重金属等の溶出が増加する可能性があることから，酸性水の発生についても適切に対応することとされている[5]。また，自然由来重金属等を含有している可能性が高い地質として，変質帯，鉱化帯や一部の海成泥岩などを挙げており，留意する必要がある[6]。

自然由来重金属等の有無は地山条件・地質条件によって異なるため，地表地質踏査を基本とした地質調査を実施し，必要に応じてボーリング調査や物理探査などを行うこととしている。また，事前調査において自然由来重金属等の含有や溶出が認められる地質や含有や溶出が疑われる地質が分布している場合は，改正土対法の地質調査に基づいた「施工前調査」や「施工中調査」が必要となる[6]。トンネル対象地山の地質分布から，自然由来重金属等の含有や溶出が認められる地質帯を特定し，効率的な処理方法を検討する必要がある。

(e) 都市部山岳工法トンネル特有の地山条件

住宅や重要構造物と近接した環境下での都市部山岳工法トンネル（都市 NATM）の施工では，トンネル掘削の影響により発生する地表面や構造物の変状・変形を回避し，周辺環境への影響を最小限に抑える必要がある。これまで述べてきたトンネル施工に必要な地質情報（地形・地質構造の分布状況，地山の物性値，地下水や湧水の状況，自然由来重金属等含有の状況など）のほかに，**表 5-2** に示すような都市部山岳工法トンネル特有の地山条件を考慮し，正確な地山構造の把握に努めなければならない[7]。

(2) 事前地質調査・地表面物理探査の限界

トンネル施工前の事前地質調査では，地表地質踏査やボーリング調査，ボーリング孔を用いた原位置試験のほか，弾性波探査や比抵抗高密度探査などの物理探査を行う。これら

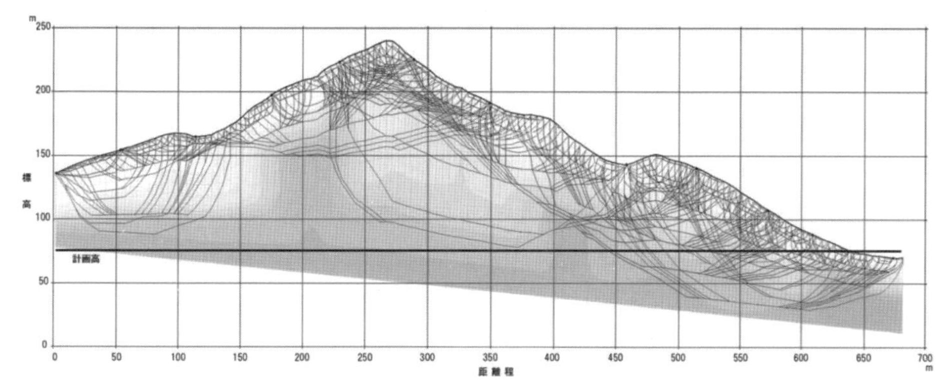

図 5-2　弾性波探査波線経路図8)を編集

調査や探査から取得される地質情報は，探査原理や物理特性において限界があること，また，施工に伴って変化する地山の物性値においても，事前調査では把握できないことを知っておく必要がある。なお，事前調査の内容と探査の限界などの課題については，**第1章**，**第2章**，**第4章**および**5.3**に詳述されているので参照されたい。

(a)　大土被り地山（大深度）における探査の限界

地表からの探査の場合，土被りの大きなトンネルでは弾性波探査の波動や比抵抗高密度探査の電場が対象位置まで届かず，物性値を取得できない場合がある。例えば，**図5-2**に示すように，地表から実施した弾性波探査において地表面付近は波線経路が密であるのに対し，トンネル計画高付近では波線経路が粗になっている。弾性波の波動がトンネル中央の大土被り部まで到達しておらず，地表近傍の物性値しか得られてないことが分かる[8)]。

コアボーリング調査は，直接手に取って観察できる地質情報であるとともに，試験を実施して物性値を把握することが可能であり，地質調査として非常に有効な手法である。しかしながら，長大トンネルの水平ボーリングや大土被り地山の鉛直ボーリングへの適用は大深度のコアボーリングになるため，多大な時間と高度な技術を要し，効率面やコスト面から見ても実用的な調査手法とはいえず，実施された事例は少ない。コアボーリングではないが，トンネル施工中に前方探査を目的として実施された大深度ボーリングの事例については，**5.6**に詳述されているので参照されたい。

(b)　施工（掘削）しないと分からない地質情報

トンネル施工中や施工後に，掘削による地山のゆるみや応力解放などの原因により地山の物性が変化する場合がある。施工中や施工後に変化する地山の物性は，施工前の地質調査では把握や予測が困難である。

同様に，自然由来重金属等の溶出についても予測が難しい。(1)の(d)でも述べたように，地山内では安定的であった硫化鉱物が，トンネル掘削に伴って地表で曝露されて酸性水が発生し，更なる重金属等の溶出を促進するといわれている。したがって，トンネル掘削後の地山物性や地山条件，地下水分布の変化によって，事前地質調査で推定していた自然由来重金属等の溶出量の値が変化する場合は，施工中に調査してその変化を把握する必要がある。なお，施工中の自然由来重金属等の調査事例については，**5.2.3**に概要を示しているので参照されたい。

(3)　トンネル切羽前方探査の必要性

事前に予見されなかった地質状況の出現によりトンネルの安全施工に支障が生じることを避けるため，地山状況に適合して合理的に施工することを目的として，切羽前方探査を実施する事例が増えている。施工中に実施する切羽前方探査は，事前の地質調査や探査に比べ様々なメリットを有している。以下に，トンネル施工のリスクマネジメントと切羽前方探査のメリット，さらに切羽前方予測の一つである切羽地質観察の重要性について述べる。なお，切羽前方探査をはじめとしたトンネル施工中の地盤調査については，**第4章**に詳述されているので参照されたい。

(a) トンネル施工における地質に関わるリスクマネジメント

トンネル工事における計画段階や設計段階では，限られた事前調査しかできないため詳細な地質情報を把握することが困難であり，「地山の地質状況＝不確実なもの」とされる場合が多い。不確実なまま施工を進めた場合の結果として，工費増大や工期遅延，さらには供用後の安全性低下など総合的な事業コスト損失が発生する場合がある。

現状のトンネル工事では，安全施工を確保するとともに事業コスト損失を発生させないため，施工しながら当初設計を見直すなどのリスクマネジメントを実施し，地質の不確実性に伴う障害発生の低減を図っている。そのリスクマネジメントの一つとして実施される切羽前方探査は，より正確な地山の地質情報を取得することで，事前の地質調査において不確実であった部分の地質情報を補完し，安全かつ合理的なトンネル施工の実現を目指している。

(b) 切羽前方探査のメリット

トンネル切羽前方探査のメリットについて，以下に述べる。なお，切羽前方探査の各手法の内容については，後述の**5.2〜5.7**の各節において詳述されているので参照されたい。

① 切羽前方の掘削方向に連続的にデータ取得が可能である。
② 切羽前方の未掘削区間が探査の対象地山であるため，狭い範囲かつ短距離で，物理探査が可能であり，高精度の地山の物性値が取得可能である。
③ コアボーリング・ボアホールカメラなどの実施により，切羽前方未掘削区間の連続的な地質状況について直接手に取って観察・評価できる。
④ コアボーリングによって採取した試料は，室内試験の実施により掘削方向に連続的に物性値が得られる。また，掘削後の曝露状態にある試料から，自然由来重金属等の含有や溶出，地下水の汚染状況なども把握が可能になる。
⑤ 施工（掘削）しないと分からないことが確認できる。例えば，変位の観測などと合わせて，掘削による地山のゆるみや応力解放などを推定し，地山の物性の変化が予測可能になる。
⑥ TBM（Tunnel Boring Machine）工法では，NATM工法のトンネルとは違い，日常の切羽観察が不可能であるため施工中に得られる地質情報が少ない。そのため，ボーリングによる方法や弾性波探査を利用する方法や複数の手法の組合せなどによって切羽前方の地質情報を取得して施工に活用しており，合理的なトンネル施工に切羽前方探査が必要不可欠となっている。
⑦ トンネル掘削に使用している削岩機（ドリルジャンボ）などの掘削機械を使用したボーリングや，削孔（穿孔）検層などの切羽前方探査は短時間で実施可能であり，施工サイクルの中に探査を組込み可能であるため，工程的・経済的に有利である。

上述の穿孔（せんこう）と削孔（さっこう）という用語は「穴をあける・あけた穴のこと」という同一の意味を持つ。一般的な土木・建築工事や建設機械の分野においては，穴をあける対象物（岩盤，コンクリート，建材など）にかかわらず穿孔を使用することが通例となっている。一方，トンネル工事における爆薬装填孔の穴あけやボーリングなどの作業に対しては削孔の用語を用いる場合があるが，技術的な区分などによる穿孔と削孔という用語の使い分けは行われてはいない。**第5章**における文章中では，これまでのトンネル工事における通称や慣例に従い穿孔と削孔の両方の用語が使用されているが，岩盤に対して穴をあけるという同一の意味の用語として取り扱うこととする。

(c)　切羽地質観察の重要性（切羽のすぐ前方の地質予測）

トンネル切羽は，短時間ではあるものの地山の地質状況を直接かつ詳細に観察することができる巨大な露頭であると捉えることができる。また，一般的な地山における地質分布や地質構造は連続性を有する構造であることから，既掘削区間の切羽の地質状況を詳細に観察して地質構造の連続性を考察することで，切羽のすぐ前方の地質分布状況を推測することが可能になる。

トンネル施工の日常管理項目の中に切羽地質観察がある。詳細な切羽地質観察は，切羽前方の地質予測だけではなく，地山の変化を捉えられる重要な地質情報となる。**図5-3**に現場技術者作成の切羽スケッチの例を示す。近年のトンネル現場における切羽観察記録では，切羽画像を切羽スケッチとして添付し，湧水箇所や亀裂状況，地質区分を切羽画像上に付記するに留まっている。**図5-4**に示した地質技術者作成の切羽スケッチの例のように，切羽の層理面・節理面や断層の走向・傾斜，岩級区分などの詳細な切羽地質情報を，スケッチとして記録するといった従来の手法はなくなりつつある。現在の切羽画像に置き換えられた切羽スケッチなどの地質情報から，地質構造の連続性を再現するのは非常に難しい状況となっている。

切羽に出現した地質の生の情報である切羽画像を，客観的データとして記録することは重要である。それと同時に，切羽安定に関わるような地層境界・亀裂・断層（破砕帯）・湧水などの情報を強調して（思想を持って意図的に）示す切羽スケッチは，主体的データとして記録しておくべき必要不可欠な地質情報である。

現況のトンネル施工現場において，トンネル施工規模や機械の大型化，技術向上による高速施工が進む反面，掘削に関わる技術者や熟練工の不足は深刻な問題となっており，地山崩落の予兆を感じるなどの経験的な危険予知意識が薄れている傾向がある。

切羽の地質観察をはじめとして，計測工による変位データの継続的観察，さらには坑内や地表面の変状に対する点検など，技術者や作業員を含めて現場従事者全体で，地山を日常的に観察（監視）することが重要である。そのうえで，大規模変状や崩壊・崩落の予兆であるトンネルの異常をいち早く察知し，対応策を検討・実施することが安全かつ円滑なトンネル施工に求められている。

(4)　切羽前方探査標準化の事例

日本の一般的なトンネル工事の場合，工事の経済性や工期短縮などの理由から，施工中の調査にあたる項目に切羽前方探査が含まれない場合が多い。この項では，設計・施工要領や工事仕様書などの施工標準・仕様の中に，施工中の調査として切羽前方探査を「実施することを原則」として記載された事例を，標準化の事例として紹介する。なお，先進ボーリングの具体的な実施例は，**5.2**や**5.6**および**5.7**に詳述されているので参照されたい。

(a)　北海道開発局の道路トンネル工事

北海道の道路トンネル工事では，北海道開発局の定める設計要領に基づきトンネル施工が実施されている。北海道開発局の道路設計要領第4集トンネル（2015）「11.4 施工中の調査」では，「施工中の先進ボーリングは全線において実施することを原則とする」と記載されている。また，実施すべき施工中調査の項目については，原位置調査・試験として孔内観察調査や先進ボーリング調査の孔内弾性波速度測定，ボーリング孔を利用した諸調査・検層などを，地山試料試験としてコアを利用した一軸圧縮試験・超音波伝播速度測定・単位体積重量試験・吸水率試験・浸水崩壊度試験などを挙げている[9]。

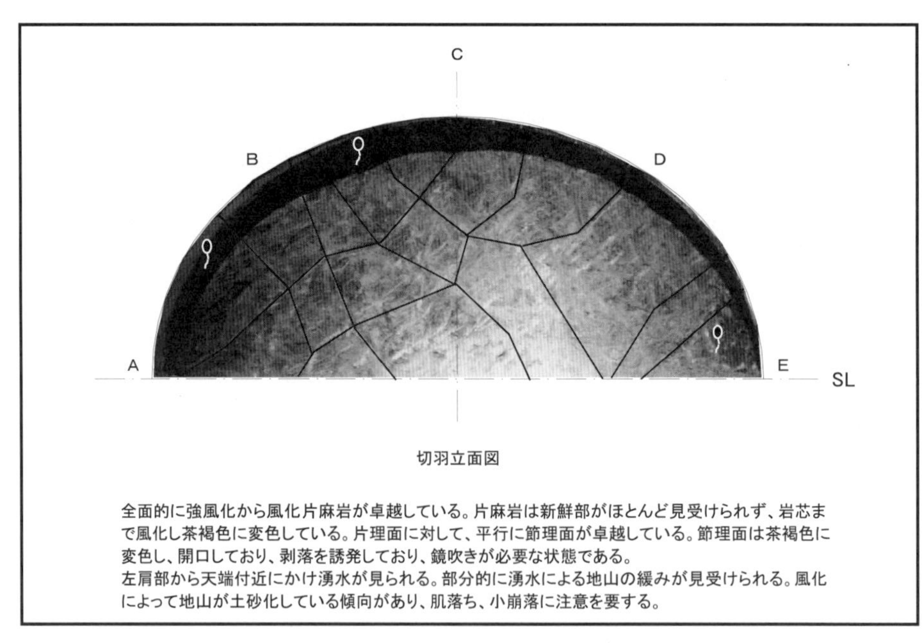

図 5-3　切羽スケッチの例（現場技術者作成）

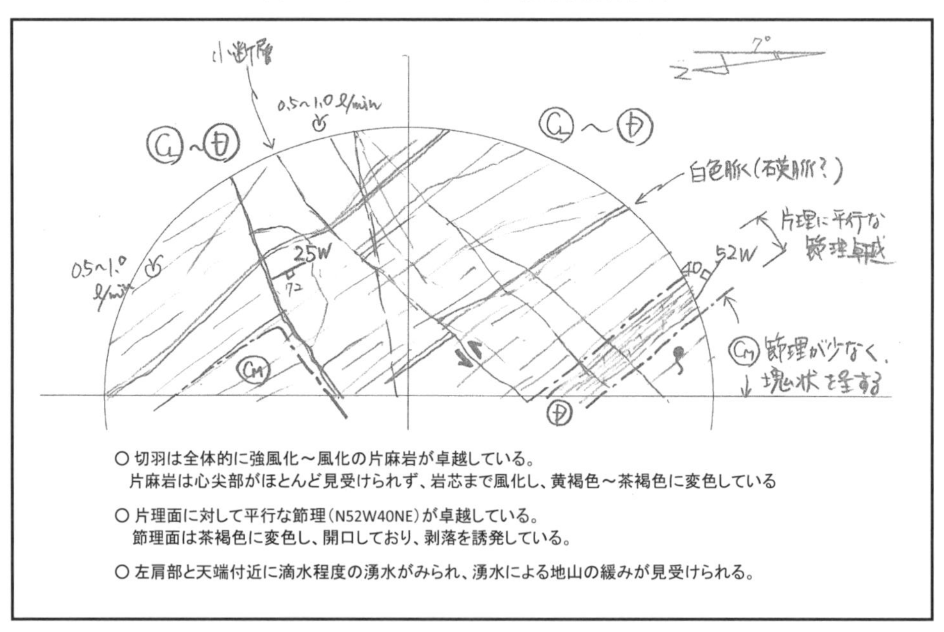

図 5-4　切羽スケッチの例（地質技術者作成）

この全線先進ボーリング調査は，施工サイクルに組み込まれた確実性の高い切羽前方探査の先駆的事例となっている。この事例にならい，全国のトンネル工事で切羽前方探査が標準化され，標準的な調査法の一つとなることが望まれる。

5.1.2　トンネル切羽前方探査の分類

土木学会トンネル標準示方書[10]では，切羽前方探査技術を，ボーリング調査と物理探査，調査坑調査に分類し施工中の坑内から実施する前方探査技術の現状と評価を行っている。本書では，最新の技術も含めて，**表 5-3** のように分類した。

5.2「ボーリングによる方法」では，ロータリーボーリングマシンにより連続的なコア

表5-3　本書で分類したトンネル切羽前方探査の分類表

節番号	大分類	小分類
5.2	ボーリングによる方法	• 水平コアボーリング（ロータリーボーリング） • 水平コアボーリング（ロータリーパーカッションドリル） • 削孔検層（ノンコアボーリング）
5.3	弾性波を利用する方法	• 弾性波探査反射法 • 弾性波トモグラフィ
5.4	電磁波を利用する方法	• FDEM探査 • 地中レーダによるTBM切羽前方探査
5.5	地山の変形を利用する方法	• 坑内変位を利用する方法 （たわみ曲線，L/S法，PS-Tad，TT-Monitor） • 坑内変位と数値解析を組み合わせる方法 （逆解析による方法，PAS-Def）
5.6	その他の技術	• 超長尺ボーリング • ウォーターハンマー工法 • 先行変位計測技術
5.7	複数の手法の組合せ	• 電磁波探査と削孔検層と弾性波探査の組合せ • 削孔検層と坑内弾性波探査の組合せ • 削孔検層とボーリング孔内弾性波探査の組合せ • 削孔検層と孔内観察の組合せ • 削孔検層と数値解析の組合せ • 水平コアボーリングと各種岩石試験の組合せ • 切羽前方地質情報の可視化

を採取できる水平コアボーリングと，ロータリーパーカッションドリルマシンのワイアーラインサンプリングを利用した水平コアボーリング，およびジャンボなどのパーカッションボーリングマシンによるノンコア削孔検層に分類して紹介している。ボーリング孔を利用する物理検層および孔内カメラを利用した技術は，ボーリング技術との組合せとなるため，**5.7**「複数の手法の組合せ」に分類した。

物理探査は，地下に存在する物質の物理的性質，および人為的または自然的に生じた外因による物理的性質の変化を遠隔的に観測し，そのデータを解析することによって，地質構造の様相，断層などの存在，地下水の存在などのような地下の状態を解明する手法である。施工前に地表から行われる物理探査は，利用する物理特性によって，弾性波探査，電気探査，電磁探査，磁気探査，重力探査，放射能探査および地温探査などに分類されるが，施工段階で地表より実施可能な物理探査は，地表とトンネルとを結ぶ弾性波トモグラフィや土被りが小さい箇所での表面波探査，電磁探査となる。

坑内から実施可能な物理探査技術は，弾性波探査（反射法，屈折法，直接法），表面波探査，電気探査，電磁探査であるが，実用的には，弾性波を利用する方法と電磁波を利用する方法に分類できる。

そのため，**5.3**「弾性波を利用する方法」では，弾性波探査屈折法，弾性波探査反射法，表面波探査と弾性波トモグラフィの概要を紹介し，最も実用化されている弾性波探査反射法および近年実用化されつつある弾性波トモグラフィの適用例について詳述した。

また，**5.4**「電磁波を利用する方法」では，切羽から行うFDEM探査と地中レーダによるTBM前方探査に分類して適用事例を紹介している。

5.5「地山の変形を利用する方法」では，近年，地山の変形を利用して切羽前方の地質状況を予測する手法が複数提案されていることから，いくつかの技術をまとめて紹介している。大きく分類すると，掘削時の坑内変位を利用する方法と，坑内変位と数値解析を組み合わせる方法に分類できる。また，坑内変位を利用する方法は，たわみ曲線とL/S法，PS-Tad，およびトンネル天端傾斜計によるTT-Monitorに分類した。たわみ曲線法は，ある時点における天端沈下をトンネルの距離程に沿って曲線状につなぎ，計測断面間を切羽が移動するときの地山の変形挙動を評価して切羽近傍の地質変化を予測する方法である。L/S法と呼ばれる軸方向変位測定による切羽前方地山予測法は，軸方向変位と天端沈下との比が，切羽前方の地山条件により変化することを利用するものである。PS-Tadは，トータルステーションで計測されるA計測の変位データのうち，軸方向変位に着目して，掘削に伴う変位量の増減傾向から，切羽前方の未掘削地山における地質の硬軟の変化を予測する技術である。トンネル天端傾斜計によるTT-Monitorは，高精度の傾斜計を切羽の天端に設置し，切羽の進行に伴う天端の傾斜状況から切羽前方の地質変化を予測する方法である。

坑内変位と数値解析を組み合わせた方法は，逆解析切羽前方地質予測手法とPAS-Defに分類した。逆解析を利用した方法は，坑内変位の逆解析を利用し，未掘削部分の弾性係数やポアソン比を求める方法である。PAS-Defは，削孔検層技術と数値解析技術と計測工を統合させた技術であり，地山の変形性の予測を行う技術である。

5.6「その他の技術」では，近年開発された1,000 m級の方向制御ボーリングが可能な機械を用い，切羽遠方の地質や地下水状況を推定する超長尺ボーリングによる方法と，ウォーターハンマーにより高速にボーリングをする技術，および先行変位計測技術を利用した方法を紹介している。

また，一つの方法では限界があるため，複数の方法を組み合わせて，精度や合理性を高める方法を適用する例も増えていることから，**5.7**「複数の手法の組合せ」では，電磁波探査と削孔検層と弾性波探査の組合せ，削孔検層と坑内弾性波探査の組合せ，削孔検層とボーリング孔内弾性波探査の組合せ，削孔検層と孔内観察の組合せ，削孔検層と数値解析の組合せ，水平コアボーリングと各種岩石試験の組合せ，切羽前方地質情報の可視化事例を紹介している。

これらの方法は，一つの探査手法，例えば弾性波探査反射法だけでは反射面の位置しか分からないので，削孔検層と組み合わせて地山の硬軟の予測精度を高める方法や，削孔検層だけでは，弾性波速度や一軸圧縮強度のような地山物性やコアの状況が分からないため，物理検層やボアホールカメラと組み合わせる方法などである。

物理検層は，ボーリング孔を利用して孔壁周辺の地層の物理的性質を調査する原位置試験のことで，地層の物理的性質のうち，電気的性質，速度伝搬性，放射能強度，温度特性などを捉え，間接的に地層の状況を明らかにしようとする調査法である。トンネルで削孔される水平ボーリングを利用した検層としては，ほとんどが速度検層の事例であり，大空洞や一部の都市トンネルで，電気検層，温度検層，地下水検層が適用された事例がある程度である。

そのほか，コアボーリング調査で得られた岩石試料を用いて行う室内試験（力学試験および物理試験）および孔内載荷試験などの原位置試験も，切羽前方の地山性状の把握に利用される場合がある。さらに，数値解析と組み合わせたり，可視化の方法としてCIM（Construction Information Modeling/Management）を活用した事例も紹介している。

以下，**5.2**でボーリングによる方法，**5.3**で弾性波を利用する方法，**5.4**で電磁波を利用する方法，**5.5**で地山の変形を利用する方法，**5.6**でその他，どちらかというと新技術的な分類で適用されている方法，**5.7**で複数の手法を組み合わせて利用する方法に分類して，その探査概要と適用範囲，適用事例，留意点を記載した。

5.2　ボーリングによる方法

ボーリングを利用した調査では，ボーリングマシンによる削孔で得られたコア試料，スライム（くり粉），ボーリング孔からの湧水状況や削孔データなどから切羽前方の地質性状を直接的に把握することができる。本節では，ボーリングを利用する手法の中から，特にトンネル施工時に切羽からの実施が可能で施工サイクルへの影響が比較的小さい手法について概説する。なお，そのほかの方向修正が可能な超長尺ボーリングや水圧ハンマーによるボーリング手法などについては，**5.6** で詳述する。

トンネル施工時に実施するボーリング手法は，地山試料の採取を優先するコアボーリングと迅速な調査を優先するノンコアボーリングに大きく分けられるが，**表5-4** に示すように，これらの手法にはそれぞれ有利・不利な点がある。本手法の実施にあたっては，その特徴を十分に理解したうえで適用条件に最適な探査法を選定する必要がある。

5.2.1　水平コアボーリング（ロータリーボーリング）

(1)　手法の概要

本手法は，ロータリー式の削孔機を用いてコア試料を採取するもので，トンネル施工時

表5-4　ボーリングによる方法の比較例

名　称	コアボーリング		ノンコアボーリング （削孔検層）
削孔手法	ロータリー	ロータリー パーカッション	ロータリー パーカッション
使用機械	専用ボーリング機	専用ボーリング機	トンネル施工機械 （ドリルジャンボ）
専用人員	必要 （専門業者が実施）	必要 （専門業者が実施）	不要 （トンネル作業員が実施）
探査位置	切羽	切羽	切羽
実施時期	施工中	施工中	施工中
探査時間	5～30 m/日	30～50 m/日	30 m/1.5 時間
解析時間	1日程度	2時間程度	1時間程度
探査可能距離	通常 200 m 以下	最大 100～150 m 程度	最大 50 m 程度
適用条件	とくに制限なし	とくに制限なし	とくに制限なし
コスト	大	中	小
取得情報	コア試料	• コア試料 • 削孔データ	• 削孔データ • スライム（くり粉）
探査対象	岩種，岩級，RQD など	岩種，岩級変化点など	岩級変化点など
評価方法	採取コアの観察により地質状況を評価	採取コアの観察および削孔データにより地質を評価	ドリルジャンボなどの施工機械の削孔データにより地質を評価
備　考	• 岩種や地質構造などが詳細に把握できる • 採取コアを使用して室内試験が実施可能 • 探査時間が長く，施工サイクルへの影響が大きい	• コアボーリングよりも迅速にコア試料が得られる • コア試料は打撃の影響を受けて破砕される場合がある	• 削孔データから掘削体積比エネルギーを算出して定量評価 • 岩種はスライムからの評価となる • 簡便かつ短時間に切羽前方の地質状況を評価できる • 一度に複数個所の探査が可能（ジャンボに搭載されている複数の削岩機使用）

における先進コアボーリングでは，深度200 m程度までの探査を普通工法と呼ばれる手法で実施するのが一般的である。普通工法では，**図5-5**のようにボーリングロッド先端にコア採取のためのコアチューブを取り付けて削孔する。この手法は，コアチューブ長の削孔ごとにロッドを抜管してコアを回収する必要があるため，作業効率はよくないが，**図5-6**に示すように，他のコアボーリング手法に比べてコア採取率は比較的高い。

地質評価はコア試料をもとに実施されるのが一般的であるが，室内試験やボーリング孔を利用した速度検層や孔内載荷試験などの原位置試験を実施することにより，**表5-5**に示すようなより詳細な地山情報を得ることができる。特に北海道では，北海道開発局の道路設計要領[11]において施工中の先進ボーリングを原則トンネル全線において実施することが明記されており，実施トンネルでは，日本道路協会が定める地山等級分類表[12]および独自

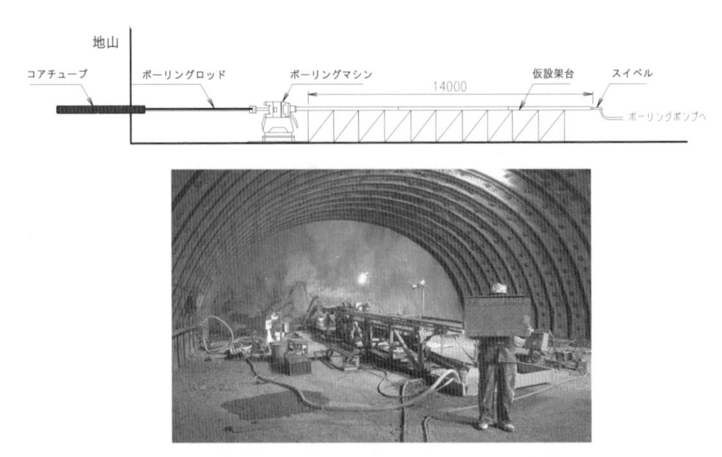

図5-5　普通工法による先進コアボーリング実施状況

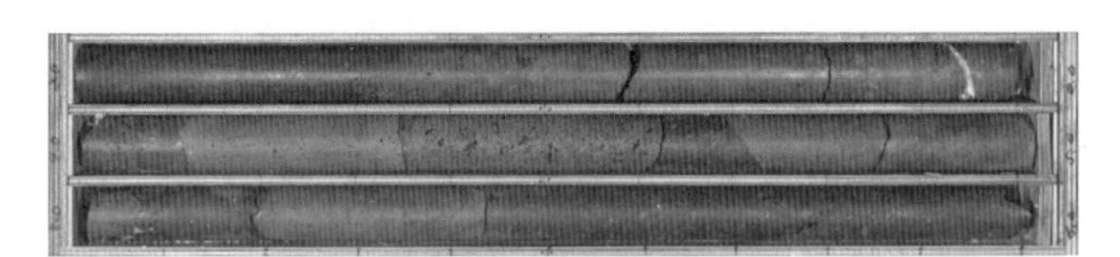

図5-6　普通工法による採取コア（凝灰角礫岩）

表5-5　コアボーリング調査で得られる地山情報の一例

対　象	種　類	調査・試験法	得られる情報	備　考
コア試料	コア観察	岩種	岩石の種類	
		風化・変質状態	風化・変質の度合い（風化区分）	
		割れ目性状	割れ目形状，密着度， 充填物の有無， 割れ目沿いの風化状態　など	
		RQD	RQD(10)，RQD(5)　など	•コア長100 cmに対する基準長以上の棒状コアの総長の割合（%） •RQD(n)：基準長＝n（cm）
	室内試験	単位体積重量試験	①単位体積重量	⑤亀裂係数 K＝{1－(④/③)²}×100% ⑥準岩盤強度＝②×(④/③)² ⑦地山強度比＝⑥/(①×土被り高さ)
		一軸圧縮試験	②一軸圧縮強さ （弾性係数，ポアソン比）	
		超音波速度試験	③コアの弾性波速度	
ボーリング孔	孔内試験・検層	速度検層	④地山の弾性波速度	
		孔内載荷試験	地山の変形係数および弾性係数	

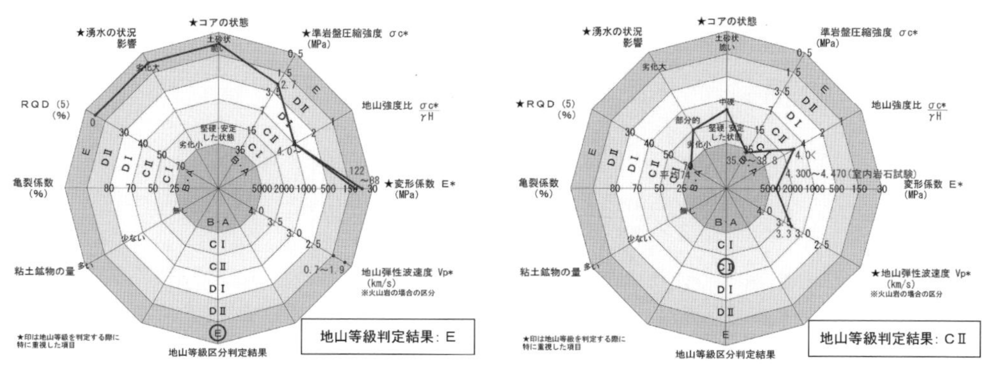

図 5-7　先進コアボーリング結果に基づく地山等級判定例

の分類表に基づき地山等級が判定されている。図 5-7 に，先進ボーリングによる地山等級の判定例を示す。この例では，先進ボーリングにより得られたデータから，地山弾性波速度・変形係数・地山強度比・準岩盤強度・コアの状況・湧水状況・RQD (5)・亀裂係数・粘土鉱物の量などを評価指標として，図のようなダイアグラムにプロットし，総合的に切羽前方区間の地山等級が判定されている。

ただし，各指標の地山等級評価はばらつくことも多く，この結果から総合的に地山等級を判定するのは困難な場合がある。このような現状を踏まえ，総合的な地山等級区分の更なる評価精度向上に向けて，道内各所のトンネルから集められた多数の先進ボーリングデータの分析・検討も進められている[13)]。

(2)　適用範囲

1 回のボーリングで切羽前方 200 m 程度までの探査が可能であり，地質などの制限は特にない。コアチューブ（コアバレル）は，対象の地質性状に応じてシングルコアチューブ（中～硬岩），ダブルコアチューブ（軟岩），トリプルコアチューブ（極軟岩～土砂）などを使い分けることにより，比較的幅広い地質に対応することができる。

(3)　留意点

本手法は探査に時間を要する場合が多いため，連続適用する際には，施工サイクルへの影響を最小限に抑えるよう計画する必要がある。また，原位置試験および室内試験を実施する場合には，試験結果を迅速に地質評価に反映させる必要がある。連続性の乏しい複雑な地質に対して，1 カ所の調査では十分な評価が難しい場合には，後述の削孔検層などの簡易手法と組み合わせて，2 次元的または 3 次元的な探査を実施することが望ましい。

5.2.2　水平コアボーリング（ロータリーパーカッションドリル）

(1)　手法の概要

本手法はパーカッションワイヤーラインサンプリング工法（PS-WL 工法）と呼ばれるもので，図 5-8 に示すように，ロータリーパーカッションドリルを装備した専用の削孔機を使用して連続的にコアボーリングを行う。削孔に打撃力を使用するとともに，ワイヤーライン工法によるコア回収方法を導入することにより，先述のロータリー式の普通工法に比べて，より迅速なコア回収が可能とされる手法である。

地質評価は基本的にコア試料をもとに実施されるが，削孔データから求められる連続貫入抵抗値（P 値）と呼ばれる指標[14)]を併用することも可能である。この指標は，削孔ビットを岩盤に任意の深さまで貫入させるために必要な打撃回数で求められ，基準とする貫入深さが 30 cm の場合には「P 値$_{30\,\mathrm{cm}}$」と表記される。図 5-9 に示すように，この指標は，

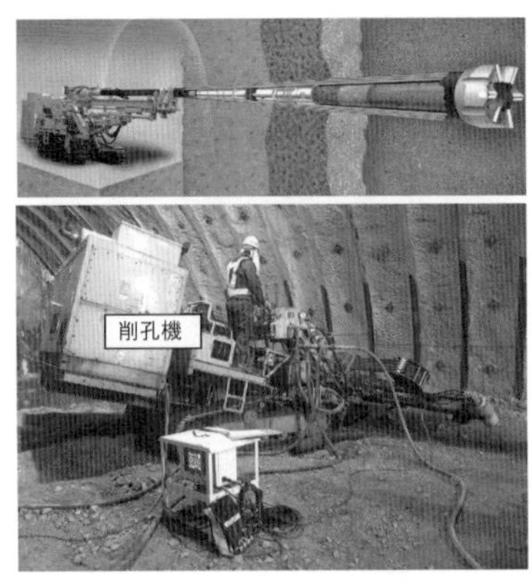

図 5-8　PS-WL 工法

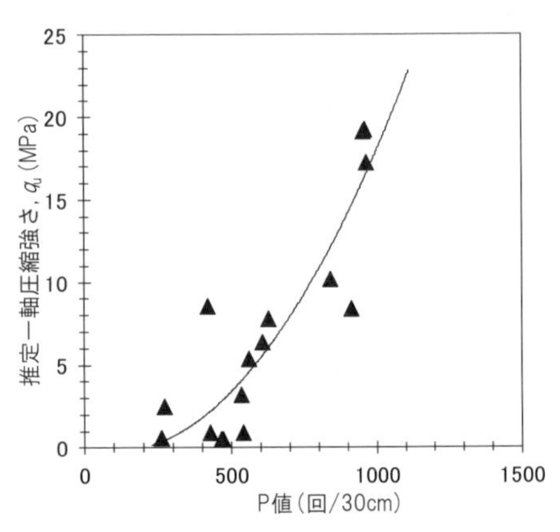

図 5-9　P 値と一軸圧縮強さの関係例

N 値や一軸圧縮強さとの相関性が高いとされている。

(2)　適用範囲

1 回の探査で切羽前方 100〜150 m 程度の探査が可能である。特に対象地質の制限はないが，打撃を併用した削孔であるため，粘性土を含まない軟弱砂層・砂礫層や，はく離性に富む粘板岩などの亀裂質岩盤では，コア採取が困難な場合もある。

(3)　留意点

PS-WL 工法では，専門の業者が特定の削孔機（RPD）を使用して実施する。そのため，実施にあたっては，探査スケジュールをできるだけ早い段階で決定し，人員・資機材を確保しておく必要がある。また，地質評価に際しては，以下の点に留意する必要がある。

(a)　打撃の影響

図 5-10 に示すように，打撃の影響を受けて岩石コアの 2 次的な細片化や亀裂の発達（コアディスキング）が認められる場合があり，RQD などの亀裂密度に基づく地質評価を行う際には，その影響を考慮しておく必要がある。最近では，コアディスキングを考慮した RQD（例えば，1 m 当たりの長さ 2 cm 以上のコアが占める総コア長など）による地質評価も試みられている[15]。

(b)　油圧の設定

削孔時に設定する打撃圧やフィード圧の変化も P 値に影響を及ぼす。このため，P 値による地山評価を実施する際は，これらの油圧を一定に保持して削孔することが望ましい。

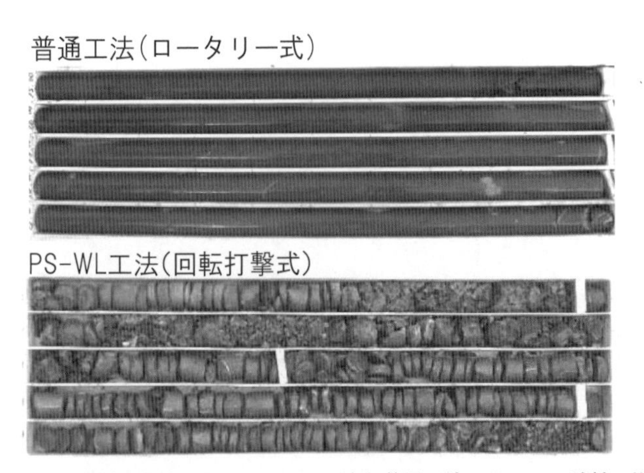

図 5-10　同一地質で実施された PS-WL 工法と普通工法によるコア試料の比較例

図 5-11　ドリルジャンボを使用したコア連続採取法（Core-DRISS）

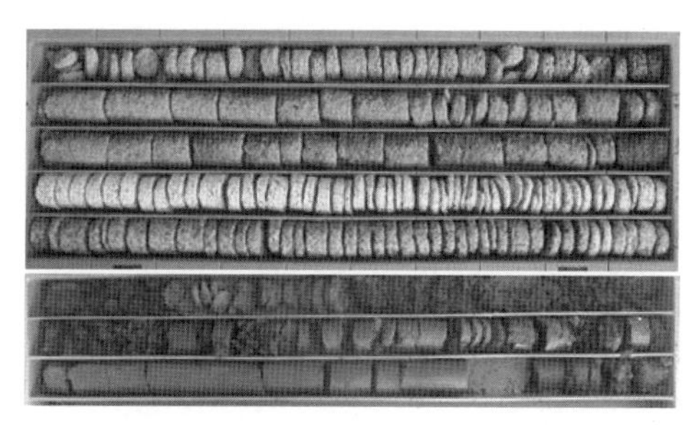

図 5-12　Core-DRISS によるコア採取例

効率的な削孔を確保するために設定油圧を変化させた場合には，その影響を考慮して地質評価を行う必要がある。

(4)　その他

PS-WL 工法が専用の削孔機を使用するのに対し，施工機械のドリルジャンボに搭載された削岩機（ロータリーパーカッションドリル）でコアリングする手法もいくつか提案されている。その中で，切羽前方コアサンプリングシステム[16]と呼ばれる手法は普通工法によるコア回収手法をドリルジャンボによる削孔に取り入れたもので，**図 5-11** に示す Core-DRISS[17]と呼ばれる手法は PS-WL 工法と同様にワイヤーラインサンプラーによる連続コア回収を可能としている。**図 5-12** に，Core-DRISS によるコア採取例を示す。これらの手法は専用の削孔機や作業員を必要としないため，現場の判断で容易に探査を実施できる利点があるが，現状の探査可能距離は 30 m 程度と PS-WL 工法の 100 m ～150 m には及ばない。ドリルジャンボを使用した手法の簡便性という利点を生かして，PS-WL 工法と使い分けもしくは効果的に組み合わせることで，より効率的な地山評価が期待できる。

5.2.3　削孔検層（ノンコアボーリング）

(1)　手法の概要

ノンコアボーリングには様々な手法があるが，ここで述べる削孔検層は以下のような特徴を持つ探査手法であり，探査概要は**図 5-13** のようにまとめられる。

①　ドリルジャンボなどに搭載される削岩機を使用
②　ボーリング（削孔）作業はトンネル作業員による実施が可能
③　削孔データを取得・解析するシステムを保有
④　削孔データをもとに地質評価を実施
（削孔時のくり粉や孔口からの湧水状況などの目視データも補足的に利用）

削孔検層は，以下のような手順で進められる。

【坑　　内】
①　ドリルジャンボによるノンコアボーリング
②　削孔データおよび目視データの取得

【現場事務所】
③　取得データの処理・解析および目視データの整理
④　上記結果に基づく切羽前方の地質評価

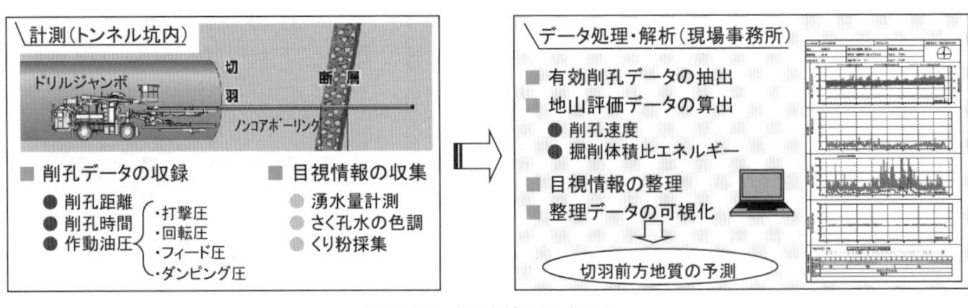

図 5-13　削孔検層の概要

削孔検層としては，古くから直感的な削孔速度（のみ下がり）に着目して地山評価の参考としていた。本手法は手軽であるが，一般に地山評価指標が削孔全長にわたる平均削孔速度であり，削孔深度方向の速度変化を詳細に知ることは困難であったこと，あるいは削孔条件の影響が大きいなどの課題があった。そのため，削岩機の機種や削孔条件の影響が比較的小さいとされる掘削体積比エネルギーを連続・定量的な地山評価指標とする削孔検層が開発・導入された。

近年普及しつつあるこのような削孔検層における主な取得データは，打撃圧，回転圧，フィード圧（給進圧），ダンピング圧などの削岩機の各種作動油圧および削孔距離（フィード前進距離）である。これらのデータは**図 5-14** のような計測機器に自動収録され，パソコンにより処理・解析される。そして，地山評価に必要な情報として，削孔深度方向に沿った掘削体積比エネルギーの分布などが得られる。一方，削孔速度も，後述するように機械データを活用してフィード圧の影響を除去する正規化削孔速度比などとして，より精度の高い定量的な評価指標に発展しつつある。

現在，削孔検層において代表的な地山評価指標となっている掘削体積比エネルギー（Specific Energy）は，「掘削に要したエネルギーを掘削体積で除した値」で表され，主に掘削機械の能率を評価する指標[18]として提案されたものであるが，これは掘削岩盤の強度特性によっても変化するので，岩盤評価指標としても有効とされている[19]。削孔検層における掘削体積比エネルギーは，「単位体積の地山を削孔するのに削岩機が要したエネルギー量」で定義される。削岩機の掘削体積比エネルギーは以下のような基本式で表され，この値が大きいほど“より硬質”な地山であると評価できる。

図 5-14　計測装置の設置例

$$S_E=\frac{E_i \times bpm}{A_H \times P_R} \tag{5.1}$$

ここに，

S_E：掘削体積比エネルギー（J/cm³）

E_i：ピストン打撃によって削岩機で発生した打撃エネルギー（J）

bpm：打撃数（blow/min）　P_R：削孔速度（cm/min）　A_H：孔断面積（cm²）

上式中の E_i，bpm は原位置で直接計測することはできないが，削孔時の打撃圧（Pp）と各種削岩機の仕様表に記載されている定格打撃圧（Pp_0）作用時の定格打撃エネルギー（Ei_0），定格打撃数（bpm_0）から，式(5.2)および式(5.3)により求めることができる。

$$E_i=\left(\frac{P_p}{P_{p0}}\right)\times E_{i0} \tag{5.2}$$

$$bpm=\sqrt{\frac{P_p}{P_{p0}}}\times bpm_0 \tag{5.3}$$

ここに，

Pp：計測された打撃圧（MPa）　Pp_0：定格打撃圧（MPa）

bpm_0：定格打撃数（blow/min）　E_{i0}：定格打撃エネルギー（J）

現場で活用されている削孔検層システムには，施工会社や建設機械メーカー各社が独自に開発した様々なシステムがある。その代表的なシステムの概要を**表5-6**にまとめる。表に示した削孔検層システムの地山評価指標は，指標の名称は異なるものの4システムが掘削体積比エネルギーを活用しており，そのほか1システム（トンネルナビ）は削孔速度に着目している。

(2)　適用範囲

削岩機の能力や地山条件にもよるが，1回の探査で切羽前方30～50 m程度までの適用が一般的である。探査の簡便性・迅速性を生かして掘削サイクルに組み込んで連続適用する場合，30 m程度の探査を1～2週間に1回程度の頻度で実施する場合が多い。

対象地山に関する制限は特にないが，例えば，開口亀裂が卓越した地山や硬軟部が複雑に混在する断層破砕帯などでは，探査精度低下への対策が必要となる場合がある。このよ

表5-6　代表的な削孔検層システム

名　　称	穿孔探査システム（DRISS）	ドリルエクスプローラ	削孔検層システム（ドリルロギング）	削孔検層システム	トンネルナビ
開発会社	西松建設 ドリルマシン 地層科学研究所	鴻池組 古河ロックドリル マック カヤク・ジャパン	鹿島建設	三井住友建設	大林組
システム導入	導入先に制限なし	古河製ドリルナビシステム搭載ジャンボに導入可	自社現場での運用	自社現場での運用	自社現場での運用
主な地山評価指標	穿孔エネルギー（掘削体積比エネルギー）	さく孔エネルギー（掘削体積比エネルギー）	破壊エネルギー係数（掘削体積比エネルギー）	削孔エネルギー（掘削体積比エネルギー）	正規化削孔速度比
備　　考	国内外の200を超えるトンネルへの適用実績あり	さく孔エネルギーと削孔位置情報により3次元地質評価が可能	他社に先駆けて開発し，地球統計学を使用した評価が可能	ロックボルト孔，発破孔の削孔データも使用	フィード圧の影響を考慮した独自の評価指標を使用

うな地質では，削孔水の地山へ逸水や孔壁崩壊が頻発してくり粉の排出が著しく困難となり，それに伴う回転圧の異常上昇やジャミングの頻発により，削孔データが大きく乱れるため，正確な地山評価が困難になる場合がある。通常のロッド・ビットによる削孔が困難な地山に対しては，例えば，**図 5-15** に示すような先頭ロッドを ϕ76 鋼管の 2 重管構造とした部材を使用することで，比較的安定した削孔および評価が可能となる。

地山評価は，削孔データに基づく地山の硬軟判定を基本としており，**図 5-16** に示すように，掘削に影響を与えるような断層破砕帯などの脆弱地質の出現位置・範囲を事前予測する事例が多い。また最近では，**図 5-17** に示すように，支保パターン選定のもととなる地山等級の事前想定に活用される事例も増えている[20]。岩種や亀裂状況については，コアボーリングのような詳細判定は困難であるが，採取されたくり粉（概ね 5 mm 程度以下の粒径の岩片）の判定やボアホールカメラの併用により，ある程度判定することも可能である。このような削孔検層と孔内観察の組合せ事例については，**5.7** に詳述する。

また本手法では，ドリルジャンボの複数のブームに装備された削岩機を使用することにより，任意の位置や方向に複数箇所の探査を同時に実施することも可能である。これによ

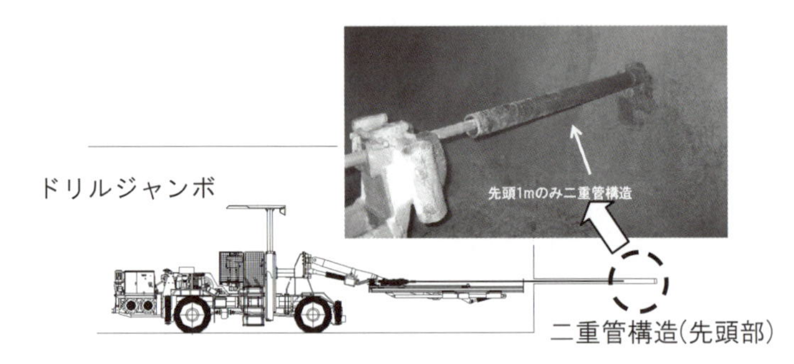

図 5-15 難削孔地山に対応した 2 重管先頭ロッド

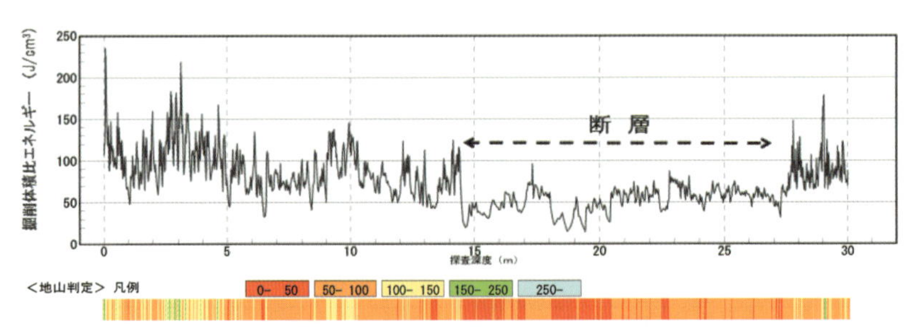

図 5-16 掘削体積比エネルギーによる断層破砕帯の出現予測例

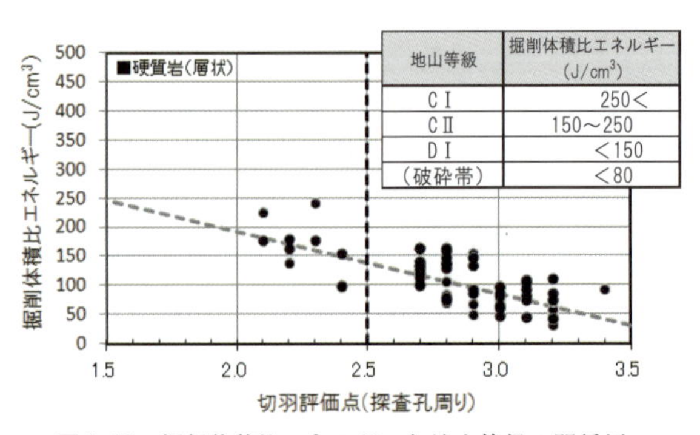

地山等級	掘削体積比エネルギー (J/cm³)
CⅠ	250＜
CⅡ	150～250
DⅠ	＜150
(破砕帯)	＜80

図 5-17 掘削体積比エネルギーと地山等級の関係例

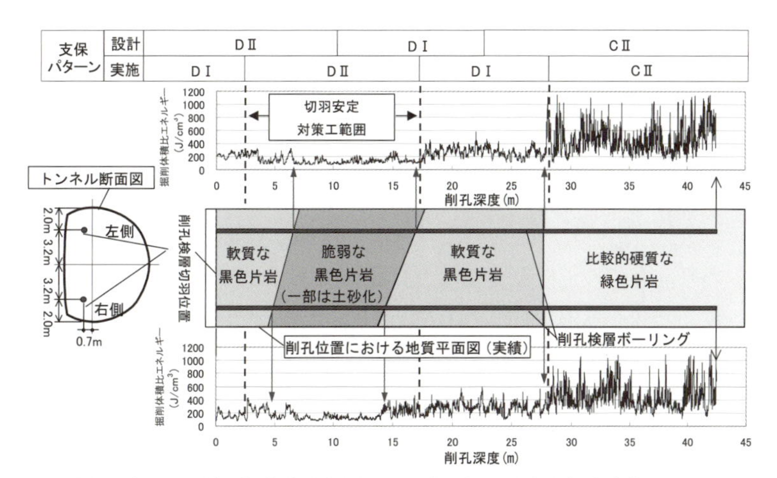

図 5-18　2カ所の探査結果を用いて2次元的に地山評価を実施した例

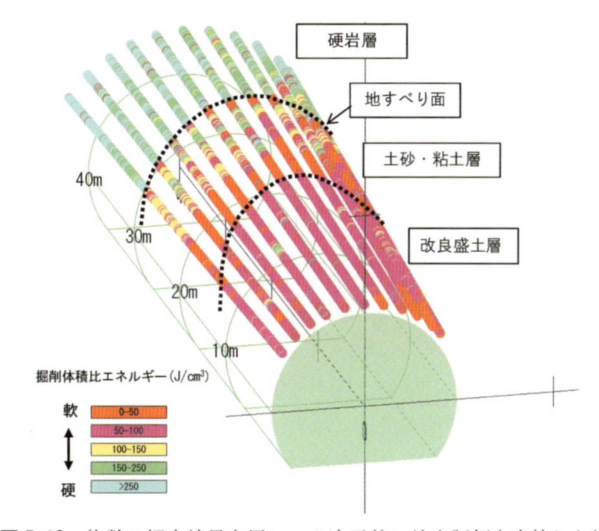

図 5-19　複数の探査結果を用いて3次元的に地山評価を実施した例
（長尺鋼管先受け工法実施時の削孔作業を用いて削孔検層を実施）

り，**図 5-18** や**図 5-19** に示すような複数の探査結果を利用した2次元または3次元的な評価を比較的容易に実施することができる[21]。

このような方法は，通常実施されるような1カ所のボーリング調査による“点”または“線”の調査では，その出現位置の正確な予測が困難な地山（例えば，分布が複雑な熱水変質帯やトンネル方向と低角度で斜交するような断層など）において特に有効である。

(3)　留意点

本手法では，削孔データの計測から掘削体積比エネルギーの算出・変化量の図化までシステム化されている場合が多く，比較的容易に地山を評価することができる。ただし，この原位置計測データから求めた掘削体積比エネルギーには，地山性状だけでなく削孔効率の変化による影響も含まれていることに留意しなければならない[22]。削孔効率の変化は様々な要因が複雑に関係しており，それを完全に取り除くことは非常に困難であるが，その影響をある程度低減させることは可能である。以下に，代表的な削孔効率の変化要因を挙げ，その対処方法について詳述する。

(a)　ロッド中における打撃エネルギーの減衰

削孔検層では，長さ1.5〜3.0 m程度のロッドを継ぎ足しながら，所定の深度までの削孔を実施する場合が多い。その時，削岩機で発生した打撃エネルギーはロッド中を伝播時に継手部において減衰するため，削孔効率（削岩機で発生した打撃エネルギーに対するビット先端に到達した打撃エネルギーの割合）が削孔深度の増加に伴い段階的に低下する。継手1カ所当たりの減衰率は，継手形状やねじ部の締付け状況などにより複雑に変化するため原位置での正確な見積もりは困難であるが，既往の研究では，概ね1.5〜10%（伝達係数：0.985〜0.9）程度の値が報告されている[23),24)]。特に本手法のようにロッド数が複数に及ぶ場合には，以下のような補正式を用いて掘削体積比エネルギーの深度補正を行うことが望ましい。

$$S_{E(n)} = S_E \times (T_{rod})^{n-1} \tag{5.4}$$

ここに，

$S_{E(n)}$：ロッドn本接続時の深度補正後の掘削体積比エネルギー（J/cm³）

T_{rod}：継手1カ所当たりの打撃エネルギー伝達係数

(b)　フィード圧の影響

フィード圧には削孔時にビットの着岩状態を保持させる役割があり，確実な着岩に必要な最低フィード圧（所要最低フィード圧：$F_{t(min)}$）以上の荷重がビットに作用していれば，多少のフィード圧の変動にかかわらず，同一岩盤における削孔速度はほぼ一定となる[25)]。一方，$F_{t(min)}$以下の不十分な着岩状態では，ビット先端に到達した打撃エネルギーが岩盤へ伝達される割合（岩盤へのエネルギー伝達効率）が低下するため，フィード圧の低下に伴い削孔速度も直線的に低下する。ここで，式(5.1)より掘削体積比エネルギーは削孔速度の逆数に比例するため，**図5-20**に示すように，$F_{t(min)}$を下回る条件では，フィード圧の低下に伴って掘削体積比エネルギーも増加傾向を示す[26)]。このような場合，同一岩盤であっても設定フィード圧の値によって掘削体積比エネルギーが大きく変動してしまうため，正確な地質評価が困難となるおそれがある。

このように，フィード圧の影響を除去するためには，フィード圧を一定に保つだけでなく$F_{t(min)}$を念頭に置いた油圧設定も重要である。**図5-20**に示したフィード圧と掘削体積比エネルギーの関係に基づくと，設定フィード圧が概ね4.0〜5.0 MPaの範囲であれば，

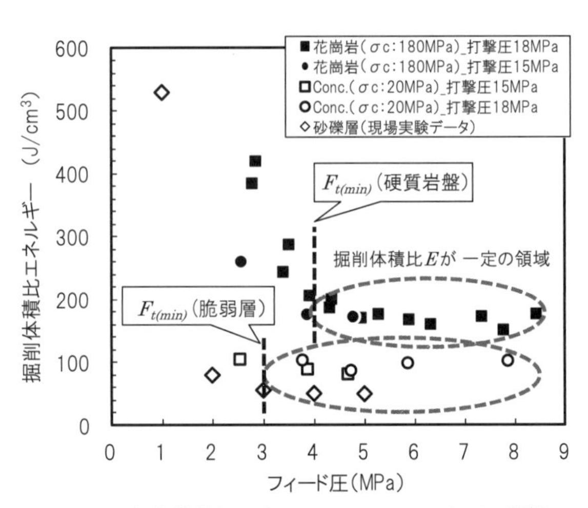

図5-20　掘削体積比エネルギーへのフィード圧の影響

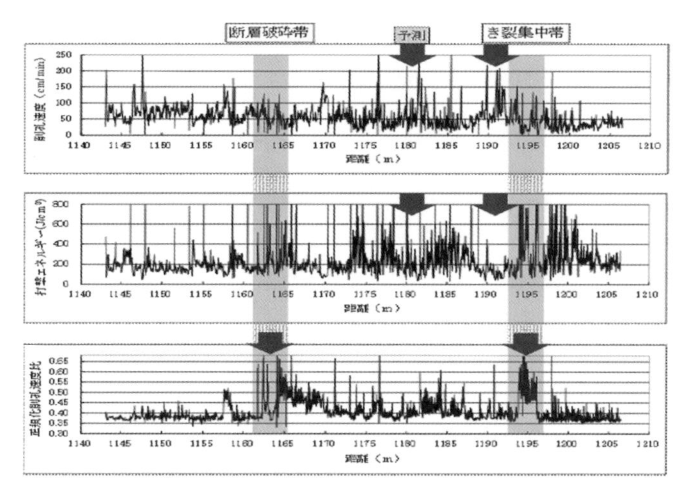

図 5-21　正規化削孔速度比による地質評価事例

設定圧に多少の変動があっても掘削体積比エネルギーの算出に与える影響は低減させることができる。ただし，著しく脆弱な地質に対して安定した削孔を行うために，フィード圧を 4.0〜5.0 MPa よりも低い値に設定する場合があるが，**図 5-20** 中の脆弱地山の $F_{t(min)}$ に相当する 3.0 MPa 程度にまで設定圧を低下させても，評価への影響をある程度抑えることができる。なお，最近のドリルジャンボでは，安定した削孔作業を補助する目的で，回転圧の変動に連動して自動的にフィード圧が変化する機構が装備されている機種がある。その場合でも，油圧回路の一部に専用のカートリッジバルブまたはプラグを設置することで，フィード圧を一定に保持した探査が可能となっている。

さらに最近では，フィード圧の影響を考慮した新たな評価手法も提案されている[27)]。この手法では削孔速度を基本とした評価方法が採用されており，フィード圧が変動した状態で実施した探査で得られた削孔速度を，仮想的にフィード圧変動がない削孔速度「正規化削孔速度比」に換算することで，フィード圧変動の影響を受けずに地山評価ができるとしている。**図 5-21** に示すように，地山性状の変化に合わせてオペレーターがフィード圧を逐次変動させた場合でも，正規化削孔速度比の上昇傾向から断層破砕帯や亀裂集中帯の出現を的確に予測することができている。

(4)　その他

最近では，削孔検層を応用した新たな評価技術も提案されており，以下にその一例を紹介する。

(a)　トンネル変形挙動の予測

削孔検層では，従来の地山の硬軟といった地山評価にとどまらず，掘削時のトンネル変形挙動の推定も試みられている。例えば，削孔データから岩盤強度を推定し，そこから地山強度比（岩盤強度とトンネルに作用する土被り圧の比）を求めて，トンネル変形性を評価した事例が報告されている[28)]。さらに，削孔データと数値解析を組み合わせて掘削時のトンネル変形量や地山せん断ひずみ量を予測する手法も提案されている[29)]。この削孔検層と数値解析を組み合わせた手法については，**5.5.2** に詳述する。

(b)　掘削地山の重金属等溶出リスクの評価

最近では，削孔検層による通常の地山評価に加え，切羽前方地山の重金属等溶出リスクも合わせて評価する試みも報告されている[30),31)]。この手法では，削孔検層時に得られるくり粉が重金属等の溶出量分析に使用されるが，くり粉試料を連続的かつ効率良く回収する

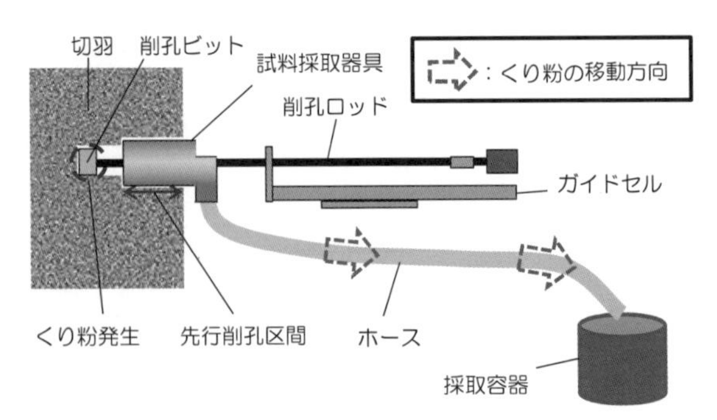

図 5-22　削孔検層の応用例（くり粉を用いた重金属等の溶出量評価）

ために，図 5-22 に示すような手法が提案されている。

5.3　弾性波を利用する方法

トンネルで弾性波を利用した物理探査法としては，弾性波探査屈折法，弾性波探査反射法，表面波探査，弾性波トモグラフィなどが挙げられる。表 5-7 に，これらの手法の測定原理や探査目的についてまとめた。

弾性波探査屈折法は，主に事前調査で地表にトンネル縦断方向の測線を展開して，地下のトンネルルートの地山弾性波速度を把握するために実施され，地山分類のための基礎資料として用いられる。最近では，地表からの弾性波探査屈折法結果に対するトモグラフィ解析の普及も進んでおり，従来の萩原の方法（はぎとり法）による解析に比べてより複雑な構造を捉えることができる場合が多い[32]。

坑内弾性波速度測定は，坑内で弾性波探査屈折法を実施するものでB計測に分類される手法である。坑内でトンネル周囲の地山弾性波速度を実測することにより，事前調査結果に基づく地山分類の妥当性評価や，トンネル掘削による緩みの影響範囲の評価などに用いられる[33]。

弾性波探査反射法は，施工中の切羽前方の断層，破砕帯などの地質急変部の存在を予測する目的で行われる。弾性波探査反射法にはいくつかの実用化技術があり，起振点，受振点の数や配置，震源の種類，解析方法などにそれぞれ特徴や違いがある。

表面波探査は，P波による弾性波探査屈折法に比べて探査深度は限られるが，地下水の影響を受けにくい，地表付近に高速度層がある逆転層であっても調査が可能，などの利点があり，土被りの小さい区間において，調査ボーリングなどと併用して地表から実施される例が多い[34]。また，切羽にて表面波の起振，受振を行い，切羽から 5 m 程度前方の地山予測を試みた事例もいくつか報告されている[35]。

弾性波トモグラフィは，事前調査で用いられることもあるが，最近では施工中の切羽前方探査としての適用が増えている。弾性波トモグラフィの起振点，受振点は，地表および坑内，あるいはボーリング孔内などに配置し，起振点，受振点に囲まれた領域の地山弾性波速度を求める。

本節では，主に施工中の切羽前方探査に用いられる方法のうち，適用実績の多い弾性波探査反射法と弾性波トモグラフィについて記載する。

表 5-7　弾性波を利用するトンネル探査手法の分類

分類	弾性波探査屈折法	弾性波探査反射法	表面波探査	弾性波 トモグラフィ
着目する弾性波	屈折波	反射波	表面波	直接波，屈折波
測定・解析原理	各受振点で屈折波の初動を観測する。 初動到達時刻から走時曲線を描き，傾きから速度構造を求める。	反射波の到達時刻を測定する。 反射波の到達時間から反射面までの距離を求める。	表面波（レイリー波）を観測し表面波速度 V_R を求め，概略のS波速度構造を推定する。 波長（周波数）を変えて起振し，V_R から深度に対応する見かけのS波速度を求める。	各受振点で屈折波の初動を観測する。 初動走時の情報をインバージョン解析することにより，波線経路と速度構造を同定する。
探査目的	測線下の地山弾性波速度構造，低速度帯の分布	切羽前方の反射面位置，分布	測点，測線下の表面波およびS波速度構造，低速度帯の分布 (切羽前方に適用される例もある)	起振点，受振点に囲まれた領域の地山弾性波速度構造，低速度帯の分布
代表的な探査手法	高密度弾性波探査 坑内弾性波速度測定	TSP，HSP，TRT，SSRT，連続SSRT，TFT，ブレーカー振動，TTSP		トンネルトモグラフィ 孔間トモグラフィ

※　TSP：Tunnel Seismic Prediction, HSP：Horizontal Seismic Profile,
TRT：Three-dimensional Reflector Tracing, SSRT：Shallow Seismic Reflection survey for Tunnel,
TFT：Tunnel Face Tester, TTSP: Tunnel Transverse-array Seismic Profile

5.3.1　弾性波探査反射法

(1)　手法の概要

(a)　探査原理

トンネルにおける弾性波探査反射法の概念図を**図 5-23** に示す。基本的な原理は，坑内で弾性波を起振し，坑内に配置した受振点で切羽前方の反射面からの反射波を捕らえ，その到達時間から反射面までの距離を推定するものである。弾性波は音響インピーダンスの差が大きい媒質間の不連続面で反射する性質があり，反射波の振幅は音響インピーダンスの差が大きいほど大きくなる。音響インピーダンスとは，密度と弾性波速度の積で表されることから，地質，岩質の境界や硬軟の境界，あるいは断層破砕帯などの物性に大きな差がある不連続面ほど，強い弾性波の反射が生じると考えられる。

受振器で計測された波形記録は，スタッキングや周波数フィルタリングなどの処理を行い，S/N 比の向上，ノイズの除去が図られ反射波が強調される。さらにマイグレーション

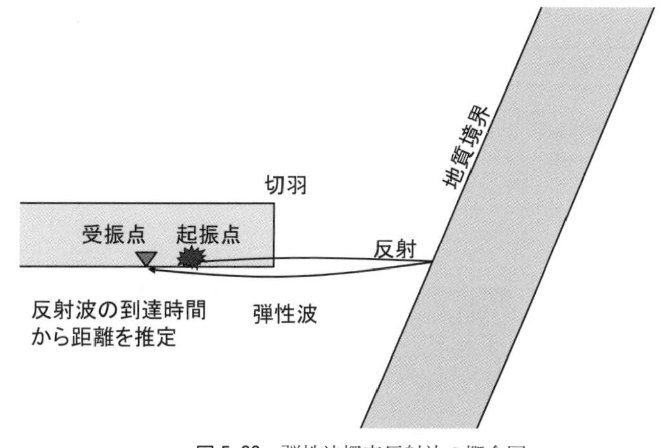

図 5-23　弾性波探査反射法の概念図

処理を行い，回折波などを取り除き，重合処理を行い反射波の連続性と振幅を強調して反射波を抽出する。これらの波形記録は時間軸上に表されているので，推定した切羽前方の平均地山弾性波速度を用いて時間を距離に換算することによって最終の探査結果とする。

(b) 探査方法

弾性波探査反射法は，各種の方法が開発され適用が進められてきているが，各々の方法は，データ取得方法（震源の種別，起振点および受振点の数や配置）や解析方法にそれぞれ特徴があり，概ね**表 5-8** のようにまとめられる。

弾性波を発生させるための震源は，人力によるもの，発破によるもの，機械によるものがある。TSP は国内で最も普及している手法であるが，震源は探査用発破に限定されるため，機械掘削のトンネルや火薬消費許可申請の対象外となる坑外における探査実施には制約がある[36]。HSP では，探査用発破のほかにハンマーやトンネル掘削発破を震源として探査した実績が報告されている[37),38]。TRT と SSRT では，探査用発破のほかに機械震源を使用することができる[39),40]ため，発破に対して制約がある場合にも探査を実施することが可能である。機械震源にはバイブレータ，油圧インパクタ，超磁歪型震源などがある（**表 5-9**）。連続 SSRT と TFT および高精度トンネル切羽前方探査法は，トンネル掘削発破を震源として使用することによって特別な起振作業を不要とし，トンネル施工サイクルに影響を与えずに記録を得ることができる[41),42),43]。これらのほかに，ブレーカー振動を震源とした探査事例が報告されている[44),45]。

一般に，弾性波探査では起振点数，受振点数ともに多い方がより精度が良いとされ[46]，多起振・多受振となるような配置が望ましいといえるが，起振点，受振点ともに数が多くなれば，それだけ探査に要する時間は長くなる。各手法の起振・受振点配置は，TSP および TFT は多起振・少受振を，HSP，TRT，SSRT，連続 SSRT および高精度トンネル切羽前方探査法は多起振・多受振を基本としている（**図 5-24**）。

解析方法に関しては，文献などに詳細が示されていないものもあるが，地下資源探査において鉛直坑井を利用して地下深部を探査する VSP 法（Vertical Seismic Profile）を応用した解析方法などが主に用いられている。TRT では，3 成分受振器の記録に基づく解析結果から，切羽前方の反射面分布を 3 次元的にイメージングして表示する方法が用いられている。TTSP は，その他の手法とは異なり，同一反射点を通る複数の反射波の記録から，NMO（Normal Move Out）補正を行い，RMS 速度を求めて切羽前方地山の弾性波速度とする[47]。この解析処理の結果，切羽前方地山の弾性波速度が区間ごとに求められ，それぞ

表 5-9 弾性波探査に使用される主な機械震源

種別	バイブレータ	油圧インパクタ	超磁歪型
弾性波発生機構	油圧によるリアクションマスの震動 ベースプレートを介してスウィープ波を地盤に伝達	重錘落下 （ガス圧で加速） ベースプレートを介して地盤を打撃	磁界変化による磁歪材料の弾性変形 側壁や孔壁に圧着し弾性波を地盤に伝達
エネルギー	大 （探査実績 300 m 程度）	中 （探査実績 150 m 程度）	中 （探査実績 150 m 程度）
外観			

表5-8　弾性波探査反射法の震源と起振・受振点配置

探査手法	開発者	震源の種別							起振・受振点配置				解析方法	得られる情報	探査深度の目安	所要時間	適用実績 ※2014年4月現在
		人力	発破震源		機械震源												
		ハンマー（カケヤ）	探査用発破	トンネル掘削発破	バイブレータ	油圧インパクタ	超磁歪型震源	トンネル用ブレーカー	起振点数（箇所）	受振点数（箇所）	起振・受振点配置	備考					
TSP	Amberg社（スイス）		○						30	2	側壁孔	多起振・少受振	• VSP法（Vertical Seismic Profile） • 等走時面イメージング	反射面分布（2次元） P波/S波速度※ 物性値（換算）※ ※TSP203の場合	100～150 m	準備2時間， 探査2時間， 解析3時間	多数（TSP202）
HSP	土木研究所ほか	○	○	○					22など	48など	任意	多起振・多受振 ※少起振の適用例あり		反射面分布（2次元）	100～250 m	探査1日以上 （起振・受振点数による）	多数
TRT	鹿島建設	○	○	○			○		12程度	10程度	側壁	多起振・多受振		反射面分布（3次元）	100～150 m	探査4時間， 解析24時間	多数
SSRT	フジタ・地球科学総合研究所	○	○		○	○			12～24	12～24	任意	多起振・多受振	• VSP法	反射面分布（1次元）	油圧インパクタ：100～150 m バイブレータ，発破：300 m程度	探査1日， 解析1日	27件
連続SSRT				○					12～24	12～24	側壁	多起振・多受振		反射面分布（1次元）	300 m程度	データ集積：1週間 解析1日	14件
TFT	安藤ハザマ			○					20以上	1	側壁	多起振・少受振	• VSP法 • 等走時面イメージング	反射面分布（1次元）	150 m程度（実績）	データ集積：5日程度 解析：3時間	5件
高精度トンネル切羽前方探査法	奥村組			○					12程度	12程度	側壁	多起振・多受振	• VSP法 • 差分計算による等走時面イメージング	反射面分布（3次元）	100 m程度（実績）	データ集積：数日 解析：5時間	2件
ブレーカー振動	清水建設							○	1	5程度	側壁	少起振・少受振	• 反射波形読み取り • 等走時面イメージング	反射面分布 （1次元，3次元）	50 m程度（実績）	計測30分以内 解析3時間	3件
TTSP	大成建設		○						3～6	3～6	側壁孔	少起振・少受振	• NMO補正による速度解析	地山弾性波速度分布	50 m程度	起振・受振孔の削孔6時間，解析別途	2件

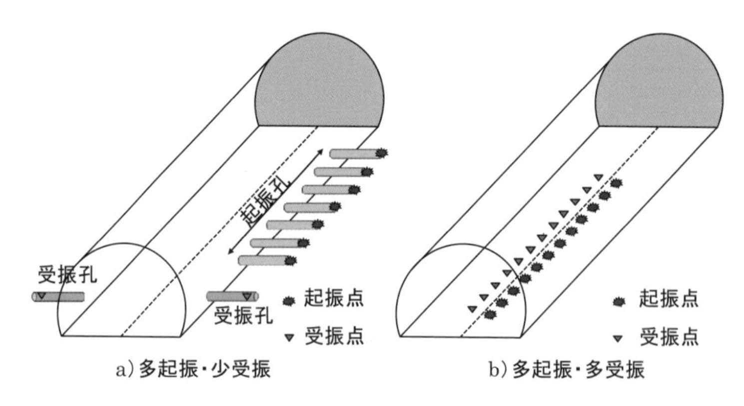

図 5-24　弾性波探査反射法の起振・受振点配置例

れの区間の速度値によって地山状態を予測するもので，反射面位置の同定は行われない。

(c)　得られる情報

弾性波探査反射法では，切羽前方の反射面分布（反射面までの換算距離）が求められる。なお，探査で測定される記録は反射波の到達時間なので，時間を切羽からの距離に換算するために，切羽前方地山の平均弾性波速度が必要となるが，弾性波探査反射法では切羽前方地山の弾性波速度を直接測定することはできない。そこで，平均弾性波速度の推定には，直接波の走時に基づいて起振点から受振点までの弾性波速度を求めて参考とする方法や，坑口が探査位置から近い場合には，**図 5-25** のように出口側坑口で坑内からの直接波を受振して，切羽から出口側坑口間の平均弾性波速度を直接求める方法が用いられることがある[48]。ただし後者の場合，坑内での起振時刻を記録するシステムと出口側坑口の受振システムの時計が高精度（1 ms 程度以内）で同期している必要がある。

TSP の中でも，国内で多くの探査実績を有する TSP202 の後継機種として 2011 年に開発された TSP203 では，切羽前方地山の弾性波速度の縦断方向の変化が P 波，S 波ともに解析され，その速度 Vp，Vs から剛性率，ヤング率，ポアソン比などの物性値を計算する機能を有している。TSP203 における切羽前方地山の弾性波速度の解析方法および物性値の計算方法については，詳細が明らかにされていないが，Vp，Vs を区間ごとに推定し，それらをパラメータとする経験式を用いて算出した密度を用いて，物性値を計算で求めているようである[49]。TTSP では前述のように，切羽前方地山の弾性波速度として NMO 補正に用いる RMS 速度を採用し，区間ごとの P 波速度を求めている。

(2)　適用範囲

弾性波探査反射法の垂直分解能については，Rayleigh の 1/4 波長則[50]による考え方や，1/8 波長とする critical resolution thickness[51]の考え方があり，反射法による識別可能な最小の層厚は，反射波の波長を λ とすると $\lambda/4$～$\lambda/8$ で表されると考えられている[39]。すなわち，弾性波速度 Vp=4,000 m/s の地山内に伝播する周波数 f=150 Hz ～200 Hz の反射波を考える場合，波長は 20.0 m ～26.7 m となり分解能は 2.5 m ～6.7 m と試算される。この場合，切羽前方地山に 2.5 m ～6.7 m 以下の層厚で前後に比べて軟質あるいは硬質である地層が分布していても，反射面として検出することはできないと考えられる。

弾性波探査反射法の探査深度については，地山条件によって弾性波速度や弾性波の減衰特性が変化するため一概には言えないが，目安が示されている手法もいくつかある。探査深度を規定する要素としては，震源の能力と，反射波を受振波形から識別できる実用上の検出限界がある。**表 5-8** に示した探査深度の目安は，それぞれの手法の文献などに記載されている探査実績あるいは，カタログなどに記載されている探査深度を引用したものであ

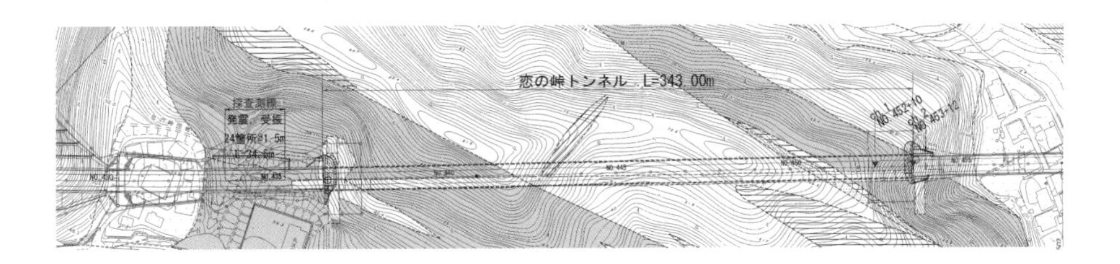

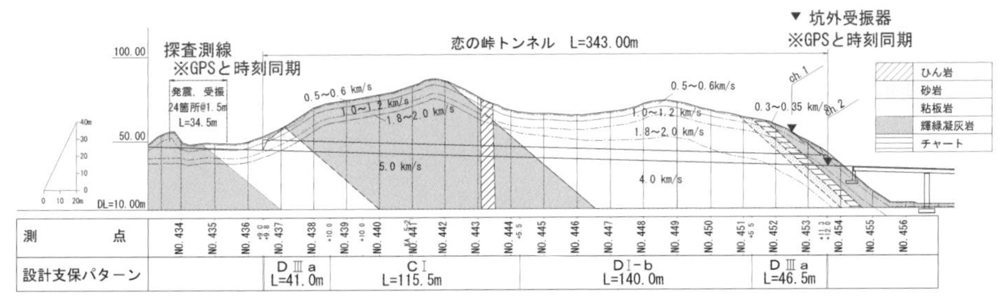

図 5-25　切羽前方地山の平均弾性波速度を坑外受振器で測定した例[文献48)に加筆]

る。一般に適用実績が多いのは，探査深度 100～150 m 程度である。SSRT，連続 SSRT では，発破（探査用発破，掘削発破）およびバイブレータを震源とした場合で 300 m 程度の探査実績がある。なお，少起振・少受振の比較的簡便な手法では探査深度が浅い傾向にあり，ブレーカー振動を利用する方法の探査実績は 50 m 程度，TTSP の探査実績は 50 m 程度である。また，震源として段発の掘削発破を使用する手法の場合，２段目以降の発破振動によって反射波が読み取れなくなるため，１段目の発破から２段目の発破までの段間時間によって探査深度が規定される。一般的な DS 雷管を使用する場合，段間時間は約 250 ms であるから，弾性波速度 Vp=4,000 m/s の地山では理論上 500 m 前方からの反射波（往復 1,000 m）までが１段目から２段目の間に到達することができる。しかし，一般に探査機器は，飛び石などによる破損を防ぐために切羽から 50 m 程度以上後方に設置されること，DS 雷管の精度として段間時間が 250 ms±10 ms となることなどから，それらの距離を差し引いた深度が実用上の探査深度とされている。

弾性波探査反射法の実施にあたっては，震源，地形条件，あるいはトンネル線形により制約を受ける場合がある。震源による制約としては，前述したように機械掘削などで火薬消費許可申請をしていない場合や，狭小で坑内設備が密集している TBM 導坑内などの火薬を使用できない条件のトンネルでは，発破を震源とする手法は採用することができない。地形条件による制約としては，小土被り区間などで地表が受振点に近い場合には，地表からの反射の影響を受け，切羽前方からの反射波を観測することが困難となる場合がある。トンネル線形による制約条件としては，曲線区間で起振・受振測線を直線に配置できない線形では，切羽前方のトンネルルート上の反射面を抽出できない場合がある。特に，起振・受振点の配置が側壁に限定される TSP，TRT，連続 SSRT，TFT，TTSP は，曲率半径の小さい区間での探査は困難になりやすいといえる。

(3)　留意点

山岳トンネルの施工では，突発湧水が発生すると，安全性，施工性の観点から大きな問題となることが多い。そこで，切羽前方の地下水状況をあらかじめ把握することが非常に有効であるが，弾性波探査反射法では，原理上地下水の有無などを直接探査することはできない。ただし，亀裂や空隙が多いゾーンに地下水の分布が規制される場合などには，地質状況の変化を捉えて間接的に地下水分布を推定することができる場合がある。よって，地下水に対しては，それまでの施工実績や既往調査結果を十分に参考にして，探査結果を総合的に評価することが重要になる。

5.3.2 弾性波トモグラフィ

(1) 手法の概要

(a) 探査原理

調査対象領域を取り囲むように配置した多数の震源と受振器を用いてデータを取得し，逆解析によって対象領域内の物性値に関する情報を得る方法の総称をトモグラフィという。このうち，弾性波を用いたトモグラフィが弾性波トモグラフィである。弾性波トモグラフィは，医学分野のX線CTに似ており，探査対象領域内の弾性波速度分布などを可視化する技術である。

弾性波トモグラフィには，目的や取り扱う情報によって**表5-10**に示す種類がある。なお，狭義には，走時トモグラフィの意味で用いられることが多く，対象領域を離散化したセルごとに弾性波速度を与え，その速度分布から求まる理論走時と観測走時の走時差が最少になるようにセルの速度を反復修正する方法が用いられる。

(b) 探査方法

弾性波トモグラフィでは，地表，ボーリング孔，トンネル坑内を利用して，探査する領域を取り囲むように，なるべく多くの起振点および受振点を配置する必要がある。ボーリング孔の利用は，探査の対象位置に近づけて減衰の少ない高周波の波形を取得するうえで，極めて有効な方法である。しかし，一般的に，探査の対象領域の全周にわたって起振点，受振点を配置することは，大掛かりな探査になることから現実的には難しい場合が多い。

事前調査の弾性波探査屈折法は地表から行われるため，土被りの大きいトンネルでは，掘削位置まで弾性波が十分に届かないことが多く，探査精度に限界がある。地表から複数のボーリングを行う場合には，**図5-26**に示すように，2本のボーリング孔と地表の受振点を利用して孔間トモグラフィを行うことが可能である。また，**図5-27**に示すように，施工中のトンネルでは，坑内で行う掘削発破を震源として利用し，施工サイクルに影響を及ぼさない弾性波探査を切羽の進行に合わせて随時行い，これと事前の弾性波探査屈折法の探査データとを合わせてトモグラフィ解析を行うことにより，切羽前方地山の弾性波速度分布の分解能を向上させる探査[52)~54)]が行われる。

探査に用いられる震源には，爆薬，バイブレータ，油圧インパクタ，エアガン，ウォーターガンなどがある[55)]。震源は，起振点と受振点の距離や振動の減衰特性，対象地域のノイズ条件，起振できる弾性波の周波数帯域などを考慮して選択する必要がある。

(c) 得られる情報

弾性波トモグラフィでは，地表で行う弾性波探査屈折法に比べて，地山内部の複雑な速度構造を高分解能で推定することが可能である。

表5-10 弾性波トモグラフィの種類

種　類	取り扱う情報	得られる情報
走時トモグラフィ	直接波の走時	速度分布
振幅トモグラフィ	直接波の振幅	減衰特性の分布
反射トモグラフィ	反射波の走時	反射面構造・速度分布
屈折トモグラフィ	屈折波の走時	速度分布
フルウェーブトモグラフィ	直接波の波形	速度分布・減衰特性・密度

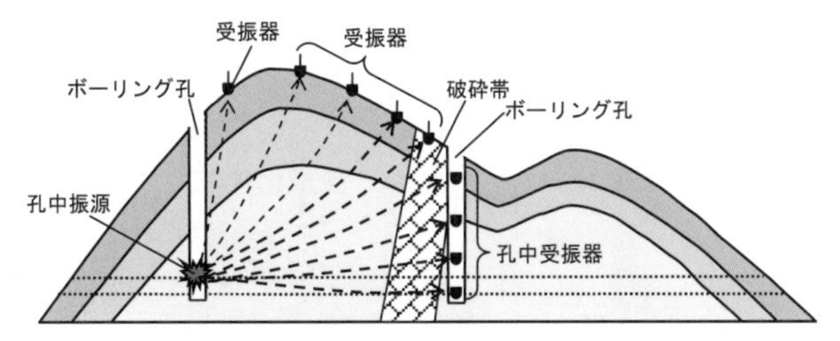

図5-26　2本のボーリング孔を利用した場合（概念図）

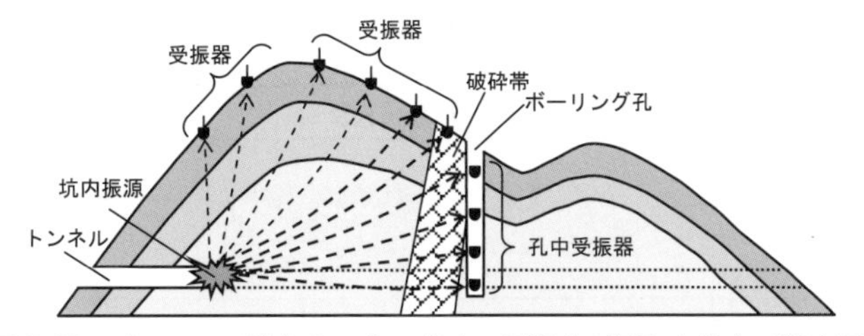

図5-27　ボーリング孔とトンネル坑内の震源を利用した場合（概念図）

走時トモグラフィである場合には，通常P波を対象として解析するため，V_P の分布が求められる。S波震源を用いる場合にはS波も扱うことができるため，V_S の分布を求めることも可能である[56]。また，トモグラフィ，検層，地山試験などの結果をもとに，地球統計学の手法（空間や時間に分布するデータを統計的に推定する手法）により，間隙率の推定が行われている[57]。一方，弾性波トモグラフィから亀裂の密度や開口幅を定量的に把握することは難しく，亀裂の密集部を低速度域として捉えることになる。また，水みちや地下水面についても，弾性波速度の結果だけからその位置を推定することは困難である。

(2)　適用範囲

弾性波トモグラフィでは，対象範囲を取り囲むように，ボーリング孔だけでなく地表面にも，できるだけ多くの起振点および受振点を交互に配置することが望ましい。しかし，地表の土地利用条件として民有地，急傾斜地や障害物があるなど，起振点や受振点の設置が困難な場合には，設置できなかった区間周辺の速度分布の分解能が低下する。このような場合，施工中にトンネル坑内の震源を利用したトモグラフィを行い，トンネル近傍の波線経路を密にすることにより，事前調査段階に比べて分解能の高い速度分布を推定することが可能である。例えば，図5-28に示すように，トンネル坑内の油圧インパクタや発破により起振した弾性波を坑口付近の地表部で受振して，得られたデータからトモグラフィ解析を行った事例[58]，図5-29に示すように，トンネルの掘削発破の振動を利用して，得られたデータと事前調査時の弾性波探査屈折法のデータを合わせてトモグラフィ解析を行い，切羽前方地山の速度分布の推定精度を向上した事例[53),54]，図5-30に示すように，非火薬の蒸気圧破砕薬を利用して小土被り区間をトモグラフィ解析した事例[59]などがある。なお，トンネル坑内で計測した発破震源によるショットマーク（起振時刻）と地表で計測した受振波形の同期には，それぞれの位置で計測したGPS時刻を用いる場合がある。トンネル坑内ではGPS時刻信号を直接受信できないため，坑口で受信した信号を光ケーブルで経由して切羽近傍において受信する方法[54]やルビジウム刻時装置（原子時計）[41]を用いる方法などがある。

一方，トンネルの土被りが大きくなると，地表の受振点と起振点の距離が長くなり，波動の振幅が減衰して初動走時の読取りが難しく，速度分布の分解能が低下する。掘削発破の震源を用いたとしても，探査深度は400 m程度が限度になる。土被りが大きく地表の受

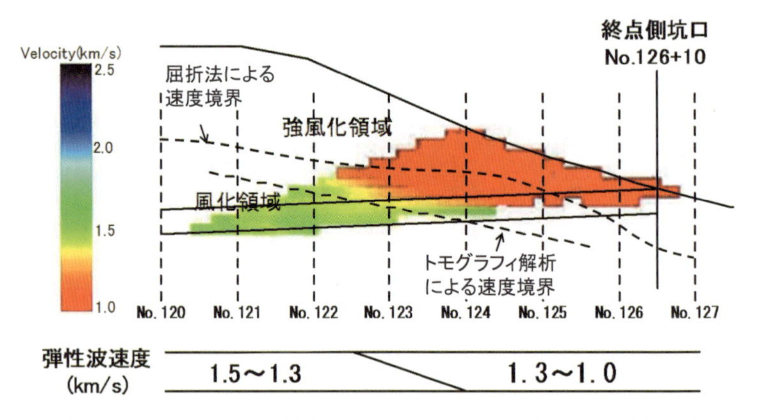

図 5-28　油圧インパクタの震源を利用したトモグラフィ解析の事例文献58)に加筆

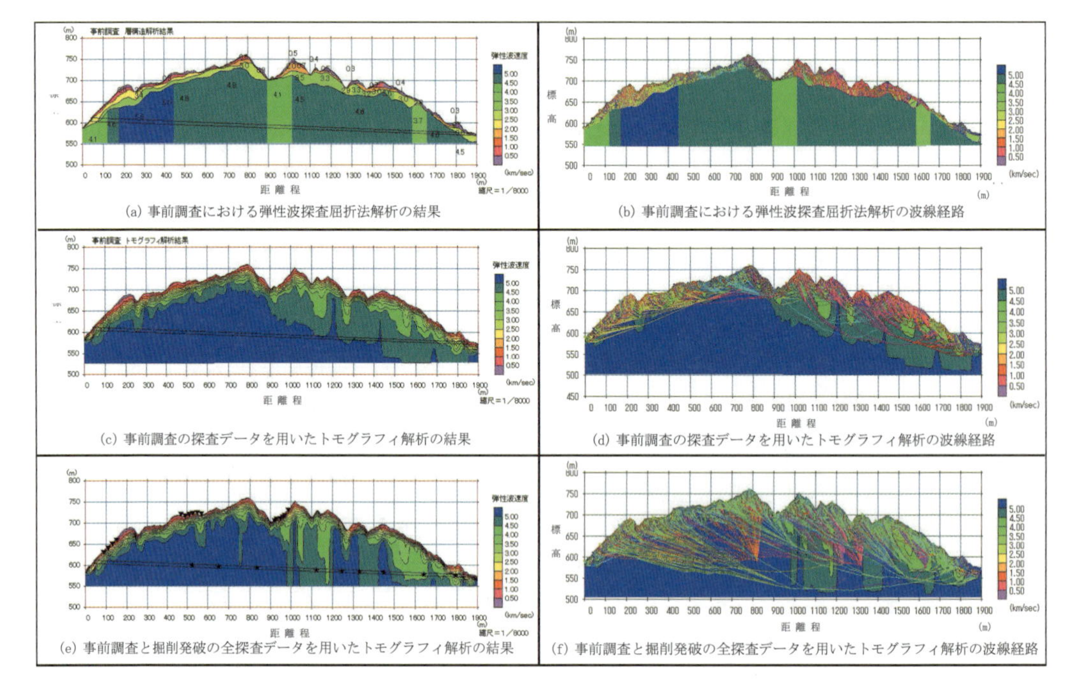

(a) 事前調査における弾性波探査屈折法解析の結果

(b) 事前調査における弾性波探査屈折法解析の波線経路

(c) 事前調査の探査データを用いたトモグラフィ解析の結果

(d) 事前調査の探査データを用いたトモグラフィ解析の波線経路

(e) 事前調査と掘削発破の全探査データを用いたトモグラフィ解析の結果

(f) 事前調査と掘削発破の全探査データを用いたトモグラフィ解析の波線経路

図 5-29　掘削発破の震源を利用したトモグラフィ解析の事例53)

振点でトンネルの発破振動が計測できたとしても，S/N 比が低く探査精度の向上が期待できない場合がある。このような場合には，トンネル坑内の切羽前方に削孔した２本のボーリング孔を利用して，孔間トモグラフィを行うことができる。探査では，１本目のボーリング孔および切羽面に受振器を設置し，２本目のボーリング孔に震源を挿入して起振することにより行う。震源には，爆薬の抑留事故の危険性があることから，機械震源が用いられる。

(3)　留意点

トモグラフィの品質を向上させるためには，地質調査用に掘削したボーリング孔や横坑を利用し，これらに起振点や受振点を設置して波線経路を増した探査を行うことが重要である。この場合，起振点，受振点の位置座標の精度が解析結果に影響を与えることから，測点の測量やボーリング孔の孔曲り測定を実施して，その座標を正確に求める必要がある。

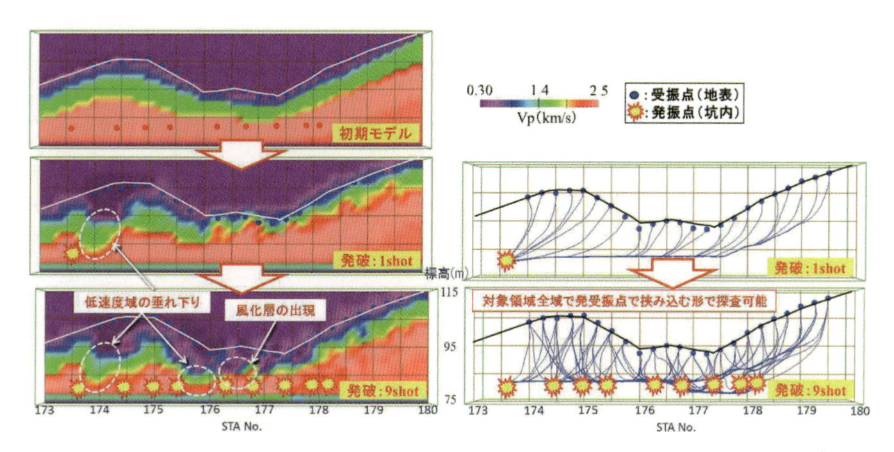

図 5-30　蒸気圧破砕薬の震源を利用した小土被り部でのトモグラフィ解析の事例[59)]

トンネル坑内から起振して地表で受振する方法では，弾性波が調査したい切羽前方の地山を通るため，この付近の地山性状を反映した高分解能な速度分布の結果を期待できる。また，トンネル掘削時の発破振動を利用する場合には，爆薬量が多く起振エネルギーが大きくなることから探査距離が長くなり，大土被りの場合でも切羽前方の地山性状を把握できるようになること，探査を行う際の特別な探査震源を準備する必要がないメリットがある。さらに，事前調査の弾性波探査屈折法の探査データと合わせてトモグラフィ解析を行うことにより，切羽前方地山の弾性波速度分布を高分解能かつ詳細に把握できる。

5.4　電磁波を利用する方法

電磁波を利用し，道路下の埋設物調査や堤防の空洞化把握など，比較的浅い深度（20～30 m 程度）を対象とした地盤の地下構造と地盤特性を把握する既往技術がある。

それらの方法には，“磁場の変化から地盤の比抵抗を測定し地盤特性を推定する方法（電磁探査）”および“電磁波の反射波から地中構造を推定する方法（地中レーダ探査）”があり，近年，トンネル切羽前方探査手法として応用されている。そこで主な探査手法として，以下の２つの技術について概説する。

①　FDEM 探査（Frequency Domain Electromagnetic Method）
　磁場の変化から地盤の比抵抗を測定し地盤特性を推定する方法（電磁探査）

②　地中レーダによる TBM 切羽前方探査
　電磁波の反射波から地中構造を推定する方法（地中レーダ探査）

5.4.1　FDEM 探査[60)～62)]

(1)　手法の概要

本手法は，多周波を用いた周波数領域の電磁探査である。トンネル鏡面に小型の探査機（長さ 1.2 m×幅 0.45 m）を設置し，送信コイルに電流を流すことにより磁場を発生させ，磁場応答より非破壊で切羽前方約 30 m 区間の比抵抗分布を測定し，地山状況を推定するものである。FDEM 探査機および探査状況を**写真 5-1** に示す。

写真 5-1 に示す送信コイルに測定深度に見合う周波数の電流を流し，磁場（１次磁場）を発生させると，地中では電磁誘導現象により渦電流が誘導され，その電流によって２次

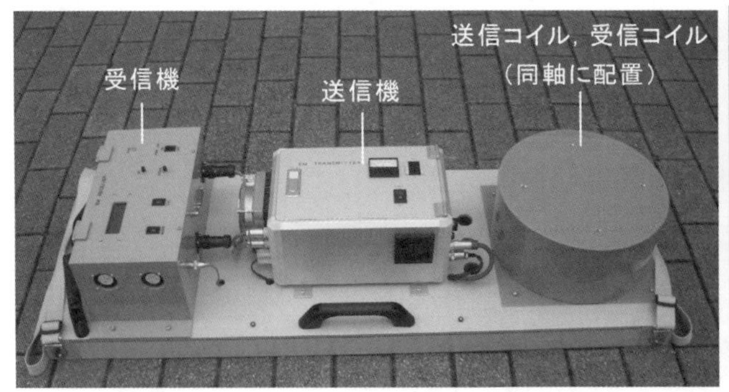

写真 5-1　FDEM 探査機と探査状況

磁場が生じる。この 2 次磁場の強度を受信コイルで測定する。渦電流は，地盤の比抵抗分布に依存しているため，2 次磁場の強度を知ることにより地盤の比抵抗を知ることができる。なお FDEM 探査では，種類の異なる周波数（現状は 16 種類が多い）の磁場を発生させることにより，それぞれの周波数に対応した比抵抗分布を測定することが可能となる[61]。

探査方法は，鏡面の SL＋1.0 m 付近において一定間隔（一般的には 1 m）で測点を配置し，5～10 点測定する。探査で得られたデータは，非線形最小 2 乗法による 1 次元逆解析処理を行い，測点ごとに比抵抗の層厚分布を出力し，複数の測点の結果から比抵抗断面図を作成する。

探査事例として，想定されていた貫入岩帯（破砕部）の位置を確認することを目的とし，切羽前方から連続的に 3 回実施した例を**図 5-31** に示す。なお，ここでは切羽前方の地質構造を 3 次元的に把握するために，**図 5-32** に示すように，切羽上半部で上下 2 測線（SL＋1.5 m，SL＋0.5 m）を設定し，測線ごとに 9 点（@1 m）の計 18 点/回で実施している。

探査結果を**図 5-33**（**図 5-31** 中の②区間）に示す。探査結果より，上下 2 測線において，探査距離 6～12 m 付近（A 部）で周囲よりも比抵抗の低い箇所が確認され，鉛直方向に地山不良部が存在するものと推定されている。探査後，長尺コアボーリングを実施し，10 m 付近で粘土層（破砕部）が現れており，その影響で周囲よりも比抵抗が低くなったものと考察されている。

(2)　適用範囲

1 回の探査で切羽前方約 30 m 区間の比抵抗分布を測定することが可能であり，切羽において上下 2 測線を測定することにより，3 次元的な分布構造を把握することもできるとしている。なお，探査時間が設置～探査～撤去まで 1～2 時間程度で実施可能であることから，昼夜の交代時に実施することができる。

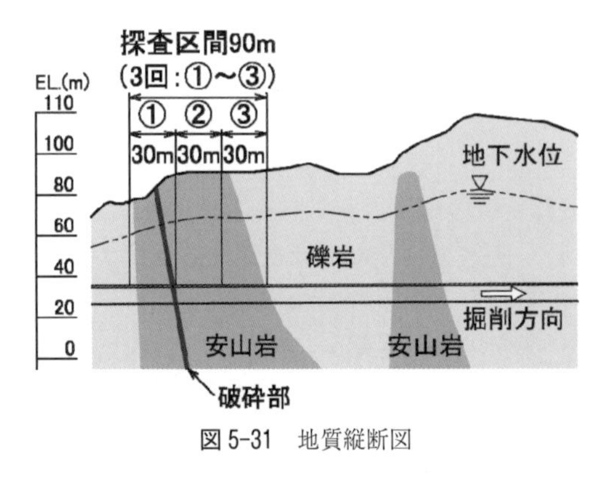

図 5-31　地質縦断図

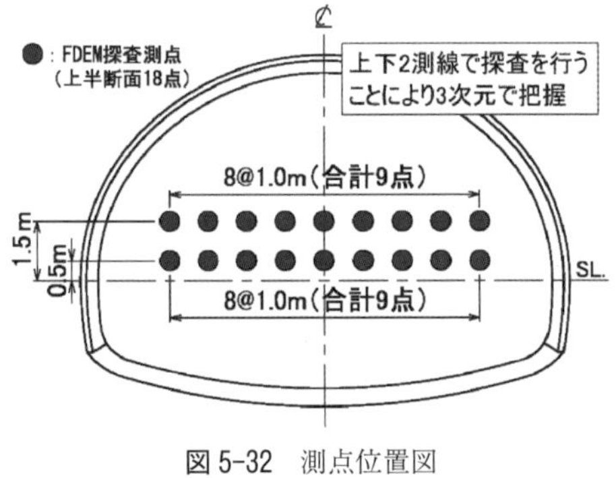

図 5-32　測点位置図

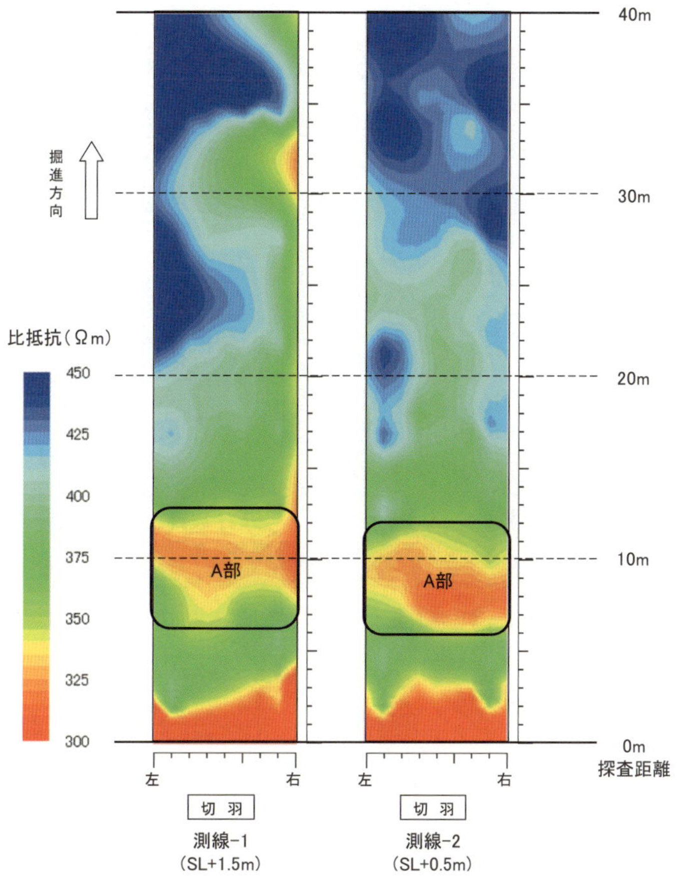

図 5-33 FDEM 探査結果事例（図 5-31 中の②区間）

(3) 留意点

本手法は，切羽前方の比抵抗分布を得るものであることから，基本的に地下水や明瞭な破砕帯などの把握には適しているが，詳細な地質構造の把握には不適である。

また，探査に使用する磁気がロックボルトや鋼製支保工などの金属の影響を受けるため，探査測点は側壁部から少なくとも1m 程度離すこと，探査中は重機などを切羽後方へ移動させるなどの点に注意を払う必要がある。

5.4.2 地中レーダによる TBM 切羽前方探査[63)]

(1) 手法の概要

本手法は，電磁波の波動としての性質を利用し地中構造を把握する探査手法である。切羽前方探査としては，トンネル切羽面から電磁波（パルス波）を地中に向けて放射し，地質条件が良好な場合には，切羽前方約 20 m 区間までの電気的性質が変化する部分が電磁波の反射面となり，この反射波を捉えることにより，地山状況を推定するものである。

TBM（Tunnel Boring Machine）工法のような全断面を掘削する機械掘削の場合，掘削機が切羽を占有するため，地質調査を直接行うことが難しい。また，火薬を使用する弾性波探査反射法などは，火薬使用の手続きなどが必要となることから，探査自体が極めて大掛かりとなる。そこで，あらかじめ TBM 面盤に地中レーダを搭載することにより，施工に影響せずに探査を可能としたものである。地中レーダが TBM 面盤に装着されている状況を**写真 5-2** に，システム配線図を**図 5-34** に示す。

写真 5-2　TBM 面盤に搭載した地中レーダ・アンテナの設置状況[63]に加筆・修正

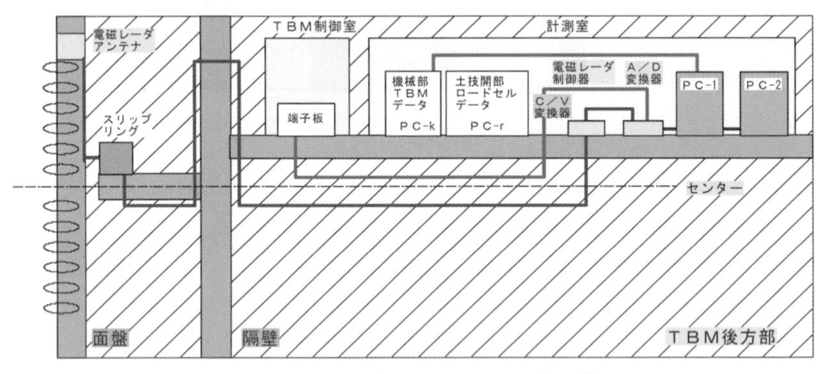

図 5-34　TBM 内部のシステム配線図[63]

写真 5-2 の矢印で示した部分に地中レーダのアンテナが設置されており，面盤の回転に伴って，操作室では面盤回転角度を出力する。この回転角度は，地中レーダが中央真上に来た時を 0° と定義し，TBM 面盤の地中レーダのアンテナと切羽前方の反射面との関係より，TBM 面盤から対象となる切羽前方の反射面の位置を予測するものである。

探査事例として，得られた反射面と反射面解析例を**図 5-35** に，探査区間の地質調査結果を**図 5-36** に示す。

図 5-36 は，TBM 掘削の合間に実施した目視観察による地質調査結果であり，左は平面図，右は断面図，TD はトンネル坑口からの距離を示している。調査結果より，破線で示された不連続面の走向角はトンネル進行方向に対して 80° 傾向，傾斜角は 70° 傾向の急傾斜を示しており，**図 5-35** に示した解析結果とほぼ同様の結果が得られていることが分かる。

(2)　適用範囲

本手法で用いる地中レーダの中心周波数は 150 MHz であり，標準的な地中レーダ（中心周波数で 350～400 MHz）に比べてやや低周波としている。これにより，多少解像度が落ちるものの，減衰を軽減することにより探査深度の向上を図っており，切羽前方約 20 m

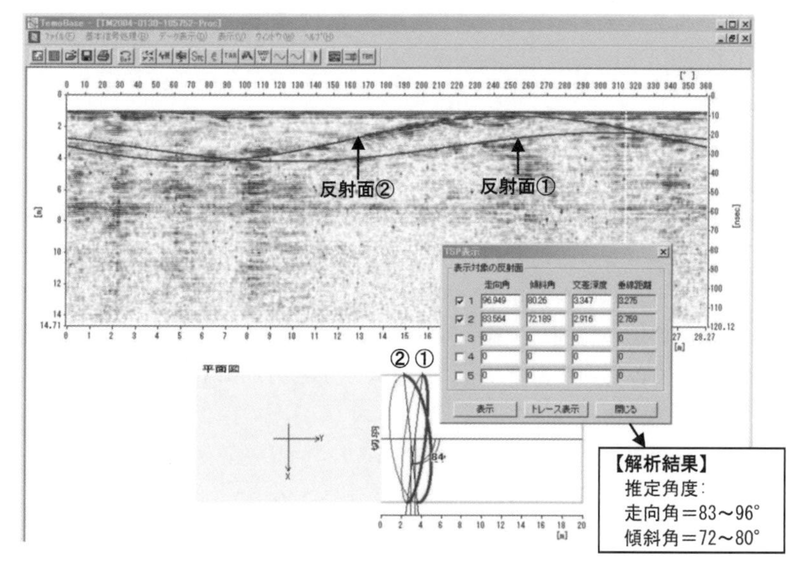

図 5-35　得られた反射面と反射面解析例[63)に加筆]

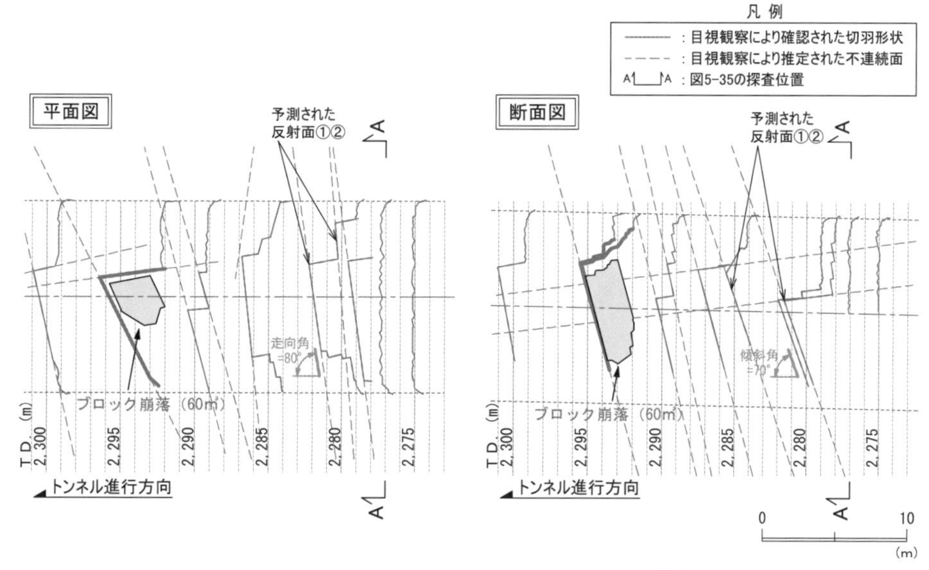

図 5-36　地質調査結果（TD.2,275～2,300 m）[63)に加筆・修正]

区間まで探査を可能としている。

(3)　留意点

本手法は，TBM面盤に地中レーダを搭載し前方探査を行う新しい技術であり，課題として実績が少ない点が挙げられる。TBMへの実装については，探査深度や探査精度を得るために必要となるアンテナ寸法の制約から，掘削径の小さいTBMへの適用は難しい。また，カッターヘッドに設置するアンテナについては，特にアンテナ前面の保護材の選択，取付けスペースの確保が重要となるほか，TBM本体とアンテナをつなぐケーブルについては，その設置経路や養生方法についても設計段階から十分な検討を要する。

海外においても，TBMに電気探査装置を搭載し前方探査を行うBEAM[64),65)]があるが，原理面において未解明な部分が多いと言われている。このような新技術については，今後得られた探査データと地質調査結果データとの比較検証を行うとともに，特に解析における最適なパラメータの設定方法を確立する必要がある。

5.5 地山の変形を利用する方法

施工中のトンネル坑内で観測される地山の変形から，切羽前方の地山を評価する方法について述べる。ここで紹介する方法は，ボーリングや弾性波探査によらず，掘削に伴って発生するトンネル変形の分析から，間接的に切羽前方の地山状況を評価，予測するものである。評価の範囲は，概ね切羽前方 20 m 程度と他の手法より短い距離を対象とするが，その多くは切羽を占有することなく切羽前方地山を評価できるため，施工の進捗を妨げない効率的な探査方法といえる。また，これらの探査により切羽前方に破砕帯などの不良地山の存在が予測される場合には，探りボーリングなどによる削孔検層を追加して，予測精度を高めるための組合せ探査も行われている。

3.4「山岳トンネル設計上のチェックポイント」で述べられたように，山岳トンネルの施工においては，坑内観察や計測結果を設計や施工に反映させる情報化施工が行われ，地山状況の変化に対応して適切な支保構造や施工方法が採用される。通常，坑内変位計測は，10〜30 m 間隔に設置した計測点の変位を 1 日に 1 〜 2 回の頻度で計測する。この計測はトータルステーションを用いて行われることが多く，トンネル軸方向の変位を含む計測点の 3 次元的な挙動を比較的容易に捉えることができる。この計測結果を切羽前方の地山評価に利用する研究が 1990 年代より進められ，海外では，通常のトンネル横断面の坑内計測結果に加えトンネル軸方向変位を合わせて分析，評価する方法が提案されている[66),67)]。国内においても，トンネルと周辺地山をモデル化して計測された変位を逆解析して，切羽前方の地山の変形特性を求める方法[68)]や，トンネル軸方向の変位や微小な傾きを切羽前方地山の評価に用いる方法についても近年実用化されている[69),70)]。また，これらの方法と他の探査方法を組み合わせて評価の精度を高める総合的な前方探査方法も開発[71)]されている。

以下に，トンネル掘削時の坑内変位を利用した切羽前方の地山評価に関する技術と，坑内変位やボーリング探査から得られる岩盤物性をもとに解析的に切羽前方地山を評価する方法について，国内外の現場で適用されている技術について述べる。

5.5.1 トンネル掘削時の坑内変位を利用する方法

(1) たわみ曲線

たわみ曲線は，同一時に計測された天端沈下などの変位量をトンネルの距離程に沿って滑らかにつなぎ，切羽がある計測断面から次の計測断面の間を移動していく際の変位分布を視覚的に示すことで，切羽近傍の地山変化を迅速に把握するための方法である[67)]。この方法は，Austrian Society for Geomechanics の NATM ガイドライン[72)]にも採用されている。

図 5-37 (a) は，地質状況に変化のない地山におけるたわみ曲線を概念的に示したものである[72)]。横軸にはトンネル距離程（坑口からの距離）をとり，縦軸には変位量をとる。図中，下向きの三角形（▽）は計測断面位置である。図中の各曲線は同一時の各計測断面における天端沈下の値をスプライン曲線でつないだものであり，たわみ曲線（deflection curve）と呼ばれている。図中の一番右に示されている曲線は，最新の掘進直後の天端沈下量の分布を示すたわみ曲線で，ハッチングされた部分がこの掘進による変位の増加分となる。掘削に伴う地山の変形が同様に現れる均質な地山では，この曲線が平行して並ぶ

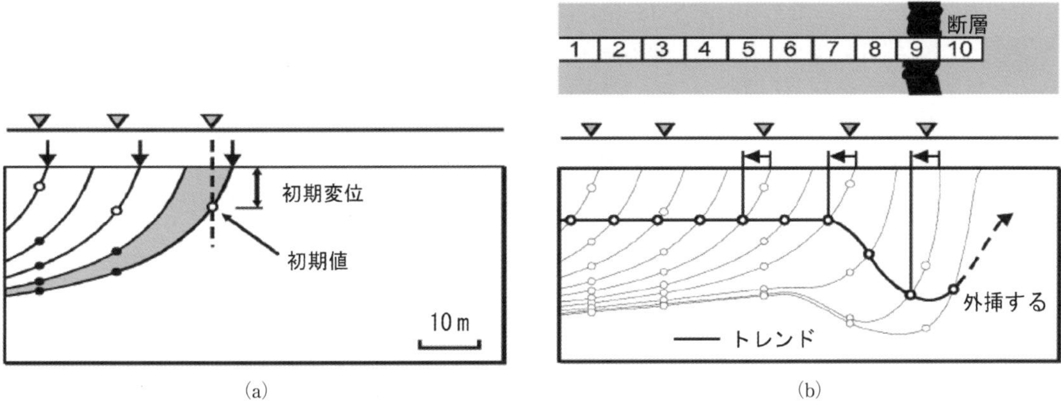

(a)　(b)

図 5-37　たわみ曲線による切羽前方予測[72)]

「たまねぎ断面状（onion-shell-type[67), 72)]）」になる。このたわみ曲線を利用すれば，計測断面間を切羽が進行し，切羽の直近に計測断面がない場合でも各計測時の切羽近傍の地山の変形挙動を把握できる。図 5-37（b）は，断層によって地山の変形量が変化する場合のたわみ曲線の状態を示したものである。このような条件の場合，切羽が断層に到達する前に最新のたわみ曲線の形状に変化が現れるため，事前に切羽前方地山の不良化を把握することができる。

たわみ曲線による計測結果の整理においては，切羽到達位置における変位を 0 として変位分布を描くことになる。通常，坑内変位計測では，計測断面における基準点が切羽から若干後方（坑口側に 0.5～数 m）の位置に設けられるため，計測開始前にすでに生じている変位（初期変位）が存在する。したがって，初期変位の分を補正して曲線を作成する必要がある。特に，計測を開始する際の計測断面の基準点と切羽位置との距離が一定でない場合には，初期変位の補正を適切に行わないと評価結果に対して影響するため，この点に留意が必要である。

(2)　L/S 法

L/S（エルバイエス）法は，トンネル軸方向変位（L）と天端沈下（S）の比（L/S）が切羽前方の地山条件により特徴的な変化を示す現象を利用するものであり，オーストリアのトンネルで適用され，その有効性が確認されている[66)]。日本国内でも試験的にデータが整理され，L/S 法による切羽前方探査の有効性が確認されている[69)]。

図 5-38 は，3 次元境界要素法によるトンネル掘進の数値解析を行い，その原理を確認

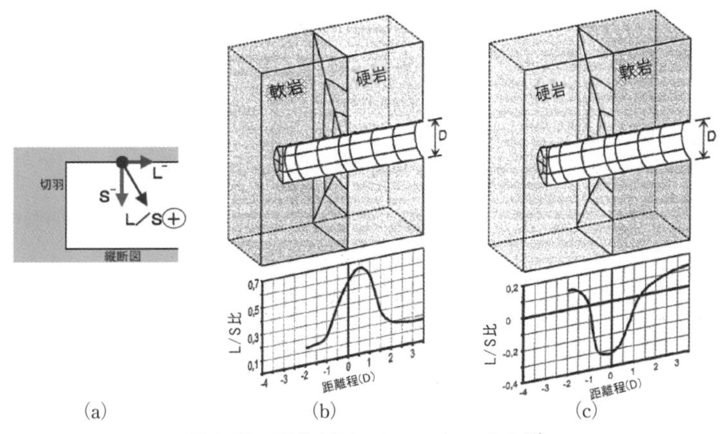

(a)　(b)　(c)

図 5-38　数値解析による L/S の変化[66)]

したものである。**図 5-38**（a）に示すように，L/S は変位ベクトルが切羽側に振れると負，坑口側に振れると正になる。**図 5-38**（b）と**図 5-38**（c）は，解析結果における各計測断面位置から 1D（D：トンネル幅）だけ切羽が進んだ際の L/S の距離程に沿った分布を示したものである。堅硬層から軟弱層に向かって掘進した**図 5-38**（b）を見ると，L/S は，地層境界から 3D 以上離れた位置では 0.15 程度の値を取って安定しているが，軟弱層との地層境界から 2D 位手前の位置から増加し始め，その後急増して境界位置近傍でピークを示し，軟弱層に入ってからは急減して，地層境界から 2D 程度過ぎた位置では元の 0.15 程度の値に戻るような傾向を示している。また，**図 5-38**（c）は軟弱層から堅硬層に向かって掘進した場合であるが，ちょうど逆に，L/S が負に変化する傾向を示している。

この原因が地層境界部の応力集中で生じることを数値解析によって示した研究によると[73]，地層境界の堅硬層側に地圧が集中し軟弱層側で地圧が減少するという地圧の不均質さが，このような現象を引き起こすと考察している。

(3)　PS-Tad

PS-Tad（Prediction System-Tunnel axial displacement）は，坑内計測点で測定される変位データのうち，**図 5-39** に示される掘削軸方向の変位に着目する。この変位を**図 5-40** に示す Tad-Chart と呼ばれる変位量の増減傾向を判定する図を用いて，切羽前方の未掘削地山における性状（硬軟）の変化，特に脆弱層の有無を予測・評価する技術である[71]。

Tad-Chart には，1D（D：トンネル直径）掘削した地点での計測点の掘削方向変位を初期値（ゼロ）とし 1D 掘削した地点からの軸方向変位に換算した値である「相対的な掘削方向変位」に「地山影響値」を乗じたものをプロットする。「地山影響値」は式(5.5)より算出される値であり，切羽前方地山の性状の他に掘削方向変位の挙動に影響を与える特性値により構成されている。地山影響値を計測点の掘削方向変位に乗じることで，切羽前方地山の性状のみに影響した掘削方向変位挙動が得られる[74]。

$$\text{地山影響値} = \frac{\text{計測断面の変形係数}}{\text{トンネル直径} \times \text{単位重量} \times \text{土被り高さ}} \qquad (5.5)$$

PS-Tad では，この Tad-Chart のどの領域に値がプロットされるかにより，切羽前方地山の性状を予測する手法である。

山岳トンネルの施工現場の 350 m 区間における 3 計測点で適用した結果では，施工後の

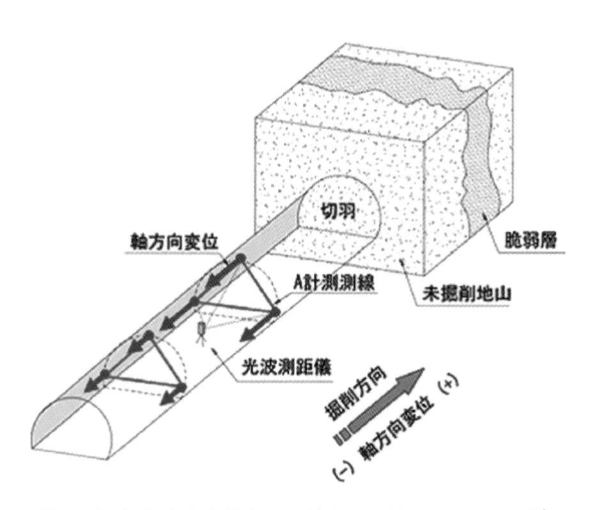

図 5-39　掘削方向変位と切羽前方地山性状のイメージ[71]

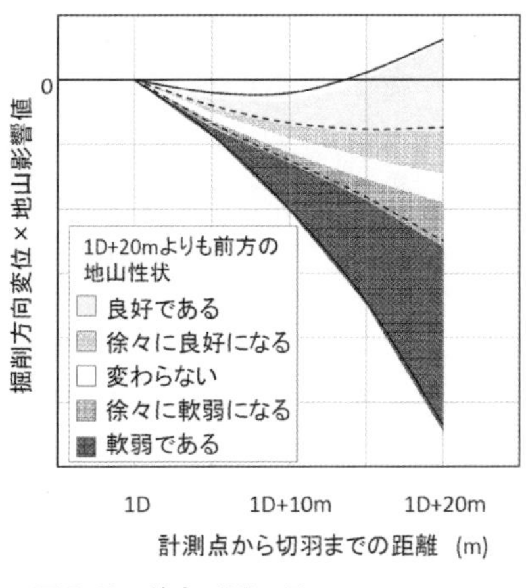

図 5-40　前方予測に用いる Tad-Chart

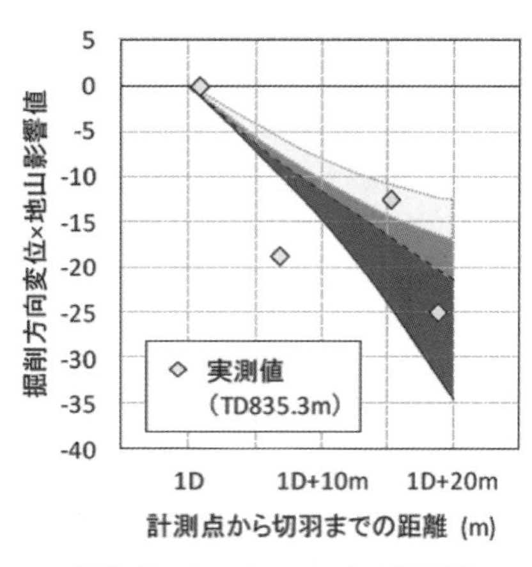

図 5-41　Tad-Chart による評価例

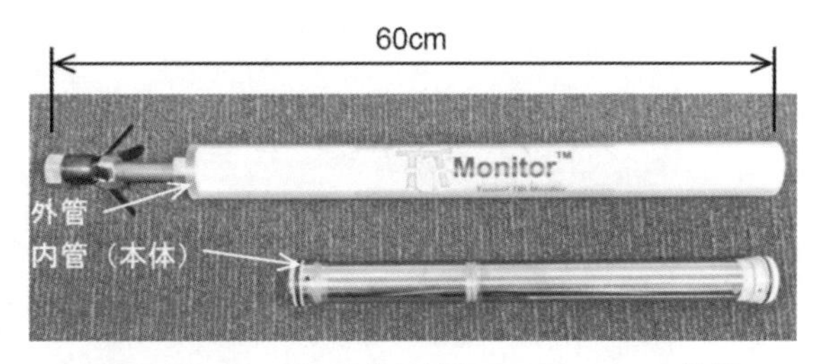

図 5-42　トンネル天端傾斜計 TT-Monitor の外観

地山状況に応じた Tad-Chart 上の領域周辺に計測値がほぼプロットされている。**図 5-41** には，地山が不良化する箇所より手前の計測点における Tad-Chart による評価例を示す。

(4)　トンネル天端傾斜計による切羽前方地山の評価システム TT-Monitor

TT-Monitor（Tunnel Tilt Monitor）は，**図 5-42** に示すような小型・細径化された高精度の傾斜計を用いて，切羽前方約 20 m までの近距離における切羽前方探査技術である[75]。計測は，**図 5-43** に示すように切羽近傍の天端に一定間隔（例えば 5 m）で傾斜計を設置し，日常管理計測の一つとして傾斜角度の観測を実施する。連続して計測することにより，不測の不良地山も見逃すことがなく，事前対策とその準備や詳細な探査を効率よく行うことができ，着実な進行と安全性の確保が期待できる技術である。TT-Monitor も L/S 法や PS-Tad と同様に，切羽前方地山がトンネル軸方向の変形に影響する性質を利用している。

TT-Monitor は，内部にデータロガーと Bluetooth による無線通信機能を有しており，連続的に取得された傾斜角のデータから切羽前方の地山状況を迅速かつリアルタイムに評価される。その結果は，**図 5-44** に示すように視覚的に表示される。また，天端傾斜計はロックボルトと同径の孔にモルタルを使って固定できるため，施工サイクルへの影響もごく僅かであるという利点もある。計測時，傾斜計は外管の内部に格納・固定されており，傾斜計と切羽との距離が十分に離れた時点で傾斜計の本体が格納されている内管のみを回収し再利用できるため経済的である。また，坑内へのパソコンや電源の供給，ケーブル養生や発破の飛石防護の措置も不要である点も特徴として挙げられる。

TT-Monitor は，国内の山岳トンネル現場 3 件で実証試験を行って，手法の有効性を確認済みであり，既に道路トンネル工事において運用が開始されている。TT-Monitor による切羽前方地山の評価では，切羽前方の不良地山の位置と不良の程度の関係が得られるものの一意には決まらない。しかし，切羽前方の不良化が予測された際に，必要に応じて簡

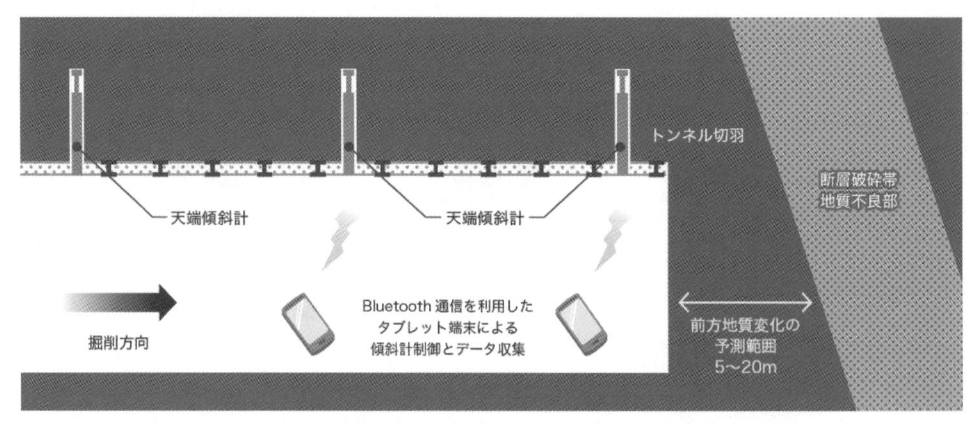

図 5-43　TT-Monitor による計測の概要

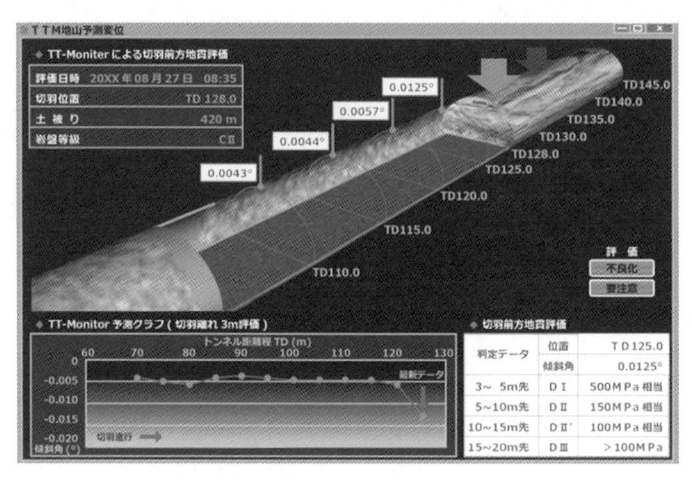

図 5-44　切羽前方地山評価結果の表示

易な探査ボーリングを行うことで，不良地山の位置を確定させその地山の変形係数が評価できる。

5.5.2　坑内変位と数値解析を組み合わせる方法

(1)　逆解析トンネル切羽前方予測システム

逆解析トンネル切羽前方予測システムは，掘削後のトンネル坑内変位のデータを解析して，切羽前方約 10 m までの未掘削地山の性状を予測する方法である。この方法は，未掘削部の物性値が掘削部の内空変位の挙動に影響を与えているという考え方をもとに，逆解析を用いて未掘削部の弾性係数やポアソン比といった地山の物性値を求めるものである[68]。この手法の概要を**図 5-45** に示す[76]。

はじめに，トンネル掘削後にトータルステーションなどで計測断面における計測点の 3 次元位置座標を求め，掘削進行後，計測断面の坑内変位（鉛直・水平およびトンネル軸方向）を数回計測する。つぎに，未掘削地山を含むトンネルをモデル化した数値解析により，未掘削部の物性値を変数として掘削部の変位と実際の計測変位が同等となるような未掘削部の物性値を求めることで，切羽前方の地山状況を評価する。

(2)　PAS-Def

図 5-46 に示すトンネル変形予測システム PAS-Def（Predictive and Analysis System

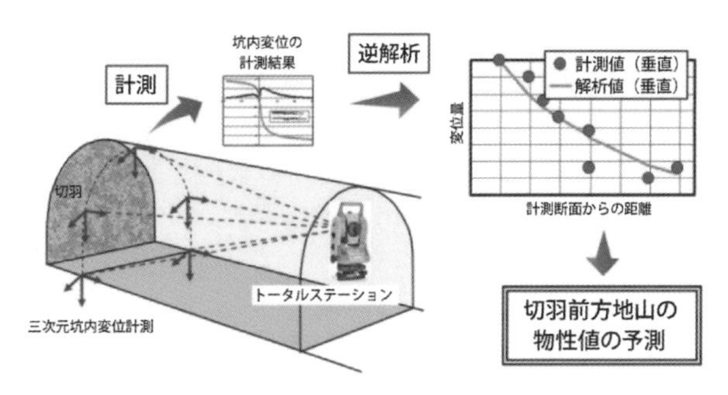

図 5-45　逆解析トンネル切羽前方予測システムの概要

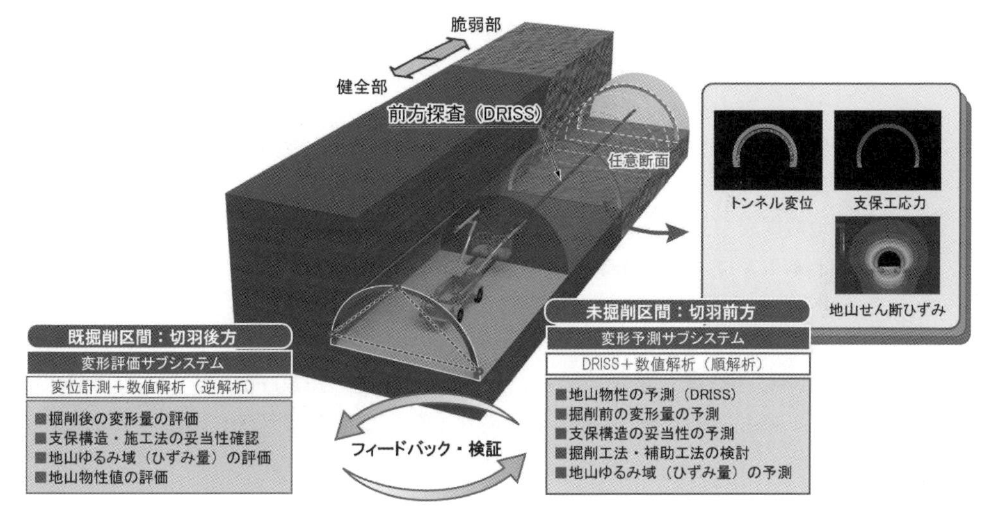

図 5-46　PAS-Def によるトンネル変形の予測システム

for Tunnel Deformation）は，ボーリング探査による切羽前方探査技術（DRISS）と数値解析技術，計測工を統合させてトンネル変形を予測し，未掘削区間での最適支保工規模を評価する技術である[77]。このシステムは『変形予測サブシステム』と『変形評価サブシステム』から構成され，これらサブシステムを継続的に運用することにより変形の予測精度を高めている。

変形予測サブシステムは，DRISS データから所定の換算式を用いて切羽前方地山の弾性係数 E_1 を求め，その予測値をもとに数値解析（順解析）を実施して切羽前方の変形予測を行う。変形評価サブシステムは，トンネル掘削時の変位計測結果と数値解析（逆解析）から掘削地山の弾性係数 E_2 を評価し，その結果から E_1 の換算式を適宜見直すことにより，変形予測精度を向上させる。

PAS-Def は，大規模な断層の出現が想定される現場に試験適用され，ソフトウェアの操作性やシステムの運用を行い，10～30 mm 程度の変形挙動についても比較的精度良く予測できることが確認されている。留意点としては，ボーリング削孔による DRISS は切羽の局所的な地山評価であるため，不均質な地質状況下では変形挙動の正確な予測が難しい場合もあるようである。このような地山に対しては，DRISS を複数の箇所で実施して切羽全体の平均的な地山性状を把握するなど，システム運用面における対応が必要である。

5.6　その他の技術

本節では，近年，切羽前方探査に用いられるようになったボーリング技術や，その他の切羽前方探査に関連する計測技術を紹介する。

5.6.1　超長尺ボーリング

超長尺という用語に関する明確な定義はないが，ここでは 1,000 m を超える削孔能力を有する機械で実施されるボーリングに対して用いる。超長尺の削孔技術については，主に石油などの資源開発を目的として開発されてきた。そのため，トンネル坑内からの前方探査に用いる場合，坑内に十分な機材の配置スペースが得られず，ボーリング機器自体も大型で他の作業の支障となることから，坑内からの前方探査には限界があった。しかしながら，近年山岳トンネルにおける地質調査用に小型化改良されたボーリング機器が開発され，切羽前方探査に適用される事例が増えている。比較のため**表 5-11** に，トンネル用の超長尺ボーリングマシン（FSC-100），資源探査用ボーリングマシン（DD-130），トンネルの地盤調査などに使われるマシン（TOP-LS21）の仕様を示す。

本項では，**写真 5-3** に示す新名神高速道路のトンネル工事で採用された超長尺先進コントロールボーリングに採用された鉱研工業 FSC-100（参照）について述べる[78)]。

(1)　概要および仕様

FSC-100 は，掘進速度 20 m/日以上，掘進延長 800 m 以上であり，高水圧，大量坑内湧水下でも ϕ20〜30 cm の大口径高速掘進（日進最大 100 m 程度）が可能で，回転する 3 つ

表 5-11　ボーリングマシンの比較

機種名	FSC-100	DD-130	TOP-LS21
メーカー名	鉱研工業（株）	American Augers	東亜利根ボーリング（株）
寸法 L×W×H（m）	7.78×1.95×1.73	14.7×2.49×4.10	7.50×0.85×1.26
本体重量（t）	8.0	19.5	2.2
最大推力（kN）	290	1,500	120

写真 5-3　非常駐車帯に設置された FSC-100

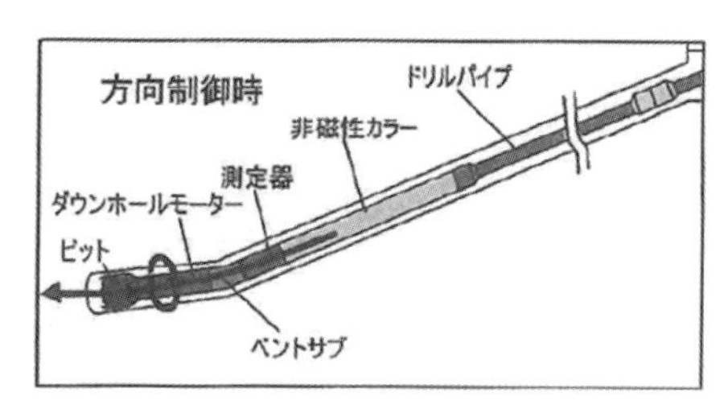

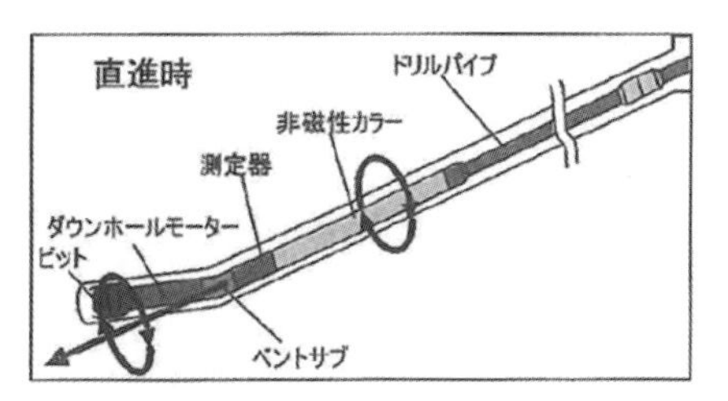

図 5-47　掘削方向の制御方法

の円錐状カッターを組み合わせたトリコンビットによるノンコアボーリング技術である。また，**図 5-47** に示すような機構および制御方法により随時方向修正しながら削孔できるため，孔曲りが少なく，1,000 m で±5 m 程度の削孔精度を有している。ビット位置の制御については，ダウンホールモーターに付属する測定器などによりリアルタイムで孔先端位置を測定している。また，坑内における作業のために極力小型化されており，**写真 5-3** に示したように高速道路トンネルの非常駐車帯に設置できる。

掘進中に得られる機械データは削孔エネルギーとして評価され，掘削岩盤の硬軟といった地山情報への変換が可能である。

(2)　適用事例

箕面トンネル東工事では，2回の超長尺先進ボーリングが行われているが，ここでは1回目のボーリング（延長 676 m）について述べる。ボーリングマシンとプラント設備などの坑内機器の配置を**図 5-48** に，掘進位置を示す横断面図を**図 5-49** に，掘進実績を**図 5-50** にそれぞれ示す。

ボーリングは，中生代丹波帯の頁岩主体の地山で実施された。掘進実績としては，孔口より深度 200 m までの脆弱区間では ϕ200 mm の掘削で，掘進速度は平均 16.7 m/日（昼夜2方作業）であった。これには崩壊対策実施期間も含まれている。深度 200 m から終点676 m までは ϕ120 mm のケーシングなしの削孔であり，2回のビット交換を含む平均掘進速度 27.9 m/日，最大掘進速度 71.3 m/日であった。

(3)　留意点

この現場では，口元から 200 m 間は亀裂の発達した脆弱な地質状況で，孔壁崩壊の対策としてセメンテーションとリボーリングを繰り返した。超長尺ボーリングは地盤調査のためのボーリングであるものの，同様な地山条件下では，穿孔中の機械データやスライムの排出状況など，地山状況に応じたケーシングプログラムの適用が，確実な進捗と期待する穿孔速度の確保につながる。

また，ボーリング機器の電力を補うために発電機やエンジン式の設備を導入する場合，トンネル坑内では，作業現場周辺に排気ガスが滞留しないよう，環境上の配慮も必要である。

5.6.2　ウォーターハンマー工法

Wassara 社[79]が開発したウォーターハンマー工法（以下「Wassara」）について述べる。この工法は，高水圧を利用してビットの近傍で打撃を行うダウンザホールハンマーにより，高速掘進を可能としたボーリング技術である。従来のボーリングでは，油圧による後方打撃かエアによる先端ハンマー打撃のエネルギーで地盤を穿ってきたが，この工法では，エア圧送に替えて 15～18 MPa の高水圧で先端ハンマーのピストンを作動させるため，長孔のボーリングでも打撃エネルギーを効率よく地盤に伝えることができる。

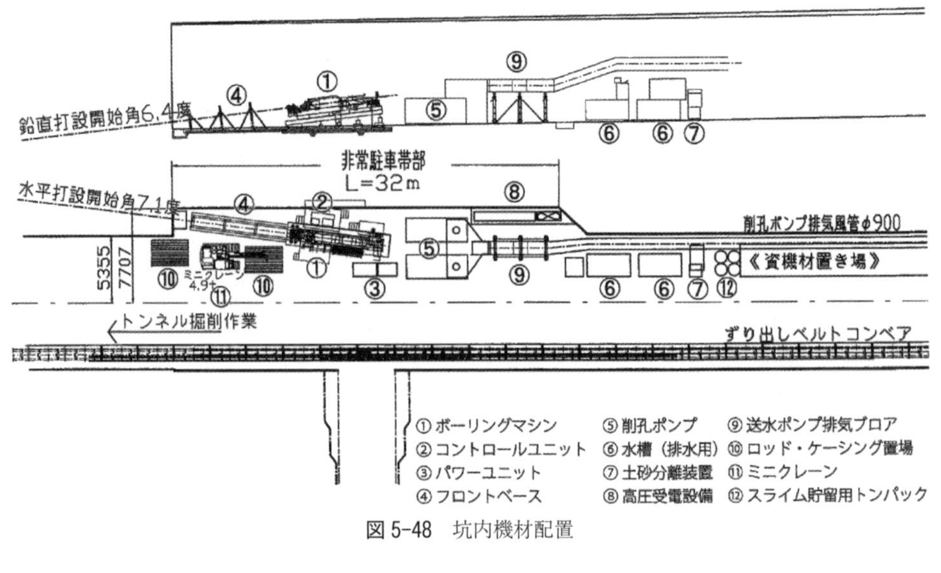

図 5-48　坑内機材配置

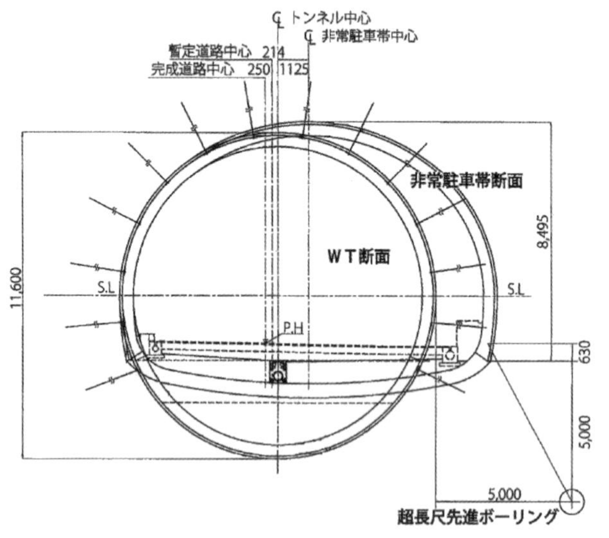

図 5-49　超長尺先進ボーリングの位置（横断面図）

Wassaraは実績のある工法の一つではあるが，近年では，標準より長い6 mの削孔ロッドを使用することで探査スピードを向上させ，地盤調査と長尺削孔を1台で兼用できる**写真 5-4**に示す水圧ハンマー式の専用ボーリングマシンも開発されている[80]。また，**5.7.2**で述べる穿孔振動探査（T-SPD）の震源としてもエネルギーが大きく有効であるため，今後も利用が期待できるボーリング手法の一つである。

(1)　概要および仕様

Wassaraの特徴としては，一般的な圧縮空気によるダウンザホールハンマーの約2倍の打撃数で削孔するため掘進速度が速いこと，エア式と比較して大気中への粉塵や騒音が少なく，良好な坑内環境を維持しやすいこと，ロッド後方からの打撃削孔に比べて軸心のぶれが少なく直進性に優れた削孔が可能であることが挙げられる。

また，削孔時のマシンデータを取得・分析することで，従来型のボーリングマシンと比べて長距離の切羽前方探査を短時間で実施できるという利点もある。

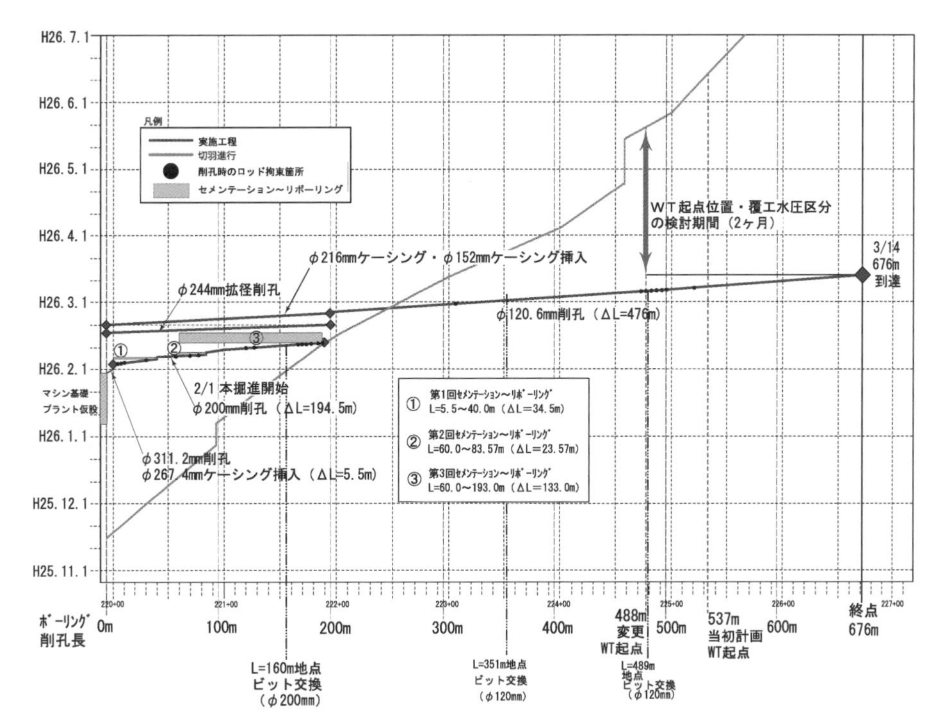

図 5-50　超長尺先進ボーリングの掘進実績

写真 5-4　ロングフィード式ボーリングマシン

表 5-12 に，削孔径 ϕ58～254 mm の Wassara の種類と諸元を示す。

(2)　適用事例

液化石油ガスの備蓄基地において実施した Wassara によるボーリング状況を**写真 5-5** に示す。また，実績としては，切羽前方の地質確認と水抜きを目的として実施したトンネル工事現場において，深度 150～200 m で 10.3 m/h を維持，最高速度で 200 m を 18 時間で掘削した事例がある[81]。

(3)　留意点

Wassara は均質な硬岩が分布する岩盤での穿孔用に開発されたボーリング工法であるこ

写真 5-5　ウォーターハンマー Wassara による水封ボーリング孔の施工状況

表 5-12　ウォーターハンマー Wassara の種類と諸元

項　目	単位	Wassara ハンマー　型式						
		W50	W70	W80HD	W100	W120	W150	W200
削孔径	mm	58-70	82-89	88-105	100-130	130-152	152-216	216-254
作動水圧	MPa	150	160	180	180	180	150	150
高圧水消費量	ℓ/min	80-130	120-245	130-200	200-350	300-400	350-500	430-650
出力	kW	6-7	―	14	26	35	34	50
ドリルロッド径	mm	46	63.5	76	89	102	127	140
ポンプ吐出量	ℓ/min	0-130	0-250	0-200	0-350	0-450	0-500	0-650
A有効長	mm	867	1098	977	1185	1495	1495	2050
B	mm	957	1170	1049	1270	1572	1605	2255
ϕC	mm	54-58	79-87	80-92	102-111	128-160	140-162	182-251
総重量（ビット含）	kg	13.5	23	32	56	97.5	165	300

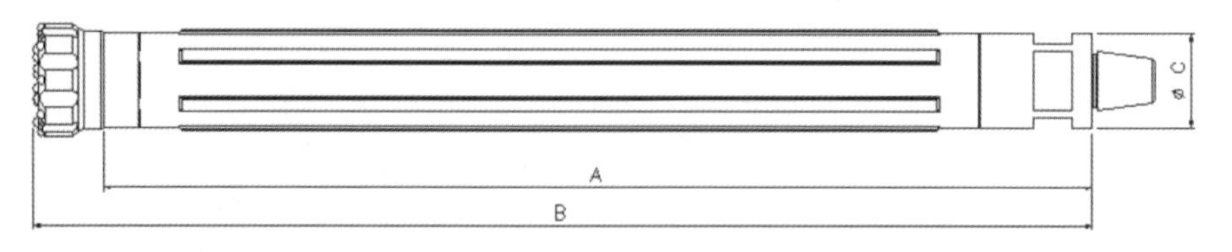

とから，日本で多く見られる地質の変化の激しい岩盤や軟岩への適用においては，スライム（掘り屑）の排出や岩種に応じたビットの採用など，検討を要する。また，**表 5-12** に示されているように，ウォーターハンマーを駆動するためには，多量の清水（最大 50 μ フィルター通過）を使用しなければならなず，施工現場の条件によっては削孔水の確保に留意が必要である。

5.6.3　先行変位計測技術

切羽前方に設置した計測機器から得られたデータにより，切羽前方地山を評価する手法について述べる。機器の設置には設置孔のボーリングが必要で，このボーリングから切羽前方地山の情報が得られることから，複合的な探査手法の一つともいえる。また，トンネル切羽前方地山に生じる変形を直接捉え，数値解析検討などにより地盤の物性値を求めことができるため，局所的な地質の影響を受けずに施工中のトンネル周辺の地山を代表する評価結果が得られやすい。

先行変位を計測するための計測機器については，計測工Bで実施される地中変位計と同様な機構をもつものが一般的である。地中変位計と異なる点は，切羽から最も遠い深部にデータロガーが設置されることであるが，所定の位置にアンカーで固定されたロッドの変位を読み取る点は同一である。ただし，この装置は掘削がデータロガーを設置した位置に進むまで，データを回収することが困難で，切羽前方地山の動きをリアルタイムに捉え地山の物性を評価していくという目的では利用しにくい。ほかにも，イタリアでの施工実績が多いADECO-RSで使用されるスライディングディフォーメータといった切羽の押出し変位計もあるが，ここでは近年使用実績が増えているSAA（Shape Accel Array）と呼ばれる3次元地中変位計について紹介する。

(1)　概要および仕様

SAAは，加速度センサを有するセグメントを複数個直列に接続したケーブル状の傾斜計である。MEMS（Micro Electro Mechanical Systems）の加速度センサを利用した細径の傾斜計を数珠つなぎにした計測器の外観を**図5-51**に示す。SAAを水平方向に設置した場合，最深部を不動点とした評価を行って最深部からの相対沈下の算出が可能である。また，端部の3次元的な位置を測量しておくことで，口元からの沈下分布も得ることができる。

SAAの特徴としては，MEMSの利用により細径・軽量化を実現していること，セグメ

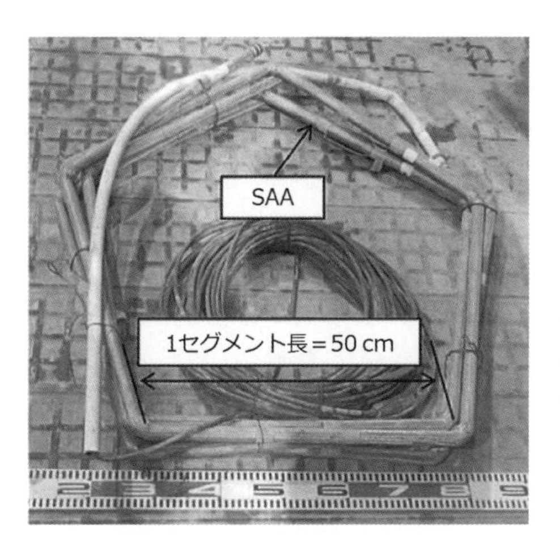

図5-51　3次元地中変位計SAA

図5-52　SAA用計測管の設置状況

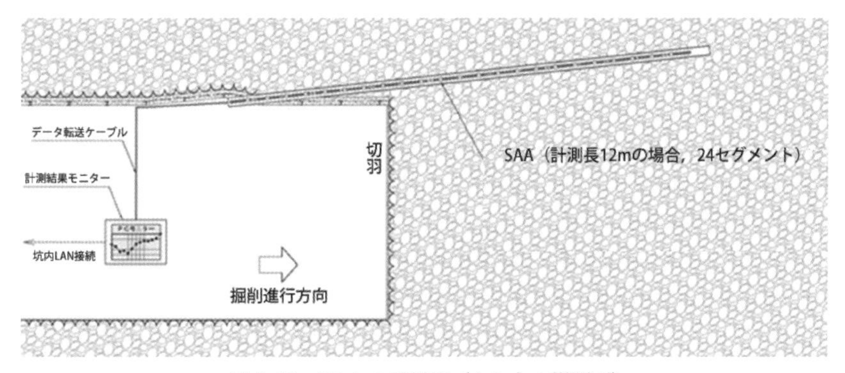

図5-53　SAAの設置例（トンネル縦断面）

ント間で45°まで可動するため設置時のケーブルの取回しが容易であること，撤去可能な形態で運用できるため再設置が可能であることなどが挙げられる。

設置方法として実績のある，AGF 鋼管を利用したSAAの設置例を紹介する。**図5-52**は切羽前方に設置されたAGF 鋼管に，SAA 用の計測管を挿入する作業の状況である。トンネルの縦断面方向では，**図5-53**に示すように拡幅部から設置されることが多い。直径が30 mmの計測管をAGF 鋼管内にセメントミルクなどで固定し，さらにその計測管中にSAAを差し込んで板ばねなどで固定する。このような設置方法により，計測終了後は引き抜いて回収し，再利用することができる。

(2) 適用事例

断面積30 m^2のトンネル掘削前に，天端位置にAGF 鋼管（内径ϕ102.3 mm）を削孔ガイド管として12 mのSAAを設置して，切羽前方の沈下を計測した例を示す[82]。**図5-54**に，SAA 設置後5 m切羽が進行した時点における沈下分布を示す。図中の細線は，3次元の逐次掘削解析による予測値である。切羽前方では予測値よりも計測した沈下量がやや大きくなっているものの，ほぼ解析結果に近い沈下分布を示している。また，切羽前方の沈下の分布形状から，7 m先まで掘削による影響が及んでいることが分かる。一方，**図5-55**はSAAによる切羽先行沈下計測と日常管理で実施する天端沈下計測の結果から，ある計測断面における沈下量の全変位を示したものである。この図から，施工を行っている地山における先行変位率を確認することができ，対策工の計画やそれに伴って実施する数値解析の予測精度向上にも役立てることができる。

(3) 留意点

SAAによる切羽前方の先行変位の計測に際しては，できるだけその設置角を水平に近づけた方が坑内変位計測による天端沈下との比較が容易となる。しかしながら，設置角度を小さくするには，断面の拡幅が必要となるため施工サイクルに影響するほか，機器設置のためのボーリングも難しくなる。そのような理由から，水平面に対し設置角度が大きくなる場合に，計測結果を精度よく評価するには，数値解析による検討も合わせて行って先行変位の計測結果を解釈する必要がある。

また，通常，最も奥（切羽前方）の計測点を不動点として沈下分布を評価するが，掘削影響範囲が大きいと最奥点が不動点にならないこともある。切羽通過後の計測断面での天端沈下と比較する場合，絶対変位による評価を行う際には，あらかじめSAAの端部の3次元座標を測量によって把握し，補正する必要がある。

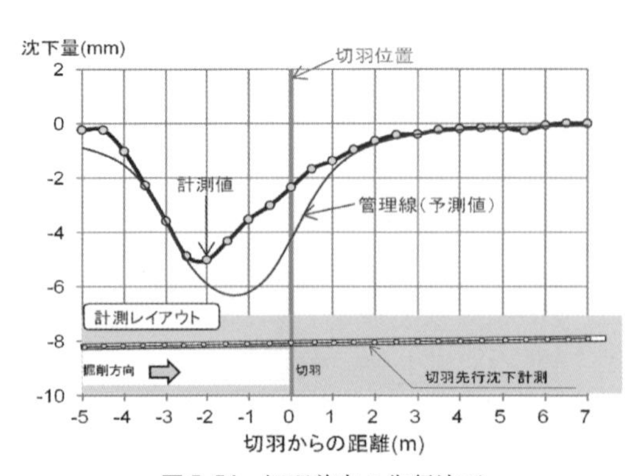

図5-54　切羽前方の先行沈下

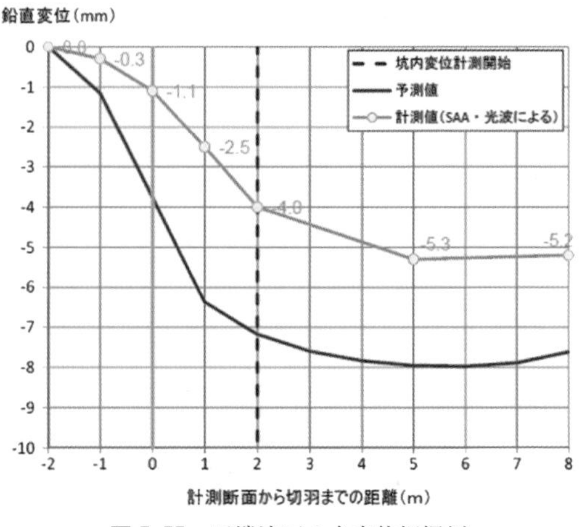

図5-55　天端沈下の全変位把握例

5.7　複数の手法の組合せ

切羽前方探査法は多岐にわたり，前節までに方法，手順および長所・短所が紹介された。我が国の地質特性は非常に複雑で，強度変形特性や構成要素は多岐にわたっている。そのため，前節までに示した探査方法で必ずしも精度よく予測ができるというわけではなく，方法と地質との相性が存在すると考えられる。例えば，削孔検層は通常1，2本のボーリング孔での実施であり，80 m^2 前後の切羽性状を面積比 1/24,000 となる 0.0033 m^2（ビット径 65 mm の場合）前後の極小断面データで予測することになる。多数の削孔を行えば精度向上は期待できるが，施工時間の増大を招きコストアップは免れない。一方，坑内弾性波探査や電磁探査は，2次元もしくは3次元空間での大局的な予測に役立つものの，基本となる弾性波や電磁波の伝播速度の設定や，物理特性の異方性などの影響を受ける。そこで，近年，これらの方法を複数組み合わせて予測精度の向上を図ることが行われているため，以下に各種手法の組合せと適用事例を紹介する。

5.7.1　電磁波探査と削孔検層と弾性波探査の組合せ

NT-EXPLORER[83]は，電磁波探査（TDEM），弾性波探査（TSP203），削孔検層（DRISS）を組み合わせた探査システムである。電磁波探査は，地表から概査として実施することで比抵抗分布から地層境界，断層，地下水の状況が深度 200 m 程度まで推定可能である。一方，弾性波探査と削孔検層は坑内で実施する。前者は切羽前方 100 m 程度の中距離探査用として，後者は切羽前方 50 m までの近距離精査用として利用する。3つの手法を地山性状や深度条件に応じて，適宜組み合わせて使用する。探査イメージを**図 5-56** に，適用結果の一例を**図 5-57** にそれぞれ示す。総合的な探査の結果，DRISS による精査から脆弱層出現が予測され，さらにその範囲では，TDEM から湧水が，TSP203 から3本の断層が発現すると予想された。実施工では，3,500～7,000 ℓ /min の湧水を伴う断層破砕帯に遭遇し，予測と実績が一致した。力学的挙動と湧水情報が適切に予想された事例である。

5.7.2　削孔検層と坑内弾性波探査の組合せ

トンネル坑内のみで探査できる方法として，削孔検層であるトンネルナビと弾性波探査（TSP）を併用した事例[84]を示す。適用の一例として，火山岩，頁岩および花崗岩から構成された地山における中央構造線の断層破砕帯を含む 50 m 区間での比較結果を**図 5-58**

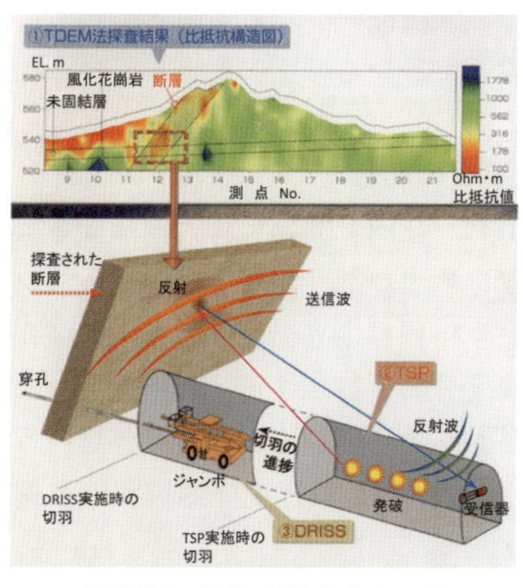

図 5-56　組合せ探査イメージ

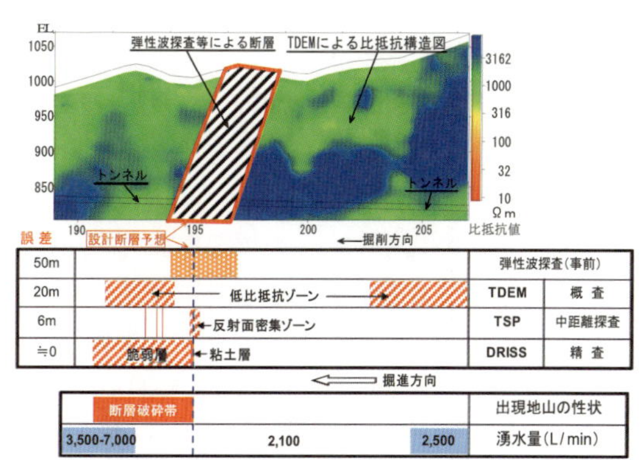

図 5-57　NT-EXPLORER 適用結果の一例

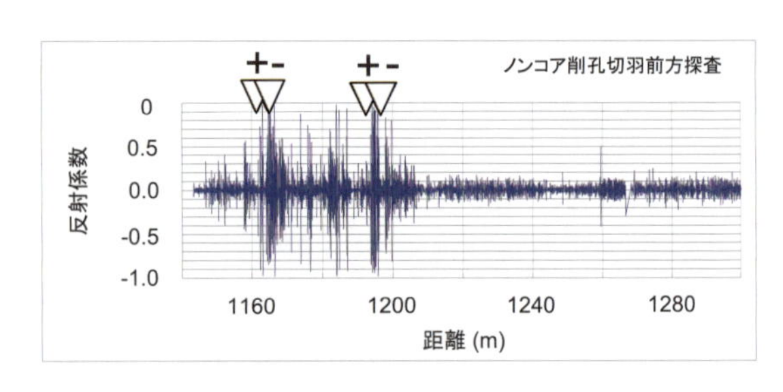

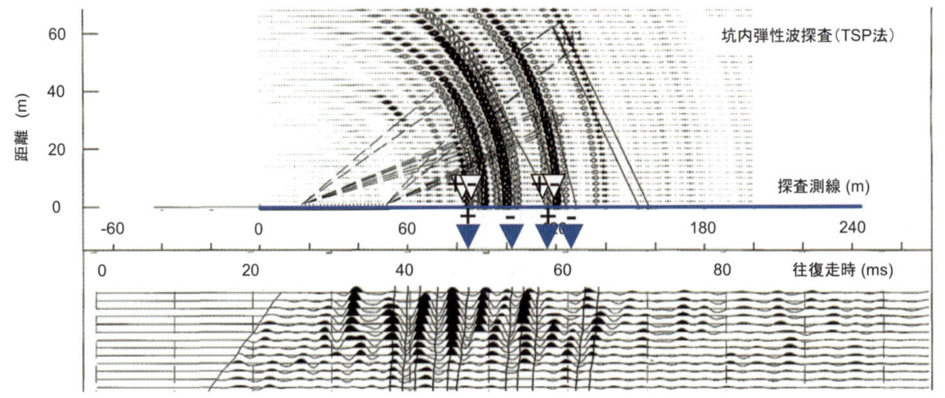

図 5-58　トンネルナビと TSP を併用した結果の一例

に示す。図中，トンネルナビ予測による断層破砕帯および脆弱層の位置を▽で示す。▽上の＋は始点を，－は終点を表す。一方，▼は弾性波探査から予測した結果である。断層破砕帯や脆弱層の予測に関して概ねよい結果を得たが，始点は合致しているものの，終点では 10 m 程度のずれが生じた。これは，速度解析による誤差とともに，反射波周波数や重複反射の影響であり，弾性波探査による区間評価が過大になっていることが明らかになった。計測データのクロスチェックの観点から，1 次元的な削孔検層と 2 次元・3 次元的な弾性波探査の組合せは効果的と考えられるが，今後の事例データの蓄積が待たれる。

上述の TSP の起振源は火薬であるが，削孔時の穿孔振動を起振源に応用した探査方法が T-SPD[85] である。この方法は，石油資源探査で利用されている SWD（Seismic While Drilling）の応用である。探査イメージを**図 5-59** に，適用結果の一例を**図 5-60** にそれぞれ示す。探査イメージに示すとおり，超長尺先進ボーリング機械は坑内の断面拡幅部に設置するため，トンネル掘削作業に支障はない。また，穿孔振動を起振源とするため，連続測定が可能である。なお，トンネル施工時の大型機械群から発生する雑音の影響を低減させるため，拡幅部側面奥方向に受振器を設置するなどの工夫を施している。

5.7.3　削孔検層とボーリング孔内弾性波探査の組合せ

削孔検層を実施したボーリング孔を利用し，孔内で簡易に弾性波探査を実施できる方法として TVL[86] がある。**図 5-61** に計測手順を示す。削孔が終了したボーリング孔内に 4 連の孔壁圧着型受振器を挿入し，切羽でハンマ打撃により発生させた弾性波が受振器に到達するまでの時間を計測し，受振器区間の速度分布を算定する。この速度分布と削孔検層で得られる破壊エネルギー係数との相関関係から，切羽前方の地質評価を行う。適用事例を**図 5-62** に示す。破壊エネルギー係数で岩種を，弾性波速度で地質状態を適切に把握でき，その的中率は 80% を超えていたと報告されている。

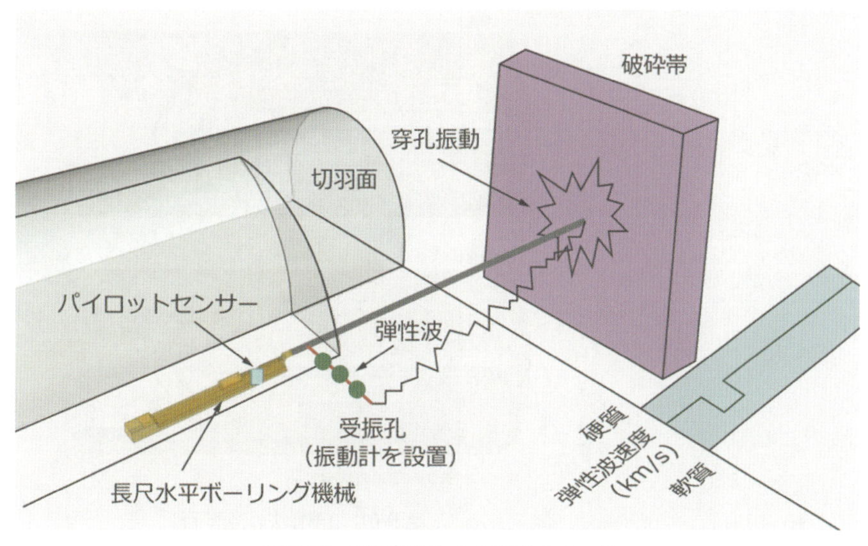

図 5-59　穿孔起振による探査イメージ

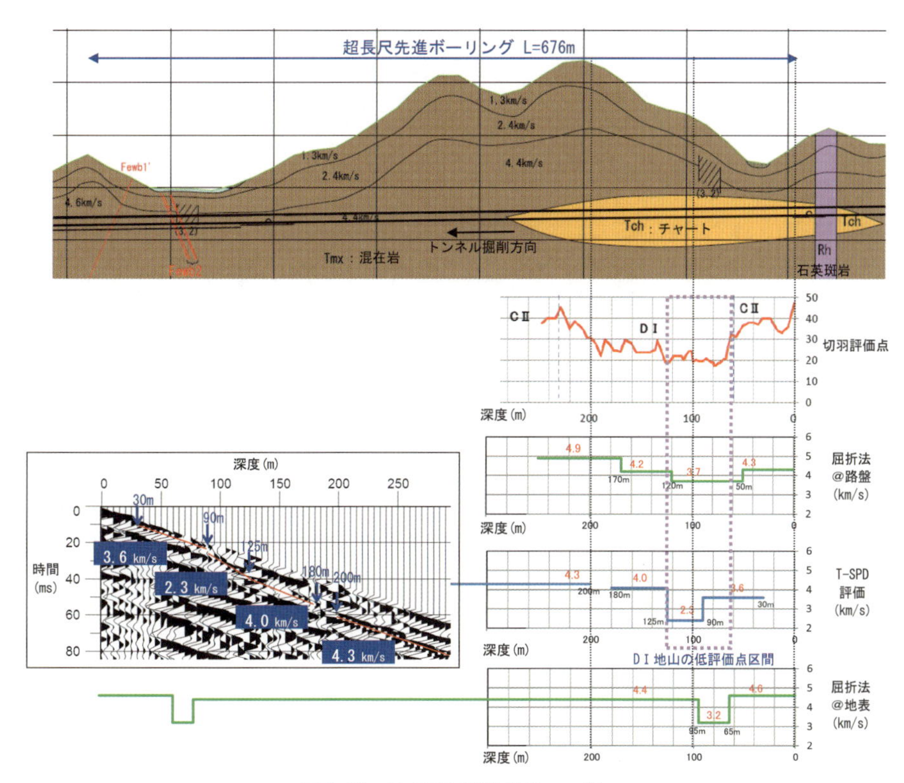

図 5-60　T-SPD 適用結果の一例

5.7.4　削孔検層と孔内観察の組合せ

削孔検層では，削孔エネルギー，破壊エネルギー係数もしくは削孔速度によって，地山の硬軟や脆弱性（固結度）を評価する。したがって，風化変質や割れ目の状態などは，内在した形で評価されることになる。切羽観察に基づく地山評価からも分かるように，地山を総合的に評価するためには，これらの変質状態や幾何学的分布，さらには湧水箇所や劣化度合いなどを把握できれば，予測精度の向上に寄与できると考えられる。

ボーリング孔内を観察するには，ボアホールスキャナや内視鏡などの既製品を利用する

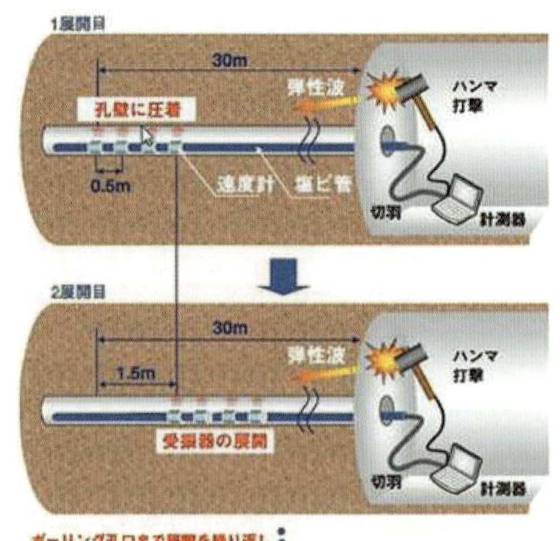

図 5-61　TVL 法の計測手順

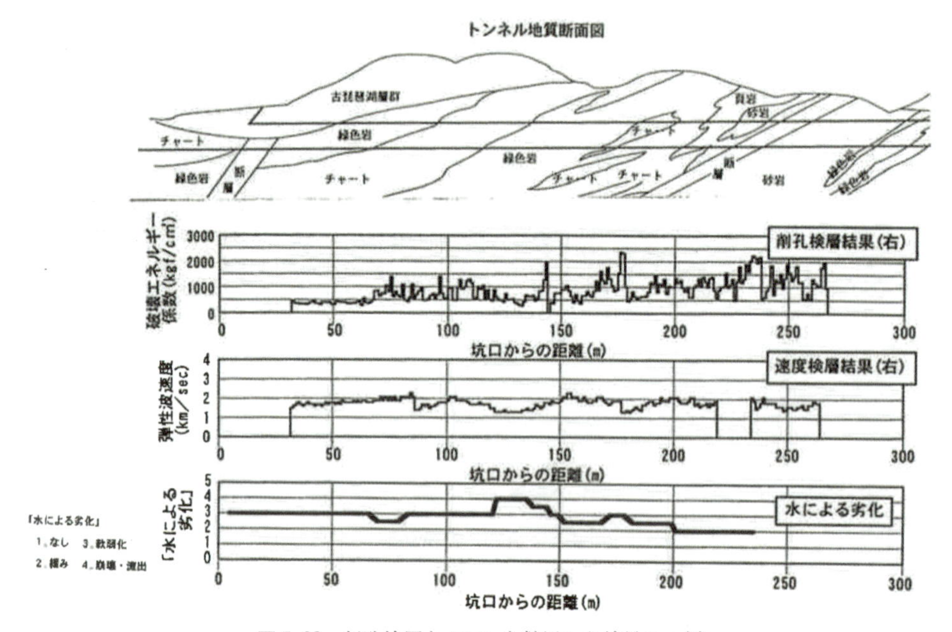

図 5-62　削孔検層と TVL を併用した結果の一例

方法と，工業用ビデオカメラなどを改良して用いる方法がある。前者のうち，**図 5-63** に示す DRi スコープ[87]は工業用内視鏡を削孔ロッドの送水孔を通して挿入し，ボーリング孔の壁面観察を行う技術で，ロッドがケーシングの役割をするため，不良地山でも適用可能な特徴を有している。現状では，18 m の観察に成功している。

DRISS と DRi スコープを併用した計測事例を**図 5-64** に示す。上図の DRi スコープで得られた孔内観察による岩質分布と，下図に示す DRISS による穿孔エネルギーの推移状況から，岩質や固結度の異なる閃緑岩と混在岩との境界とともに，混在岩の硬質性と閃緑岩が相対的に強度低下する様子を確認できたとされている。

一方，工業用ビデオカメラを改良し利用する技術[88]は，ボアホールスキャナなどの既製品に比べ非常に廉価となっている。**写真 5-6** にカメラシステムの全景を示す。カメラ部分にはボーリング孔内でのスムーズな移動（排泥効果の向上）とオフセット防止を目的にし

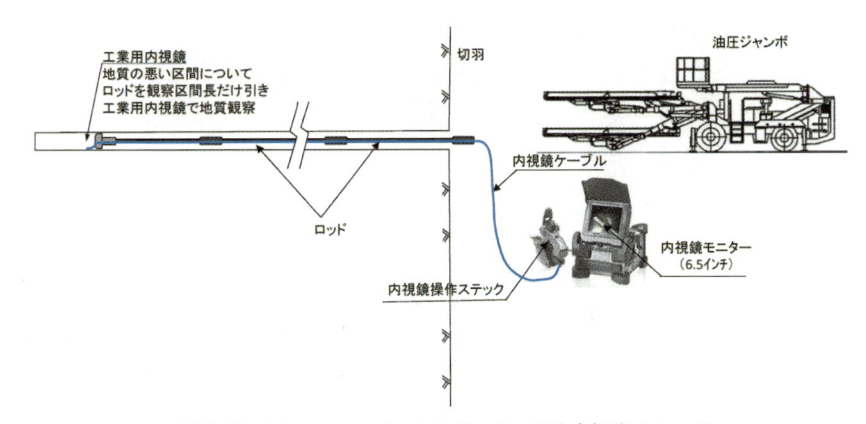

図 5-63　DRi スコープによるボーリング孔内観察イメージ

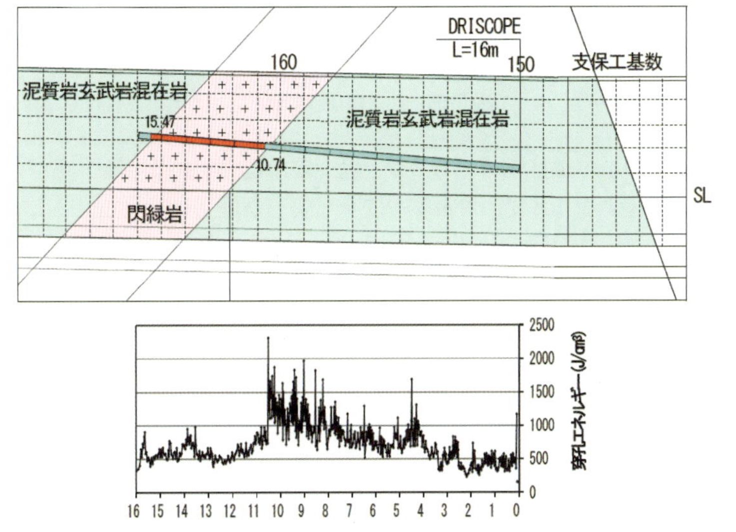

図 5-64　DRISS と DRi スコープを併用した結果の一例

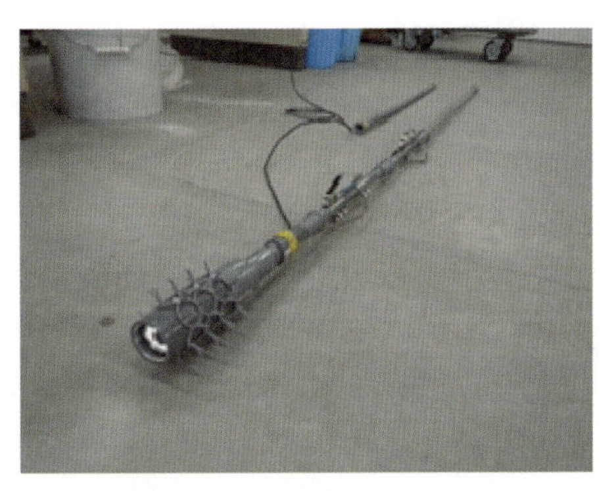

写真 5-6　簡易孔内カメラの全景

た突起治具を取り付け，トンネルナビ削孔径に合わせている。ボーリング孔内の乱れ状況にもよるが，現状では 100 m の実績がある。

簡易孔内カメラを適用した観察結果とトンネルナビによる地山評価結果を図 5-65 に示す。削孔検層から得られた地山の硬軟や脆弱性に対して，孔内観察画像が付加することで，地山状況がより明確に評価可能になる。例えば，削孔距離 5 m，17 m および 27 m では，C

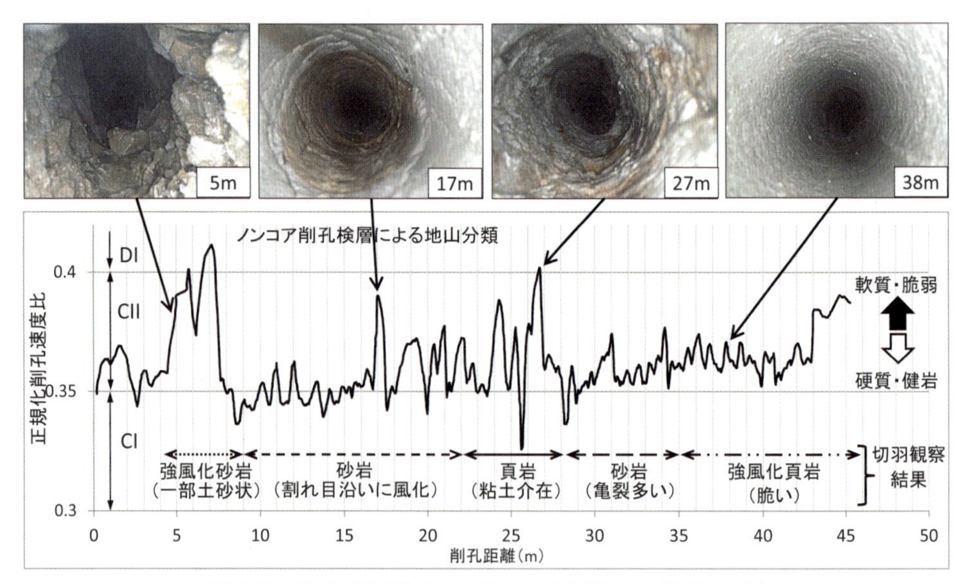

図 5-65　孔内観察画像とトンネルナビを併用した結果の一例

ⅡとＤⅠの遷移領域であるが，脆さが卓越しているのか，亀裂が集中しているのかを事前に把握することで，対策工や安全・安心な施工に役立たせることが可能になる。

5.7.5　削孔検層と数値解析の組合せ

削孔検層の多くが，切羽前方地質の硬軟や脆弱性を予測して地山等級を評価した後，経験則から最適な支保工を選定している。一方，PAS-Def[77]は，削孔検層（DRISS）で得られる穿孔エネルギーから岩盤強度や弾性係数を評価し，２次元弾性 FEM 解析により未掘削区間での最適支保工規模を計算的に評価するものである。全体システムは，**5.5.2**（2）に示す変形評価サブシステムと変形予測サブシステムからなり，切羽前方探査および評価では後者の変形予測サブシステムを主に使うことになる。**図 5-66**（a）に解析に用いる岩盤物性予測，（b）に変形予測と実測比較の一例を示す。PAS-Def による予測と実測がよく整合している例である。

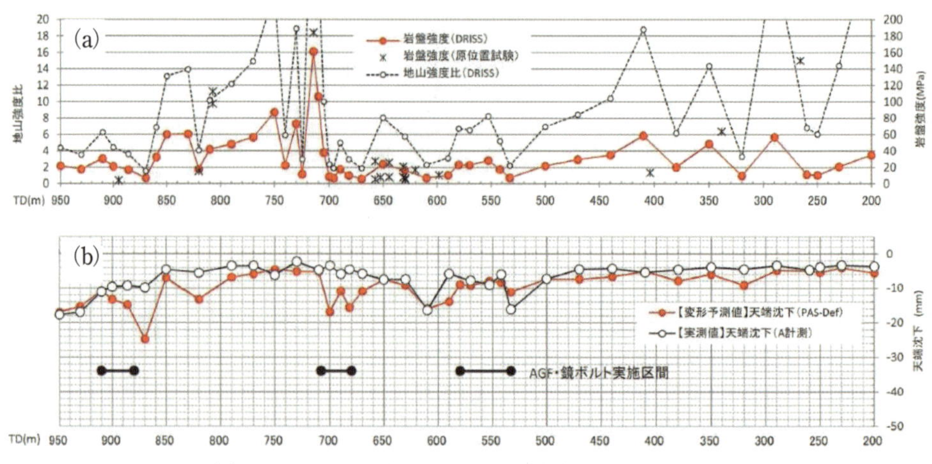

図 5-66　(a) DRISS による岩盤物性予測，(b) 変形予測と実測比較の一例

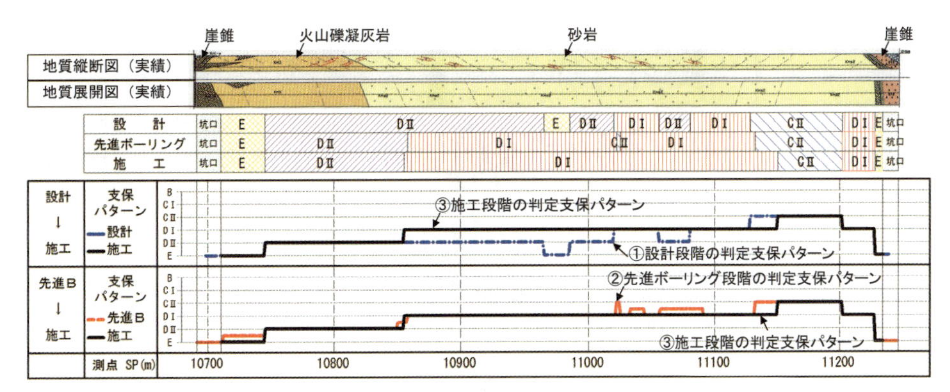

図 5-67　当初設計段階および先進ボーリング実施段階の地山評価と施工支保パターンの対比（Aトンネル）

5.7.6　水平コアボーリングと各種岩石試験の組合せ

切羽前方探査技術の中で，コアを採取する方法は，最も手間と費用がかかるが，切羽前方の地山状況を直接確認できる大きなメリットがある。

北海道の道路トンネルでは，北海道開発局の定める設計要領[89]に基づき，トンネル全線にわたって水平コアボーリングを行い，採取した岩芯コアの詳細な観察および必要に応じて岩石試験を実施して，地山等級および最適支保工選定に繋げることが原則となっている。先進ボーリングの効果を定量的に確認した事例[90]を以下に示す。**図 5-67** では，Aトンネルの支保パターンの変遷を，①設計段階，②先進ボーリング結果に基づく修正および③施工実績の段階で示した。これより，①の判定では実績との整合率が39%であったが，②の判定では85.2%となり，飛躍的に向上したことが分かる。

一般的に，水平コアボーリングはコスト高になると予想されるが，ボーリングコストと地山急変によるトラブル発生コストを比較すると，必ずしもコスト高になるのではなく，分岐点があることを試算結果から示されている。今後，データが蓄積されることにより，費用対効果を検討する上で一つの目安を提示できることになるものと考えられる。

5.7.7　切羽前方地山情報の可視化

近年，ひ素やクロムなどの重金属リスクが話題になっている。通常は，ボーリングコアを用いた評価になるが，低コスト化や判定スピードの向上を目的に，**5.2.3** (4)[30),31)]に示す削孔時のスライムを利用する研究が進められている。前項で示した種々の切羽前方探査法は，主として地質の硬軟や脆弱性を評価するものであるが，重金属情報を組み合わせることで，さらなる切羽前方地山情報の高度化に繋がることになる。

各探査法で予測された結果に関して，発注者と施工者間で情報共有することが施工を円滑かつ安全に進める上で重要である。そのためには，データや解析結果のビジュアル化が有効である。そのための手段として，3D-CADなどを利用した3次元展開による地質構造の可視化が注目されている。**5.3.1** に示したTRTによる3次元的な地山評価[40]は，その好例である。また，近年，国土交通省が推進しているCIM（Construction Information Modeling/Management）[91]は，設計，施工，維持管理の段階で取得された各種情報を統合し共有化・データベース化することで，維持管理に役立たせようとしている。その中で，切羽前方探査から得られる地山情報は，施工段階のみならず，設計段階における地質構造初期モデルを実物に照らして修正でき，維持管理開始時における地質構造初期モデルを提供できる。その結果，経年劣化などの原因究明もでき，適切な補修・保全方法の検討・提案に資することが可能となる。山岳トンネル版CIM[92]の一例を**図 5-68** に示す。このシス

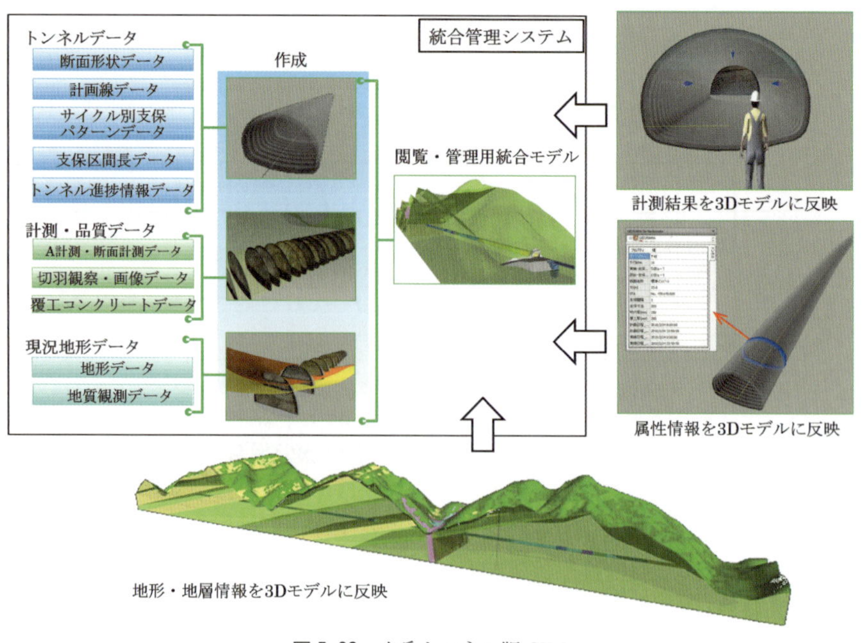

図 5-68　山岳トンネル版 CIM

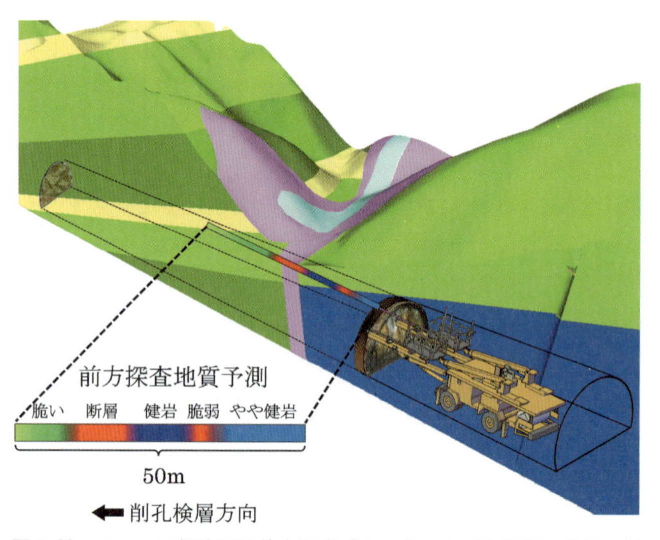

図 5-69　ノンコア削孔切羽前方探査「トンネルナビ」情報の組込み例

テムでは，トンネル形状モデル作成に AutoCAD Civil 3D を，地質構造モデル作成には GEORAMA を，そして施工時に日々得られる切羽観察，各種計測結果，支保工情報および切羽前方探査情報は CyberNATM と Excel を基本に作成している。CIM において重要な要素である属性データの紐付けは Navis+ で行う。そして，すべての要素を Navisworks で統合し管理する。

また，**5.2.3** で示したトンネルナビと，**5.7.4** で示した簡易孔内カメラにより得られる切羽前方情報を組み込んだ地質構造の「予測型 CIM」[93]への展開も行われている。**図 5-69** にトンネルナビ情報の組込み例を示す。

5.8　トンネル切羽前方探査の現状と課題，将来の展望

5.8.1　従来の地山評価と切羽前方探査

近年，トンネル技術は大幅に進歩し，崩落事故やそれに伴う労働災害も以前に比べると激減しているが，他の土木工事と比較すると依然として高い労働災害発生率を示しているのが現状である。トンネル工事における崩壊事故のほとんどは，トンネル工事の最先端部である「切羽」で発生しており，崩壊原因の多くは，予期せぬ軟質な断層破砕帯や地質境界面の出現，突発湧水といった地質的要因である。

トンネルは地中に建設される線状構造物であるという特殊性のために，地表からの事前の地盤調査の量や質には限界がある。このため，計画段階で地下深部のトンネル施工位置における詳しい地山情報を予測することは難しい。

そのため，施工中にトンネル切羽前方の断層などの地質不良箇所や大量湧水を発生させる可能性の高い水みちの位置を精度よく予測できる技術が確立されれば，切羽崩壊の大部分を未然に防ぐことが可能となり，工事の安全性は飛躍的に向上すると考えられている。

したがって，従来から，トンネル施工においては施工中の地質観察や計測によって地山状況を判断し，設計・施工にフィードバックする情報化施工を行わなければならないとされていた。近年では，切羽前方の地質調査手法も積極的に採り入れ，情報化施工を行うことが重要と考えられ，トンネル施工中に坑内からトンネル軸線上の調査が可能で，施工への影響ができるかぎり少なく，短時間での測定評価が可能で，かつ地質不良部の岩盤物性をより定量的に把握できる，精度の高い実用的な技術の開発が各機関で積極的に行われている。

前方探査結果の活用のためには，破砕帯の位置や性質，湧水の位置などの地山情報を正確に把握することが不可欠であり，崩壊事故を防止するために，これらの結果を利用して事前に適切な支保パターンや補助工法の検討を行い，切羽観察によって前方探査結果を確認していく必要がある。

そのため，従来は，**5.1.1** で紹介している切羽もしくはその近傍の切羽地質観察を切羽スケッチや画像処理技術により分析し，切羽前方の地山を予測する方法が伝統的な方法として存在していた。切羽地質観察は古くから実施されており，現在ではトンネル掘削中の最も一般的な施工管理方法であるが，切羽前方の地山予測というよりは，主に切羽の岩盤等級の判定や支保パターンの決定などに活用されている。今後は，地質的な知識や経験をもった現場技術者がCAD ソフトなどを積極的に活用し，切羽前方地山予測の精度向上と評価の迅速性を高めていく必要がある。切羽画像処理法はステレオ写真，測距儀とCCD カメラ，デジタルカメラ，赤外線カメラなどによって撮影した切羽写真を濃淡変換，画像強調，ノイズ除去，エッジ強調，２値化などの画像処理技術を用いて，切羽地質観察評価を行おうとするもので，多数の研究者によって前方地山予測法として実用化するための研究が行われている。その結果をもとに，地層の傾斜・厚さ，亀裂の方向性・間隔，風化や互層などの連続状態をパターン化して，切羽前方の地山状況を予測する方法である。地球統計学を利用して，地質データを補完する方法や，前方地質を予測する方法も報告されている。しかし，これらの個々の技術が統合され，総合的な地質判断や地山予測が行われてはいない。今後，タブレットPC やスマートフォンの飛躍的な進歩や展開を背景に，トンネル現場でも，一般的に使われる時代が早期に訪れると期待している。

また，従来は，事前の地盤調査に基づき，掘削中にトンネル切羽前方地山の性状予測が

必要となった場合にのみ，切羽からの先進コアボーリング，削孔機を用いたパーカッションドリリングや弾性波探査反射法が用いられてきた。

5.8.2 ボーリングによる方法

ロータリーボーリングマシンを用いた水平コアボーリングは，事前調査としては最も信頼性の高い方法であり，本州に比べて地質変化が激しく冬季に地上から事前の調査ボーリングに制限を受ける北海道開発局の工事では標準化されているが，北海道以外では積極的に採り入れられてない。その理由は，ボーリングに費用と時間を要し，施工サイクルにも影響を及ぼすことにより，トンネル全体の施工コストも上昇すると考えられているためである。しかし，事前の調査不足により施工トラブルが発生した場合は，調査費用をはるかに上回る対策工事費用が発生するため，北海道以外でも積極的に実施されるべきだという意見も多い。トンネル掘削断面のコアを用いた室内試験やボーリングを用いた原位置試験も地山評価には貢献できる方法であるので，施工に支障を及ぼさない範囲で計画的に行われることが望まれる。

ロータリーパーカッションドリルによる水平コアボーリングは，ワイヤーラインサンプラーが開発され，急速に展開されている。破砕されたコアではあるが，高速に削孔ができるため実用性が高く，さらに，近年では破砕されたコアの評価方法も検討されつつある。

パーカッションドリリングはノンコアボーリングとも呼ばれるもので，先進コアボーリングに比べて作業時間が短い利点を有している。ドリリングの進行状況（削孔速度）や排出ずり，および，削孔水の状況などから岩質変化を正確に判定するためには，豊富な経験と熟練が必要であったが，近年，削孔速度や破壊エネルギーと岩石の強度，切羽評価点，弾性波速度などとの相関性についての調査研究が活発に行われ，より定量的な評価が可能となってきている。

1,000 m 程度掘削可能なダブルリバース方式の長尺先進水平ボーリングは，青函トンネルで開発され，一般のトンネルでも適用されてきた。近年では，1,000 m を超える水平コントロールボーリングが可能な超長尺ボーリングマシンが開発され，箕面トンネル工事などでウォータータイトトンネルの施工方法の検討のため使用され，中央リニア新幹線における大土被りトンネル工事に適用される可能性がある。高速で削孔が可能であるが，コアが採取できないため詳細な地質の把握は困難であるが，大量湧水帯の分布を把握するためには非常に有効な手段である。近年開発された技術のため適用事例はまだ少ないが，長大トンネルの施工や大量湧水が予想されるトンネルには有効な技術となりつつある。今後，地質不良部での高速削孔の改善や適用工事量増大によるコスト低減が進めば，一般のトンネルにも適用，展開される可能性がある。

これらボーリング孔を用いた方法は，水平コアボーリングの場合，精度が高い反面コストが高く，ノンコアボーリングの場合，低コストである反面，精度が劣る。また，線状のデータであるため，広域の地質構造の把握には限界がある。そのため，地質分布が複雑な場合，複数本のボーリングを行ったり，コアボーリングとノンコアボーリングを組み合わせて探査を行う場合もある。また，物理探査や孔内検層と組み合わせて実施する場合も多くなってきている。

近年，コンピュータジャンボが開発され，装薬孔の自動削孔や削孔位置の把握が容易になってきた。削孔検層システムのようなのみ下がり速度やフィード圧力などの測定装置も，標準装備されている。装薬時の削孔データ，ロックボルト削孔データが，ジャンボの運転席で表示され，切羽の評価や，切羽近傍の地質の傾向が運転席でビジュアルにリアルタイムに確認できる時代がすぐそこに来ていると感じられる。

5.8.3　弾性波や電磁波等の物理探査を利用する方法

弾性波探査反射法は，切羽より100 m程度前方にある主に大きな断層破砕帯の検出を目的に実施されているが，ソフトによる反射波の波形処理技術やノイズに関するフィルタリング技術の飛躍的な発達によって探査精度が向上し，3次元解析への拡張や区間弾性波速度の予測へと進歩しつつある。しかし，地下水の評価が難しいことやボーリングのような直接的な調査と比べて精度が落ちることを考慮すると，山岳トンネル工法では他の探査法と組み合わせた方法を適用するのが望ましいと思われる。また，遠方までの概査が可能なため，ボーリングの適用の可否を判断するために使用する事例が増えている。

さらに，TBM工法のような切羽が見えないため切羽前方探査が不可欠にもかかわらず，ボーリングがやりにくい場合は，最も有力な方法となる。本手法の適用にあたっては，適用性と探査の目的を施工法と地質に合わせて選択していく必要がある。

電磁波を利用する方法は，切羽前方地山の誘電率が異なる地質不連続面で生じた反射波を受信アンテナで受信することで，地質境界面を探知する方法である。地下水状況の把握もある程度可能なため，奨励される場合もあるが，現時点では，探査距離が短く，鋼製支保工などの影響を受け，精度的に問題がある事例も散見される。

上記のような，主に物理探査手法による坑内から非破壊で切羽前方を探査する方法の長所は，ボーリングを実施する必要がないため，探査時間が短いのが特徴である。しかし，探査精度や探査距離の面で問題も多く，精度が高く広域の地質構造を面的に把握できる技術の開発が望まれている。

弾性波，比抵抗などの物理探査技術を複合利用して，切羽前方に削孔した複数のボーリング孔に囲まれた領域やトンネルと地表面間の領域での地質状態を可視化するトモグラフィ探査手法の適用結果が報告され，その有効性が報告されている。適用事例はまだ少ないが，弾性波トモグラフィの場合は，データ伝送の無線化，ソーラー電源の適用，掘削発破の連続的な活用など，探査や解析に要する時間を短縮しつつ探査コストを低減することにより，通常使える技術としての実用化が急速に進んでいる。事前調査で行われる弾性波探査屈折法の測定結果も合わせてトモグラフィ解析を行えば，格段の精度向上が期待できる技術のため，今後の発展が望まれる。

5.8.4　その他，地山の変形や複数の手法の組合せ

地山の変形を利用する方法は，掘削に伴って発生するトンネルの変形量を分析することで，間接的に切羽前方の地山状況を把握する方法である。古くから存在していた計測方法もあるが，積極的に前方探査に応用しようとしたのは近年になってからのため，切羽前方探査への適用事例が少ないのが現状である。しかし，比較的簡単な連続計測により切羽近傍の地山変化を予測できるため，データの蓄積と予測方法の確立が進めば，切羽近傍の地山変化予測方法としては有望と考えられる。

複数の手法の組合せに関しては，それぞれの探査手法の長所と長所を組合せ，短所を補おうとするものである。現状，複雑な地山条件下において，一つの手法で精度と合理化を達成できる手法は存在しないために，これらの組合せ方法が提案されている。複数の手法を組み合わせれば組み合わせるほど精度は向上するが，費用も自動的に割高になるため，費用対効果も含めて手法の組合せ方法を検討する必要がある。

ボーリング孔を利用する方法には，ボアホールテレビやボアホールスキャナを用いた孔

内観察，ボアホールレーダ，孔内載荷試験などの調査法がある。また，切羽から行ったボーリング（オールコア，ノンコア）孔内での速度検層により前方地山を評価する手法として，区間ごとの弾性波速度を計測するものもある。この孔内の弾性波速度を測定する方法としては，孔内を発振点とする速度検層と，切羽面を発振点とする速度検層の2種類がある。これらのボーリング孔を利用する検層や試験は，孔壁が自立しない場合には利用できない場合が多いのが問題である。極端に地質が不良の場合は，ボーリング自体ができない場合もあり，ボーリング方法の選定と検層区間や方法の選定には注意を要する。近年，パーカッションボーリング削孔時の振動到達時間を切羽で受振し，区間弾性波速度を算出する試みが研究されているが，センサーの耐久性や精度が問題となっており，これらの問題が解決されれば，合理性の面では有効な手法となるかもしれない。

5.8.5　将来の展望

これまでの切羽前方探査が技術は，探査後現場ですぐに結果が分かる手法がほとんどないため，時間の長短はあれ，現場内の切羽で結果を得たのち，ほぼリアルタイムで，次の掘削に反映できる技術の開発が必要である。近い将来に，探査自体は同じでも，リアルタイムに現場で結果が分かり，直近の掘削に結果を反映できるシステムの開発が期待される。

また，ボーリング以外のほとんどの技術が地山の硬軟の程度を予測する技術であり，大規模崩落に結び付く，地下水情報に基づく突発湧水による切羽の崩壊の可能性を予測する技術とはなっていない。地山の硬軟や透水性と合わせて地下水の状況（地下水位，湧水圧）を把握できる技術の開発が望まれる。

超長尺ボーリング技術やノンコア削孔技術が開発され適用されているが，コアが採取できないため，オールコア並みに精度の高い力学的な物性評価が必要な場合は，他の検層やボアホールカメラ，削孔データの分析によらざるを得ない。地下水情報（湧水量）の収集に関しては，有効性が非常に高いものの，迅速な区間湧水量や湧水圧の測定技術も開発が望まれる。また，長尺水平ボーリングに関しては，さらなる削孔スピードのアップとコスト低減が可能となれば，すべてのトンネルにおいて，事前にボーリングを行い，その結果に基づく設計が可能となるかもしれず，ボーリングマシンの開発と合わせて，スライムや破砕されたコアの地山評価方法に関しても取り組む必要があると思われる。

発注者から調査者，設計者，施工会社，維持管理会社まで含めて3次元モデルデータを共有できるCIMの活用により，インフラ事業全体の生産性を向上させることが期待されている。トンネル工事でも，3次元地山データや計測・品質データ，構造物データ，施工実績データを統合して管理していくシステムができつつある。調査会社，設計会社の地質データや弾性波探査データ，ボーリングデータをもとに，切羽前方探査技術の結果を修正して高精度化していくことは，前方探査自体の精度を向上させることにもつながると思われる。計測や解析と連動し，進行に伴う毎切羽評価により前方探査結果を見直し，切羽前方を含めた3次元地山情報を更新していけるような統合管理システムも近い将来に出てくるものと思われる。

以上，切羽前方探査技術が本当の意味で現場の技術者に簡単に活用できるためには，合理的な面と精度の向上だけではなく，リアルタイムの評価，よりビジュアルで誰にでも理解できる評価技術やシステムの開発が必要である。

わが国では，作業員の高齢化が進み，若者の現場離れが進む中で，安全かつ合理的な施工を進め，生産性向上により社会のニーズに答えていく必要がある。厳しい財政状況や熟練技術者の減少という状況において，事故を未然に防ぎ，工事コストを最小化するためには，切羽前方探査の新技術をシステム化した情報化施工が必須である。特に機械化，自動化施工技術とともにICT（Information and Communication Technology）とIRT（Information and Robot Technology）を活用した新しい切羽前方探査技術を現場で使える形で展開していく必要がある。

参考文献

1）土木学会（2016）：トンネル標準示方書［山岳工法］・同解説，土木学会・丸善出版，pp. 9-11.
2）土木学会（2016）：トンネル標準示方書［山岳工法］・同解説，土木学会・丸善出版，pp. 26-30.
3）建設工事における自然由来重金属等含有土砂への対応マニュアル検討委員会（2010）：建設工事における自然由来重金属等含有岩石・土壌への対応マニュアル（暫定版），国土交通省，pp. 1-5.
4）建設工事における自然由来重金属等含有土砂への対応マニュアル検討委員会（2010）：建設工事における自然由来重金属等含有岩石・土壌への対応マニュアル（暫定版），国土交通省，pp. 20-21.
5）建設工事における自然由来重金属等含有土砂への対応マニュアル検討委員会（2010）：建設工事における自然由来重金属等含有岩石・土壌への対応マニュアル（暫定版），国土交通省，pp. 6-7.
6）建設工事における自然由来重金属等含有土砂への対応マニュアル検討委員会（2010）：建設工事における自然由来重金属等含有岩石・土壌への対応マニュアル（暫定版），国土交通省，pp. 37-38.
7）土木学会（2016）：トンネル標準示方書［山岳工法］・同解説，土木学会・丸善出版，pp. 328-333.
8）新庄大作・富澤直樹・森山祐三・若林宏彰・長沼諭・高馬崇（2013）：山岳トンネルにおける新しい技術的取り組みについて，鴻池組技術研究報告2012年度，p. 27.
9）北海道開発局（2015）：平成27年度北海道開発局道路設計要領第4集トンネル，北海道開発局，4-11-pp. 1-6.
10）土木学会（2016）：トンネル標準示方書［山岳工法］・同解説，土木学会・丸善出版，p. 32.
11）北海道開発局（2015）：平成27年度北海道開発局道路設計要領第4集トンネル，北海道開発局，4-11-p. 4.
12）日本道路協会（2003）：日本道路技術基準（構造編）・同解説，pp. 78-79.
13）亀村勝美・岡崎健治・伊東佳彦（2015）：先進ボーリングに基づく地山等級評価について，第43回岩盤力学に関するシンポジウム，pp. 31-35.
14）中野義仁・柴田東・倉岡研一・今村大介・大野司郎（2010）：RPDによる連続打撃動的貫入試験の水平ボーリングへの適用，第45回地盤工学研究発表会（松山），pp. 25-26.
15）石垣和明・今村大介・北原秀介・倉岡研一・田中徹・畑尾浩司・三木茂（2015）：PS-WL工法によるコア評価基準に関する検討―深成岩を対象とした場合―，臨床工学研究所理事長特別小委員会報告書３，pp. 3-30.
16）五洋建設・西日本高速道路会社（2012）：ドリルジャンボで切り羽前方のコア採取専用の機械を使わずに調査コスト抑制，日経コンストラクション（551），21.
17）山下雅之・引間亮一・石山宏二・塚田純一・塚田隆幸（2015）：ドリルジャンボを使用した連続コアボーリングシステムの開発，土木学会第70回年次学術講演概要集Ⅵ-685，pp. 1369-1370.
18）Teale, R.（1965）: The concept of specific energy in rock drilling, Int. J. Rock Mech. Min. Sci., Vol. 2, pp. 57-73.
19）西松裕一（1972）：掘削方法とその評価法について，日本鉱業会合同秋季大会講演集，pp. 1-4.
20）山下雅之・平野享・木村哲・石井洋司（2003）：穿孔探査システムによる支保パターン事前想定の試み，土木学会第58回年次学術講演概要集Ⅲ-155，pp. 309-310.
21）塚本耕治・今泉和俊（2012）：削孔検層システムによるトンネル切羽前方の地山予測，奥村組技術研究年報，No. 38，pp. 76-79.
22）山下雅之・石山宏二・福井勝則・大久保誠介（2012）：さく岩機のさく孔効率と岩盤特性についての検討，第41回岩盤力学に関するシンポジウム講演集，pp. 1-6.
23）福井勝則・大久保誠介・山下雅之（2004）：長尺さく孔におけるさく孔深さの影響，資源と素材，Vol. 120，pp. 146-151.
24）福井勝則・阿部裕之・小泉匡弘・友定英貴・大久保誠介（2007）：長尺さく孔におけるロッド応力の減衰，Journal of MMIJ，Vol. 123，pp. 152-157.
25）Hustrulid, W. A., C. Fairhurst（1971）: A theoretical and experimental study of the percussive drilling of rock part 1-theory of percussive drilling, Int. J. Rock Mech. Min. Sci., Vol. 8, pp. 311-333.

26) 山下雅之・平野享・石山宏二・塚田純一・福井勝則・大久保誠介（2011）：油圧さく岩機の掘削体積比エネルギーを用いた坑道周辺岩盤の特性評価に関する研究，土木学会第66回年次学術講演概要集Ⅲ-109，pp. 217-218.
27) 桑原徹・畑浩二・稲川雄宣・平川泰之（2008）：変換解析システムによるノンコア削孔トンネル切羽前方予測技術，トンネル工学論文集，第18巻，pp. 1-10.
28) 桑原徹・畑浩二・玉井昭雄・田湯正孝（2009）：ノンコア削孔トンネル切羽前方探査による地山強度比の推定，トンネル工学論文集，第19巻，pp. 145-156.
29) 吉永浩二・山下雅之・竹村いずみ・杉本拓弥（2015）：大規模断層出現に対するトンネル変形予測システムの適用，土木学会第70回年次学術講演概要集Ⅵ-690，pp. 1379-1380.
30) 山崎将義・山下雅之・石渡寛之（2015）：ノンコアボーリングを用いた地山の重金属類事前予測法―試料の重金属溶出における影響要因に関する検討―，土木学会第70回年次学術講演概要集Ⅲ-065，pp. 129-130.
31) 奥澤康一・桑原徹・三浦俊彦・井出一貴（2015）：ノンコア削孔スライムを用いた切羽前方重金属予測技術に関する考察，土木学会第70回年次学術講演概要集Ⅲ-066，pp. 131-132.
32) 物理探査学会（2008），新版物理探査適用の手引き，pp. 49-51.
33) 社団法人日本道路協会（2003）：道路トンネル技術基準（構造編）・同解説，pp. 271-275.
34) 白鷺卓・山本拓治・横田泰宏（2012）：小土被りトンネルにおける表面波探査を利用した地質調査事例，土木学会，第67回年次学術講演会講演概要集，Ⅲ-096，pp. 191-192.
35) 板垣正義・小熊登・井上博之・神藤健一（1995）：含水未固結地山での切羽面におけるトンネル前方探査実験について，土木学会，第26回岩盤力学に関するシンポジウム講演論文集，pp. 490-494.
36) ジェオフロンテ研究会アンブレラ（設計・計測）WG（2012）：現場技術者のための切羽前方探査技術読本，pp. 134-140.
37) 廣岡知・吉沢正夫・岩崎任伯・吉江隆（2002）：豊羽鉱山におけるトンネル切羽前方探査（HSP）試験，資源地質学会，資源地質，Vol. 52（1），pp. 37-44.
38) 田中一雄・山田敏之・大友譲・中村真・芦田譲（2002）：複雑な堆積地盤におけるトンネル切羽前方探査の適用，土木学会，トンネル工学研究論文・報告集，第12巻，pp. 195-200.
39) 村山秀幸・末松幸人・萩原正道・間宮圭・清水信之（2005）：異なる起震源を用いたトンネル切羽前方探査の比較実験について，土木学会，トンネル工学研究報告集，第15巻，pp. 227-234.
40) 横田泰宏・山本拓治・名児耶薫・白鷺卓（2009）：無線式トンネル三次元反射法弾性波探査技術の開発，土木学会，第38回岩盤力学に関するシンポジウム講演集，pp. 304-309.
41) 村山秀幸・丹羽廣海・大野義範・押村嘉人・渡辺義孝（2010）：ルビジウム刻時装置を用いた連続的な切羽前方探査の開発と適用，土木学会，トンネル工学研究報告集，第20巻，pp. 51-58.
42) 中谷匡志・浅野雅史（2015）：トンネル掘削発破を利用した切羽前方探査技術の開発と適用，平成27年度近畿地方整備局研究発表会論文集.
43) 塚本耕治・今泉和俊（2015）：発破掘削時の振動を利用した高精度トンネル切羽前方探査法の開発，土木学会第70回年次学術講演概要集Ⅵ-675，pp. 1349-1350.
44) 若林成樹・西琢郎・青野泰久（2015）：ブレーカー振動を利用したトンネル切羽前方探査の現場試験，土木学会，第43回岩盤力学に関するシンポジウム講演集，pp. 222-226.
45) 西琢郎・若林成樹（2015）：掘削機の振動から地山の状況を予測，建設機械，第51巻，pp. 30-34.
46) 稲崎富士，トンネルHSP共同研究会（1997）：切羽前方地山の亀裂評価と施工管理の技術（トンネルHSP），地盤工学会，土と基礎，Vol. 45，N. 5，pp. 13-16.
47) 山上順民・今井博・青木智幸（2012）：トンネル切羽前方の破砕帯の位置と物性分布を把握できる弾性波探査システムの開発，大成建設技術センター報第45号，pp. 37-1-37-7.
48) 丹羽廣海・村山秀幸・小笠原和久・中島耕平・黒田徹（2009）：坑外からの切羽前方探査における到達側坑口受振記録の活用，土木学会，トンネル工学研究報告集，第19巻，pp. 165-172.
49) 三谷一貴・友野雄士・青木智幸・山上順民・今井博（2011）：トンネル切羽前方弾性波反射法探査における速度解析について，土木学会，第66回年次学術講演会講演概要集，Ⅲ-093，pp. 185-186.
50) 物理探査学会（1998）：物理探査ハンドブック，pp. 19-24.
51) Widess, M. B. (1973): How thin is a thin bed?, Geophysics, Vol. 38, No. 6, pp. 1176-1180.
52) 林宏一・斉藤秀樹（1998）：高精度屈折法地震探査の開発と適用例，物理探査，No. 51，pp. 41-46.
53) 篠原茂・塚本耕治・浜田元（2004）：トモグラフィ的解析手法によるトンネル切羽前方の弾性波速度分布の予測，トンネル工学研究論文・報告集，第14巻，土木学会，pp. 77-82.

54）栗原啓丞・山本拓治・宮嶋保幸（2014）：トンネルトモグラフィによるトンネル切羽前方探査技術の開発，鹿島技術研究所年報，第62巻，pp. 189-194.
55）佐々宏一・芦田譲・菅野強（1993）：建設・防災技術者のための物理探査，森北出版，pp. 119-124.
56）廣田克己・杉山長志・赤津正敏・関根悦夫・村本勝己・鴨智彦・桃谷尚嗣（2000）：S波速度トモグラフィの薬液注入効果判定への適用性の検討，土木学会第55回年次学術講演集Ⅲ-B285，pp. 568-569.
57）Nathalie M. Lucet, Gary M. Mavko (1991): Images of Rock Properties Estimated from a Cross-Well Tomogram, SEG Technical Program Expanded Abstracts, pp. 363-366.
58）加藤卓朗・村山秀幸・浦木重伸・浅川一久・柳内俊雄（2002）：弾性波反射法とトモグラフィ解析を用いた坑口周辺部の地山評価，トンネル工学研究発表会論文・報告集，Vol. 12，pp. 263-268.
59）大畑俊輔・村田健司・山本拓治・宮嶋保幸・栗原啓丞・白松久茂・岩村武史（2014）：先進ボーリングと蒸気圧破砕薬を用いたトンネルトモグラフィ探査，土木学会第69回年次学術講演集Ⅵ-037，pp. 73-74.
60）高橋厚志・片山辰雄・櫻木大介・加藤裕将（2002）：施工中の物理探査：トンネル切羽前方探査への適用性について，第37回地盤工学研究発表会講演集，pp. 65-66.
61）野々村政一（2005）：鉱化変質帯を貫く八甲田トンネルの岩質判定手法と処理等について，土木学会関西支部「地盤の可視化とその評価法」講習会テキスト，pp. S-1-8.
62）片山辰雄・渡部高広・小里隆孝・古谷元・末峯章・西垣誠（2013）：同軸コイル型電磁探査機の開発とその地すべり調査への適用性，応用地質，第54巻，第2号，pp. 62-71.
63）今井博・八木下修満（2004）：電磁レーダによるTBM切羽前方探査システム，大成建設技術センター報，第37号，pp. 29-1-4.
64）Kaus, A., Boening, W. (2008): Beam-Geoelectrical Ahead Monitoring for TBM-Drives, Geomechanik und Tunnelbau 1, No. 5, pp. 442-449.
65）Alex Conacher (2014): BEAM and TSP comparison and method, Tunnels and Tunnelng, Geological Prediction, pp. 36-41.
66）Schubert, W. and Budil, A. (1995): The importance of longitudinal deformation in tunnel excavation. Proc. of 8th Int. Congress on Rock Mechanics (ISRM), Tokyo, 3, pp. 1411-1414.
67）Vavrovsky, G. -M. and Schubert, P. (1995): Advanced analysis of monitored displacements opens a new field to continuously understand and control the geotechnical behaviour of tunnels, Proc. of 8th Int. Congress on Rock Mechanics (ISRM), Tokyo, 3, pp. 1415-1419.
68）樋川敦・川原睦人・金子典由（2003）：トンネル軸方向を考慮した逆解析手法による切羽前方の地質予測，土木学会第58回年次学術講演会，Ⅲ-010，pp. 19-20.
69）青木智幸・今中晶紹・板垣賢・領家邦泰・金尾剣一・櫻井春輔（2010）：トンネル坑内変位計測による切羽前方地山予測，第39回岩盤力学に関するシンポジウム講演集，pp. 387-392.
70）竹村いずみ・進士正人・鬼頭夏樹・千々和辰訓・石山宏二（2011）：坑内の軸方向変位を用いた前方地山状況の予測法の提案，トンネル工学報告集，第21巻，pp. 1-7.
71）竹村いずみ・千々和辰訓・石山宏二（2011）：坑内計測データを用いた前方地山予測手法に関する研究（PS-Tad），西松建設技報，Vol. 37，No. 25，pp. 1-2.
72）Gallar, R. (2009): The New Guideline - NATM - The Austrian Way of Conventional Tunnelling, Safe tunnelling for the city and for the environment, Proc. of ITA-AITES World Tunnel Congress, Budapest, O-06-01, p. 16.
73）Grossauer, K., Schubert, W. and Kim, C. Y. (2003): Tunnelling in heterogeneous ground - stresses and displacements, Technology Roadmap for Rock Mechanics, Proc. of 8th Int. Congress on Rock Mechanics (ISRM 2003), Johannesburg, pp. 437-440.
74）辻岡高志・武内秀頼・竹村いずみ・進士正人（2013）：天端軸方向変位による前方地山予測法の改良を目指した基礎的検討，トンネル工学報告集，第23巻，pp. 177-182.
75）谷卓也・寺尾陽明・青木智幸（2014）：高精度小型傾斜計による山岳トンネル施工時の切羽前方と近傍の地山評価，大成建設技術センター報，Vol. 47，No. 22，pp. 1-8.
76）日経コンストラクション（2014）：10メートル先の未掘削地山の性状を予測，7月14日号，p. 25.
77）山下雅之・竹村いずみ・杉本拓也・吉永浩二・前田薫（2012）：トンネル変形予測システム「PAS-Def」の開発と適用事例，西松建設技報，Vol. 38，No. 12，pp. 1-7.
78）岡浩一・山下学・三隅宏明・加藤宏征（2014）：道路トンネルで初めて超長尺先進コントロールボー

リングを採用，トンネルと地下，Vol. 45，No. 11，pp. 15-24.
79）http://www.wassara.com/en/，(2015 年 9 月 1 日).
80）磐田吾郎・斎藤有佐・伊藤哲・泉水大輔・木梨秀雄・天野悟（2014）：高速ノンコアボーリングシステムによる前方探査技術の開発，土木学会第 69 回年次学術講演会，VI-046，pp. 91-92.
81）トンネルと地下（2010）：先進ボーリングのブレークスルーを目指して，Vol. 41，No. 8，pp. 37-47.
82）坂井一雄・谷卓也・鈴木健司・文村賢一・大塚勇（2015）：都市部山岳トンネルにおける切羽先行変位の計測手法，大成建設技術センター報，Vol. 48.
83）石山宏二・木村宏・平野享・山下雅之・多田幸司・熊谷成之・石垣和明・原敏昭（2002）：高精度切羽前方探査システムの適用，第 57 回土木学会年次学術講演会講演概要集，Ⅲ-664，pp. 1327-1328.
84）桑原徹・畑浩二・玉井昭雄（2010）：ノンコア削孔切羽前方探査と坑内弾性波探査，第 65 回土木学会年次学術講演会講演概要集　Ⅵ-021，pp. 41-42.
85）山上順民・今井博・加藤宏征・三隅宏明・山下学（2014）：超長尺先進ボーリングを用いた穿孔振動探査法による切羽前方探査，第 69 回土木学会年次学術講演会講演概要集，Ⅲ-200，pp. 399-400.
86）宮嶋保幸・山本拓治・加藤哲夫・鎌田深己・横山英司（1998）：削孔検層と速度検層を併用した切羽前方探査の結果，第 53 回土木学会年次学術講演会講演概要集　Ⅵ-103，pp. 206-207.
87）関根一郎・小林由委・法橋亮・石垣和明・平田康夫（2015）：工業用内視鏡で切羽前方の地山状況を把握する＝DRi スコープの開発＝，建設機械，Vol. 51，No. 7，pp. 35-38.
88）藤岡大輔・畑浩二（2015）：簡易な孔内カメラを用いたノンコア削孔切羽前方探査の高精度化，第 70 回土木学会年次学術講演会講演概要集，Ⅵ-684，pp. 1367-1368.
89）北海道開発局道路設計要領　第 4 集トンネル（2012).
90）丹羽廣海・村山秀幸・岡崎健治・伊東佳彦（2013）：トンネル支保パターン選定における切羽前方探査の活用効果についての検討，第 68 回土木学会年次学術講演会講演概要集，Ⅲ-243，pp. 485-486.
91）石川雄一（2012）：CIM の導入に向けて，建設マネジメント技術，8 月号，pp. 30-37.
92）杉浦伸哉・後藤直美・畑浩二・藤岡大輔（2015）：山岳トンネル施工 CIM から維持管理 CIM の流れ山岳トンネル施工 CIM 納品事例，第 40 回土木情報学シンポジウム，pp. 29-32.
93）畑浩二・藤岡大輔・杉浦伸哉・後藤直美（2015）：山岳トンネルにおける予測型 CIM の開発，第 40 回土木情報学シンポジウム，pp. 25-28.

巻末資料

用語解説

ADECO-RS：グラウンドアーチの形成が期待できない軟弱な地山におけるトンネル工法の一つ。切羽全面を長尺の鏡ボルト等で補強し，切羽前方に形成されるコアゾーンにより先行変位を，切羽通過後には切羽直近で高い剛性の支保による早期の断面閉合を行い地山の変形を積極的に抑制する工法。

Archieの式：Archieによって提唱された，原位置岩盤の比抵抗と間隙率水，飽和度との関係を表した式。原位置岩盤の比抵抗から間隙率を推定する際などによく用いられる。

岩盤の比抵抗をρ_t，間隙水の比抵抗をρ_w，岩盤の間隙率をϕ，水飽和度をS_w，地層係数をFとすると，これらは以下の式で表される。

$$\rho_t = a\phi^{-m} S_w^{-n} \rho_w \quad (F = \rho_t/\rho_w)$$

DS雷管：爆発までの秒時差が設定された段発電気雷管の一種。段間の秒時差は0.25秒でトンネル掘削では一般に20段程度まで使用される。DS雷管のほかに秒時差0.025秒のMS雷管がある。

Gassmann-Biotモデル：弾性波探査屈折法や弾性波速度検層のように低周波領域で得られる弾性波速度を理論的に説明する際に用いられるモデル。岩石，岩石の構成物質，岩石骨格，間隙水，間隙気体などの弾性波速度，体積弾性率，剛性率，密度，水飽和度などの関係式で示される。同モデルを用いることにより，原位置岩盤の弾性波速度から同岩盤の工学的物性値（弾性係数，間隙率，水飽和度など）を推定する際によく用いられる。

IP（誘導分極）法：地盤には電荷を蓄える性質があり，電流を急に切断すると電荷の放出に伴い電流が流れる。これを誘導分極（Induced Polarization）現象と呼び，この効果を利用して地下探査をする方法。

NMO（Normal Move Out）補正：同一反射点を通る反射波を考えるとき，震源と受振点が一致し入射角がゼロとなる場合に最も反射波が早く到達する。そのときの走時をnormal timeの走時と呼び，この走時から求められる速度がその層の速度となる。震源と反射点の距離が離れ入射角が大きくなるにつれて反射波は受振点に遅れて到達するが，その遅れを補正してnormal timeの走時に戻すための処理をNMO補正と呼ぶ。

RMS速度：Root Mean Square速度（２乗平均速度）の略。震源，受振点から反射面までの地層の平均的な弾性波速度を表す。

Wyllieの式：Wyllieにより提唱された，原位置岩盤および新鮮硬質なテストピース（ボーリングコアなど）の弾性波速度（P波速度）や間隙率，水飽和度との関係を表した式。原位置岩盤の弾性波速度から間隙率や水飽和度などを推定する際によく用いられる。

原位置岩盤のP波速度をV_t，テストピースのP波速度をV_m，間隙水のP波速度をV_f，間隙気体のP波速度をV_a，間隙率をϕ，水飽和度をS_wとするとこれらは以下の式で表される

$$1/V_t = (1-\phi)/V_m + \phi S_w/V_f + \phi(1-S_w)/V_a$$

インバージョン手法：モデルに対して入力値を与え，そのときの出力値を計算することをフォワードモデリング（順解析）と言う。これに対して，出力値からモデルを推定する方法を，順解析とは逆の流れの解析であることから，インバージョン（逆解析）と言う。物理探査技術は，地盤応答の出力値である測定データから比抵抗モデルや弾性波速度モデルを推定する手法であり，インバージョンを基本としている。

加背割り：選定された掘削工法に基づいて掘削断面を分割して区画を決めることをいう。加背割りは，切羽の安定を左右するものであり，地山状況が悪いと推定される場合は過去の施工事例などを参考に掘削方式，掘削工法と併せて検討される。

カタクレーサイト：破砕岩とも。断層破砕帯の内部にある破砕構造を持つ岩石を総称して断層岩類という。その断層岩類のうち，基質と角礫状・片状の岩片が固結しているものを指す。

カルスト地形：石灰岩からなる山地に形成されるドリーネなどの水の吸い込み穴，地下にある鍾乳洞などの地下水系で特徴づけられる地形のことをいう。地下に形成された地下水脈や鍾乳洞の存在が，トンネル施工時にトンネルへの突発湧水や土砂の流入を引き起こすことがある。日本三大カルスト地形として，秋吉台（山口県），平尾台（福岡県），四国カルスト（高知県・愛媛県境）がある。

偽像：実際には存在しないが，解析結果に現れる構造を偽像という。比抵抗高密度探査などでは，数百～数千に及ぶ測定データから，インバージョンにより地下構造を探査する。このようなインバージョンでは，一般に唯一解が求まらない（すなわち，複数の解が存在する）ため，偽像が発生する場合がある。

キーブロック理論：節理の発達した不連続性岩盤にトンネ

ル，地下空洞や斜面を掘削した場合，掘削面において，不連続面により幾何学的に形成される「くさび状岩塊」の滑落や崩壊が亀裂岩盤全体の変形や破壊を支配することとなる場合がある。最初に破壊（崩壊抜け落ち）を生じさせる端緒となる最も危険な状態にあるくさび状岩塊をキーブロックと呼ぶ。「キーブロック理論」は，カリフォルニア大学のR. E. Goodmanが体系化した，幾何学的にキーブロックを見つけだす方法である。いくつかの割れ目と掘削面とで構成されるブロックの3次元的な形と大きさを決定し，そのブロックが岩盤から抜け出すかどうかを判定する。

グラウンドアーチ：NATMでは吹付けコンクリートやロックボルトの支保効果（地山をゆるめず変形させること）によりトンネル周辺の地山内にアーチ作用を発揮させることで地山自体に荷重を支持させる。グラウンドアーチとはこのトンネル周辺の地山内に形成されるアーチ状の荷重支持体のことをいう。

ケルンコル・ケルンバット：山地の斜面から張り出した山脚の鞍部をケルンコル，峰部をケルンバットと言う。ケルンコルが斜面沿いに直線上に並ぶと断層が推定される。

構造盆地：地表の地形に関わらず，褶曲や断層活動で盆状に沈降した基盤岩構造。その中に地層が堆積していると堆積盆地と言う。

核（さね）残し：トンネル掘削断面の中央部に地山の一部を残し，この部分が押え盛土として作用し，鏡面の安定を図る工法のことをいう。トンネル掘削断面の中央部に残された地山の一部のことを核（さね）と呼ぶ。未固結地山や膨張性地山など鏡面の自立性が悪い地山では，核残しによる鏡面の分割掘削を行い，鏡吹付けコンクリートや鏡ボルトと組合せて鏡面の安定が図られているのが一般的である。

四万十帯：海洋プレートの沈み込みに伴ってはぎ取られた海溝充填物や前弧海盆の堆積物，海洋プレート物質などが混在する地質帯。白亜系の北帯と第三系中新統の南帯に区分される。全体に北に傾斜する覆瓦構造で分布し，南に向かって新しい年代となる。付加時に形成される潜在的なせん断構造を有することがある。

周波数フィルタリング：ノイズと反射波の周波数帯域の違いを利用して，特定の周波数領域の信号のみを有効とするフィルタ（バンドパスフィルタ）により原波形からノイズを除去し，反射波などの信号を強調させる処理法。

蛇紋岩化作用：超塩基性岩（かんらん岩）を構成するかんらん石・輝石が，500度以下の熱水変質作用や広域変成作用により蛇紋石に変化し，蛇紋岩となる作用。

重金属：比重が4～5程度以上の金属の総称。鉛，水銀，セレン，カドミウム，クロム，スズ，亜鉛，砒素，バリウム，ビスマス，ニッケル，コバルト，マンガン，バナジウムなどがある。生体に有害なものが多い。土壌汚染対策法では，カドミウム及びその化合物，六価クロム化合物，水銀及びその化合物，セレン及びその化合物，鉛及びその化合物，砒素及びその化合物の重金属の他に，シアン化合物，ふっ素及びその化合物，ほう素及びその化合物を合わせた9化合物が第二種特定有害物質（重金属等）として規制対象になっている。

重合処理：異なる複数の観測データを重ね合わせる処理。スタックとも言う。観測データには必ずノイズが含まれており，複数の観測データを重ね合わせることにより，ノイズ成分を相対的に減少させることができる。ノイズがランダムな場合は，重合するデータの数をNとすればノイズ成分は$1/\sqrt{N}$に減少する。重合処理は時間領域，空間領域，周波数領域等，所望のシグナルを強調するために最適な領域で行われる。トンネル前方探査においては，反射波や散乱波を強調するためのコリドースタックやディフラクションスタックが該当する。

充電率：IP（誘導分極）効果を定量的に表す指標で，加えられた電圧に対する放電の瞬間の電圧の比で表す。単位は，V/V。

蒸気圧破砕薬：岩石，コンクリート等を薬剤の熱分解時に発生する水蒸気圧により，瞬時にしかも低振動・低騒音で破砕できる破砕薬剤である。代表的な破砕薬にガンサイザー，NRCなどがある。

スタッキング：スタックとは「積み重ね」を意味する。弾性波探査測定においては，得られた複数の波形記録を同期させて足し合わせることにより，ランダムな位相をもつノイズを除去するとともに信号のみを強調させるための処理法をいう。

スタティックシフト：MT法，AMT法，CSAMT法で測定した見掛比抵抗曲線が，地表付近の局所比抵抗異常の影響で，比抵抗軸方向に平行移動すること。位相曲線には現れない。地形起伏や異なる比抵抗の境界を地電流が流れるとき，電流密度は連続であるが，電場はオームの法則に従って不連続になる。これにより，電場の値のみを著しく変化させ，表皮深度に比べて観測点の近傍に比抵抗境界があればスタティックシフトが生じる。スタティックシフトを除去するため，時間領域電磁法などの他手法の調査結果を利用する，連続的にアレイ展開して測定した電場を空間的に積分する，観測データのみを利用してスタティックシフトをインバージョンの未知パラメータの一部とするなどの方法が考案されている。

スムースブラスティング：トンネルの発破掘削において，切羽面に削孔した最外周の発破孔に爆薬量を調整した爆薬を装填し，爆発力を制御することで地山の損傷を抑制する発破技術のことをいう。余掘りが低減し，掘削面を平滑に仕上げることに役立つ。

早期断面閉合：不良地山においてトンネル構造の安定性の確保などのために，切羽近傍でインバートを早期に設置しトンネル全周をリング状に閉合することをいう。早期断面閉合は閉合された剛なトンネル構造を早期に構築することで，作用する大きな土圧に対して，トンネルに生じる変位を抑制し，トンネル構造の安定化を図る工法である。

走時曲線：弾性波が起振点から受振点に達するまでの時間を走時といい，横軸に測線距離，縦軸に走時をとってグラフに表したものを走時曲線という。

体積含水率：土中に含まれる間隙水の体積比率をいう。間隙水の体積と土の体積の比で定義される。このことは，体積含水率は間隙率と飽和度の積として表されるということでもあり，通常はこの関係がよく用いられる。

地球史：近年は地史に代わり，学術書や教科書で地質学に地球物理学，惑星科学，生物学，環境科学などを総合した地球の歴史用語として用いられている。

地球統計学：自然現象や各種物性値の空間的，時間的な関連性をモデル化し，それらの分布を推定する統計学である。基本的な手法として，任意地点における確率変数を予測するクリギング法がある。

地形判読：地形は地殻変動や火山噴火などの内的営力と風化，浸食，運搬，堆積などの外的営力で形成される。地形図や航空写真で地形の特徴を解析して，断層や地すべりなど，どのような営力が地形形成に働いたかを読み解く。

中位段丘：約 10 万年前の高海水準の間氷期に形成した平野がその後の地殻変動による隆起や海水準低下に伴う浸食作用で生じた台地。

撓曲：地中の硬い岩盤にある断層がずれたことで，地表近くの軟らかい地層がたわむ現象。褶曲の一種。断層の延長上に変形が集中することにより，一部分の地層が急傾斜したり逆転する構造を特にいう。

トモグラフィ解析：ボーリング孔や地表を利用し，対象領域を取り囲んで探査する手法をトモグラフィという。トモグラフィの解析では，対象領域をセルと呼ばれる多数の小さい領域に分割し，各セルの物性値を求める方法がとられている。これと同様に，弾性波探査屈折法において対象領域を小さなセルに分割して解析する手法を，従来のはぎとり法との対比において，トモグラフィ解析と呼んでいる。

ドリーネ：カルスト地形の一つ。石灰岩などの溶食を受けやすい岩石からなる台地上で見られるすり鉢状の凹地形のことをいう。これらの凹地形の地下には鍾乳洞などの空洞があることが多い。シラス台地においても，地下水流により物理的に侵食されて地下空洞を形成されることがあり，この地下空洞の崩壊によりシラスドリーネと呼ばれる凹地形が形成される。

ニューラルネットワーク：脳神経細胞の情報伝達の仕組みを単純化して，これを数学的にモデル化したもの。生物学や神経科学との区別のため，人工ニューラルネットワーク（人工神経回路網，ANN：artificial neural network）とも呼ばれる。既知の入出力データに基づく学習により，入力に対して最適な出力が得られる特徴を有する。人間が得意とするパターン認識や連想記憶などの処理を効率よく行うことができる。

破壊エネルギー係数：掘削体積比エネルギーと等価な指標であり，単位体積の地山を削孔するのに削岩機が要したエネルギー量に相当する。

はぎとり法：「萩原の方法」，「萩原のはぎとり法」とも呼ばれる。地表に近い速度層から第 1 層，第 2 層とすると，弾性波探査屈折法の走時曲線から，第 1 層を伝播する時間を差し引いた走時曲線を作成する手法を「はぎとり法」と呼ぶ。この手法を第 2 層，第 3 層に順次適用することにより，地表からあたかも速度層を 1 層ずつはぎとることから，このような解析手法全体をはぎとり法と呼ぶことが多い。近年開発された「トモグラフィ解析」に対比して，従来の解析方法を便宜的に「はぎとり法」と呼ぶ場合もある。

フェーザー図：同相と離相のそれぞれを測定する電磁探査法において，1 次場に対する同相成分比を横軸，離相成分比を縦軸にとった複素平面上に，対象物の比抵抗に関する曲線群と深度に関する曲線群をプロットしたもの。測定値の同相成分比，離相成分比をフェーザー図上にプロットした点を通るそれぞれの曲線から対象物の比抵抗と深度を求める。数値計算やモデル実験の結果から，各測定装置や対象モデル毎に対応するフェーザー図が作成される。

フォアポーリング：切羽近傍の天端安定対策を目的とした補助工法（先受け工）のひとつ。掘削に先立ち切羽前方のアーチ天端部にロックボルトや鋼管などを斜め前方に打設することにより天端の安定を確保する。打設方式の相違によって充塡式と注入式に小分類される。トンネルの坑口部または小土被り区間の天端安定対策工（天端崩落防止）として採用される。先受け長さが 5 m 程度以下と短いため，先受け効果には限界があり，地山の変位・変形の抑制目的では採用されていない。なお，先受け長さが 5 m を超える長尺の先受け工はフォアパイリングと呼ばれる。注入式のフォアパイリングは，鋼管の剛性と天端周辺地山の改良により，地山を先行補強できるため，天端安定対策に加え，地表面沈下対策，近接構造物対策に用いられる。

付加体：海洋プレートが大陸プレートの下に沈み込む際に，海洋プレート上の堆積物がはぎとられ，陸側にくさび状に付加されたものをいう。付加作用にともなう構造力を受け，付加体内部には，低角度逆断層とともに構造性の微細な破砕構造が発達する。

複合探査：物理探査において，同一測線上で2種類（以上）の探査を実施することをいう。自然の地盤は物理～工学特性や含水特性が不均質であり，これらの特性を単一の探査手法で把握することは通常困難。したがって各々の特性の把握が得意な探査手法（弾性波探査と比抵抗探査など）を複数同時に実施し，地盤を総合評価することが求められる。

膨潤性粘土鉱物：粘土（地質学の粒径区分で1/256 mm（約4 μm）未満の土粒子）のうち，石英・長石類・方解石などを除いた残りの層状珪酸塩鉱物を主体とした鉱物を粘土鉱物という。その中でも，液体を取り込んで体積が増大する膨潤（swelling）と呼ばれる現象を示す粘土鉱物を膨潤（膨張）性粘土鉱物という。代表的な膨潤性粘土鉱物にスメクタイトがある。

マイグレーション処理：反射波や散乱波を用いる探査法においては，時間領域の波形を空間領域に変換して反射面や散乱体の位置を求めるが，速度の不均質性や反射面の傾斜などにより，反射面や散乱体は見かけの位置に表現され真の位置とは異なっていることが多い。見かけの位置に表現されている反射面や散乱体の位置を本来の正しい位置に戻す（移動する）処理。

ミラージュ層：深さとともに速度が連続的に増加するような速度層。一般に弾性波探査において，速度層はその層内において一様な速度と考える。しかし，走時曲線の形や速度検層の結果から，一つの速度層とみなされるものの，一様な速度分布ではなく，深さとともに速度が増加する速度層と考える方が適切な場合がある。

メランジュ：メランジ，メランジェともいう。様々な種類の岩石が複雑に交じり合った地質体のこと。一般的には，地層としての連続性がなく，細粒の破断した基質のなかにいろいろな大きさや種類からなる礫・岩塊を含むような構造をもった地質体として定義される。

レイトレーシング：地震波を高周波近似し，幾何光学的な取り扱いで伝搬経路や走時を計算する手法のこと。波線追跡法とも呼ばれている。主として，スネルの法則に従って波線を追跡する方法が一般的である。媒体が等方的であれば波線は波面に直交するため，ホインヘンスの原理などを用いて波面を計算した後，波線を求める方法も用いられることがある。

索　引

太字の用語は用語解説ページに掲載あり

た

ち

て

と

な

に

ぬ

る

れ

わ

トンネル調査研究会委員名簿（2016年11月現在）

※カッコ内は，本書出版における担当など

松井　保	（一財）災害科学研究所	委員長　（編集委員長，序章執筆）
松岡 俊文	（公財）深田地質研究所	第1小委員長　（編集委員）
朝倉 俊弘	京都大学	第2小委員長　（編集委員）
山内 政也	応用地質（株）	代表幹事　（編集委員）
上出 定幸	（一財）災害科学研究所	幹事　（編集委員，第3章執筆）
寺田 道直	関西大学	幹事　（編集委員，第3章執筆）
栃本 泰浩	川崎地質（株）	幹事　（編集委員）
富澤 直樹	（株）鴻池組	幹事　（編集委員，第4章執筆）
村橋 吉晴	村橋技術士事務所	幹事　（編集委員，第1章，第2章，第4章執筆）
相澤 隆生	サンコーコンサルタント（株）	委員　（第1章執筆）
浅田 浩章	（株）フジタ	委員　（第5章 WG リーダー）
市川 真治	（株）建設技術研究所	委員
伊東 俊一郎	サンコーコンサルタント（株）	委員　（第1章執筆）
伊藤 哲男	西日本高速道路（株）	委員
魚住 誠司	（株）ダイヤコンサルタント	委員　（第2章執筆）
大島 基義	大成建設（株）	委員
岡島 信也	中央復建コンサルタンツ（株）	委員　（第2章 WG リーダー，第2章執筆）
海邉 修司	鹿島建設（株）	委員　（第4章 WG リーダー，第4章執筆）
片山 辰雄	（株）環境総合テクノス	委員
加藤 智久	中央開発（株）	委員　（第2章執筆）
川﨑 直樹	（株）キンキ地質センター	委員　（第1章 WG リーダー，第1章執筆）
高馬　崇	（株）鴻池組	委員　（第5章執筆）
小島 央彦	川崎地質（株）	委員
小西 尚俊	小西技術事務所	委員　（執筆協力）
小松原 琢	（国研）産業技術総合研究所	委員
近藤 政弘	西日本旅客鉄道（株）	委員
坂本 寛章	西日本旅客鉄道（株）	委員　（第3章執筆）
坂山 安男	（一財）災害科学研究所	委員　（第3章，第4章執筆）
高橋　亨	（公財）深田地質研究所	委員
高林 茂夫	中央復建コンサルタンツ（株）	委員　（第2章執筆）
谷　卓也	大成建設（株）	委員　（第5章執筆）
塚本 耕治	（株）奥村組	委員　（第5章執筆）
寺田 光太郎	西日本高速道路エンジニアリング関西（株）	委員　（第3章執筆）
土居 裕幸	関西電力（株）	委員
中川 要之助	NPO シンクタンク京都自然史研究所	委員　（第2章執筆）
丹羽 廣海	（株）フジタ	委員　（第5章執筆）
朴　春澤	ハイテック（株）	委員　（第1章執筆）
長谷川 信介	応用地質（株）	委員
畑　浩二	（株）大林組	委員　（第5章執筆）
深堀 大介	（株）ニュージェック	委員　（第3章 WG リーダー，第3章執筆）

村上 正一	（株）大林組	委員 （第 4 章執筆）
安井 啓祐	（株）奥村組	委員
山下 雅之	西松建設（株）	委員 （第 5 章執筆）
山田 博志	（株）キンキ地質センター	委員 （第 1 章執筆）
山本 拓治	鹿島建設（株）	委員 （第 5 章執筆）
山本 浩之	（株）安藤・間	外部協力者 （第 5 章執筆）
吉川　 猛	基礎地盤コンサルタンツ（株）	委員 （第 1 章執筆）

監修者略歴

松井　保（まついたもつ）

1940年 8 月　大阪府に生まれる
1963年 3 月　大阪大学 工学部 構築工学科 卒業
1969年 9 月　大阪大学 工学部 講師
1975年 11 月　大阪大学 工学博士
1976年 1 月　大阪大学 工学部 助教授
1978年 4 月　カリフォルニア大学 バークレイ校 客員研究員（1年間）
1984年 11 月　大阪大学 工学部 教授
1998年 4 月　大阪大学大学院 工学研究科 教授
2004年 4 月　大阪大学 名誉教授
2004年 4 月　福井工業大学 工学部 教授
2009年 4 月　立命館大学 理工学部 客員教授
2011年 7 月　(一財)災害科学研究所 理事長
現在に至る

トンネル技術者のための地盤調査と地山評価

2017年1月20日　発行

監修者　松井　保

編　者　(一財)災害科学研究所
トンネル調査研究会

発行者　坪内文生

発行所　鹿島出版会

104-0028 東京都中央区八重洲二丁目5-14
Tel 03(6202)5200　振替 00160-2-180883

装幀：伊藤滋章　印刷：創栄図書印刷　製本：牧製本

ISBN978-4-306-02481-6　C3051　Printed in Japan

本書の内容に関するご意見・ご感想は下記までお寄せください。
URL:http://www.kajima-publishing.co.jp
E-mail:info@kajima-publishing.co.jp

関連図書のご案内

地盤の可視化技術と評価法

松井 保＝監修

(財)災害科学研究所 トンネル調査研究会＝編

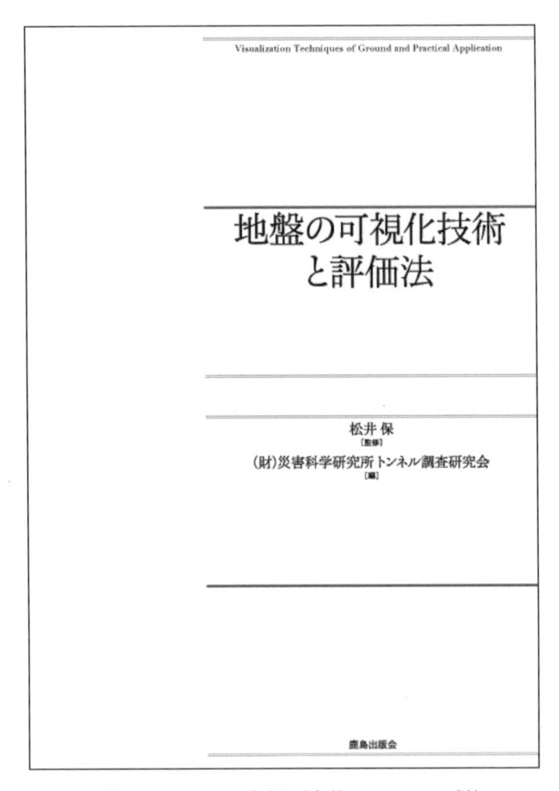

B5 判・216 頁　　定価（本体 5,700 円＋税）

建設分野の地盤調査でも広く適用されつつある比抵抗高密度探査技術の啓蒙書。37 の探査実施例を取り上げ、地盤の多次元的な可視化によるその解釈と評価について、建設現場実務者向けに分かりやすく解説した入門書。

主要目次

第 1 章　地盤調査の現状と課題

第 2 章　探査技術・解析技術の高度化

第 3 章　地盤評価技術の高度化

第 4 章　地盤調査の最適化

第 5 章　新しい分野への物理探査の適用事例

第 6 章　おわりに

資　料　用語解説

鹿島出版会　〒104-0028 東京都中央区八重洲 2-5-14　tel.03-6202-5200 fax.03-6202-5204　http：//www.kajima-publishing.co.jp E-mail：info@kajima-publishing.co.jp